Innovative Design

创新设计丛书

上海交通大学设计学院总策划

长三角乡村生态保育与修复设计研究

车生泉 杨小丽 熊国平

著

上海交通大学出版社

SHANGHAI JIAO TONG UNIVERSITY PRESS

内容提要

本书介绍了乡村自然生态系统研究的背景及意义，梳理了国内外乡村自然生态系统的相关研究进展，提出了长三角环境功能型植物群落调查、分析及营建方法，构建了长三角水环境修复技术集成和乡村民宿、建筑及公共空间生态设计体系，并筛选当地适宜性的生态修复技术。在此基础上，结合具体应用和建设案例，提出了适宜长三角乡村地区气候及土壤条件的长三角乡村生态保育与修复设计方法，为长三角乡村自然生态系统保育与修复提供了技术支撑。本书具有系统全面、突出技术和注重实践应用的特点。

本书适合风景园林、生态、环境工程、建筑、规划设计等专业师生及相关领域的技术人员和管理人员阅读参考。

图书在版编目(CIP)数据

长三角乡村生态保育与修复设计研究/车生泉，杨小丽，熊国平著. —上海：上海交通大学出版社，2019

ISBN 978-7-313-22862-8

Ⅰ.①长… Ⅱ.①车…②杨…③熊… Ⅲ.①长江三角洲—生态环境—环境保护—研究②长江三角洲—生态恢复—研究 Ⅳ.①X321.25

中国版本图书馆CIP数据核字(2020)第020029号

长三角乡村生态保育与修复设计研究

CHANGSANJIAO XIANGCUN SHENGTAI BAOYU YU XIUFU SHEJI YANJIU

著　　者：车生泉　杨小丽　熊国平

出版发行：上海交通大学出版社　　地　　址：上海市番禺路951号

邮政编码：200030　　电　　话：021-64071208

印　　制：当纳利(上海)信息技术有限公司　　经　　销：全国新华书店

开　　本：710mm×1000mm　1/16　　印　　张：21.25

字　　数：333千字

版　　次：2019年12月第1版　　印　　次：2019年12月第1次印刷

书　　号：ISBN 978-7-313-22862-8

定　　价：98.00元

前言

十八大以来，生态文明建设成为我国的基本国策，“保护优先和自然恢复”是“生态文明建设”的重要对策之一。乡村自然生态系统包括乡村生活、乡村生态和农业生产三个部分。乡村自然生态系统是否健康，不仅与乡村居民生产和生活紧密相关，同时作为城市生态系统的重要屏障，其对城市生态系统的健康也有着重要影响。在长三角一体化发展以及乡村振兴不断推进背景下，自然生态系统的保护和修复是长三角乡村建设和发展的重要内容。

长三角地区是中国经济发达区域之一，村镇企业发达，城镇化率高。在长三角地区经济快速发展以及城镇化过程中，存在着景观空间布局无序、自然植被保育不足、河道水系功能脆弱、自然环境受到蚕食、景观生态功能低下等问题。本书重点研究乡村景观环境生态化设计与营建关键技术、乡村水环境生态修复关键技术、乡村自然植被保育、结构优化与生态服务功能综合提升技术，致力于集成长三角乡村自然生态系统的规划设计、保护、修复、营建和管理技术体系，建设生态健康、环境安全、人居优美、具有乡土特色的乡村自然生态系统，推动技术推广，促进经济、社会和环境协同发展。

本书明确了乡村自然生态系统研究的背景及意义，梳理了国内外有关乡村自然生态系统的相关研究进展，提出了长三角环境功能型植物群落调查、分析及营建方法，构建了长三角水环境修复技术集成和乡村民宿、建筑及公共空间生态设计体系，并筛选当地适宜性的生态修复技术。在此基础上，结合具体应用和建设案例，提出了适宜长三角乡村地区气候及土壤条件的长三角乡村生态保育与修复设计方法，为长三角乡村自然生态系统保育与修复提供了技术支撑。

本书适合风景园林、生态、环境工程、建筑、规划设计等专业师生及相关领域的技术人员和管理人员阅读参考。本书具有以下特点：

(1) 系统全面。本书突破了既往研究中乡村修复治理时单方面对建筑景观改造、水体污染治理以及村容绿化的关注，全面构建了长三角乡村生态系统的保育和修复。

(2) 突出技术。本书立足于长三角乡村水环境修复、植被保育、生态设计中技术的应用性、操作性和实践指导性。

(3) 注重实践。基于典型案例的应用及效果评价，力求做到理论与实践相结合，突出实践应用价值，促进读者对理论知识和方法体系的理解和深化。

本书介绍了长三角乡村生态保育和修复的研究背景及意义，详细阐述了长三角水环境修复技术、植被保育及环境功能型植物群落营建技术、乡村民宿、建筑及公共空间生态设计技术等，并通过技术集成示范应用，验证了长三角乡村生态保育与修复设计的相关技术的可行性。

本书得到了科技部国家“十二五”科技支撑计划“长三角快速城镇化地区美丽乡村建设关键技术综合示范”课题“乡村自然生态系统与修复技术研究及示范(2015BAL02B01)”的资助！本书得到了上海交通大学出版社的大力支持！上海交通大学阚丽艳老师、谢长坤博士后，博士研究生闫路兵、梁安泽、姜睿原，硕士研究生邱烨姗，东南大学史永高老师、李哲老师、梁彩华老师、季彦婕老师、吴义锋老师，硕士研究生顾睿、李胜男、尤方璐、李梦柯、黄玮琳，刘芸、胡如幻、周世娟、李秋红、朱兆阳等，参与了本书的部分研究方案制订、资料收集、实验数据分析和图表绘制等工作，在此一并表示感谢。

由于本书是研究的阶段性成果，加之成书仓促，书中如存在不足和错误，敬请读者批评指正！

作者
2019 年 11 月

目录

第 1 章

引　言

1.1　研究背景和意义

1.1.1　研究背景

自然生态系统既是乡村区别于城市的特色，又是乡村生态环境的重要基础和保障，自然生态系统的保护和修复是美丽乡村建设的重要内容。十八大以来，生态文明建设成为我国的基本国策，“保护优先和自然恢复”是“生态文明建设”的重要对策之一。近年来，我国对乡村自然生态环境的建设和管理逐渐重视，出台了很多相关政策和指导性文件，如《小康型城乡住宅科技产业工程城市示范小区规划设计导则》(2000)、《绿色生态住宅小区建设要点与技术导则》(2001)、《村庄整治技术规范》(2008)、《关于水生态系统保护与修复的若干意见》(2004)、《中小河流治理重点县综合整治和水系连通试点规划》(2012)、《关于改善农村人居环境的指导意见》(2014)等。这些措施有力推动了我国乡村生态环境规划、建设和管理，也加快了向美丽乡村方向发展。

目前，针对乡村自然生态系统保护和修复建设与管理的工作，各地区进行了有益的探索，如北京颁布了《北京市新农村建设村庄绿化导则(试行)》，浙江省颁布了

《浙江省美丽乡村建设行动计划》，江苏省颁布了《村庄规划导则》等相关指导性文件，全国各地都在大力推动美丽乡村建设，但在乡村自然生态系统保护和修复方面的实践上大多集中在某一项或几项技术上，部分技术的普适性也还有待完善，缺乏适于长三角乡村自然生态系统保护与修复综合技术集成而又经济可行的示范项目。

1.1.2 研究意义

围绕长三角乡村自然生态系统稳定，人居环境健康，宜居、宜业的目标，面向长三角乡村建设过程中存在的自然植被保育不足、河道水系功能脆弱、自然生境受到蚕食、生物多样性低、景观生态功能低下等社会急需解决的问题，本课题将长三角乡村自然生态系统的压力—状态—响应进行综合考虑，针对乡村景观空间布局无序、绿化功能单一，生态效益低下、地方特色缺乏、景观文化不足等问题，形成乡村景观环境生态化设计与营建关键技术；针对长三角乡村水系丰富、水质恶化、水生态系统功能脆弱、面源污染源控制不力等问题，建立形成长三角乡村水环境生态修复关键技术；针对长三角乡村林地、湿地等自然生态系统功能退化、生态服务功能低下等问题，形成长三角乡村自然植被保育、结构优化与生态服务功能综合提升技术。本课题研究将乡村自然生态保护和修复技术贯穿于美丽乡村建设的规划设计、保护修复和建设管理的各个方面，致力于促进长三角乡村的可持续发展。

1.2 国内外研究进展

1.2.1 乡村自然生态系统研究现状及趋势

乡村自然生态系统是我国乡村建设的重要内容，也是世界各国发展过程中共同面对的问题。发达国家的乡村自然生态系统大多经历了先破坏后保护的过程，初期为追求经济发展速度忽略了对乡土风貌和自然生态的保育。国外在面对此类问题时，注重整体考虑、系统规划，针对不同情况发展出适合当地的解决方案。其中，德国注重土地资源的评价和控制性利用，乡村地区的景观风貌保护和自然生态保育一体化发展，并在汉堡、斯图加特、汉诺威等大城市周边营建了若干集自然生态保育、乡土景观风貌、雨水综合利用、绿色能源开发于一体的低碳生态社区，并获得世界范围的认可，成为规划设计参考的范例；日本乡村在充分保护与继承乡土风貌的基础上，注重基于土地规划和生态功能区划的环境整治、营造富于民族文化特色的地域景观和产品。韩国通过改善农民生产生活条件和基础硬件设施，调整农业结构等步骤，逐步促进城乡的一体化发展。瑞典生态村的建筑物在设计上要求尽量利用现存的基础设施、自然条件和公共交通，尽量能符合当地的文化传统。建筑物的设计必须有保护当地景观和自然生态系统的功能。英国贝丁顿生态村强调对阳光、废水、空气和木材的可循环利用，各种节能措施都是从环保角度考虑，而且简单、易用。荷兰以“农地整理”作为解决农村、农业发展问题的核心工具。国内浙江省在 2003 年开展“千村示范、万村整治”工程，2008 年安吉县开展“美丽乡村”创建行动，通过合理定位、生态建设和内涵再造，取得巨大成效。“十二五”期间，受安吉县“中国美丽乡村”建设的成功影响，浙江省制定了《浙江省美丽乡村建设行动计划(2011—2015 年)》，广东省增城、花都、从化等市县从 2011 年开始也启动美丽乡村建设。我国“十一五”“十二五”期间在相关领域立项的研究有“村镇空间规划与土地利用关键技术研究”“重大工程建设区生态恢复整治技术研究”“城市生态规划与生态修复的关键技术研究与示范”“城市景观格局演变及其生态环境响应研究”“区域规划与城市土地节约利用关键技术研究”以及“绿色城市发展研究”等方面的科技攻关，产生了一批重要研究成果。在全国实施了多个科技示范村镇，在村镇住宅设计模式、垃圾处理、能源利用以及安全饮用水等方面进行了示范。这些研究形成了一大批专利、标准和产品，对我国村镇发展起到很大的促进作用。然而，这些研究成果对解决长三角快速城市化地区乡村自然生态系统保护与修复还缺乏针对性和系统性，无法满足该区域美丽乡村建设的现实需求。解决长三角地区美丽乡村建设需要从乡村空间设计、自然生态系统保育、环境污染生态化治理、乡土风貌保护等多方面进行综合研究和技术集成。

1. 乡村植物群落特征

目前国内外对乡村植物群落特征的研究可以分为植物群落结构特征和多样性

特征两个方面。植物群落结构方面的研究包括植物组成、群落结构、遥感信息与群落结构的关系等，如刘亚亮对长三角 12 个新农村的公园绿地、滨水绿地、道路绿地和庭院绿化进行调查，发现乔木层中落叶乔木较多而灌木层中常绿灌木占据优势，庭院绿化中乡土植物应用和物种多样性有待提高。武欣对武汉 32 个乡村聚落物种组成进行了调查分析，发现本土植物中出现物种种类最多的是禾本科，栽培植物中种类最多的是豆科，入侵植物中种类最多的是菊科，生境类型的差异对各层植物物种丰富度影响显著。吴琼对舟山本岛部分乡村聚落绿化进行调查，发现当地观赏植物种类丰富，果树是当地村落绿化的主要树种之一。乔木应用主要集中在香樟、橘、柚、桂花、柿树等几种树种，灌木主要以绿篱或单体形式种植。宋永昌、达良俊教授从 20 世纪 90 年代对上海乡村地区植被进行了详细调查，并进行了生境制图，提出了上海乡村地区的自然植被保育的对策，并进行了近自然植被的营造实践。奥尔特加(Ortega)等人描述了一种估算植物多样性的方法，该方法利用遥感信息、各土地覆盖类型中植物群落组成的判别以及多尺度技术将植物多样性和景观结构进行关联，提出利用香农多样性指数(Shannon-Wiener 指数)的估算和斑块数和斑块间的积分值作为植物群落多样性的权重，是衡量植物多样性的最适宜方法。

在植物多样性方面，现有研究主要针对农业生境、居民庭院的生物多样性，对城乡梯度上生物多样性的变化研究也较多。如李良涛以华北平原集约化农业景观为研究区，研究了农田边界和居民庭院植物多样性的分布格局。吴灏等人对浙北地区乡村草本层的多样性的研究中发现，土地利用类型的不同会导致草本多样性的变化，人工绿化措施会导致草本物种减少。李想在对城郊集约化农业景观不同生境类型下植被调查和分析中发现，随着城市化发展研究区植物多样性整体呈现下降趋势，农作生境中物种多样性下降较多，半自然生境物种丰富度和植被组成变化不明显，但城市化导致部分半自然生境的丧失。在城市化对植物多样性的影响方面主要有两种观点：一种观点认为，植物物种的分布格局总体上呈不平衡的单峰型曲线分布，市郊是植物多样性最丰富的区域，城市建成区和乡村的植物物种丰富度均较低。另一种观点则认为，随着人为干扰强度由中心城区、城市周边郊区向远郊乡村逐渐降低，植物物种多样性分布上呈现逐渐增加的趋势。这种情况仅仅是针对本土植物而言的，如果将外来植物计算在内，则会产生第二种结果，城区的植物多样性比周围远郊农区的高。物种丰富度由乡村或城市周边向市中心区呈单调减少的分布方式。瓦莱(Vallet)等人在对法国西北部城乡多个林地的调查中发现林地的边缘效应。在乡村和城市林地中，从边缘到中央物种丰富度逐渐降低，城市林地边缘物种丰富度小于乡村，乡村林地边缘森林特有种的数量多于林地中央。

这些研究对乡村中农业用地、庭院以及绿化用地植物群落研究较多，对乡村内部其他与生活生产相关生境(如水缘、路缘等)的植物群落特征研究较少，缺乏不同生境之间植物群落的比较研究，缺乏对乡村发展中植物群落特征变化的研究。

2. *乡村植物评价*

国外对乡村景观的评价开始较早，如美国林业局利用视觉管理系统评价法(VMS)系统对自然景观进行评价，英国从景观的资源型、美学质量、未被破坏性、空间统一性、保护价值、社会认同等方面来进行景观质量评价。斯坦哈特(Steinhardt)用模糊评判理论进行中小尺度上的景观评价实例研究，阿德里安森(Adriaensen)等在土地利用覆盖数据的基础上建立了景观评价模型，从完整性、多样性、视觉质量构建评价体系。

国内对乡村景观评价主要包括乡村生态环境质量、乡村风景资源评价、乡村景观质量和功能评价等方面。如丁维等从农业生产、居民点生活、乡镇工业系统3个方面建立了评价模型，张茜提出了“结构—功能—价值”分类下的村镇景观质量评价体系，刘滨谊等人提出了包括乡村景观可居度、可达度、相容度、敏感度、美景度的评价指标体系，谢花林从社会功能、生态功能和美学功3个方面提出了乡村景观功能评价体系，肖禾等人从景观空间结构和属性两方面提出了小尺度乡村景观生态评价方法。这些评价体系大多针对乡村景观，乡村植被仅作为其中一个部分出现，涉及的指标数量较少。

目前对城市植物群落各方面功能的评价指标体系已较为完善，包括群落的生态性、景观性、经济性、游憩度、节约度、综合评价等。这些指标体系对乡村植被评价有一定的借鉴意义，但是由于城市植被和乡村植被所处的环境不同、发挥的功能不同、建造和养护的成本不同等，不适合直接将针对城市植物群落的评价体系应用于乡村地区。目前针对乡村地区的评价体系较少，且主要从综合评价的角度来构建评价体系。如陈思思建立了基于地域文化的乡村植物景观评价体系，从生态效应、社会效应、经济效应和美学效应4个方面共选取了27个指标，提供了较为完整的思路，但并未提供权重计算，在可操作性上也较差。刘亚亮建立了长三角新农村绿地植物景观综合评价体系，从美学效益、生态效益和社会效益3个方面选取了12个指标，有一定的实用性，但是缺乏针对性。

目前对乡村景观的评价较多，对城市植被的评价较多，针对乡村植被的评价较少。对乡村植被的评价中，综合评价较多，缺乏对乡村植被群落结构和功能变化的考虑，缺乏对乡村植被保育价值的评价研究。

3. 乡村植物保护和建设

快速城市化必然给乡村自然植被带来负面影响，乡村自然植被是维持城乡地区生态平衡的重要生态基础，是生态用地的核心组成部分。在国际上，英国、德国、澳大利亚、荷兰、日本等发达国家从20世纪70年代就开始关注乡村地区的自然保护，将乡村地区的自然植被及其生境的保护作为城乡可持续发展战略内容之一。英国在1968年出台了《乡村法》用于保护乡村自然生态环境。1978年，英国乡村委员会发布了郊野公园规划的建议报告。1984年大伦敦议会(GLC)开展了大伦敦地区乡村野生生物生境综合调查，制订了伦敦自然保护导则及保护战略，建立了自然保留地。日本国际生态学研究中心宫协昭从20世纪70年代起就致力于推广近自然造林法。1990年，德国杜赛尔多夫市对其乡村生物生境保护进行了规划。2004年，斯滕豪斯(Stenhouse)对澳大利亚佩思市残存乡土植被的破碎化及内部干扰进行了研究，揭示了人工干扰程度与残存近自然斑块的关系，提出了保护策略。我国宋永昌、达良俊教授从20世纪90年代对上海乡村地区植被进行了详细调查，并进行了生境制图，提出了上海乡村地区的自然植被保育的对策，并进行了近自然植被的营造实践。国外的研究大多注重政策制定和规划策略，国内的研究主要集中在生态学机理研究层面，尽管也提出了相关保护和修复策略，但对乡村自然植被保育的具体措施缺乏必要的技术支持。

我国对植被保护主要集中在城市和自然地区，包括城市敏感生境的植被保护和恢复，城市杂草群落的特征及成因，野生植物保护与管理现状的研究，气候变化对野生植物的影响等。对于村落植物的保护以现状描述为主，且研究区域主要集中在古村落。如楼贤林对浙江中部几个古村落中的庭院、河道、道路、防护林等绿化情况进行了调查，并对植物景观所蕴含的自然、地理、历史、人文等因素进行分析，阐释了浙中古村落的植物景观特色。

在乡村绿化建设方面，一方面对乡村绿地分类和乡村绿化规划已有一些基础研究，如刘滨谊提出建立乡村绿化景观分类的必要性，金兆森等将村镇绿地分为公园绿地、附属绿地、防护绿地和其他绿地。朱雯等人将乡村绿地分为5个大类18个小类，李辉、朱雪等研究了城乡一体化的人居环境绿地分类体系。另一方面，对乡村植物的营造方法也进行了部分研究，如任斌斌等通过模拟自然群落营造人工植物景观，提出了适宜于长三角乡村地区的植物配置模式。陈鑫对乡村河道植物景观构建进行了研究，提出了河道植物景观设计的原则，并推荐了一些树种；徐琴对乡村植物的特点进行了总结，并列举了一些有代表性的乡村植物种类。这些研究主要针对乡村植物种类进行筛选和描述，并提出了一些配置方式，但对于乡村原有植被的保护及优化涉及较少，对乡村植被与乡村生境的适宜性也缺乏系统研究。

综上所述，目前针对乡村植被的研究中，对乡村内部水缘、路缘等生境的植物群落特征研究较少，缺乏不同生境之间植物群落的比较研究，缺乏在乡村发展中植物群落特征变化的研究。对长三角地区村落植被的研究在范围上有一定的局限性，对数量众多、地貌特征独特的平原水网类型村落的系统性研究较少。对植被的评价大多比较完整，但针对性不强，对乡村植被保育价值的认识不足，对植被的保护方向不明，缺乏对乡村植被保护的定量评价方式，缺乏针对不同生境植被的保护及优化模式。

1.2.2 乡村景观生态化规划设计研究

在20世纪70年代始，西方发达国家对环境破坏、资源耗竭与生活方式的不可持续性产生认识与反省，并由此诞生了乡村景观生态化规划设计的研究及实践，建设方式从工业化向生态化转变，农村发展政策围绕着“最好地利用自然的和文化的资源”“改善乡村生活质量”“增加地方产品的价值”和“发扬已有的技术和创造新技术”4个主题来支持乡村景观生态化规划设计。生态村(eco-village)概念的首次提出是在丹麦学者罗伯特·吉尔曼(Robert Gilman)的报告《生态村及可持续的社会》中,20世纪70年代,德国开始进行生态建筑的研究,日本则提出了“环境共生住宅”的概念。1990年,美国建筑师协会和美国环保署开展了一项“ERG计划”。国外生态村规划设计内容主要有:①绿色建筑模式,生态村建筑强调太阳能利用、节能、节水、绿化以及材料绿色化、技术集成化等内容,强调各种资源的可循环利用以及各种简单易用的节能措施的安排,实践案例有伦敦南部萨顿区的贝丁顿生态村、德国汉堡生态村等;②村庄及生态景观模式,经过生态化规划设计以形成合理的布局、结构和优美的景观,规划设计的内容包括村内建筑物的选址、土地的利用类型、资源的利用、生态景观等;③人文与组织管理模式,强调生态化的管理和生活方式。我国乡村景观生态化规划设计研究始于20世纪80年代蓬勃兴起的生态农业建设。从20世纪90年代初开始,先后在全国建立起了生态农业示范点2 000多个,这些生态农业示范点包括了数量众多、各具特色的生态农业示范村,即“生态村”。从研究对象来看,我国对生态村的研究一直将农田生态系统和村落生态系统看作是一个整体进行研究,关注这两个系统之间物质、能量的循环和交换,以及它们的协调发展。

我国对村庄景观生态规划设计研究内容可以概括为以下几个方面:①生态村景观规划设计研究,生态村的建设模型和发展方向研究,以对生态村个案解析与评价为主;②生态村的生态技术和生态工程研究,如生态种植、养殖技术与工程,物质、能量循环利用技术与工程,现代生态住宅等;③生态村评价方法与标准研究,国家环保局提出《国家级生态村创建标准(试行)》,从经济水平、环境卫生、污染控制、资源保护与利用、可持续发展和公众参与6个方面制定15项创建国家级生态村应达到的考核标准。

实践方面,虽然各省制定了有关村庄建设的技术文件,如江苏省《村庄规划导则》、山东省《村庄建设规划编制技术导则》等,从村庄规划布局、基础设施、公共服务设施、景观环境等方面对村庄景观建设做出引导,但乡村景观生态化规划设计体系尚未形成。2004年北京市启动的“生态文明村”创建工程,较全面地提出生态村庄景观的规划设计内容,是较完善的村庄景观生态化规划开端。

国内外乡村景观生态化规划建设内容综合来看主要有以下几个方面:①生态

产业体系重塑，包括现代生态农业、现代生态旅游业、地方小型生态工业等产业体系建设，为村庄发展提供内生动力；②生态环境营建，包括产业、乡村、居民等生活生产所依托的物质环境条件；③生态住宅建设，包括住宅太阳能利用、节能、节水、绿化以及材料绿色化、技术集成化等；④生态基础设施的建设，包括道路、网络、水电、排污、公共服务设施等，为村庄发展提供基础动力。从国内外村庄景观生态化规划研究内容区别来看，国外发达国家侧重于居住功能，强调对可再生能源的利用、人与人之间及人与自然之间的和谐相处，对生态建筑材料与生态技术应用十分重视，很多生态建筑材料与生态技术发展完善，已经标准化、集成化，非常有利于大规模使用；而我国村庄景观生态规划建设则更侧重于实际的生产模式与内容，如生态工程建设（种植工程、养殖工程、物质能量合理循环工程），强调经济、生态、社会效益的统一，对乡村景观生态化规划设计研究的技术观念相对滞后，着眼于系统性的村庄景观生态化规划设计技术和示范较为缺乏，难以形成可持续发展、具有自生能力的生态美丽型乡村。

1.2.3 乡村水系沟通和生态修复研究

水系沟通和生态修复是目前水系生态建设的主要手段，相关技术主要包括水系疏浚沟通、生态护坡、生态浮床和水体曝气增氧。

水系疏浚沟通方面，国内外关于底泥疏浚和底泥生物修复技术研究较广泛，疏浚清淤、淤泥资源化在发达国家也已得到应用。新加坡将淤泥固化用于“长基”国际第二跑道工程，印尼将淤泥用于高速道路工程。江苏作为长三角快速城镇化地区，已率先在全国开展了村庄河道疏浚工作，建立了村庄河道疏浚轮浚机制，沟通了水系，改善了水质，但目前乡村河道整治重清淤轻生态，破坏了乡村水系的自然生态系统。因此，科学生态清淤及水系贯通模式、基于现有沟塘的水生态系统重建技术有待进一步研究，以增强水系自然生态与环境体系的稳定性，实现良性水循环。

生态护坡技术方面，以往人们在建造乡村河道护岸时往往只考虑护岸工程的安全性和耐久性，多采用干砌石、浆砌石以及浇注混凝土、预制块等方式，这样修筑的硬质护岸隔断了水生生态系统与陆地生态系统之间的联系，导致河流失去原本完整的结构以及生态功能，不利于生态环境的保护和水土保持。此外，硬质护岸在外观上也较单调、生硬，与乡村景观不协调，与目前自然生态环境保护的发展趋势相违背。20 世纪 90 年代开始研究的一种生态混凝土技术，体现了“人与自然和环境协调发展”的理念。我国也在植被草应用、水力喷播植草技术、土工材料绿化网、植被型生态混凝土、水泥生态种植基、土壤固化剂等方面开展了积极探索与实践。但生态混凝土技术对于水质较差的乡村水体环境适用性不强，而且与乡村自然风貌不协调。因此，需探究适于长三角乡村河道生态环境和工程特点的净水多功能护坡技术，在稳定边坡、植物快速生长、美化环境的同时，强化对水体的生态修复。

在生态浮床技术方面，生态浮床又称人工浮岛或人工浮床，最早研究浮床技术的学者是美国生态学家格尼(Gurney)，1971 年发表水上漂浮式人工巢论文。在德国，斯文・豪格(Sven Hoeger)于 1988 年提出了人工浮岛的六大功能。在日本，人工浮岛作为水质净化技术受到高度重视，1997 年日本公共工作研究所在霞浦湖建造了长 92 m、宽 9.5 m，由 40 个单元组成的人工浮岛。在国内，宋祥甫等在 1991 年开展了人工浮床的研究与应用工作，先后在杭州、上海、无锡、北京等城市进行生态浮床治理污染河道实验，为我国人工浮床技术研究及应用积累了丰富经验。但生态浮床的日常维护管理不便限制了该技术的净化效果和推广应用，需要针对乡村特点，构建一种既能有效去除水体污染物，抑制浮游藻类生长，又能消波、保护岸线，并和亲水平台融为一体、维护简便的新型浮床。

在水体曝气增氧方面，自 20 世纪 80 年代以来，世界各国的科研工作者都试图将曝气复氧应用于水体修复。美国密西西比河明尼苏达州码头附近的河道在 1987 年和 1988 年安装了曝气设备，有效地控制了臭味的产生和藻类的过量繁殖。德国萨尔河由于航道拓宽、建坝调节航运等原因，水流速度降低，导致水体的自然净化能力降低，泰晤士河水务局考虑向河道中进行人工增氧，制造了一条机动曝气船，并于 1980 年下水。虽然河道曝气在国外已经开展了 40 多年，但在我国，由于传统曝气的氧利用率和充氧效率较低，除了在北京、重庆和上海等地河道治理过程中使用过曝气增氧技术，尚未在河道大规模综合治理中应用。针对长三角乡村河道水流条件、河段功能要求、污染源特征以及水质改善需求，需要研制开发一种结构简单、价格低廉、溶氧效率高的新型曝气增氧装置，增强和恢复水体中好氧微生物活性，提高水体自净和底泥降解能力。

1.2.4 乡村绿地结构和功能研究

乡村的生产、生活和生态的复合型决定了乡村绿化是乡土植物、地域特色、家庭园艺、环境修复多功能、多目标的特征。在德国、英国、日本、韩国、美国等发达国家，乡村绿化具有乡土性、多功能的特征，如德国汉堡2000年建成的庄园社区和斯图加特2002年建成的绍恩豪瑟公园，都是大力提倡绿化、自然化，并将绿化和绿色基础设施充分结合。英国小村拜伯里位于大伦敦地区，村子外围树林茂密，主人按自己喜好营造了五彩缤纷的花园。美国强调乡村景观生态价值和文化价值的相互融合，注意村镇中和周围的自然环境和资源。韩国乡村聚落绿化重视与自然的和谐、统一，村民在建房和修建公路等设施时尽量与草木的风貌保持一致与和谐，从而营造出乡村聚落绿色风情和田园式生活。

与发达国家相比，中国的乡村聚落绿化刚刚起步，住建部颁布的绿化方面的法规制度等基本上是针对城市的，如《城市绿化条例》(1992)、《城市绿化规划建设指标的规定》(1994)、《国家园林城市标准》(2000)、《关于加强城市绿化建设的通知》(2001)、《城镇绿地系统规划编制纲要》(2002)、《城市绿线管理办法》(2002)、《关于改善农村人居环境的指导意见》(2014)等。2007年，北京市园林绿化局制定并下发了《北京市新农村建设村庄绿化导则(试行)》，强调村庄绿化工作应遵循合理布局、适地适树、景观优美、注重实效等原则。上海在管理机制上将绿化和林业部门合并，促进了乡村绿化的发展。由于我国乡村绿化工作刚刚起步，缺乏明确可供指导的技术标准或规范，处在乡村绿化缺乏标准、绿化功能单一、绿化效益低下、缺乏后期维护的阶段。

在乡村雨水净化与利用方面，乡村自然生态系统维护中雨水作为重要的自然资源需要加以保护和利用。如何利用乡村自然植被等生态空间对雨水进行净化、滞纳和利用，国外发达国家进行了大量研究和实践。美国波特兰充分利用城乡地区的自然植被、聚落绿化等进行雨水处理和利用，达到控制暴雨径流量、降低径流污染、改善生态环境的作用。德国目前已形成了较成熟的雨水资源化管理条例、行业标准和实用技术。生态小区利用渗透沟或植草浅沟增加雨水入渗。我国在城市内部开展了一些雨水收集与利用工程，如北京市海淀区双紫小区通过建立雨水收集与利用系统，上海在浦东陆家嘴部分道路两侧进行了雨水滞纳植草沟的实践。目前，各单项利用技术已逐步成熟，但针对长三角乡村发展的环境特点和人居需求，乡土植被、园艺绿化、雨水净化利用要因地制宜，和乡村空间生态布局有机结合形成一个有机整体，达到消除污染、保育生态和美丽健康的目的，而现有的技术和模式尚不能满足美丽乡村生态环境建设的需求。

1.3 研究目标和内容

1.3.1 研究目标

本书的研究目标主要为解决长三角乡村快速城镇化过程中存在的景观空间布局无序、自然植被保育不足、河道水系功能脆弱、自然生境受到蚕食和景观生态功能低下等问题；取得长三角快速城镇化地区乡村建设中亟需的自然生态系统在规划设计、保护、修复、营建和管理技术体系上的集成突破；建设具有生态健康、环境安全、人居优美以及乡土特色的乡村自然生态系统；综合提升长三角地区美丽乡村建设的生态环境质量，实现长三角地区美丽乡村的可持续发展；通过示范，推动技术推广，促进经济、社会和环境协同发展，为建设适应长三角区域特点的美丽乡村提供科技支撑。

1.3.2 研究内容

研究内容包括 3 个方面：乡村自然植被保育与生态服务功能提升、乡村水环境生态修复和乡村景观环境生态化设计与营建技术集成。

1. 乡村自然植被保育与生态服务功能提升

针对长三角乡村林地、湿地等自然生态系统功能退化，生态服务功能低下等问题，研究乡村自然植被构成特点和生境特征，开发乡村自然植被及其生境的评价技术、自然植被及其生境的原位保护和结构优化技术、乡土植物筛选和空间配置技术、自然植被保育与休闲空间开发相结合的模式类型，以及乡村环境功能型绿地构建技术（乡村空气质量改善型植物群落构建技术、乡村低碳型植物群落构建技术、乡村雨水蓄积型植物群落构建技术）、乡村生态生产一体化园艺植物（蔬菜、水果、花卉）应用技术，形成长三角乡村自然植被保育、结构优化与生态服务功能综合提升技术集成体系。

2. 乡村水环境生态修复技术集成

针对长三角地区水系丰富、水质恶化、水生态系统功能脆弱、面源污染源控制不力等问题，研究乡村河道淤积状况和边坡结构、水体自净能力、降雨特征和降雨初始冲刷效应带来的面源污染规律等，重点开发乡村水系贯通与复合生境构建技术，乡村景观型岸水一体生态修复技术，细分子化溶氧原位水体曝气技术，与乡村生态空间相结合的雨水花园、植草沟、净化塘等雨水地表径流导控和净化系统化技术，建立形成符合长三角乡村水环境特征的生态修复关键技术集成体系。

3. 乡村景观环境生态化设计与营建

针对长三角乡村无序扩张、空心村凸显、土地使用效率低下、乡村公共场所景观建设滞后、院落布局分散、庭院空旷、风貌退化等问题，利用多期遥感数据分析村落景观密度、频度、优势度值，研究乡村景观空间形态与肌理的演化特征、乡村生产生活方式变化与旧有乡村院落景观空间适应性及乡土景观中特有的地域性造型特征，重点开发乡村景观空间布局生态化规划设计技术、乡村公共场所景观生态化设计技术和乡村院落景观生态化设计技术等，建立长三角乡村景观结构合理、环境舒适、生态高效、低碳节约的生态化规划设计技术集成体系。

第 2 章

长三角乡村植被保育与生态修复设计

从长三角乡村自然植被现状及文献调研中，筛选出乡村乡土绿化植物种类，构建乡村自然植被及其生境原位保护评价体系；结合乡村典型村落植物群落现状调查，对乡村典型植物群落进行自然植被及其生境原位保护的综合评价，对具有较高自然度、较好景观性的乡村自然植被群落的原位保育，提升乡村自然植被保育生态服务功能。

植物保育主要指的是对某些特定种群采取一定的措施来保护和繁育这些类群。确定哪些类群需要保育是植物保育的基本问题。本研究在前期群落结构和景观文化的分析总结上，建立了乡村植物群落保育综合评价体系，发掘乡村植物群落在生态、生产和景观文化等方面的价值。对群落保育进行综合评价，不仅能将不同生境类型的群落进行比较，找出乡村中保育价值较高的群落类型；也能在群落间进行横向对比，找出各类群落中存在的优缺点，为提出群落构建优化模式提供参考依据；还能分析各个评价指标对群落保育价值的影响，为乡村植物群落的保育研究提供新的方法与思路。

2.1 长三角乡村植物群落现状调研

通过野外现状调查确定长三角乡村地区自然植被的种类和植物群落的结构特征，结合乡村自然植物群落组成与结构类型，划分乡村自然植被类型。同时，调查乡村自然植被的生境特征，划分乡村自然植被生境类型。了解植物群落特征是量化其功能和价值的先决条件，植物群落特征主要包括群落物种组成、群落结构特征和群落景观文化特征等方面。本书在对长三角乡村地区植物进行群落社会学调查的基础上，分析其种类组成，包括科属组成、植物生活型、常见植物种类、乡土植物比例、古树名木种类等。接着归纳出群落类型，并对其物种多样性、群落结构进行分析，最后对群落景观与文化特征进行分析总结。通过对比不同生境类型和不同乡村性的植物群落特征，可以较为完整地描述乡村植物群落的现状特征和发展趋势，也为乡村植物群落的保育评价提供依据。

2.1.1 研究方法

1. 样地设置

针对长三角地区不同类型乡村及乡村中不同类型生境设置样地。本书为研究长三角乡村地区植物在不同发展程度村落中的差异性，以乡村性的高低来指示村落所处的不同发展阶段。参考张荣天、龙花楼等人对村落乡村性的评价方法，根据乡村类型划分乡村性高低，以农业为主的村落乡村性高，以工业和服务业为主的村落乡村性低。对乡村类型的划分通过查阅统计年鉴及调查走访相结合的方式。本书共调查28个村落，主要分布在太湖流域，其中上海市12个、江苏省11个、浙江省5个；乡村性高的村落16个，乡村性低的12个。

村落边界以自然村划分，所选村落面积为0～0.35 km^2，主要集中在0～0.15 km^2，为长三角地区典型的村落大小。所选村落范围基本覆盖长三角地区。调查村庄的基本情况如表2.1所示。

表 2.1 村落信息统计表

编号	所属地	自然村	面积/km^2	乡村性
1	上海	淀山湖一村	0.113 6	低
2	上海	湖头村	0.170 5	高
3	上海	方松新家园	0.117 1	低
4	上海	老姚龠村	0.085 2	高
5	上海	庆丰村	0.091 6	高
6	上海	新姚龠村	0.064 2	高
7	上海	瀛东村	0.045 1	低
8	上海	永进村	0.014 2	高
9	上海	朱泾浜村	0.081 6	低
10	上海	进化村	0.024 2	低
11	上海	石路村	0.033 1	高
12	上海	裕丰村	0.023 5	高
13	江苏	礼舍村	0.290 7	低
14	江苏	中泾村	0.048 2	高
15	江苏	严家桥村	0.300 8	低
16	江苏	福圩村	0.116 2	高
17	江苏	蒋山村	0.174 2	高
18	江苏	东青村	0.182 4	低
19	江苏	秦巷村	0.340 1	低
20	江苏	三星村	0.063 4	高
21	江苏	沙家浜村	0.068 4	高
22	江苏	强埠村	0.153 2	低
23	江苏	丁家边村	0.077 8	高
24	浙江	塘前村	0.077 5	高
25	浙江	埠城村	0.062 1	低
26	浙江	光明村	0.105 3	高
27	浙江	北旺村	0.125 6	高
28	浙江	毛家湾村	0.094 5	低

本书为研究长三角水网地区乡村植物群落特征与乡村生境之间的关系，参考任斌斌、刘亚亮等人对乡村植物生境的分类方法，根据乡村景观的构成要素，将长三角乡村地区植物生境分为水边、建筑周边、绿林地和路边 4 类。本书的研究范围主要为乡村聚落内部，由于长三角乡村地区多为临水分布，作物农田大多分布在村

落外围，村落内部农田主要为菜地，此类菜地可根据与环境的关系划入4类生境中，故不单独分为一类。

4类生境中，水边主要指村落河道、湖泊周围植物群落，不包含建筑周边的私人区域；建筑周边指房前、屋后和宅旁的农户外环境植物群落；绿林地指村落内部的公共绿地和经济林植物群落；路边指村落主干道或支路旁的植物群落。

通过预先调查发现，在水边、建筑周边和绿林地3类生境中，植物群落特征依然有较为明显的分异。因此将这3类生境进一步细分，水边可分为硬质驳岸边和自然驳岸边，建筑周边分为房屋背面和房屋正面、侧面，绿林地分为经济林和景观林。

根据各个村落不同情况，选择不同数量的植物群落样地。共调查4大类生境7小类生境的256个植物群落，各生境类型调查样地数量分布如表2.2所示。

表2.2　各生境类型调查样地数量分布

	水边		路边	建筑周边		绿林地	
	硬质驳岸边	自然驳岸边		建筑正面	建筑背面	景观林	经济林
乡村性高	10	30	24	30	12	20	26
乡村性低	14	16	16	18	10	18	12

注：表中数字为群落样地数量。

2. *植物群落调查方法*

于2016年3—6月和2016年9月、10月对长三角乡村地区28个村落中4类生境共285个植物群落进行调查。采用法瑞学派调查法对植物群落进行了全面、系统的社会学调查。因为村落内群落分布零散，斑块形状和面积差异较大，所以根据群落具体边界（建筑、庭院、道路、河道、农田等）设置样方，群落面积为50～400 m^2。

根据研究需要和乡村植物群落结构的具体特征，将各群落样点在垂直空间上分为乔木1层（T_1）、乔木2层（T_2）、灌木层（S）和草本层（H），其中高度大于8 m的乔木计入T_1层，小于8 m的乔木计入T_2层。记录每层的最大高度和总盖度。对乔木层记录植物种类、数量、平均胸径（*DBH*，cm）、最大高度和平均高度（*H*，m）、平均冠幅(CW, m)、冠型、多盖度;对灌木层和草本层,记录每个种的名称、最大高度(H, m)和多盖度。草本层随机设置 3 个 0.5 m×0.5 m 至 2 m×2 m 的样方,对各物种的高度和盖度取平均值作为该物种在整个样地中的高度和盖度。多盖度以 Braun-Blanquet 多盖度等级表示(见表 2.3),盖度估算时不扣除枝叶间的空隙。乔木层、灌木层和草本层按照赵娟娟等总结的城市植物调查定性、定量标准进行划分,乔灌幼苗计入其高度所在的层内。对乔木层和灌木层树木的生长状况进行评估,根据植株干、枝、叶的生理性状评估树木的生长势。参考 Citygreen 的标准,建立树木生长状况分级标准(见表 2.4),对生长势很好、好、一般、欠佳和很差的植株依次评为 5~1 分。运用平均生长势分值(average performance score, APS)描述整个群落的生长势,其值等于群落中所有树木生长势分值之和除以树木数量。

表 2.3 Braun-Blanquet 多盖度综合级估计法

等级	确限度级	盖度/%	平均值/%
5	丰盛	>75	87.5
4	普通	50~75	62.5
3	常见	25~50	37.5
2	偶见	5~25	15
1	稀少	1~5	3
+	很稀少	<1	0.1
R	单个	个体数很少	

表 2.4 树木生长状况分级标准

等级	生长势	特 征 描 述
1	很差	树冠缺损 75%以上,濒于死亡甚至死亡
2	欠佳	衰退严重,叶色不正常,树冠缺损 51%~75%
3	一般	叶色基本正常,树冠缺损 26%~50%
4	好	姿态良好,叶色正常,树冠缺损 5%~25%
5	很好	树冠饱满,叶色正常,无病虫害,无死枝,树冠缺损小于 5%

同时记录样地生境特征,包括坡度坡向、水分条件(高亢地、平坦地、低湿地、水生)、光照条件、地表覆盖情况(灌草、土壤/裸地、枯枝落叶、砾石/硬地铺装、垃圾)、群落周边环境等。此外,群落平面图也将被描绘下来,并标注群落编号、指北针、所

有植物的相对位置、名称等信息，作为对样地内文字描述所不便表达的信息的补充描述。

本书对于植物群落景观的调查主要采用拍照记录法。通常来说，观察者感知植物群落景观分为林内景观和林外景观两个层次，由于本书主要考虑植物群落与周边环境的协调性，故仅对林外景观进行拍照记录。拍摄时以样地中心位置为基准，从群落外围选择任一起点，然后分别转 90°、180°和 270°获得 4 个方向，从 4 个方向向群落中心拍摄。还需要对其他一些细节做出限定：采用相同的拍照取样设备在同一季节、一天中同样的时段(8:00—16:00)中完成工作，并尽可能在晴天拍摄。一律采用横向拍摄，使用与地面平行的等人高的拍摄高度，保持镜头方向与人垂直。拍摄时要注意摄入群落全貌，并将与群落直接相关的周边环境要素拍摄其中，如建筑、水体、道路等。

对于植物文化的调查可分为 3 个阶段：第一阶段为文献调查，主要搜集整理该区域典型的乡村风俗，尤其是与植物相关的风俗、禁忌、喜好等；第二阶段为实地调查，这一阶段与植物群落调查同步进行；第三阶段为问卷访谈，主要为了了解和掌握当地居民对植物文化的普遍认知情况和真实看法。

3. 数据处理与分析

1）物种优势度计算和物种多样性分析

物种多样性采用物种丰富度指数、Gleason 指数、Shannon-Wiener 指数和 Simpson 指数表征。

物种丰富度(S)，S＝样方内的物种数；Gleason 指数(G)：$G=S/\ln A$；

Shannon-Wiener 指数(H')；$H'=-\sum_{i=1}^{S}P_i\ln P_i$；Simpson 指数($D$)：$D=1-\sum_{i=1}^{S}P_i^2$。

其中，P_i 为种 i 的相对优势度，优势度以植物的最大高度与盖度的乘积表征；A 为群落样地面积(m^2)。

2）群落聚类分析

以所有物种的相对优势度值为基础排表，使用 Sorensen(bray-curtis)距离系数和组平均法(group average)进行群落聚类分析。

聚类分析、物种多样性的计算使用 PC - ORD 5.0 软件；差异显著性检验采用单因素方差分析(one-way AVOVA)和 LSD 多重比较，方差不齐时采用 Tamhane 多重比较，均在 SPSS20.0 软件上完成。

4. 评价方法

目前，风景园林领域的评价方法主要有综合评分法、层次分析法、模糊综合评判法、灰色聚类法、因子分析法、基于 RAGA 的投影寻踪模型法等。其中，基于 RAGA 的投影寻踪模型法适用处理模糊性高维数据的综合评判。模糊综合评价判断法需要运用模糊数学原理对运算进行模糊变换，过程较为复杂。相较而言，层次分析法比较灵活、简便，在处理难以完全定量的复杂问题时，以合乎逻辑的方式运用经验、洞察力来衡量各个指标的相对重要性，比较完整地体现了系统工程的系统分析和系统综合的思想方法。故本书选择层次分析法构建评价体系。

层次分析法(analytic hierarchy process, AHP)是将与决策总是有关的元素分解成目标、准则、方案等层次，在此基础之上进行定性和定量分析的决策方法。该方法由美国运筹学家 T. L. Saaty 教授于 20 世纪 70 年代中期提出，是一种对复杂现象的决策思维过程进行系统化、模型化、数量化的方法。通过对复杂问题的分析，将其分解为多项相对独立的因子，进而建立起若干层次结构，然后邀请专家对每一层次的因子进行两两比对判断，构建矩阵，最终计算出因子权重。该方法已广泛应用于安全科学、环境科学、景观评价等领域。

2.1.2 乡村植物群落种类组成

1. 科属组成

在调查的 256 个样地中，共记录种子植物 85 科、204 属、269 种，植物科属种的数量分布状况按种类多少排列如表 2.5、表 2.6 所示：

表 2.5 长三角乡村植物的属种组成

科	属/种	科	属/种	科	属/种	科	属/种	科	属/种
菊科	21/25	葡萄科	3/4	莎草科	2/2	胡桃科	1/1	石榴科	1/1

（续表）

科	属/种	科	属/种	科	属/种	科	属/种	科	属/种
禾本科	16/19	桑科	4/4	山茱萸科	2/2	虎耳草科	1/1	柿科	1/1
豆科	11/17	石竹科	3/4	杉科	2/2	姜科	1/1	鼠李科	1/1
蔷薇科	11/17	旋花科	2/4	睡莲科	2/2	景天科	1/1	薯蓣科	1/1
十字花科	6/11	金缕梅科	3/3	藤黄科	1/2	苦木科	1/1	松科	1/1
木樨科	3/9	毛茛科	1/3	卫矛科	1/2	兰科	1/1	苏铁科	1/1
茄科	5/9	天南星科	3/3	五加科	2/2	柳科	1/1	无患子科	1/1
葫芦科	5/8	苋科	2/3	小檗科	2/2	罗汉松科	1/1	梧桐科	1/1
百合科	5/7	玄参科	3/3	芸香科	1/2	马齿苋科	1/1	仙人掌科	1/1
唇形科	6/7	冬青科	1/2	紫草科	2/2	牻牛儿苗科	1/1	悬铃木科	1/1
黄杨科	1/4	杜鹃花科	1/2	棕榈科	2/2	美人蕉科	1/1	鸭跖草科	1/1
伞形科	4/5	藜科	2/2	酢浆草科	1/2	木兰科	1/1	银杏科	1/1
榆科	4/5	楝科	2/2	柏科	1/1	木樨科	1/1	玉兰科	1/1
大戟科	3/4	槭树科	1/2	报春花科	1/1	瑞香科	1/1	鸢尾科	1/1
夹竹桃科	3/4	千屈菜科	2/2	车前科	1/1	三白草科	1/1	泽泻科	1/1
锦葵科	3/4	茜草科	2/2	凤仙花科	1/1	山茶科	1/1	樟科	1/1
蓼科	2/4	忍冬科	1/2	海桐科	1/1	商陆科	1/1	紫茉莉科	1/1

表 2.6　长三角乡村植物科的数量统计

类　别	单种科(1 种)	寡种科(2～5 种)	中等科(6～10 种)	大种科(11 种及以上)
科(属/种)	39(39/39)	36(76/101)	5(24/40)	5(65/89)
占科属种的比例(%)	45.9(19.1/14.5)	42.4(37.3/37.5)	5.9(11.8/14.9)	5.9(31.9/33.1)

统计结果显示，在所调查的植物中大种科(种数不小于 11)有 5 个，含 65 属、89 种，分别占总属、种数的 31.9%和 33.1%；中等科(6～10 种)5 个，含 24 属、40 种，分别占总属、种数的 11.8%和 14.9%；寡种科(2～5 种)36 个，含 76 属、101 种，分别占总属、种数的 19.1%和 14.5%；剩余 39 科为单种科。

5 个大种科分别为菊科(Compositae)、禾本科(Gramineae)、豆科(Leguminosae)、蔷薇科(Rosaceae)和十字花科(Cruciferae)，分别占总科、属、种数的 5.9%、31.9%和 33.1%。其中菊科主要为杂草和蔬菜，禾本科主要为作物、竹类和杂草，豆科主要为作物和观赏性落叶阔叶乔木，蔷薇科主要为观赏性乔木和灌木，十字花科主要为蔬菜和杂草，它们在本区域群落中的优势显著。但这些科的植物多为世界广布种，并不能代表长三角乡村地区的区系植物特点。《植被生态学》《中国植物志》中有关于科和属的区系分布。资料调查显示，金缕梅科、樟科、山茶科、榆科、杜鹃花科等科的种类为杭州地区的主要乡土树种。在此次调查中，金缕梅科出现 3 属、3 种，樟科 2 属、4 种，山茶科出现 1 属、2 种，榆科出现 3 属、5 种，杜鹃花科出现 1 属、2 种。这些植物可以作为杭州的乡土植物进行广泛种植。根据上海及其周边地区的植物区系研究表明，壳斗科、樟科、大戟科、忍冬科等是具有代表性的科。

在长三角乡村地区植被调查中将所记录的植物种类(85 科、204 属、269 种)与周边城市地区进行对比，如将上海中心城区绿地植物群落(种子植物 109 科、263 属、364 种)与南京城市公园(89 科、203 属、288 种)、杭州城市公园(111 科、267 属、394 种)相比较，长三角平原水网地区乡村植物种类较少。村落内应用的植物种类以经济性植物为主，也有部分观赏物种，应用树种比较单一。草本植物尤其是自然杂草是乡村地区植被的重要组成部分，调查中共出现 67 种自然侵入杂草，约占总种数的 1/4。在科属组成上，乡村植被群落与城市植被群落在大种科方面都包含菊科、禾本科、蔷薇科和豆科。这些优势科中的大多数种为草本植物，且为世界广布型种，不能代表本地区植物区系的特点。根据本地区植物区系的研究表明，壳斗科、樟科、榆科、大戟科和忍冬科等是长三角平原水网地区具有代表性的科。但这些科在乡村和城市中的应用不多，除了香樟广泛应用外，其他植物如红楠、麻栎、乌桕、重阳木、白栎、朴树、榔榆等，并未占一定优势，仅有少量被种植。与城市区别较大的在于乡村植被中十字花科的种数量较多，主要为人工种植的蔬菜以及自然侵入的杂草，如卷心菜、荠菜、青菜、萝卜、独行菜等。这些植物与生产关系密切，城市中应用较少。城市中的一些大种科如百合科、槭树科、山茶科、木兰科、忍冬科、木樨科等在乡村中应用较少。其中原因可能是这些科的植物多为观赏性乔灌，与生产的关系较少，故在乡村中应用较少。

2. 植物生活型

如表 2.7 所示，在长三角乡村地区植物群落常见的 269 种植物中，草本植物种类最多，为 156 种，占比为 54.6%。其中以一二年生草本植物居多，共 88 种，主要为自然侵入的杂草和人工种植的经济作物，景观型的地被植物和草坪草种类较少。

种类数量次之的为乔木树种,共计 52 种。以落叶乔木为主,种数约 4 倍于常绿乔木。灌木植物共计 47 种,常绿灌木种数明显更多,以防护型和景观型灌木为主,自然生长的灌木较少。水生或沼生植物、藤本植物和竹类植物分别为 9 种、8 种、6 种,种类相对较少。

表 2.7 长三角乡村地区常见植物及其出现频率

频率	生活型			
	乔木(20)	灌木及竹类(12)	草本(45)	
$f>15$	香樟	桂花	空心莲子草	猪殃殃
	柿树	石楠	小蓬草	繁缕
	构树		黄花酢浆草	南瓜
	水杉		狗尾巴草	毛豆
	橘树		荠菜	棒头草
			早熟禾	葎草
			一年蓬	通泉草
			宝盖草	玉米
$10\leqslant f\leqslant 15$	榉树	瓜子黄杨	蒲公英	地锦
	桃树		婆婆纳	黄瓜
	石榴		豇豆	毛茛
	香椿		红花酢浆草	泥胡菜
	樱花		茄子	牛繁缕
			柔弱斑种草	牛筋草
$5\leqslant f<10$	垂柳	大叶黄杨	看麦娘	蚕豆
	枇杷	杜鹃	老鹳草	番茄
	朴树	八角金盘	白车轴草	荔枝草
	乌桕	海桐	黄鹌菜	麦冬
	紫薇	金森女贞	蛇莓	美人蕉
	广玉兰	山茶	辣椒	苕子
	鸡爪槭	夹竹桃	葱	鸭跖草
	梨树	哺鸡竹	茭白	芋艿
	女贞	刚竹	空心菜	
	苦楝			

水生植物对完善水生生态系统、净化水质和美化水体环境有重要作用。城市地区更重视水生植物的景观作用和净化水体的作用,江南地区水系丰富,自然水生

湿生植物种类繁多,乡村地区的乔木种类多于周边自然植被而少于城区人工植被,有一定的引进树种。调查发现,除了少量常见的自然分布种在城市绿化中得以应用外,大部分乔木树种为外来归化种和栽培种,这使得城区乔木种类远比自然分布的乔木种类要丰富。灌木种类明显少于城区和自然地区,灌木应用相对单一,应增加灌木种类的丰富度。草本种类略高于城市地区,但少于自然地区。乡村地区由于保持了比城市更多的自然基底,因此自然侵入的草本植物的种类更多,但随着美丽乡村的发展,乡村灌木种数明显少于城市植被和自然植被。

3. 常见植物种类及其出现频率

长三角乡村地区植物群落中常见物种及其出现频率如表 2.8 所示。初步统计结果表明:群落中较常见的(出现频率 $f \geqslant 5\%$)乔木树种有 20 种,灌木有 10 种,竹类有 2 种,草本有 45 种。

表 2.8 长三角乡村古树调查结果

种 类	生境	出现村落	现 状
黄连木、香樟、国槐、榉树、银杏、苦楝	建筑周边	礼舍村、福圩村、蒋山村、严家桥村	营养面积较小,土壤板结,排水不畅,根部通气性较差
板栗、香樟、国槐、朴树、枫香、枫杨、马尾松	绿林地	蒋山村、秦巷村	林地面积逐渐减小

出现频率在 15% 以上的乔木树种有 5 种,分别是香樟(*Cinnamomum camphora*)、柿树(*Diospyros kaki*)、构树(*Broussonetia papyrifera*)、水杉(*Metasequoia glyptostroboides*)以及橘树(*Citrus reticulata*)。其中香樟的出现频率高达 44.2%,柿树的出现频率也高达 20.1%。香樟在各类生境中均有出现,主要作为材用和景观用途。柿树主要出现在建筑周边和水边,作为长江流域的典型乡土果树,对环境的适宜性强,果实丰硕,且有良好的吉祥寓意,是村落中重要的乔木树种。构树适应性强,繁殖能力强,常常自然侵入群落,故出现频率较高,达到 16.7%,尤其多见于水边生境。构树的幼树、幼苗在各类生境的灌草层也常有出现。水杉作为速生树种,水杉的适应性强,对水土保持有着良好的作用,长远来看,也可作为苗木储备,有着较高的经济价值,另外,还有着不错的景观效果,故在乡村中广泛种植,在路边、建筑周边和水边等生境中尤为常见。橘树因其果实丰硕,易

于栽培，且有着良好的寓意，在建筑周边生境中十分常见。其他出现频度较高的树种主要可分为3类：①速生的固土、材用树种，包括榉树（*Zelkova serrata*）、垂柳（*Salix babylonica*）、朴树（*Celtis sinensis*）等，主要出现在建筑周边和水边；②景观文化树种，包括樱花（*Cerasus yedoensis*）、紫薇（*Lagerstroemia indica*）、广玉兰（*Magnolia Grandiflora*）、鸡爪槭（*Acer palmatum*）等，主要出现在路边、绿林地和建筑周边；③食用观赏树种，包括桃树（*Gnaphalium affine*）、石榴（*Zanthoxylum schinifolium*）、香椿（*Toona sinensis*）等，主要出现在建筑周边和水边。

其中，苦楝（*Melia azedarach*）和乌桕（*Nymphaea tetragona*）两种树种尤其值得关注。苦楝是长三角地区典型乡土树种，5 000年前，我国的长江下游地区即有苦楝分布，其生长速度快，材质优良，驱虫、耐腐，也是优良的盐碱土植被恢复树种。但是在乡村中出现频率并不高，仅有5.0%，主要出现在水边和建筑周边。究其原因，可能是经济价值不如杨树等材用树种，景观价值不如紫薇、鸡爪槭来得直观，故大量路旁和建筑周边的苦楝被砍伐，其生态和景观文化价值并未得到很好的保护和利用。乌桕是我国的原生树种，在长三角地区有较广泛的自然分布，并有1 000年以上的栽培和利用历史。乌桕树可以用作木材，乌桕籽是工业用油的重要原料，曾在乡村中广泛种植。由于其良好的树形及丰富的季相变化，乌桕也成为较重要的景观树种，有着深远的文化寓意。和苦楝类似，乡村中现存的乌桕树种较少，出现频率仅为5.8%。

出现频率高的灌木和竹类植物种类相对较少。其中桂花和红叶石楠是长三角乡村地区最常见的灌木种类，出现频率高达28%和21%，主要出现在路边和建筑周边。原因之一，可能是桂花在传统文化中的吉祥寓意深受村民喜爱，红叶石楠由于其叶色鲜艳、喜庆也成为村落绿化的重要成员；原因之二，桂花和石楠的抗性[①]也比较强，易于管护。其他一些出现频率较高的灌木种类多以整形灌木的形式出现在村落绿化中，如瓜子黄杨、大叶黄杨、海桐、金森女贞、山茶等。总的来说，村落中灌木层处于相对缺失状态，应用种类较少，形式单一，具有较大的提升空间。在竹类方面，长三角地区常见的竹类主要有哺鸡竹和刚竹两类，都是散生竹类，主要作

---

① 植物的抗性是指植物具有的抵抗不利环境的某些性状，如抗寒、抗旱、抗盐、抗病虫害等。

为材用和食用。

出现频率较高的草本植物种类丰富，主要分为自然侵入的杂草和人工种植的蔬菜及作物。自然杂草中，出现频率高于15%的主要种类有空心莲子草、小蓬草、黄花酢浆草、狗尾草、一年蓬、早熟禾、葎草等。其中空心莲子草、小蓬草、一年蓬作为入侵物种，在乡村地区十分泛滥，出现频率分别为51.7%、34.2%和20.8%，在路边、水边生境最为常见。李明丽对江浙沪地区外来植物入侵风险的评估认为，空心莲子草、小蓬草、一年蓬的入侵危害极大，应禁止引入，并加强防范和处理。人工作物中，出现频度较高的种类主要有南瓜、毛豆、玉米等。长三角地区水网密布，但村落中水生植物和湿生植物被破坏严重，出现频率 $f \geqslant 5\%$的水生和湿生植物仅有茭白、美人蕉和芦苇3种。可能是村落河道的硬化破坏了水生生境，导致了水边植物群落的缺失。

与城市地区相比，乔木层中香樟和水杉在乡村和城市地区出现频率都超过10%，女贞、朴树、广玉兰等观赏性阔叶乔木和龙柏、雪松等常绿针叶树种在乡村中出现频率明显少于城市中，而柿树、橘树和桃树等果树在乡村中出现的频度较高。在竹类方面，城市中常见的竹为毛竹和慈孝竹两种，乡村中常见的竹类主要为哺鸡竹、刚竹、早竹等高度适中的散生竹类，主要作材用和食用。在灌木层种，乡村地区应用频度高($f \geqslant 5\%$)的灌木种类仅为10种，远少于城市植被(29种)。可能是灌木在乡村中仅被用作绿篱或灌木球等，主要起到分隔空间的作用，故种类选择较单一。草本层方面，乡村地区出现频率较高的草本为45种，其中人工草本14种，自然杂草31种，明显高于城市地区(人工草本10种、自然杂草13种)。原因可能是城市地区的人们为了防止自然草本影响其他植物的生长而把它们除去，而乡村地区管护较低。

4. 乡土树种比例

乡土树种方面，在调查到的269种植物中，乡土植物数量为232种，占比为86%，与周边城市相比，乡土树种比例较高。乡土树种中出现频度较高的乔木有香樟、榉树、构树、水杉、女贞、香椿、柿树、垂柳、橘树等，灌木有桂花、石榴、瓜子黄杨、石楠等、竹类有哺鸡竹、刚竹等，草本有芦苇、菖蒲、狗尾草、宝盖草、荠菜、猪殃殃等。外来植物数量为37种，占比为14%，常见的有空心莲子草、一年蓬、小蓬草、野老鹳草、刺果毛茛等。

不同生境乡土树种面积比例如图 2.1 所示，乡土树种面积比例在 69%～87% 之间。大多数生境的植物群落乡土树种比例较高，且差异不明显，除了建筑正面和自然驳岸边，尤其是自然驳岸边，乡土树种比例仅为 71%。可能的原因是建筑正面生境有较多的非乡土的观赏树种，而自然驳岸周边则是外来草本植物入侵较为严重。多数生境乡土树种的比例随着乡村性的降低而减少，除了硬质驳岸边。其原因可能是，乡村绿化的发展引入了较多外来树种，使得乡土植物应用比例下降。在硬质驳岸周边，乡村性低的地区在驳岸修建和整治的过程中除去了入侵物种，从而使得乡土树种比例有所增加。

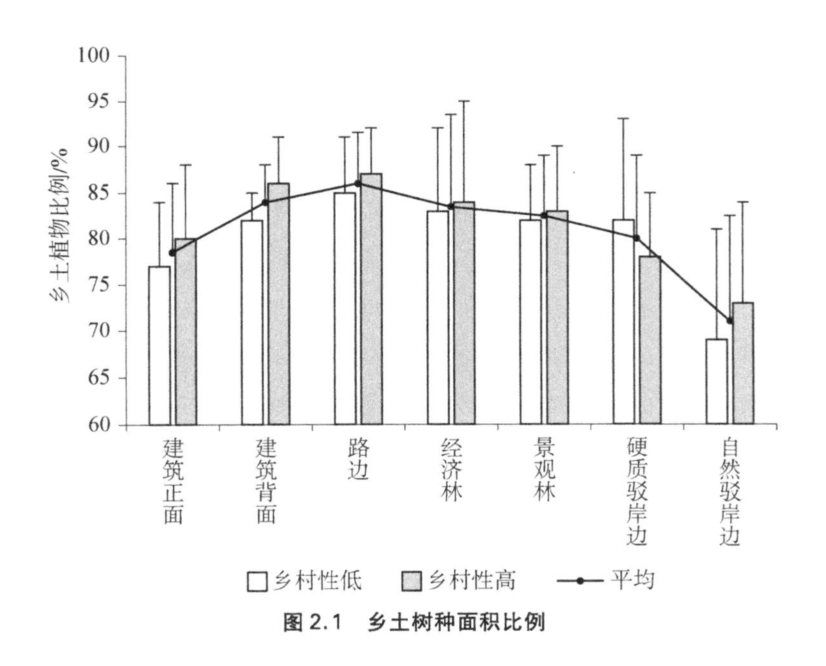

图 2.1 乡土树种面积比例

5. 古树名木及国家保护植物

据文献统计整理，长三角地区自然分布的国家珍稀濒危保护植物和国家重点保护植物有 78 种，其中上海 23 科、27 属、28 种，江苏 18 种，浙江 28 科、42 属、51 种。本次调查中出现的有银杏、粗榧、榉树、樟树、鹅掌楸、野大豆、细果野菱、莼菜等，均为人工栽培种，未出现野生种群。

古树名木方面，本次调查中共有 6 个样点出现古树，其中 4 个样点为建筑周边，2 个样点为绿林地。调查中出现的树龄较长的树种主要有黄连木、香樟、国槐、榉树、银杏、苦楝、板栗、朴树、枫香、枫杨、马尾松等(见表 2.8)，主要出现的位置为建筑周边和村落外围的林地中。古树保护情况不容乐观，村落内部的古树周边土地硬质化严重、营养面积较小、排水不畅；村落外部林地面积逐渐被其他用地蚕食。

2.1.3 乡村植物群落类型

植物群落类型的划分是研究植物群落特征的重要手段，以所有物种的相对优势度值为基础，结合外貌特征，对长三角乡村地区植物群落进行聚类分析。在相似度 65%的水平上将 256 个群落划分为 47 个群落类型，并以优势种命名。

群落名称为：①一年蓬群落；②空心莲子草群落；③桃树＋橘子群落；④玉米群落；⑤黄瓜＋豇豆＋玉米群落；⑥毛豆＋南瓜群落；⑦柿子＋红枫群落；⑧橘子群落；⑨柿子群落；⑩柿子＋桂花群落；⑪毛竹群落；⑫茭白群落；⑬构树群落；⑭结香群落；⑮石榴群落；⑯梨树群落；⑰蚕豆群落；⑱婆婆纳群落；⑲池杉群落；⑳香樟群落；㉑苦楝群落；㉒悬铃木群落；㉓孝顺竹＋臭椿群落；㉔孝顺竹群落；㉕早竹群落；㉖水杉群落；㉗朴树群落；㉘榉树群落；㉙香椿＋海桐群落；㉚杭州榆＋香椿群落；㉛香椿群落；㉜芦竹群落；㉝水葱群落；㉞桂花群落；㉟女贞群落；㊱樱花群落；㊲紫薇群落；㊳紫薇＋桂花群落；㊴紫叶李群落；㊵水杉＋女贞群落；㊶鸡爪槭群落；㊷泡桐群落；㊸枇杷群落；㊹广玉兰群落；㊺芦苇群落；㊻榆树群落；㊼棕榈群落。

参照《中国植被》的分类标准，结合群落外貌、结构特征，将 47 个群落类型划分为常绿落叶阔叶混交林、落叶阔叶林、常绿阔叶林、落叶针叶林、针阔混交林、竹林、草本群落和水生植被群落等 8 种植被类型。各群落类型所含群落数量及比例如图 2.2所示。

长三角乡村地区植被群落以落叶阔叶林、常绿阔叶林和草本群落为主，出现频率分别为 29.9%、26.1%和 13.4%。常绿落叶阔叶混交林、落叶针叶林和水生植被也是长三角乡村地区植被群落的重要组成部分，占比分别为 7.5%、9.7%、7.5%。竹林和针阔混交林出现频率较少，占比分别为 5.2%和 0.7%。

在落叶阔叶林中，出现频度较高的群落有水杉群落、朴树群落、榉树群落、柿树

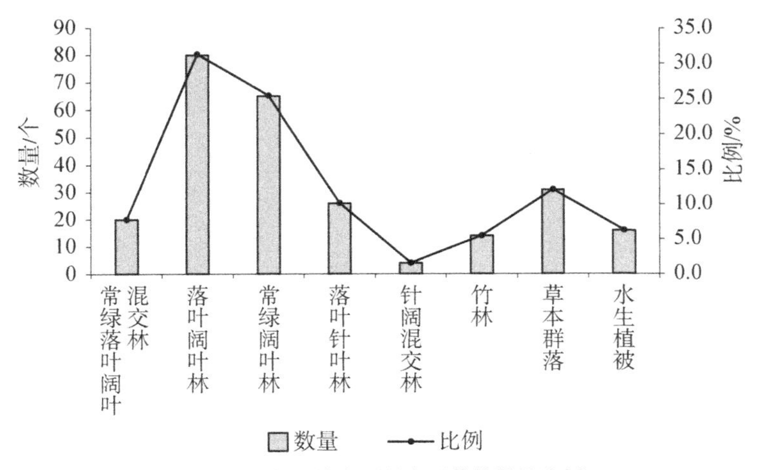

图 2.2 各植被类型所含群落数量及比例

群落等;在常绿阔叶林中,出现频度较高的主要有香樟群落和桂花群落;草本群落中,出现频度较高的群落有玉米群落、黄瓜+豇豆+玉米群落、毛豆+南瓜群落等。

乡村植被群落与周边城市绿地(上海、南京、杭州)相比,主要群落类型相似,部分群落类型数量差异较大。方和俊在对上海城市绿地植物群落的调查中出现 17 种群落类型,其中落叶阔叶林和常绿阔叶林是主要类型,出现频率分别为 35%和 17%。其次为常绿落叶阔叶混交林和常绿针叶林,出现频率均为 9%。水生植物群落的出现频率为 4%,以挺水植物和浮水植物为主。竹林的出现频率为 3%。易军在对南京城市公园绿地的调查中共出现 7 种群落类型,其中以落叶阔叶林、常绿针叶林、针阔混交林和常绿阔叶林 4 种群落类型为主,出现频率分别为 48%、20%、14%和 8%。对杭州城市公园绿地的调查中出现 6 种群落类型,其中以常绿落叶阔叶混交林、落叶阔叶林、常绿阔叶林和常绿针叶林为主,出现频率分别为 35%、34%、13%和 10%。

通过对比可发现,长三角乡村地区植被群落类型有以下几点特征:①符合亚热带东部季风气候区以常绿阔叶林和常绿落叶阔叶混交林为主的植被特征。②与城市植被群落类型相比,乡村草本群落和水生植被群落出现频度明显更高。草本群落以经济作物和自然侵入的杂草群落为主,水生植物以水生经济作物和观赏性挺水植物为主。其原因可能是城市用地更加紧张，营造植被群落时更加注重群落的生态和景观效益，群落结构较丰富，草本群落和经济作物出现的频率较低。③与城市植被群落相比，常绿针叶林、针阔混交林在乡村中出现的频率明显更低。

2.1.4 乡村植物群落物种多样性

物种多样性(species diversity)，指群落中的物种数目和各物种的个体数目分配的均匀度，是群落稳定性的重要特征。本书选择 4 个指标从不同的方面来指示群落的物种多样性：①物种丰富度，代表了一个群落物种数目的多少；②Shannon-Wiener 指数和 Simpson 指数，代表了群落物种均匀度；③Gleason 指数，代表了单位面积的物种丰富程度。

在物种丰富度方面(见图 2.3)，建筑正面的物种丰富度均值最高，为 15.3，其次为建筑背面和经济林，分别为 13.6 和 13.3。景观林和硬质驳岸边的物种丰富度均值较低，分别为 10.0 和 11.9。随着乡村性的降低，有 6 类生境的物种丰富度下降，其中景观林的降幅最大。只有硬质驳岸边的物种丰富度有所上升。

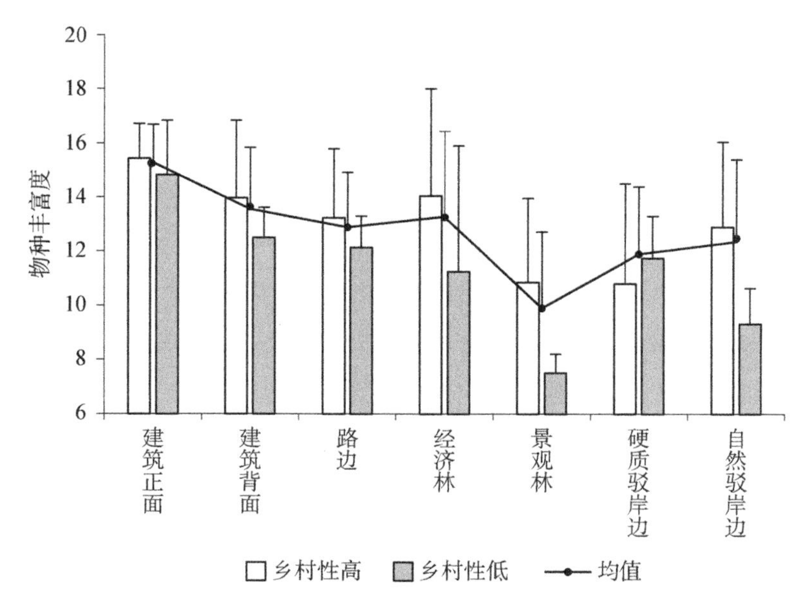

图 2.3 不同生境植物群落物种丰富度指数分析

Shannon-Wiener 指数方面(见图 2.4),建筑正面生境植物群落均值最高,为 1.8;其次为自然驳岸边植物群落,均值为 1.7;经济林的 Shannon-Wiener 指数显著低于其他群落,均值为 1.3。主要原因是经济林的优势种重要值最为突出。随着乡村性的降低,建筑正面、经济林、硬质驳岸边和自然驳岸边 4 类生境的植物群落 Shannon-Wiener 指数降低,而建筑背面、路边和景观林 3 类生境的植物群落 Shannon-Wiener 指数升高。

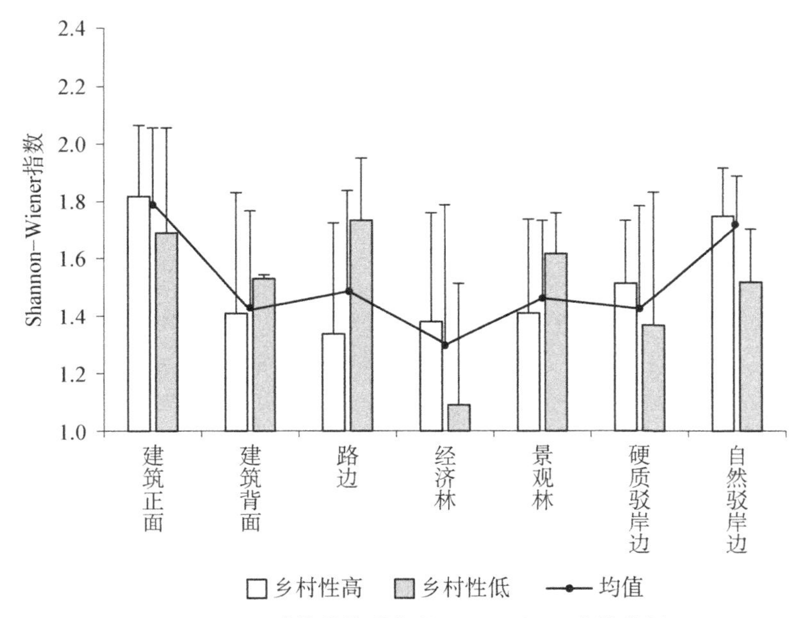

图 2.4　不同生境植物群落 Shannon-Wiener 指数分析

Simpson 指数方面(见图 2.5),自然驳岸边和建筑正面植物群落均值较高,为 0.74 和 0.72。经济林和路边植物群落的 Simpson 指数较低,为 0.57 和 0.59。随着乡村性的降低,建筑正面、经济林、硬质驳岸边和自然驳岸边植物群落的 Simpson 指数下降明显,而建筑背面、路边和景观林植物群落数值有所上升。

Gleason 指数方面(见图 2.6),建筑周边最高,其次为水边、路边、农田周边和片林。在路边和水边生境中,乡村性高的地区 Gleason 指数要高于乡村性低的地区;在建筑周边生境中,乡村性高的地区与乡村性低的地区 Gleason 指数差异较小;在农田周边和片林生境中,乡村性低的地区 Gleason 指数要高于乡村性高的地区。

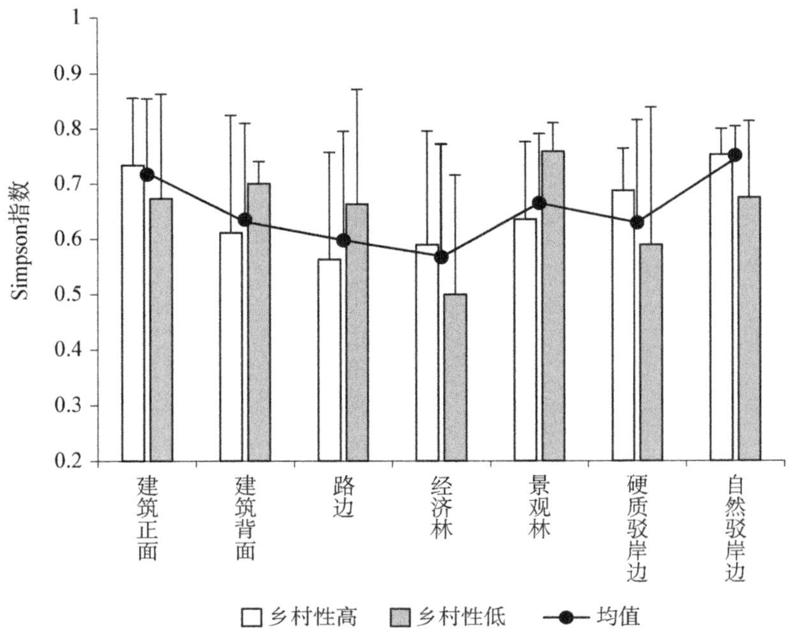

图 2.5　不同生境植物群落 Simpson 指数分析

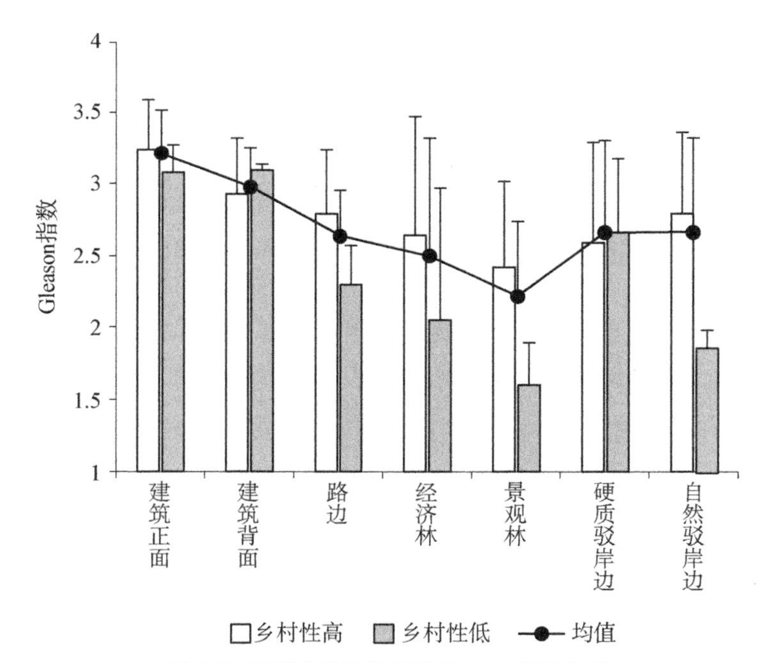

图 2.6　不同生境植物群落 Gleason 指数分析

综合来看，建筑正面植物群落物种最为丰富，分布较为均匀，其在物种丰富度、Shannon-Wiener 指数和 Gleason 指数得分均为最高。景观林的多样性较差，在物种丰富度和 Gleason 指数得分均为最低，而 Simpson 指数和 Shannon-Wiener 指数相对较高，表现为对土地的利用效率较低，优势种不明显，物种分布较为均匀。自然驳岸边植物群落和建筑背面植物群落在各项指数上得分均较高，表现出较好的多样性状况。路边和硬质驳岸在各项指数上得分均较低，表现出较差的多样性。经济林的物种丰富度较高，但 Simpson 指数和 Shannon-Wiener 指数较低，优势种较为明显，林缘的物种较为丰富，而林内物种种类较少。

2.1.5 乡村植物群落结构

1. 水平结构

水平结构(horizontal structure)是指群落在水平空间上的分化，表现为各植物或生活型在群落中的水平分布格式。乡村植物群落的水平结构由各植物在水平方向上对群落的覆盖程度(盖度或郁闭度)以及叠加覆盖面的水平分布格局(聚生情况)决定，对乡村生态系统的服务功能具有重要影响。本书以群落郁闭度作为考量群落水平结构的指标。

从图 2.7 中可以看出各生境植被群落差异较大，经济林植被群落郁闭度最大，为 62.3%，其次为建筑背面植被群落，为 56.3%。建筑正面群落郁闭度最小，为 22.8%。水边植物群落的郁闭度也较小，硬质驳岸边和自然驳岸边相差较小，分别为 39.2%和 38.5%。

乡村性的变化对群落郁闭度也产生了较为明显的影响。随着乡村性的降低，在建筑正面、路边和景观林 3 种生境中，群落郁闭度有了明显的下降；在建筑背面、经济林和硬质驳岸边 3 种生境中，群落郁闭度略有下降，但变化不明显；在自然驳岸边，群落郁闭度略有上升。

建筑正面出于采光和活动的需求，主要以小乔木和草本植物为主，因此群落郁闭度相对较低，且随着乡村的发展，建筑正面硬质铺装面积大幅度增加使得植物多

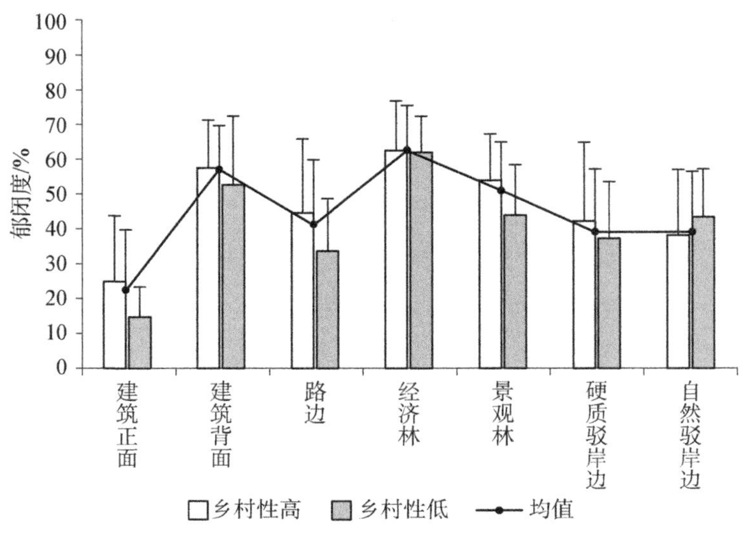

图 2.7 不同乡村性下各生境植被群落郁闭度

以“孤岛”的形式存在,群落郁闭度[①]也大幅下降。而建筑背面出于防护和经济价值的考虑,多种植高大乔木或竹类,因此群落郁闭度较高。路边群落郁闭度较低的原因可能是,乡村路边乔木长势较差,冠幅较小,而且乡村道路建设中缺乏科学管理和设计,有较多道路仅以灌草丛作为道路绿化,进一步降低了路边群落的郁闭度。

2. 垂直结构

群落垂直结构(vertical structure)指群落在空间上的垂直分化,或称为成层现象(stratification)。群落的层次结构是群落的重要形态特征,是植物间以及植物与环境间相互关系的一种体现。

本书的垂直结构指植物的地上成层现象。调查时根据长三角乡村地区生境特征把群落分为 4 层,乔木 1 层(T_1)、乔木 2 层(T_2)、灌木层(S)和草本层(H),按照各层的有无排列组合,共 15 种类型(表 1)。将所有含两层乔木层的样地计为 T_{12} 群落,只含 1 层乔木层的样地计为 T_1 群落或 T_2 群落,最高层为 S 层的计为 S 群落,只含 H 层的计为 H 群落,共计 5 种群落垂直结构类型。为了表述方便,本书将所有具有乔木层的群落称为“乔木群落”,这里指 T_{12} 群落、T_1 群落和 T_2 群落。长

① 群落郁闭度是指群落中乔木树冠遮蔽地面的程度。

三角乡村地区各类型植物群落数量比例如表 2.9 所示。

表 2.9　不同植物群落垂直结构模式及其比例

	T_{12} 群落	比例/%	T_1 群落	比例/%	T_2 群落	比例/%	S 群落	比例/%	H 群落	比例/%
单层			T_1	0.8	T_2	0	S	0	H	9.1
双层	T_{12}	0	T_1S	0	T_2S	0	SH	3.0		
			T_1H	4.5	T_2H	16.7				
三层	$T_{12}S$	0	T_1SH	8.3	T_2SH	29.6				
	$T_{12}H$	9.8								
四层	$T_{12}SH$	18.2								
合计		28.0		13.6		46.3		3.0		9.1

从表 2.9 可以看出，各类型数量比例高低排序为：T_2 群落＞T_{12} 群落＞T_1 群落＞H 群落＞S 群落。其中 T_2、T_{12} 群落累计出现频率为 74.3%，构成长三角乡村地区植被群落的主导类型，T_1 群落和 H 群落比例较低，分别占 13.6% 和 9.1%，样地中 S 群落最少，仅占 3.0%。

在 3 种乔木群落的子类型中，以同时含有 S 和 H 层的类型为主，$T_{12}SH$、T_1SH、T_2SH 合计占比达到 56.1%，其中 T_2SH、$T_{12}SH$ 比例最高，分别占 29.6% 和 18.2%。仅含有 H 层的类型也占到了相当的比例，T_2H、$T_{12}H$、T_1H 合计占比达到 31%，其中以 T_2H 为主，占 16.7%。只有乔木层（T_{12}、T_1 或 T_2）的群落数量仅为 0.8%。所有样地中缺失 T_{12}、$T_{12}S$、T_1S、T_2、T_2S 和 S 6 种子类型，共计 9 种子类型。

乡村植被群落以复层结构为主，占比为 87.1%，与周边城市群落相似（77%）。但是在高度上，乡村植被群落以 T_2 群落为主，高大乔木的应用比例较小。城市复层植被群落中，高大乔木的出现频率更高。另外，乡村植被群落中乔草结构的出现频率（31%）要明显高于城市植被群落（17%），从中可以看出在乡村中灌木层较为缺失。

在不同生境间植物群落垂直结构差异明显（见图 2.8）。总的来看，在 4 类生境中，T_2 群落占比最多，S 群落和 H 群落占比较少，且在河边和绿林地生境中有所缺失。在路边生境中，5 种垂直结构类型均有分布，与其他生境的明显区别在于：①T_1 群落占比仅次于 T_2 群落，高大乔木出现频率较高，且林下结构比较简单。②S 群落的占比达到 13.6%，明显高于其他生境中 S 群落的出现频率，较多的乡村道路旁仅以灌草作为绿化，尤其是整形灌木较为常见。水边生境和建筑周边生境中，H群落数量比例相比其他生境明显更高，占比分别为15.4%和14.7%。水边生境主要为水生、湿生植物，建筑周边主要为菜地。绿林地生境中，主要以T_2群落和T_{12}群落为主，村落中的经济林往往以高大乔木搭配小乔木的方式，多为T_{12}群落，结构较为丰富。T_2群落多为景观林，以小乔木和灌木为主。

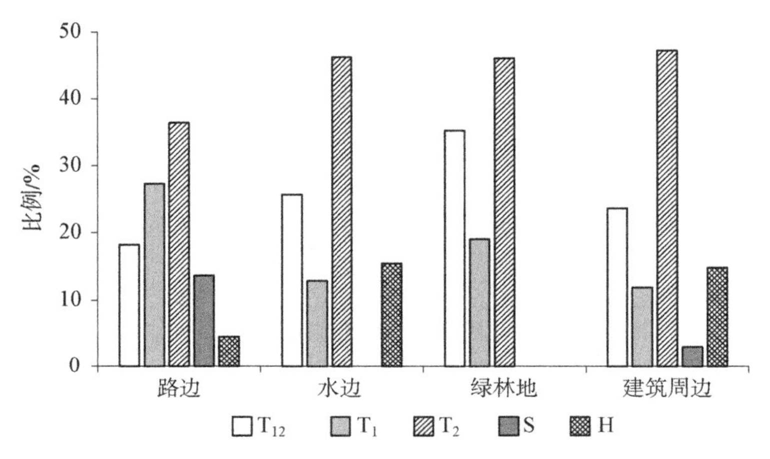

图2.8 不同生境不同垂直结构植物群落的数量比例

2.1.6 乡村植物群落景观与文化特征

植物独特的生理生态特征以及不同植物之间的搭配形成了极具特色的植物观。长三角地区水网密布的乡村聚落形成了民居与水环境融为一体的景观特色，重经济、重创新的价值取向产生了多元的农业模式，精密细致的行为方式也产生了园林化的生活空间。这些特色在植物景观上有着丰富的体现，而且周边的用地情况直接影响着植物群落景观特色。根据调查结果，从空间特点、植物形态、景观协调性和文化寓意等方面来描述各生境类型下植物群落的景观特点。

1. 建筑周边

这一区域与居民的生活关系最为密切，出于功能需求的不同、用地面积的限制、周边环境的差异等原因，这一区域植物群落的空间变化相当丰富。在建筑正面和侧面区域，植物群落主要满足食用和观赏需求，根据群落外貌层次可分为菜林地型、菜地型和硬质铺装镶嵌型(见图 2.9 至图 2.11)。这些类型与建筑正面可用自留地的面积相关，一般面积越大，群落层次越丰富。长三角地区村落建筑密度较低，建筑正面植物群落以菜林地型最为常见，硬质铺装镶嵌型数量较少。

图 2.9　菜林地型

图 2.10　菜地型

图 2.11　硬质铺装镶嵌型

植物群落在水平空间的规划上有较明显的特征：将菜地置于群落中央位置规整划分，乔木以果树为主种植于群落边缘，观赏花卉或露地栽培，或盆栽于建筑附近。这种规划视野开阔，空间利用较为充分。在观赏植物的选择方面，以花色艳丽、花量大的草本或灌木花卉最为典型，如山茶、木芙蓉、月季、蜀葵、紫茉莉、马齿苋等。在植物文化方面，由于院落和人们日常生活关系最为密切，因此植物所体现的文化与意境也最为丰富。在长三角地区院落植物文化以植物形态联想和植物名称联想最为典型，如枇杷、橘树、石榴和柿树等由于其果实丰硕、可以果腹，同时也包含着多子多福的愿望，这是把食物和繁衍作为头等大事的农耕文明的体现；梅、兰、竹、菊等由于其姿态和生活习性而被认为是纯洁和高尚的代表；榉树、槐树、玉兰、桂花等由于其名字的谐音而被认为是吉祥的象征。另外，植物的不同配置方式也在一定程度上表达着主人的精神追求和美好愿望，如院落（见图 2.12）里桂花和玉兰搭配种植有金玉满堂的寓意等。

图 2.12　常见庭院观赏花卉

在建筑背面，以竹林和常绿落叶混交林为主（见图 2.13、图 2.14），一方面起到了防风护屋的作用，另一方面又能够作为材料使用或食用。这些树木往往比较高大，房屋掩映在树木背后，植物与建筑的景观协调性较好。建筑背后的植物文化主要以长寿、长青的愿望为主，如常熟地区的建筑背后往往会种植一小块万年青，其他区域也常常在建筑背后种植竹林。随着乡村性的降低，建筑背后植物群落面积减少，层次简化，主要以整形灌木搭配小乔木为主，植物与建筑的景观协调性有所下降。

图 2.13　建筑背面植物群落(乡村性高)

图 2.14　建筑背面植物群落(乡村性低)

2. 水边

水边生境是该地区最常见、最重要的生境之一(见图 2.15)。该地区水边植物群落以乔木为主,灌木和水生植物缺失严重,草本层主要以自然侵入的杂草为主,较多的碎石砖块堆积,侵占了自然基底;水边生境中较多地块被村民利用为菜地,形成了高大乔木搭配菜地和棚架的常见水边景观;水生植物主要出现在自然驳岸周边,以芦苇、菖蒲等挺水植物为主。

随着乡村性的降低,自然驳岸周边的植物群落景观层次减少(见图 2.16),以草本群落为主。部分水岸以草坪铺地为主,人工痕迹明显,景观自然度下降。硬质驳岸在乡村发展过程中往往被堆高(见图 2.17),植被群落与水体割裂,水生和湿生植物更为少见,植物群落与水面的景观协调性下降。

图 2.15　常见水边植物群落景观

图 2.16　自然驳岸边植物群落(乡村性低)

图 2.17　硬质驳岸边植物群落(乡村性低)

3. 绿林地

绿林地生境中,经济林和景观林在群落外貌上差异明显。经济林植物种植密度更大,灌草层幼树、幼苗较多,视线通透度较差(见图 2.18)。一种以竹林、香樟林和榉树林最为常见,多位于村落边缘地带;另一种常见类型为果树结合菜地,视线通透度较高,平面规划无明显特征。

图 2.18　常见经济林群落景观

景观林是乡村绿化建设的特征之一，群落层次往往比较丰富(见图 2.19)。以小乔木为主，搭配整形灌木，下层人工草本铺地；种植密度较低，视线通透，平面布局规整，多以整形灌木围合限定空间；树种选择较为单一，乔木层多选择观赏小乔木如紫薇、樱花、垂丝海棠、鸡爪槭等，灌木层多选择整形灌木如瓜子黄杨、石楠等。

图 2.19 常见景观林群落景观

4. 路边

路边生境中较常见的 3 种类型是路田交界(见图 2.20)、路林交界和路房交界。其中路田交界处植物群落的外貌特征与道路宽度关系较为明显，村落主干道周边的植物群落的空间分隔功能明显，以高大阔叶或针叶树种为主；水杉与香樟是最为常见的路边乔木；树下灌木应用较少，主要为一些村民种植的蔬菜，道路与农田的景观协调性较高。村落内部路田交界处植物群落往往层次简单，面积较小，以种植的蔬菜和自然侵入的杂草为主。

图 2.20　路田交界处植物群落景观

路房交界处的植物群落主要以常绿小乔木和常绿灌木为主，植被种植密度较大，视线通透度较低，对房屋或院墙的外立面起到了一定的装饰作用(见图 2.21)。随着乡村发展，路房交界处的植物群落被侵占较为严重，群落层次减少，以整形灌木或草本为主，群落与建筑的景观协调性降低。

图 2.21 路房交界处植物群落景观

路林交界处的植物群落常与林地融为一体，下层以整形灌木作空间划分，植物立面对视线引导较强，起到了较好的背景作用，下层以自然侵入的杂草为主，景观的自然度较高（见图 2.22）。

图 2.22 路林交界处植物群落景观

2.1.7 小结

长三角乡村地区植被群落类型以常绿阔叶林和常绿落叶阔叶混交林为主，与城市植被群落类型相比，乡村草本群落和水生植被群落出现频度明显更高，主要为自然侵入的杂草群落和水生经济作物。常绿针叶林、针阔混交林在乡村中出现的频率明显更低。

在科属组成上，乡村植被群落与城市植被群落在大种科方面都包含菊科、禾本科、蔷薇科和豆科。主要为世界广布型草本，在长三角地区较为代表性的壳斗科、樟科、榆科、大戟科和忍冬科中，除了香樟被广泛应用外，其他植物仅有少量种植。乡村植被中十字花科的种数量明显多于城市植被，主要为人工种植的蔬菜以及自然侵入的杂草。城市中的一些大种科如百合科、槭树科、山茶科、木兰科、忍冬科、木樨科等在乡村中应用较少。

乡村植物生活型以一二年生草本植物居多，种数多于城市植被。而乔木种数则明显少于城市植被，以落叶乔木为主，种数约4倍于常绿乔木。乡村中灌木种类并不丰富，以常绿灌木为主，主要以人工种植的防护和景观灌木为主，自然生长的灌木较少。

乡村植物群落中较常见的(f≥5%)乔木树种有20种、灌木有10种、竹类2种、草本45种。与城市地区相比，乔木层中香樟和水杉在乡村和城市地区出现频率都超过10%，女贞、朴树、广玉兰等观赏型阔叶乔木和龙柏、雪松等常绿针叶树种在乡村中出现频率明显少于城市，而柿树、橘树和桃树等果树在乡村中出现频度更高。在竹类方面，城市中常见的竹为毛竹和慈孝竹等，乡村中常见的竹类主要为哺鸡竹、刚竹、早竹等高度适中的散生竹类，主要作为材料用和食用。在灌木层中，乡村地区应用频度高(f≥5%)的灌木种类仅为10种，远少于城市植被(29种)。草本层方面，乡村地区出现频率较高的草本为45种，其中人工草本14种，自然杂草31种，明显高于城市地区(人工草本10种、自然杂草13种)。

调查样地中，乡土树种面积比例在69%～87%之间，大多数生境的植物群落乡土树种面积比例较高。建筑正面和自然驳岸边乡土树种面积比例相对较低，原因可能是建筑正面生境有较多的非乡土的观赏树种，而自然驳岸周边则是由于外来草本植物入侵较为严重。随着乡村发展，大多数生境乡土树种的比例降低。

调查中出现的重点保护植物有银杏、粗榧、榉树、樟树、鹅掌楸、野大豆、细果野菱、莼菜等，均为人工栽培种，未出现野生种群。调查中出现的古树名木主要集中在建筑周边和绿林地。树种包括黄连木、香樟、国槐、榉树、银杏、苦楝、板栗、朴树、枫香、枫杨、马尾松等。

物种多样性方面，建筑正面植物群落物种最丰富，分布较为均匀，在物种丰富度、Shannon-Wiener 指数和 Gleason 指数得分均最高。景观林的物种多样性较差，在物种丰富度和 Gleason 指数得分均最低，但 Simpson 指数和 Shannon-Wiener 指数相对较高，表现为对土地利用效率较低，优势种不明显，物种分布较均匀。自然驳岸边植物群落和建筑背面植物群落在各项指数上得分均较高，表现出较好的多样性状况。路边和硬质驳岸边在各项指数上得分均较低，表现出较差的多样性。经济林的物种丰富度较高，但 Simpson 指数和 Shannon-Wiener 指数较低，优势种较为明显，林缘的物种较为丰富，林内物种种类较少。

各生境植被群落水平结构差异较大，其中经济林郁闭度最大，其次为建筑背面植被群落。建筑正面群落植物群落郁闭度最小。随着乡村性的降低，在建筑正面、路边和景观林 3 种生境中，群落郁闭度有了明显的下降，其他群落郁闭度变化不明显。垂直结构方面，乡村植被群落以复层结构(乔—灌—草)为主，占比为 87.1%，与周边城市群落相似(77%)。但是在高度上，乡村植被群落以 T2 群落为主，高大乔木的应用比例较小。城市复层植被群落中，高大乔木的出现频率更高。另外，乡村植被群落中乔草结构的出现频率(31%)要明显高于城市植被群落(17%)，可以看出在乡村中灌木层较为缺失。

建筑周边植物群落外貌变化丰富，与功能需求、用地面积、周边环境有关。建筑正面植物群落主要可分为菜林地型、菜地型和硬质铺装镶嵌型，以菜林地型最为常见。植物群落在水平空间的规划上大多将菜地置于群落中央，乔木以果树为主种植于群落边缘，观赏花卉种植于建筑附近。典型的文化植物有桂花、海棠、榉树、橘子、石榴、柿子等。建筑背面以竹林和常绿落叶混交林为主，随着乡村性的降低，建筑背后植物群落面积减少、层次简化。植物文化主要为长寿长青植物，包括万年青、松、柏等植物。水边植物群落中灌木和水生植物缺失严重，高大乔木搭配菜地和棚架的植物景观较为常见，水生植物主要出现在自然驳岸周边，以芦苇、菖蒲等挺水植物为主。随着乡村性的降低，自然驳岸周边出现人工痕迹明显的草坪铺地，硬质驳岸被堆高，植被群落与水体割裂，植物群落与水面的景观协调性下降。绿林地生境中，经济林植物种植密度更大，幼树、幼苗较多，视线通透度较差。景观林群落层次比较丰富，种植密度较低，视线通透，平面布局规整，以观赏小乔木和整形灌木为主。路边生境中路田交界处植物群落外貌特征与道路宽度关系较为明显，村落主干道周边的植物群落的空间分隔功能明显，以高大阔叶或针叶树种为主，而村落内部道路植物群落层次简单，以蔬菜和自然侵入的杂草为主。路房交界处的植物群落以常绿小乔木和灌木为主，植被种植密度较大，视线通透度较低，对房屋或院墙的外立面起到了一定的装饰作用。但随着乡村发展，群落层次减少，以整形灌木或草本为主，群落与建筑的景观协调性降低。

2.2　长三角乡村自然植被及其生境的评价

2.2.1　评价指标体系构建

1. 构建原则

指标体系的构建过程是一个根据研究目的，选择若干个相互联系的统计指标以组成一个统计指标体系的过程。在指标选取的过程中，应从乡村植物保育的目的出发，考虑乡村的实际情况以及乡村植被的特殊性，要求评价体系既能适应乡村发展的需求，又能科学、全面地反映乡村植被的价值。因此，指标选择不仅应遵循客观性、科学性、全面性、有效性、代表性、实用性等普遍原则，还应考虑到以下几个方面：

1）乡村植物群落的基本功能

乡村植物群落属于半自然植物群落，受到明显的人为干扰。与城市植物和自然植物不同，乡村植物群落除了在生态和景观上的功能外，生产功能是重要的基本功能。另外，由于在时间和空间的长河中，人与自然共生共融所形成的独特乡土文化在植物上有着明显的表现，乡村植物群落的文化传承功能也是其重要功能之一，应予以重视。

2）评价指标的定量与定性相结合

衡量乡村植被群落保育价值的指标应尽可能量化，如生态和经济方面的指标。但是由于乡村植被群落的景观性和文化性评价因素存在，部分指标在目前认识水平下难以量化，因此在评价过程中可以选择定性的指标来描述。

3）评价指标的乡村共性与地域特色相结合

指标体系，一方面要尽可能采用目前研究普遍采用的评价指标，做到准确、全面地反映乡村植被群落保育价值，对各地乡村的植被群落保育都有一定的指导意义；另一方面也要兼顾长三角地区自身的自然环境及地域文化特点，突出区域特色。

2. 构建思路

传统植物保育的主要目的是保护生物多样性，主要对象是珍稀濒危植物、特有植物、小种群植物等，采取的手段包括建立自然保护区、森林公园等原位保护措施以及引种育苗等迁地保育措施。但是长三角乡村地区中野生珍稀濒危植物出现较少，乡村植物的特殊价值体现在其与乡村生境的耦合程度较高，提供了重要的生态服务功能、物质生产功能、景观观赏功能和文化传承功能等。因此，本书的植物保育对象不仅针对珍稀濒危植物，也包括那些在生态、生产、景观文化等方面提供重要价值的乡村植物群落。评价体系构建的目的是为了直观、量化地评判现有乡村植物群落的价值与不足，为保护和改造乡村植物群落提供依据。

已有学者对乡村植物群落的功能进行了较完整的阐述，总结起来可以归为生态效应、社会效应、经济效应和美学效应 4 个方面。其中，生态效应指乡村植物群落在改善自然环境方面发挥的作用以及其在乡村生态系统中产生的作用；社会效应是指乡村植物群落展现出的地域文化、民俗特色以及在满足人们精神需求方面的作用；经济效应是指乡村植物的物质生产功能；美学效应是指人们对于植物形成的景观及其与周围环境关系所形成的自然美、人文美的感受。

为了方便实际操作和指标量化，从乡村植物群落的这几项主要功能出发，找寻与各项功能相关性最高的群落特征，归纳总结出直接针对植物群落结构的评价体系。因此，乡村植物保育评价体系从 4 个方面（即 4 个准则层）来构建，分别为群落稳定性、群落典型性、群落稀有性和群落乡土文化性。群落稳定性主要对应生态效应，群落典型性对应生态效应和经济效应，群落稀有性对应生态效应和社会效应，群落乡土文化性对应美学效应和社会效应。需要说明的是，现代乡村经济作物大多规模化、专业化种植，村落中植物的经济性逐渐弱化。本书针对的是村落中的植物，经济植物更多地表现为房屋周边的典型植物，因此用群落典型性来指示乡村植物的经济效应。

3. 指标筛选

首先整理并筛选出国内外已有的相关指标体系中有关群落稳定性、典型性、稀有性和乡土文化性等方面的指标，如表 2.10 所示。在群落稳定性层面，通过文献共整理出 5 类、53 个指标。其中群落演替现状在自然植物群落稳定性的研究中出现较多，在城市植物群落评价中出现较少，根据调查的实际情况，乡村中部分群落中出现优势种的幼树幼苗，更新潜力较好，另一些则更新潜力较差。因此，种群更新潜力可以作为一个指标来指示群落的稳定性。在物种多样性方面选取具有代表性且实操性较好的物种丰富度。在群落结构方面，考虑水平结构和垂直结构，分别选择植被覆盖率、郁闭度和复层数来指示。在健康状况方面，选取具有代表性的生长势指标。在环境因素方面并未选择指标，一方面是由于各样地间的地形地貌等环境因素差异较小，另一方面是由于研究主要针对群落本身的特征，故不选取环境因素指标。

表 2.10　乡村植被群落保育评价体系

<table>
<tr><th>目标层
Objective layer</th><th>准则层
Criterion layer</th><th>指标层
Indicator layer</th></tr>
<tr><td rowspan="14">乡村植被群落保育评价 A</td><td rowspan="7">群落稳定性 B_1</td><td>物种丰富度 C_1</td></tr>
<tr><td>植被覆盖率 C_2</td></tr>
<tr><td>林冠郁闭度 C_3</td></tr>
<tr><td>复层数 C_4</td></tr>
<tr><td>生长势 C_5</td></tr>
<tr><td>种群更新潜力 C_6</td></tr>
<tr><td>乡土植物比例 C_7</td></tr>
<tr><td rowspan="2">群落典型性 B_2</td><td>物种组成典型性 C_8</td></tr>
<tr><td>结构典型性 C_9</td></tr>
<tr><td rowspan="3">群落稀有性 B_3</td><td>是否有国家、省、市重点保护植物 C_{10}</td></tr>
<tr><td>是否有中国特有植物 C_{11}</td></tr>
<tr><td>是否有古树名木 C_{12}</td></tr>
<tr><td rowspan="2">群落乡土文化性 B_4</td><td>植物景观与环境的协调性 C13</td></tr>
<tr><td>植物文化典型性 C_{14}</td></tr>
</table>

在群落典型性方面，其他文献主要针对乡土树种的种类和数量比例做了一定研究。但笔者认为，除了物种的典型性以外，群落结构的典型性也是重要的组成部

分，因为不同生境的植物群落结构有较明显的差异。另外，如前文所述，将植物的经济性考虑进来，选择“典型经济植物比例”来指示群落的经济价值。

在群落稀有性方面，主要分为3类：珍稀濒危植物、古树名木、特有树种。这些树种在长三角乡村地区中并不常见，仍需引起足够的重视，因此将这些指标定为“一票肯定”项，若含有其中任何一类，则此植物群落应严格保护。

在景观文化方面，由于研究思路及目的的不同，相关指标较多。为了突出植物景观中反映的本土文化如生产生活方式及审美情趣等，本书决定从植物景观与环境的融合性和文化的典型性这两方面选取指标，并最终确定为植物景观与环境的协调性和植物文化典型性两个指标。

最终构建了3个层次的指标体系（见表2.10）。第1层次是目标层（Objective layer），即乡村植被群落保育价值；第2层次是准则层（Criterion layer），即乡村植被群落保育价值具体有哪些准则决定；第3层次是指标层（Indicator layer），即每一个评价准则有哪些具体指标来表达。

4. 权重确定

层次分析法数学模型原理

1）构造判断矩阵

采用1—9标度法，邀请具有丰富经验的专家对各层指标进行评判（见表2.11），填写判断矩阵。在此基础上，计算单一层次下的元素相对权重并进行一致性检验。

表2.11 判断矩阵比率标度含义

标度 Scale	含义 Signification
1	表示两因素相比，具有同样的重要性
3	表示两因素相比，一个因素比另一个因素稍微重要
5	表示两因素相比，一个因素比另一个因素明显重要
7	表示两因素相比，一个因素比另一个因素强烈重要
9	表示两因素相比，一个因素比另一个因素极端重要
2，4，6，8	为上述相应判断的中间值

2）单层次排序及一致性检验

单层次排序过程如下：

第一，计算该层次的判断矩阵中每一行的元素乘积 M_i：

$$M_i = \prod_{j=1}^{n} a_{ij} \, (i = 1,\ 2,\ \cdots,\ n) \tag{2.1}$$

第二，计算 M_i 的 n 次方根：

$$\overline{M}_i = n\sqrt{M_i} \tag{2.2}$$

第三，对 $\overline{M}_i$ 进行归一化处理，即得到权重向量 W_i：

$$W_i = \frac{\overline{M}_i}{\sum_{i=1}^{n} \overline{M}_i} \tag{2.3}$$

第四，计算判断矩阵的最大特征值 $\lambda_{\max}$：

$$\lambda_{\max} = \frac{1}{n} \sum_{i=1}^{n} \frac{(A \times W_i)}{W_i} \tag{2.4}$$

式中，$\boldsymbol{A}$ 为该层次的判断矩阵；

$\boldsymbol{W}$ 为权重列向量；

$$\boldsymbol{W} = \begin{pmatrix} \boldsymbol{W}_1 \\ \boldsymbol{W}_2 \\ \cdots \\ \boldsymbol{W}_i \end{pmatrix};$$

$\boldsymbol{W}_i$ 为权重向量的第 $\boldsymbol{i}$ 个分量；

$\boldsymbol{n}$ 为判断矩阵的阶数。

为判断矩阵的一致性需计算一致性指标 CI 值，原理如下：

$$CI = \frac{\lambda_{\max} - n}{n - 1} \tag{2.5}$$

$CI < 0.1$ 时，判断矩阵有可接受的一致性，否则要进行修正。

当 $n \geqslant 3$ 时，为消除 CI 受阶数的影响，还需引入判断矩阵的平均随机一致性指

标 RI，取 $CR=CI/RI$（RI 值参照表 2.12），对所构造的判断矩阵进行一致性检验。一般认为 $CR<0.1$ 时，判断矩阵有可接受的一致性。否则需要对判断矩阵进行修正，使之具有满意的一致性。

表 2.12　一致性指标 RI

n	1	2	3	4	5	6	7	8	9	10
RI	0	0	0.58	0.9	1.12	1.24	1.32	1.41	1.45	1.49

3）层次总排序

利用层次单排序的加权组合可以计算上一层的权重，即得到评价体系中各单项指标的权重值——层次总排序。

4）乡村植被群落保护评价体系权重计算

本研究邀请 15 位风景园林设计、园林植物、生态学等相关领域专家对权重打分表进行评判（见表 2.13），然后将结果汇总，利用专业层次分析法软件 YAAHP V6.0 进行计算，得到如下结果。

表 2.13　各层指标权重计算结果

目标层 Objective layer	准则层 Criterion layer	权重值 Weight	指标层 Indicator layer	权重值 Weight
乡村植物群落保育评价 A	群落稳定性 B_1	0.59	物种丰富度 C_1	0.099 5
			植物覆盖率 C_2	0.119
			林冠郁闭度 C_3	0.076 8
			复层数 C_4	0.139 3
			生长势 C_5	0.050 4
			种群更新潜力 C_6	0.040 5
			乡土植物比例 C_7	0.063 4
	群落典型性 B_2	0.25	物种组成典型性 C_8	0.167 9
			结构典型性 C_9	0.084
	群落稀有性 B_3	—	是否有国家、省、市重点保护植物 C_{10}	—
			是否有中国特有植物 C_{11}	
			是否有古树名木 C_{12}	
	群落乡土文化性 B_4	0.16	植物景观与环境的协调性 C_{13}	0.106 2
			植物文化典型性 C_{14}	0.053 1

注：“群落稀有性”为一票肯定项，不计入总权重。若植物群落中含有保护植物、中国特有植物或古树名木则其保护等级为Ⅰ级。

由表 2.13 可知，准则层中群落稳定性所占的权重最高，为 0.59；其次是群落典型性，为 0.25，群落乡土文化性权重最低，仅有 0.16。究其原因，可能由于植被群落的稳定性是植被群落发挥其生态功能和景观文化价值的基础和前提，因此权重最高。群落典型性和群落稳定性有一定的相关性但又不完全相同，群落典型性更多地指群落与生境、气候带、乡村之间的关系是否典型，是体现当地特色的重要指标。群落稀有性是群落保护的重要原因之一，但是由于出现频度较低，因此权重相对较低。群落乡土文化性的权重较低可能是由于乡土文化性的主观性较强，对于群落保护价值来说，群落的其他指标更为客观和重要。

5. 指标释义及评分标准

为确保评价指标科学、合理且具有可操作性，本书通过参考各类指标体系、分类标准、相关规范，结合专家意见，对评价指标体系各项指标给出了释义。对于可量化的指标，尽量参照标准进行分类量化，从而做到科学、严谨；对于只能定性评判却无法量化的指标，则依靠经验丰富的专业人士进行评判，以提高评判的可靠性。

本书对于乡村植被保护评价采用定量与定性指标相结合的评判方法，即单项指标评价法与专家打分相结合。单项指标评价法参照国家、地方及行业标准或参考前人研究并结合现状分析选取指标进行分类打分评价；专家打分评价法则针对不能量化的指标，给出定性描述并请具有相关知识背景或经验的专家进行打分，然后取平均作为结果。本评价中，有定量评价标准的指标采用单项指标评价法进行评判，无定量标准的采用专家法，以调查所得的文字、数据、平面图和照片资料等依据，按照定性评价等级进行评判，然后将专家的评判结果进行加权平均，得出评判值。

各项指标释义及评分标准如下：

C_1 物种丰富度，指群落中物种数目的多少，包含调查植物群落中所有乔灌木、地被和水生植物。物种丰富度数值越高，群落稳定性越好。调查中发现群落物种丰富度在 0～30 之间，因此定义物种丰富度小于 5 记为 30 分，5～10 记为 60 分，10～15 记为 75 分，15～20 记为 90 分，20 种以上为 100 分。

C_2 植被覆盖率，指植被覆盖区域面积占群落面积的百分比。植被覆盖率越高，群落稳定性越高，得分直接按百分比乘以 100 得到。

C_3 林冠郁闭度，指当从林地一点向上仰视，被树木枝体所遮挡的天空球面的比例，即林冠的投影面积与林地面积之比。郁闭度过高，不利于下层植物生长，过低则绿地利用效率过低。郁闭度在区间最为适宜，记为 100 分，郁闭度小于 25 或者大于 90 最不适宜，记为 30 分，中间分为 60、75、90 分 3 个级别。

C_4 复层数，指植物群落的垂直层次数量。按照高度级将样地垂直结构分为 3 个层次；0.1～0.5 m 为草本层，0.5～1.5 m 为灌木层，1.5 m 以上为乔木层。乔木层又可以划分为三个亚层：1.5～4 m、4～8 m 和 8～25 m。复层数越多群落稳定性越好，复层数 1～5 层分别对应分值 30、60、75、90 和 100。

C_5 生长势，指植物生长发育的旺盛程度，可以用来指示植物的健康状况。参考 Citygreen 的标准，建立绿地树木健康度分级标准，对生长势很好、好、一般、欠佳和很差的植株依次评为 100、90、75、60、30 分。运用平均生长势分值(APS，Average Performance Score)描述整个群落的生长势，其值等于群落中所有树木生长势分值之和除以树木数量。

C_6 种群更新潜力，指优势树种的更新潜力。以乔木优势树种的幼苗、幼树占其总数量的比例衡量其种群更新潜力。更新潜力大于 50%，记为 100 分，更新潜力小于 5%最不适宜，记为 30 分，中间分为 60、75、90 分 3 个级别。

C_7 乡土植物面积比例，指乡土植物覆盖度占所有物种覆盖度的比例。乡土植物是指经过长期的自然选择及物种演替后，对某一特定地区有高度生态适应性的自然植物区系成分的总称，群落中的乡土植物越多，地域特色越明显，群落生态稳定性越好，人工管护的需求越低。本书通过整理相关文献和《上海植物志》《浙江植物志》和《江苏植物志》中的乡土植物，作为乡土植物判断的依据。乡土植物面积比例得分用乡土植物盖度占群落总盖度的比例乘以 100。

C_8 结构典型性，指植物群落结构与生境的匹配程度。比较调查样点植被群落与长三角地区该类生境下的自然植被群落结构的相似程度，判断群落结构是否典型。

C_9 物种组成典型性，指植物群落物种组成与生境的匹配程度。比较调查样点植被群落物种组成与该生境下的典型乡村物种组成的相似程度，并考虑乡村典型经济植物的比例。

C_{10} 是否有国家、省、市重点保护植物种类，从生态学的角度看，稀有濒危植物的重要性是无法估量的，珍稀濒危物种是保护工作的重点，植被中珍稀濒危物种种数是衡量植被保护价值的一个重要依据。将群落中的植物与1987年《中国珍稀濒危保护植物名录》、1992年《中国植物红皮书》(第1册)、1999年《国家重点保护野生植物名录(第1批)》、2004年《中国物种红色名录》、2013年《中国生物多样性红色名录—高等植物卷》等名录进行比对，若含有重点保护植物，记为100分，反之记为0分。

C_{11} 是否有中国特有植物种类，特有种指分布在某一特定区域的物种，群落中分布的特有种越多，此群落的保护价值就越高。若含有中国特有植物，则记为100分，反之则记为0分。

C_{12} 是否有古树名木，古树名木一般指在人类历史过程中保存下来的年代久远或具有重要科研、历史、文化价值的树木。古树指树龄在100年以上的树木；名木指在历史上或社会上有重大影响的中外历代名人、领袖人物所植或者具有极其重要的历史、文化价值、纪念意义的树木。古树名木因其具有较高的生态、景观、经济、文化、历史、科研等方面的价值，有较高的保护价值。调查中主要根据树木胸径以及文献、史料、传说及走访当地知情老人相结合的办法估计树龄，若含有古树名木，记为100分，反之记为0分。

C_{13} 植物景观与环境的协调性，指植物景观的外貌和功能与周边的景观要素及当地典型生活方式的结合程度。当植物景观的功能和外貌与当地典型生活方式结合度较高，具有典型水乡特点，说明景观的乡土性高，记100分；当植物景观与当地的典型生活方式毫无关联，城市特色较为明显，说明景观的乡土性低，记30分；中间根据植物景观的外貌、功能与当地生活方式的结合度从低到高分为60、75、90分3个级别。

C_{14} 植物文化的典型性，指植物群落中植物单体和植物配置中江南水乡文化的体现程度。植物与人类生活密切相关，植物作为乡村生活的一部分，被赋予了特殊的人文色彩和文化含义，从而形成植物特有的文化。植物文化的保护和传承有着重要意义，是乡村植被保育价值的重要组成部分。通过文献整理和实地调查采访，确定当地典型文化寓意的植物种类及配置方式。若植物群落具有典型文化寓意则记为100分，反之记为0分。

6. 目标层计算

对指标层各个指标打分评价后可采用综合评价法计算目标层分值，公式如下：

$$A = \sum_{i=1}^{n} C_i \cdot W_i \tag{2.6}$$

其中，A 为目标层得分，C_i 为指标层各指标得分，W_i 为相应指标权重，n 为指标层指标个数。

在本式中，n 为 12。参考以往研究并结合本研究特殊性，将淀山湖沿岸带滨水景观质量划分为 5 个等级。

表 2.14　乡村植被保育评价等级表

分级 Grade	A A	意义 Signification
Ⅰ	>80	乡村植被保护价值非常高
Ⅱ	70～80	乡村植被保护价值较高
Ⅲ	60～70	乡村植被保护价值一般
Ⅳ	30～60	乡村植被保护价值较低
Ⅴ	≤30	乡村植被保护价值非常低

2.2.2　长三角乡村地区植被保育评价

1. 不同生境类型下植被群落评价结果对比

根据上述评价方法，得到 4 类生境共 256 个植被群落的保护价值评价结果（见表 2.15）。比较各生境不同等级植物群落数量及比例可以得出：

(1) 长三角乡村地区植被群落质量分异明显，值得原位保护的植物群落（Ⅰ级、Ⅱ级）共 50 个，占比为 19.5%；需要优化改造的植物群落（Ⅲ级、Ⅳ级）较多，共 196 个，占比为 76.6%；需要修复重建植物群落（Ⅴ级）较少，共 10 个，占比为 3.9%。

(2) 各种生境中，绿林地高保护价值植被群落（Ⅰ级、Ⅱ级）所占比例最高，为 26.3%；接着依次是建筑周边、水边和路边，占比分别为 22.9%、14.3%和 10%。

(3) 水边植物群落受乡村城市化影响最大，高保护价值植物群落占比降低

19.3%;绿林地和建筑周边高保护价值植物群落比例分别降低15.9%和10.6%。

表2.15 村落植被群落保育评价分级结果

生境类型		乡村性	Ⅰ级	Ⅱ级	Ⅲ级	Ⅳ级	Ⅴ级	总计
水边	自然驳岸边	高	1	4	13	7	0	25
		低	0	2	8	5	1	16
	硬质驳岸边	高	1	1	8	5	0	15
		低	0	1	6	7	0	14
路边		高	1	2	15	6	0	24
		低	0	1	4	8	3	16
建筑周边	正面及侧面	高	2	4	10	12	2	30
		低	0	1	10	6	1	18
	背面	高	3	3	5	1	0	12
		低	1	2	4	3	0	10
绿林地	景观林	高	0	5	11	3	1	20
		低	0	2	9	6	1	18
	经济林	高	4	3	16	3	0	26
		低	2	4	2	3	1	12

注：表中数字代表样地数量。

各生境植物群落准则层得分均值如图2.23所示，其中B_1～B_4分别代表群落稳定性、群落典型性、群落稀有性和群落乡土文化性。总体来看，各生境植物群落稀有性均较差，可见长三角地区村落现存的濒危保护植物和古树名木较少；各生境群落的典型性得分普遍高于稳定性得分，可见各生境中植被群落虽然还保留着该生境下的基本结构，但是在生物多样性、郁闭度、生长势、优势种更新潜力等方面存在着较大问题，导致了群落稳定性的得分表现相对较差。分生境来看，绿林地植物群落雷达图面积最大，现状情况较好；路边植物群落雷达图面积最小，群落现状堪忧。建筑周边植物群落在乡土文化性方面表现突出，具有丰富的植物文化和

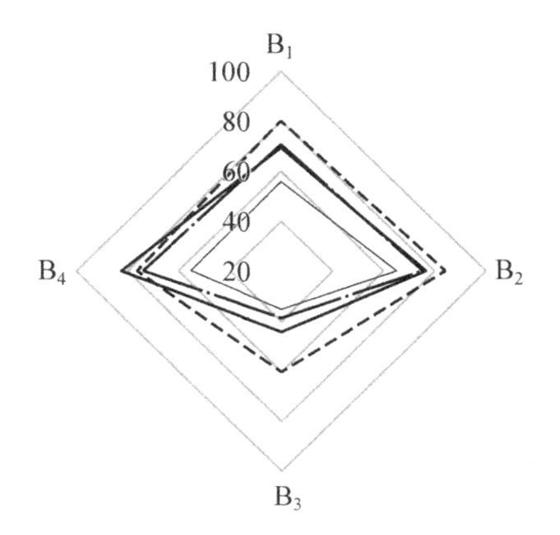

图2.23 不同生境植物群落准则层得分情况

—·— 水边 —— 建筑周边 ---- 绿林地 —— 路边

突出的乡村景观特点。

将水边、建筑周边和绿林地生境进一步细分(图2.24)。可以看出,自然驳岸边植物群落在各项指标上都高于硬质驳岸边植物群落,尤其在群落稳定性(B_1)和群落典型性(B_2)方面。其原因可能是,硬质驳岸边的植物群落与河道的沟通较少,水生和湿生植物较少导致群落结构典型性较低。调查中自然驳岸边水生与湿生植物出现频率高,为21.5%。另一方面,随着驳岸的硬质化,植被群落出现了明显的城市化规划,导致了乡土树种比例的下降和物种多样性的降低。

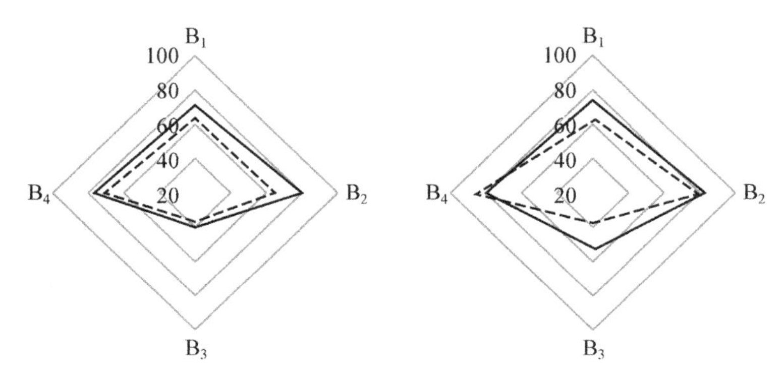

图2.24 不同驳岸类型、不同建筑位置植被群落准则层得分情况

(a)不同驳岸类型;(b)不同建筑位置

屋后植物群落在稳定性和稀有性方面明显高于屋前植物群落,在乡土文化性方面略低。其原因可能是,屋后植物群落对建筑采光和村民日常活动的影响较小,人们出于经济和防护考虑会种植一些高大乔木或竹类,且种植密度较高。这使得屋后植物群落的郁闭度(43.16%)比屋前(24.52%)更高。另一方面,屋后植物群落相比于屋前,受人为活动的影响相对较少,尤其在一些空置房屋后的植被群落,发育情况良好。屋后植物群落的生长势(86.23)高于屋前(78.36),屋后古树名木出现频率(33.33%)也高于屋前(16%)。屋前植物群落乡土文化性较高的原因是文化植物应用频率较高,主要为名吉、物吉植物,如桂花(*Osmanthus fragrans*)、榉树(*Zelkova serrata*)、橘子(*Citrus reticulata*)、石榴(*Zanthoxylum schinifolium*)、柿子(*Schizaea digitata*)、梧桐(*Firmiana platanifolia*)等。屋后植物群落中文化植物主要是寓意长寿的长青植物,包括万年青(*Scirpus validus*)、松(*Pinus massoniana*)、竹(*Phyllostachys iridescens*)等植物,但出现频率较低。

2. 不同乡村发展阶段植被群落评价结果对比

从乡村发展阶段来看,在各生境类型中,乡村性低值区群落评分普遍低于乡村性高值区群落评分(见图 2.25)。可见,长三角乡村地区在发展过程中对植被群落的破坏较为明显。

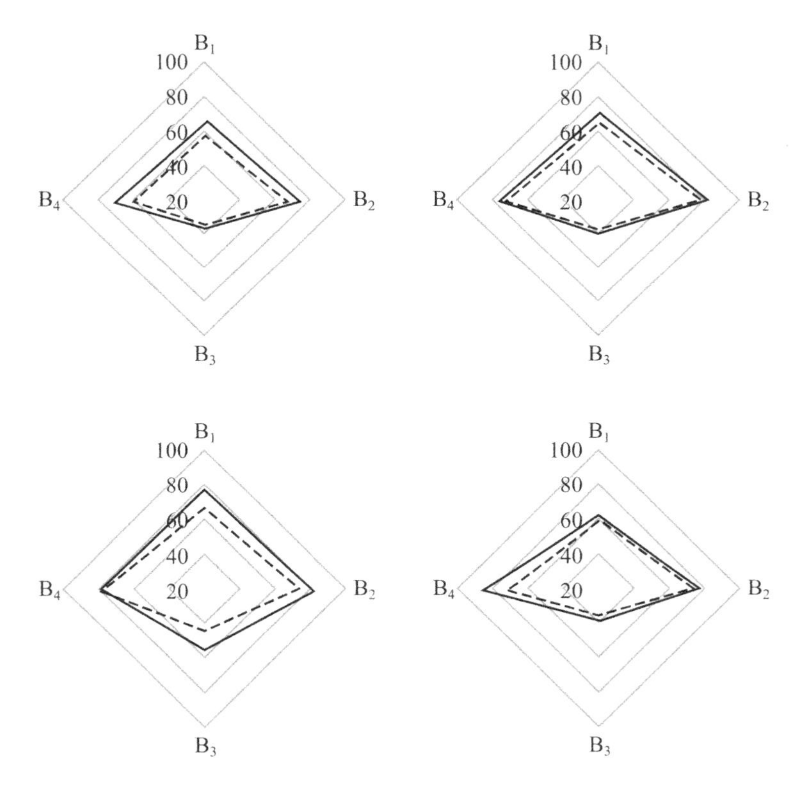

图 2.25 各生境不同乡村性植物群落准则层得分

(a)水边;(b)建筑周边;(c)绿林地;(d)路边

绿林地生境中,群落稳定性(B_1)受乡村性影响明显,原因可能是,较多经济林被绿化景观林所替代,导致了物种多样性、结构丰富度、林冠郁闭度、种群更新潜力、生长势的全面降低。物种丰富度均值由 10.05 降低为 9.56,复层数均值由 2.95 降低为 2.5,林冠郁闭度由 61%降低为 53%,种群更新潜力由 29%降低为 19.05%。村落中原有的经济林如散生竹林、香樟(*Cinnamomum camphora*)林、榉树(*Zelkova serrata*)林等,由于群落发育时间较长,群落结构完整、物种丰富度较高,具有较高的群落稳定性和典型性,应予以重视和保护。

路边植物群落稳定性(B_1)和乡土文化性(B_4)随着乡村性的降低而明显降低。一方面原因是,路边绿化的建设降低了原本路边生境的物种多样性,尤其是草本植物的种类,导致了群落稳定性的下降;另一方面,路边绿化大量应用整形灌木,使得景观乡土性降低。

水边植物群落和建筑周边植物群落在各指标上都有一定程度的下降,根据驳岸类型和与建筑的位置关系进一步分析。

从图 2.26 可以看出,在乡村发展过程中,硬质驳岸边植物群落在稳定性、典型

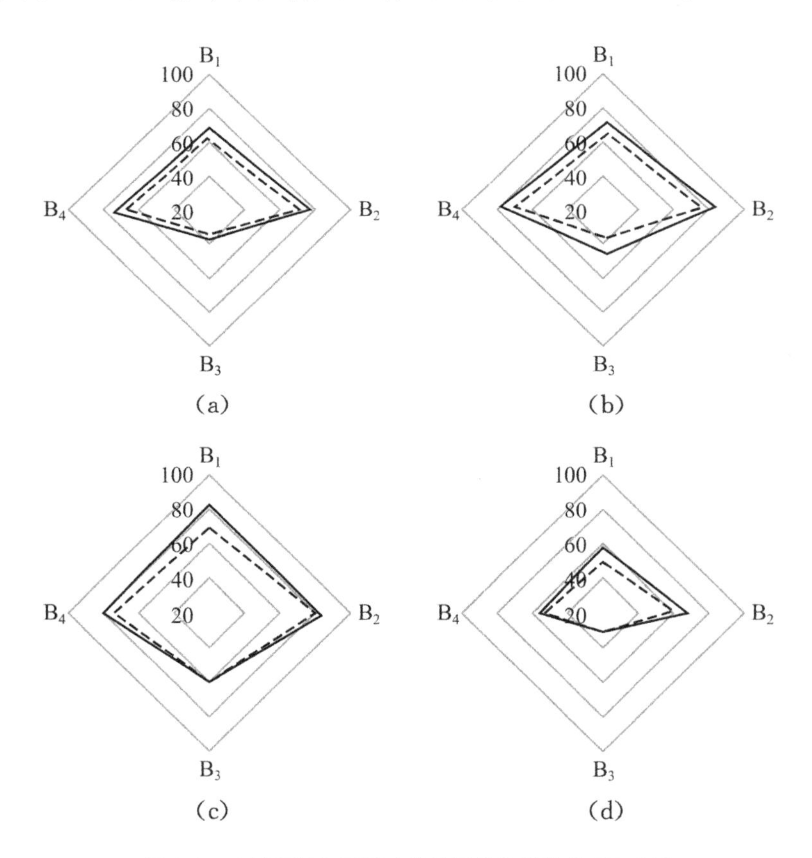

图 2.26 不同驳岸、不同建筑位置植物群落准则层得分

(a)硬质驳岸 (b)自然驳岸 (c)屋后 (d)屋前

性和乡土文化性方面都受到了明显破坏，而自然驳岸植物群落受影响相对较小。原因可能是，乡村原有硬质驳岸主要是当地石材建造，与水体的关系较好，驳岸周边有较多水生植物，村民也多种植构树、水杉、朴树、哺鸡竹、菖蒲、茭白等适地植物。但随着乡村发展，河道驳岸多为混凝土固堤，河岸植被带的宽度也不断变小，使得植物群落生态功能降低、景观特色消失。

建筑周边生境中，屋后植物群落受乡村发展影响更明显，在群落稳定性、典型性、稀有性方面都有明显下降。屋前植物群落在乡土文化性方面受乡村发展影响较大。原因可能是在乡村建设过程中，尤其是在房屋翻建时，屋后植物群落的面积急剧缩小，土地硬质化率明显上升。这一方面导致了群落稳定性的降低，物种丰富度均值由 14.47 下降至 12.86，复层数均值由 2.68 下降至 2.18；另一方面也导致了村落中原有的古树和部分重点保护植物受到较大的破坏，如树龄较长的黄连木、香樟、榉树、银杏、苦楝、朴树、枫香、马尾松等。屋前植物群落随着土地的流转有较多一部分变成了村落统一规划的绿地，这些绿地大多以简单的城市化方式设计，典型文化植物的应用减少，群落外貌也失去了乡村特色。

3. 高保护价值植被群落分类与示例

在单个群落的得分方面，对水边、建筑周边和绿林地 3 类生境中保护等级为Ⅰ级、Ⅱ级的群落进行总结分类。在水边群落中，高保护价值植物群落如：垂柳＋朴树＋构树—日本珊瑚树＋大叶黄杨＋哺鸡竹—麦冬＋早熟禾＋一年蓬—芦苇＋美人蕉＋菖蒲（沉海圩，综合得分 83.02）。这类植物群落大多位于自然驳岸旁，村民出于护坡和景观的考虑，以根系发达的先锋树种为主，下层有较多的自然侵入草本，水生湿生植被丰富，群落的稳定性和景观乡土性较高。另一类植物群落如香樟＋苦楝—大叶黄杨＋小叶女贞—南瓜＋豇豆＋荠菜—泥胡菜＋黄花酢浆草（严家桥村，综合得分 75.45），大多位于当地石材建造的硬质驳岸周边，岸上植被与水体保持一定的沟通，土壤湿润，蕨类和草本植物较多，群落生物多样性较高，也有着明显的乡村景观特色。

建筑周边植物群落中，高保护价值植物群落如：柿树＋橘树—玉米＋茄子＋土豆—黄瓜＋丝瓜＋扁豆＋月季＋木槿—茭白＋菱角（三星村，综合评分 81.67）。这类植物群落位于房前临水处，具有较高的生物多样性，丰富的水平与垂直结构将食用植物规则种植于群落中央，且景观和材用植物种植于群落边缘，合理搭设竹架，沿水种植水生、湿生植物，由此生产与景观的紧密结合，形成了独特的植物文化景观。屋后高保护价值的植物群落如：①榉树＋国槐＋构树＋香樟＋梧桐—香椿＋哺鸡竹—空心菜＋狗尾草＋葎草＋牛筋草＋扶芳藤(沉海圩，综合评分 84.89)；②水杉—哺鸡竹—牛筋草＋猪殃殃＋葎草＋繁缕(湖头村，综合评分 76.94)。过去屋后植物群落主要作为建材使用，但是随着使用率的降低，乡村性低值区的屋后植物群落被硬质地面所取代，乡村性高值区的屋后植物群落功能发生变化，导致乔木数量大幅减少。现存的保护价值较高的屋后植物群落多出现在空置房屋的周边，由于人为干扰较少，这类植物群落得以长时间自然发育。在一些古村落中，有部分人工植物群落由于文化、气候等原因被长期保留下来，具有很高的生态、景观、文化价值。这类植物群落面积被硬质土地和人为活动不断侵蚀，群落稳定性处于较大的威胁之下，应引起重视与保护。典型的植物配置如，榉树—橘子＋柿子＋石榴—孝顺竹—吉祥草＋鸭跖草＋红花酢浆草—丝瓜＋葎草(礼舍村，综合评分 81.25)。

绿林地植物群落中，高保护价值植物群落如：哺鸡竹—臭椿＋槐树＋香樟—葎草＋空心莲子草＋小蓬草＋看麦娘(湖头村，综合评分 83.37)。这类面积较大的散生竹林出现频度较高，往往与香樟、榉树等常绿或落叶阔叶乔木共同种植，群落郁闭度较高，林下的幼树幼苗丰富，自然侵入的草本种类多样，群落稳定性和典型性都较好，且呈现出典型的景观乡土性。另一类高保护价值植物群落如：广玉兰＋构树＋银杏＋香樟＋国槐—桂花＋茶梅—二月兰＋葎草＋孝顺竹(淀峰村，综合得分 78.42)。这类群落过去作为苗圃，20 世纪 80 年代苗木市场比较红火，村落内种植起大片的苗圃林，种类各式各样，包括香樟、银杏、雪松、广玉兰、桂花等，部分苗圃林由于市场的降温而得以保留和发育，形成了较为稳定的植物群落。还有一类。如：国槐＋板栗＋香樟＋枫香＋构树—橘子＋小叶黄杨＋孝顺竹—络石＋葎草＋空心莲子草(蒋山村，综合得分 86.87)。这类植物群落多出现在墓地周边，历史悠久，群落内树木树龄较长，群落结构丰富，具有较高的生态保护价值。

4. 结果分析

对长三角地区植被群落的调查和评价结果发现：

(1) 该区域乡村植被群落质量分异明显。值得原位保护的植物群落占比

21.60%，主要集中在绿林地、水边生境中自然驳岸周围和建筑背面。但需要优化改造的植物群落较多，占比71.64%，主要集中在路边、水边生境中硬质驳岸周围和建筑正面。

（2）该区域乡村植被群落基本保持着较高的典型性，但是稳定性受到了一定的干扰，稀有性和乡土文化性缺失较严重。各生境植被群落虽然还保留着该生境下的基本结构，但是在生物多样性、郁闭度、生长势、优势种更新潜力等方面存在着较大问题，特别是水边硬质驳岸周边、建筑正面和路边植被群落稳定性破坏严重。村落中濒危保护植物和古树名木缺失严重。具有当地代表性的文化植物和乡村景观仅存在于建筑正面，其他生境中存留较少。

（3）乡村发展和人工干预对乡村植被群落质量破坏明显。乡村城市化改变了绿林地的优势种和群落结构，道路周边城市化的绿化模式与乡村植被群落模式冲突严重，硬质化驳岸改变了水边自然生境，城市化的建筑改造破坏建筑周边的自然生境，导致了乡村植被群落的稳定性、典型性、稀有性和乡土文化性都有不同程度降低。

2.3 长三角乡村植物群落营建关键技术

课题基于上述乡村地区自然植物群落保育价值的评价，对乡村自然植被群落稳定性较差、生态服务功能较低、景观较差的自然植被群落进行优化，提升其生态服务功能和景观效果，其中植物群落生态服务功能包括空气改善型、高固碳型、雨水蓄积型。

2.3.1 乡村空气质量改善型植物群落构建技术

我们以控降[①]空气颗粒物为出发点，对长三角乡村地区常见绿化植物控降大气颗粒物能力进行排序，筛选出控降大气颗粒物能力强的长三角乡村地区植物种类；

① 控降是指控制大气颗粒物迁移及促进沉降效率的能力。

同时研究不同植物群落在不同污染浓度下对颗粒物的控降效果，构建长三角乡村地区控降颗粒物较好的乡村植物群落模式，在长三角乡村地区建设中为乡村空气质量改善型植物群落优化改造提供理论基础和技术支持。

1. *研究方法*

1）植物筛选

（1）结合文献以及实地调研基础选取长三角乡村地区道路空间、广场空间和工厂区中常见植物，共选择 35 种植物。包括广玉兰、桂花、女贞、香樟、慈孝竹、白玉兰、垂丝海棠、构树、鸡爪槭、榉树、栾树、石榴、无患子、悬铃木、银杏、樱花、紫薇、紫叶李、龙柏、罗汉松、落羽杉、雪松、水杉、八角金盘、杜鹃、小叶黄杨、海桐、红花檵木、金边黄杨、红叶石楠、洒金桃叶珊瑚、山茶、珊瑚树、狭叶十大功劳、栀子花。

（2）树枝选择。选择生长势良好乔灌木，从枝顶端开始约 25 cm 长的树枝，每种乔灌木选择枝冠特征相似的 55 株。

2）长三角乡村地区植物枝叶特征测定

（1）叶密度。计算叶片数量和树枝体积之比。需要测定数据叶片数量、枝型、枝长、截面。

（2）叶面积指数。随机选择其中 3 个枝条，剪下叶片，测定每个枝条的鲜重 W，然后扫描计算出叶总面积 S，单位重量叶面积＝S/W，单枝叶片中叶面积 $S_1=(W_1/W)\times S$，叶面积指数＝S_1/垂直投影面积（S_2）。

（3）叶质量密度。测定叶片重量与树枝体积之比。

（4）叶粗糙度。分别在 15 张叶片上测定叶片正背面的接触角，将叶片沿中脉分开，分别用作正面和背面接触角的测定。选取较平坦的表面并尽量避开叶脉，制成约 5 mm×5 mm 的样本（针叶长约 10 mm），铺平后用双面胶粘于玻璃板上，采用 3 800 袖珍式表面粗糙度仪测定。

（5）叶硬度。采用塑胶硬度计测定。

（6）绒毛。用 10 倍放大镜观察并记录绒毛数量，计算绒毛密度。

（7）蜡质。叶片蜡质含量的测定采用重量法。根据叶片面积大小选择实验叶片数量，叶片较大的选择 10～15 片，较小的选择 30～40 片，总质量约 5 g，每个物种各设 3 个重复。叶片过大则适当剪碎，使其能够放入烧杯浸泡，每次实验用 40 ml

三氯甲烷浸泡 60 s，将提取液转入已称重(W_0)的称量瓶中，用少量三氯甲烷润洗烧杯，润洗液一并转入称量瓶中，在通风橱中使三氯甲烷完全挥发，再以 0.000 01 g 分析天平(良平 FA2004，上海良平仪器仪表有限公司)称重(W_1)，两次差值(W_1-W_0)即为蜡质质量。单位叶面积的蜡质含量(W, g/m^2)。

(8) 厚度。分别选择 15 个叶片用测厚仪测定厚度。

(9) 自由能(角度)。分别在 15 个叶片上测定叶片正背面的接触角，将叶片沿中脉分开，分别用作正面和背面接触角的测定。选取较平坦的表面并尽量避开叶脉，制成约 5 mm×5 mm 的样本(针叶长约 10 mm)，铺平后用双面胶粘于玻璃板上，用液滴法借助 JC2000C1 静滴接触角/界面张力测量仪测定叶表面的接触角。表面自由能及其极性和色散分量的计算采用 Owens-Wendt-Kaelble 法。同时测定得出叶片黏附力。

(10) 冠型。根据冠型分类，分类记录。

(11) 树高。用卷尺记录主干高度。

(12) 冠幅。用卷尺记录宽和窄两种方向冠幅。

(13) 枝稠密度。记录树枝枝条数量，枝稠密度＝树枝枝条数量/体积。

(14) 枝平均长度。测定主枝长度，以及测定 3 个小枝条长度均值。

(15) 枝直径。在枝条尾端，中段、顶端用测厚仪测定枝条直径，取均值代表枝条直径。

(16) 枝硬度。用塑胶硬度计测定树枝硬度。

(17) 枝投影面积。计算垂直投影面积。

(18) 体积。根据冠型、冠幅、高度计算体积。

(19) 枝条表面积。枝条表面积＝主枝长度×主枝直径×π＋小枝数量×小枝均长×小枝直径均值×π。

3) 长三角乡村地区植物对颗粒物捕获过程实验

选择 SiO_2 颗粒作为模拟材料，选择颗粒物粒径约 2.5 μm 和 10 μm SiO_2 等量混合，形成混合样。

样本植物放入风洞实验舱，实验舱长、宽、高为 2 m×0.8 m×0.8 m，植物垂直底部放置。SiO_2 混合颗粒物从上风向涡流位置用气泵吹入，放入量可以通过气流量大小确定，空气中颗粒物密度根据放入量以及风速计算。根据风速对树枝的影响，设为3个顶级具体见风力等级表，1级设定为1 m/s，2级为3.5 m/s、8 m/s，添加颗粒物实验用1 m/s风速。持续时间分别初步设定为5、10、15、20、25 min，每5 min随机取出3组，分别将枝叶剪入装有400 mL纯净水的小桶，并立即盖上盖子，放置2小时后，捞出枝叶，用SMIT颗粒计数器，测定捕获$PM_{2.5}$、PM_{10}颗粒量，并用没有经过颗粒物添加实验植物的颗粒物数量校准，得到因颗粒物添加带来的颗粒数量增加量。估算树叶捕获的颗粒物量。为了有可比性，用枝、叶的表面积作为校准项目。

4) 长三角乡村地区植物滞尘能力比较及相关因素分析

为了植物之间可对比性，植物滞尘($PM_{2.5}$)能力用单位叶面积$PM_{2.5}$数量、单位枝表面积$PM_{2.5}$数量和单位用地面积$PM_{2.5}$数量表示；植物滞尘(PM_{10})能力用单位叶面积PM_{10}数量、单位枝表面积PM_{10}数量和单位用地面积PM_{10}数量表示。

通过SMIT颗粒计数器，可以测定出单株枝条上叶片和枝条分别滞留的$PM_{2.5}$和PM_{10}的数量N叶$PM_{2.5}$、N叶PM_{10}、N枝$PM_{2.5}$、N枝PM_{10}，根据枝条叶表面积S叶和枝表面积S枝，植物叶面积指数、枝表面积指数，换算出相应的指标：

(1) 单位叶面积$PM_{2.5}$数量＝N叶$PM_{2.5}/S$叶；单位叶面积PM_{10}数量＝N叶PM_{10}/S叶；

(2) 单位枝表面积$PM_{2.5}$数量＝N枝$PM_{2.5}/S$枝；单位枝表面积PM_{10}数量＝N枝PM_{10}/S枝

(3) 单位用地面积$PM_{2.5}$数量＝单位叶面积$PM_{2.5}$数量×叶面积指数＋单位枝表面积$PM_{2.5}$数量×枝表面积指数；单位用地面积PM_{10}数量＝单位叶面积PM_{10}数量×叶面积指数＋单位枝表面积PM_{10}数量×枝表面积指数。

选取不同风速下植物滞留量的最大值，作为植物滞留能力的代表，对滞尘能力较大的树种进行排序，同时通过SPSS软件研究分析植物滞尘影响较大的因素，建立枝冠特征、叶表面特征变量与滞留颗粒数量spearman相关性，分析其显著性。

2. 长三角乡村地区植物滞尘能力分析

1) 长三角乡村地区植物对$PM_{2.5}$滞留能力分析

(1) 长三角乡村地区植物叶片对$PM_{2.5}$滞留能力分析(见图2.27)。不同风速

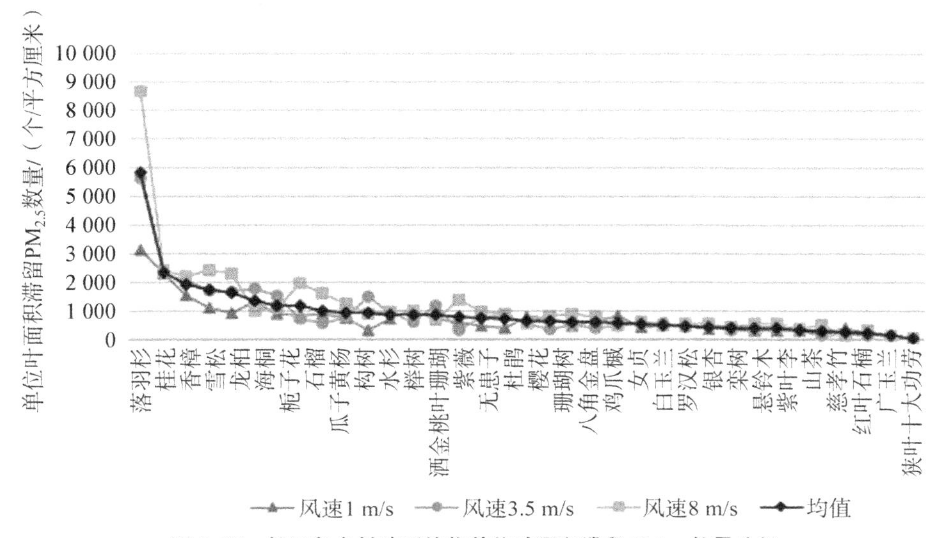

图 2.27　长三角乡村地区植物单位叶面积滞留 $PM_{2.5}$ 数量分析

下，长三角乡村地区植物单位叶面积滞留 $PM_{2.5}$ 颗粒数量有显著的差异，风速越大，颗粒物滞留越多。不同植物叶面滞留能力差异较为明显。其中，落羽杉在不同风速下滞留 $PM_{2.5}$ 数量均值可达 5 807.625 个/cm^2，表现最为突出；其次是桂花、香樟、雪松、龙柏、海桐、栀子花、石榴、小叶黄杨、构树、水杉，它们单位叶面积滞留 $PM_{2.5}$ 颗粒数量在 880～2 400 个/cm^2 之间；榉树、洒金桃叶珊瑚、紫薇、无患子、杜鹃、樱花、珊瑚树、八角金盘、鸡爪槭、女贞、白玉兰、罗汉松、银杏它们单位叶面积滞留 $PM_{2.5}$ 颗粒数量在 830～480 个/cm^2 之间；栾树、悬铃木等其他树种单位叶面积滞留 $PM_{2.5}$ 颗粒数量都小于 480 个/cm^2，单位叶面积滞留 $PM_{2.5}$ 颗粒数量最小的是狭叶十大功劳，仅有 11 个/cm^2。不同长三角乡村地区植物单位叶面积滞留 $PM_{2.5}$ 数量存在差异性的原因有多种，首先，风速增大可能有利于增加颗粒物撞击叶片频率，以及有助于颗粒物进入枝条内部，增加颗粒与叶片接触面积，导致叶片滞留了更多的 $PM_{2.5}$；其次，植物枝冠特征也会影响其滞留量，如叶片重叠较少，枝冠结构稀疏简单，有利于颗粒进入枝冠，使得植物每片树叶都充分暴露在颗粒物空气中，增加滞留量；再次，叶表面特征也会影响其对颗粒物的吸附，如粗糙程度、蜡质含量、表面吸附力等。

(2) 长三角乡村地区植物枝条对 $PM_{2.5}$ 滞留能力分析(见图 2.28)。不同风速下,长三角乡村地区植物单位枝表面积滞留 $PM_{2.5}$ 颗粒数量也有极显著的差异,风速较大时颗粒物滞留越多;植物单位枝条面积滞留 $PM_{2.5}$ 数量明显小于叶片滞留能力;不同植物枝条滞留能力差异较为明显,其中石榴、罗汉松、雪松、榉树、金边黄杨、构树、桂花、海桐、龙柏、栀子花单位枝表面积滞留 $PM_{2.5}$ 颗粒数量均值在 270~500 个/cm^2 之间;洒金桃叶珊瑚、紫薇、小叶黄杨、杜鹃、慈孝竹、垂丝海棠、鸡爪槭、水杉、栾树、红叶石楠、八角金盘、香樟、狭叶十大功劳、珊瑚树、落羽杉它们单位枝表面积滞留 $PM_{2.5}$ 颗粒数量在 130~250 个/cm^2 之间;红花檵木、女贞等其他树种单位枝表面积滞留 $PM_{2.5}$ 颗粒数量都小于 130 个/cm^2。不同长三角乡村地区植物单位枝表面积滞留 $PM_{2.5}$ 数量存在差异性的原因有多种,首先,风速增大可能有利于增加颗粒物穿透树叶之间的孔隙与枝条接触,也可能增加与枝条撞击频率;其次,植物枝冠特征也会影响其滞留量,如叶片重叠较少,枝冠结构稀疏简单,有利于

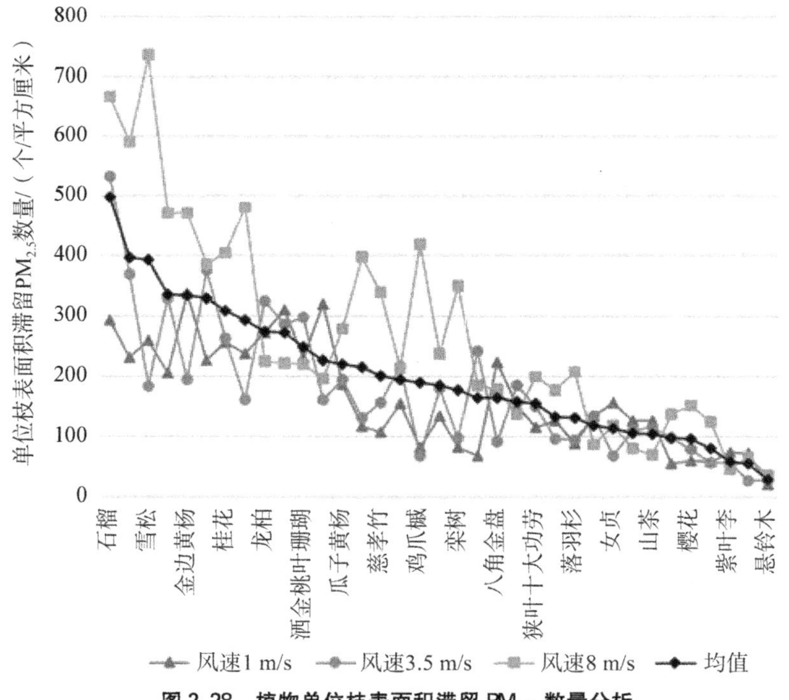

图 2.28　植物单位枝表面积滞留 $PM_{2.5}$ 数量分析

颗粒进入枝冠，使得树枝充分暴露在颗粒空气中，增加滞留量；再次，枝表面特征也会影响其对颗粒吸附，如粗糙程度等。

(3) 长三角乡村地区植物单位用地面积对 $PM_{2.5}$ 滞留能力分析(见图 2.29)。不同风速下，长三角乡村地区植物单位用地面积滞留 $PM_{2.5}$ 颗粒数量也有极显著的差异，风速越大，颗粒物滞留越多；不同植物单位用地面积滞留 $PM_{2.5}$ 能力差异较为明显；单位用地面积滞留 $PM_{2.5}$ 能力排名前 10 的是水杉、海桐、慈孝竹、龙柏、白玉兰、鸡爪槭、紫叶李、红叶石楠、银杏、珊瑚树，它们单位用地面积滞留 $PM_{2.5}$ 数量在 5 450～17 760 个/cm^2 之间；其次是构树、榉树、香樟、小叶黄杨、石榴、狭叶十大功劳、落羽杉、杜鹃、金边黄杨、栀子花、紫薇、悬铃木、八角金盘、无患子、垂丝海棠，其单位用地面积滞留 $PM_{2.5}$ 颗粒数量均值在 1 300～5 200 个/cm^2 之间；栾树、罗汉松等树种单位用地面积滞留 $PM_{2.5}$ 颗粒数量都小于 1 300 个/cm^2。可见，长三角乡村地区植物单位用地面积滞留 $PM_{2.5}$ 数量原因除了受风速、枝冠特征、叶表面

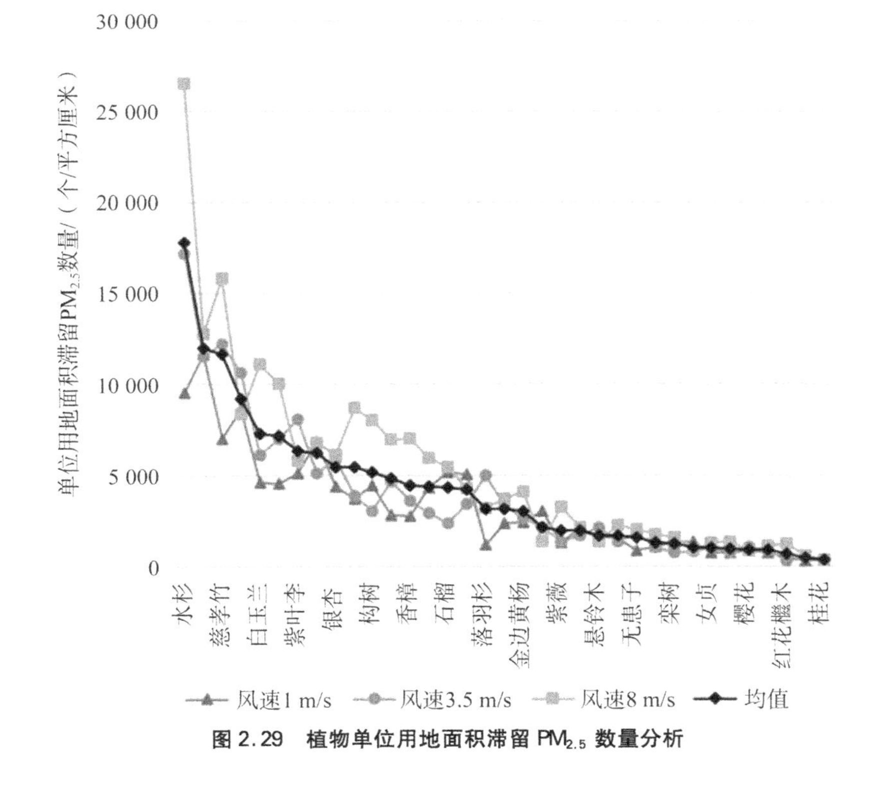

图 2.29 植物单位用地面积滞留 $PM_{2.5}$ 数量分析

特征影响之外，还与植物生长状态、叶面积指数、枝条数量等有关。

不同风速下长三角乡村地区的植物对 $PM_{2.5}$ 滞留量能力各有差异（见表 2.16）。其中，在风速为 1.0 m/s 时，对 $PM_{2.5}$ 滞留能力最强的是海桐，最弱的是洒金桃叶珊瑚；在风速为 3.5 m/s 时，对 $PM_{2.5}$ 滞留能力最强的是水杉，最弱的是红花檵木；在风速为 8.0 m/s 时，对 $PM_{2.5}$ 滞留能力最强的是水杉，最弱的是桂花。综合 3 种风速下对 $PM_{2.5}$ 滞留量均值，$PM_{2.5}$ 滞留能力最强的是水杉，最弱的是桂花，排在前 10 位的是水杉、海桐、慈孝竹、龙柏、白玉兰、鸡爪槭、紫叶李、红叶石楠、银杏、珊瑚树。

表 2.16　不同风速下植物对 $PM_{2.5}$ 滞留能力排名

树种	风速/(m/s)						均值/（个/cm²）	排序
	1.0		3.5		8.0			
	滞留量/（个/cm²）	排序	滞留量/（个/cm²）	排序	滞留量/（个/cm²）	排序		
水杉	9 559	2	17 176	1	26 540	1	17 759	1
海桐	11 681	1	11 577	3	12 778	3	12 012	2
慈孝竹	7 035	4	12 216	2	15 810	2	11 687	3
龙柏	8 652	3	10 681	4	8 381	7	9 238	4
白玉兰	4 600	9	6 133	7	11 117	4	7 283	5
鸡爪槭	4 568	10	7 007	6	10 050	5	7 208	6
紫叶李	5 139	7	8 081	5	5 782	14	6 334	7
红叶石楠	6 882	5	5 108	9	6 823	11	6 271	8
银杏	4 390	12	5 918	8	6 154	12	5 487	9
珊瑚树	3 705	14	3 920	12	8 723	6	5 449	10
构树	4 475	11	3 033	16	8 038	8	5 182	11
榉树	2 842	16	4 693	11	6 981	10	4 839	12
香樟	2 762	17	3 616	13	7 018	9	4 465	13
小叶黄杨	4 336	13	2 928	17	5 946	13	4 404	14
石榴	5 203	6	2 358	19	5 447	15	4 336	15
狭叶十大功劳	5 043	8	3 441	14	4 293	16	4 259	16
落羽杉	1 229	25	5 034	10	3 203	20	3 155	17
杜鹃	2 402	19	3 326	15	3 731	18	3 153	18
金边黄杨	2 440	18	2 645	18	4 094	17	3 060	19
栀子花	3 055	15	2 136	21	1 357	27	2 183	20

（续表）

树种	风速/(m/s)						均值/（个/cm²）	排序
	1.0		3.5		8.0			
	滞留量/（个/cm²）	排序	滞留量/（个/cm²）	排序	滞留量/（个/cm²）	排序		
紫薇	1 341	24	1 386	24	3 289	19	2 005	21
悬铃木	1 662	20	2 158	20	1 403	25	1 741	22
八角金盘	1 536	21	1 390	23	2 266	21	1 731	23
无患子	866	29	1 840	22	2 031	22	1 579	24
垂丝海棠	1 113	26	1 043	27	1 762	23	1 306	25
栾树	1 344	23	789	31	1 586	24	1 240	26
罗汉松	1 402	22	831	30	936	32	1 056	27
女贞	782	30	1 059	26	1 320	28	1 054	28
广玉兰	1 043	27	855	29	1 075	31	991	29
雪松	748	32	768	32	1 369	26	962	30
樱花	900	28	1 089	25	866	33	952	31
山茶	758	31	861	28	1 149	30	923	32
红花檵木	539	33	297	35	1 270	29	702	33
洒金桃叶珊瑚	332	35	461	33	609	34	467	34
桂花	345	34	364	34	368	35	359	35

2）长三角乡村地区植物对 PM_{10} 滞留能力分析

（1）长三角乡村地区植物叶片对 PM_{10} 滞留能力分析（见图 2.30）。从植物单位叶面积滞留 PM_{10} 颗粒数量来看，不同风速下，颗粒物滞留量有差异，风速较大时颗粒物滞留反而越多；不同植物叶面滞留能力差异较明显，其中雪松、落羽杉、桂花、海桐、香樟、构树、龙柏、榉树、水杉、悬铃木，单位叶面积滞留 PM_{10} 颗粒数量在 474～2 545 个/cm² 之间；罗汉松、栾树、栀子花、紫薇、小叶黄杨、杜鹃、白玉兰、樱花、石榴、洒金桃叶珊瑚、珊瑚树、无患子、女贞、八角金盘、广玉兰的单位用地面积滞留 PM_{10} 颗粒数量都小于 105 个/cm²。单位针叶叶片对 PM_{10} 滞留量相对阔叶较高。可见，不同长三角乡村地区植物单位用地面积滞留 PM_{10} 数量差异的原因有多种：首先，风速增大，可能有利于增加颗粒物撞击叶片频率以及有助于进入枝条内部，增加颗粒与叶片接触面积，从而导致叶片滞留更多的 PM_{10}；其次，植物枝冠特征也会影响其滞留量，如叶片重叠较少，枝冠结构稀疏、简单，有利于颗粒进入枝

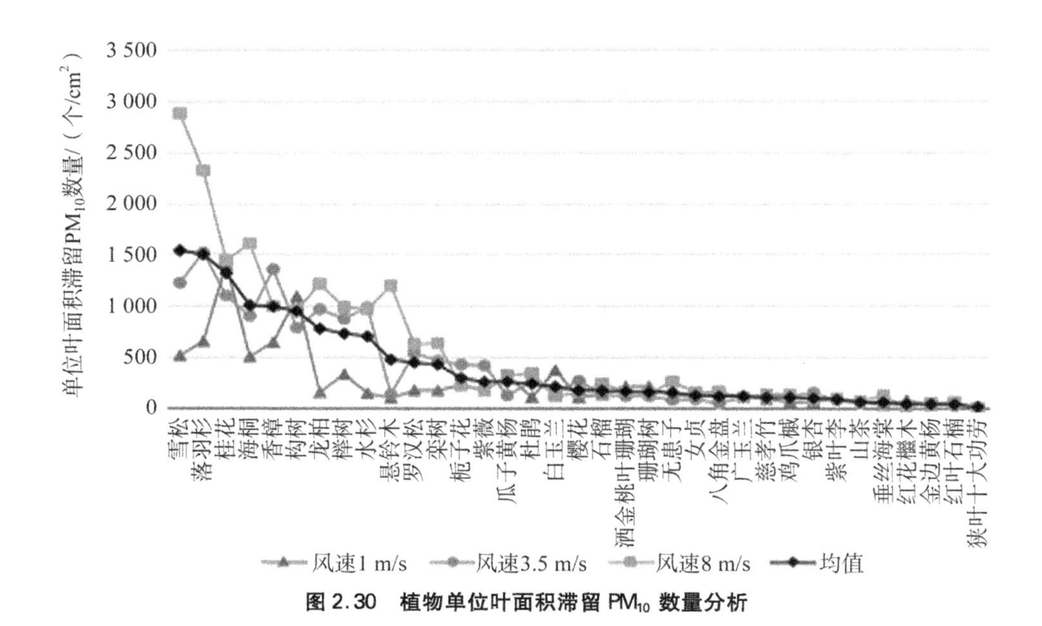

图 2.30 植物单位叶面积滞留 PM_{10} 数量分析

冠，使得每片树叶都充分暴露在颗粒空气中，增加滞留量；再次，叶表面特征也会影响其对颗粒吸附，如粗糙程度、蜡质含量、表面吸附力等。

(2) 长三角乡村地区植物枝条对 PM_{10} 滞留能力分析(见图 2.31)。从植物单位枝表面积滞留 PM_{10} 颗粒数量来看，不同风速下，颗粒物滞留量有差异，风速较大时，颗粒物滞留反而越多；单位枝条面积滞留 PM_{10} 数量明显小于叶片滞留能力；不同植物枝条滞留能力差异较明显，其中构树、石榴、海桐、榉树、罗汉松、雪松、狭叶十大功劳、栀子花、桂花、金边黄杨的单位枝表面积滞留 PM_{10} 颗粒数量均值在 80～340 个/cm² 之间；小叶黄杨、紫薇、洒金桃叶珊瑚、杜鹃、香樟、垂丝海棠、栾树、龙柏、慈孝竹、鸡爪槭、红叶石楠、白玉兰、水杉、女贞、红花檵木的单位枝表面积滞留 PM_{10} 颗粒数量在 30～80 个/cm² 之间。银杏、八角金盘等其他树种单位枝表面积滞留 $PM_{2.5}$ 颗粒数量都小于 30 个/cm²。可见，不同长三角乡村地区植物单位枝表面积滞留 PM_{10} 数量差异的原因有多种，树枝表面对 PM_{10} 滞留影响因素与 $PM_{2.5}$ 的滞留因素相似。

(3) 长三角乡村地区植物单位用地面积对 PM_{10} 滞留能力分析(见图 2.32)。从植物单位用地面积滞留 PM_{10} 颗粒数量来看，不同风速下，颗粒物滞留量有差异，

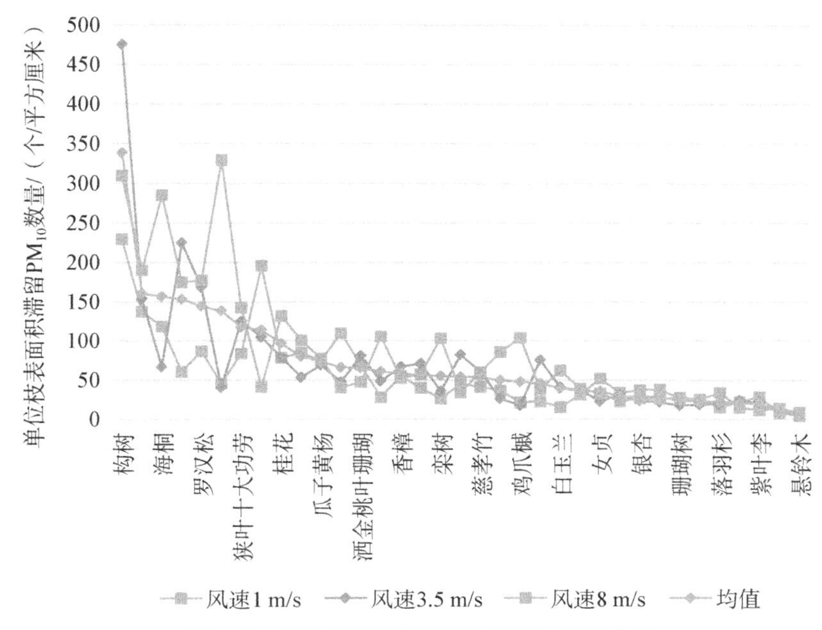

图 2.31　植物单位枝表面积滞留 PM_{10} 数量分析

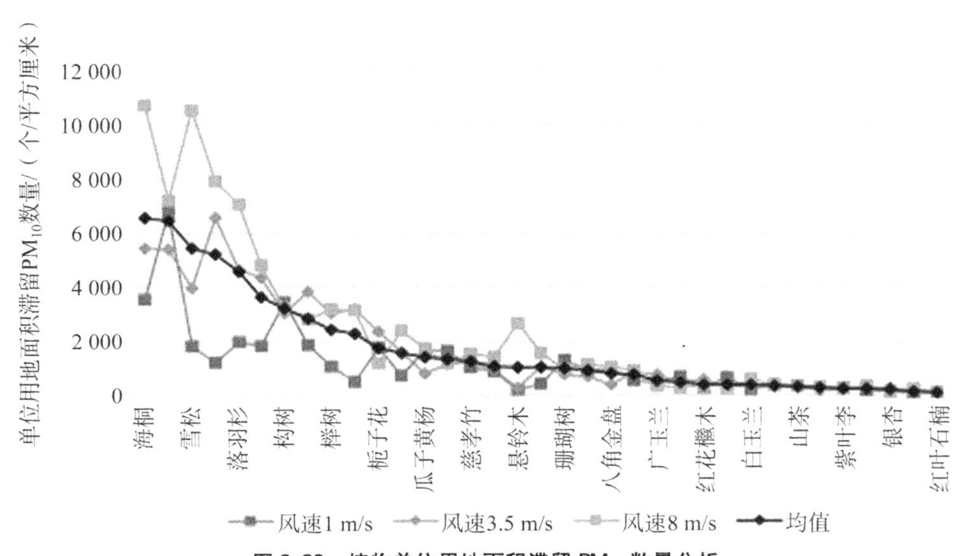

图 2.32　植物单位用地面积滞留 PM_{10} 数量分析

风速较大时,颗粒物滞留反而越多;不同植物单位用地面积滞留 PM_{10} 能力差异较明显,其中在前 10 名的是海桐、桂花、雪松、龙柏、落羽杉、罗汉松、构树、香樟、榉树、水杉,它们单位用地面积滞留 PM_{10} 数量在 2 300～6 596 个/cm^2 之间;其次是栀子花、杜鹃、小叶黄杨、洒金桃叶珊瑚、慈孝竹、石榴、悬铃木、栾树、珊瑚树、金边黄杨、八角金盘、狭叶十大功劳、紫薇、红花檵木、樱花,其单位用地面积滞留 PM_{10} 颗粒数量均值在 411～1 772 个/cm^2 之间;白玉兰、鸡爪槭等树种单位用地面积滞留 PM_{10} 颗粒数量都小于 411 个/cm^2。研究表明:不同长三角乡村地区植物单位用地面积滞留 PM_{10} 数量差异原因除了与风速、枝冠特征、叶表面特征有关外,还与植物生长状态,叶面积指数、枝条数量等有关。

不同长三角乡村地区、不同风速下植物对 PM_{10} 滞留量能力各有差异(见表 2.17),其中在风速为 1.0 m/s 时,对 PM_{10} 滞留能力最强的是桂花,最弱的是红叶石楠;在风速为 3.5 m/s 时,对 $PM_{2.5}$ 滞留能力最强的是龙柏,最弱的是无患子;在风速为 8.0 m/s 时,对 $PM_{2.5}$ 滞留能力最强的是海桐,最弱的是红叶石楠。综合 3 种风速时对 $PM_{2.5}$ 滞留量均值,$PM_{2.5}$ 滞留能力最强的是海桐,最弱的是红叶石楠,排名在前 10 位的是海桐、桂花、雪松、龙柏、落羽杉、罗汉松、构树、香樟、榉树、水杉。

表 2.17 不同风速下植物对 PM_{10} 滞留能力排名

树种	风速/($m \cdot s^{-1}$)						均值/(个/cm^2)	排序
	1.0		3.5		8.0			
	滞留量/(个/cm^2)	排序	滞留量/(个/cm^2)	排序	滞留量/(个/cm^2)	排序		
海桐	3 577	2	5 459	2	10 752	1	6 596	1
桂花	6 797	1	5 425	3	7 234	4	6 485	2
雪松	1 835	6	3 980	6	10 579	2	5 465	3
龙柏	1 225	12	6 586	1	7 937	3	5 250	4
落羽杉	2 003	4	4 670	4	7 097	5	4 590	5
罗汉松	1 828	7	4 363	5	4 801	6	3 664	6
构树	3 447	3	3 036	9	3 228	7	3 237	7
香樟	1 867	5	3 834	7	2 828	10	2 843	8
榉树	1 078	13	3 025	10	3 206	8	2 437	9
水杉	522	22	3 209	8	3 172	9	2 301	10

（续表）

树种	风速/(m·s⁻¹) 1.0 滞留量/(个/cm²)	1.0 排序	3.5 滞留量/(个/cm²)	3.5 排序	8.0 滞留量/(个/cm²)	8.0 排序	均值/(个/cm²)	排序
栀子花	1 763	8	2 366	11	1 187	18	1 772	11
杜鹃	730	18	1 608	12	2 399	12	1 579	12
小叶黄杨	1 683	9	803	18	1 736	13	1 407	13
洒金桃叶珊瑚	1 652	10	1 150	14	1 204	17	1 335	14
慈孝竹	1 029	14	1 270	13	1 549	15	1 282	15
石榴	883	17	915	16	1 408	16	1 069	16
悬铃木	212	31	294	28	2 658	11	1 055	17
栾树	417	24	1 070	15	1 583	14	1 024	18
珊瑚树	1 317	11	759	20	958	21	1 011	19
金边黄杨	930	16	681	21	1 152	19	921	20
八角金盘	964	15	391	24	1 036	20	797	21
狭叶十大功劳	565	21	853	17	946	22	788	22
紫薇	480	23	782	19	362	25	541	23
红花檵木	697	19	479	23	295	30	490	24
樱花	269	29	606	22	359	27	411	25
白玉兰	657	20	312	27	261	31	410	26
鸡爪槭	218	30	328	25	615	23	387	27
广玉兰	408	25	320	26	370	24	366	28
山茶	348	26	286	30	315	29	316	29
女贞	313	27	188	33	327	28	276	30
紫叶李	292	28	219	32	257	32	256	31
垂丝海棠	159	32	230	31	362	26	251	32
银杏	152	33	291	29	168	34	204	33
无患子	110	34	77	35	237	33	142	34
红叶石楠	79	35	122	34	122	35	108	35

3. 长三角乡村地区植物滞尘影响因素分析

选取可能影响植物滞留颗粒物数量有关的植物枝冠特征、叶表面特征，如枝长、冠幅、表面积、体积、粗糙度、黏附力等34个变量，分析变量与枝条、叶片滞留$PM_{2.5}$、PM_{10}数量之间的相关性，计算它们之间的spearman相关系数，并检验其显著性(见表 2.18)。结果表明,影响植物枝条滞留 $PM_{2.5}$ 较显著的因素主要有 9 个:长冠幅、短冠幅、枝总重、叶鲜重、叶面积、枝截面积、枝冠体积为负向关系,枝密度、风速为正向关系。影响植物枝条滞留 PM_{10} 较显著的因素有 10 个:长冠幅、短冠幅、枝总重、叶鲜重、叶面积、枝截面积、枝条表面积、枝冠体积为负向关系,枝密度、风速为正向关系。影响植物叶滞留 $PM_{2.5}$ 较显著的因素有 10 个:枝数量、枝截面积、枝冠体积,叶密度为负向关系,叶次脉厚度、叶片厚度、叶正面粗糙度 Ra、Rq,叶反面黏附力、风速为正向关系。影响植物叶滞留 PM_{10} 较显著的因素有 8 个:枝数量、叶密度、枝密度为负向关系,叶次脉厚度、叶正面粗糙度 Rq、叶反面黏附力、加粉时间、风速为正向关系。

表 2.18　不同风速下植物滞尘因素相关性分析

序号	变量名	枝条滞尘能力				叶片滞尘能力			
		$PM_{2.5}$		PM_{10}		$PM_{2.5}$		PM_{10}	
		相关系数	Sig.	相关系数	Sig.	相关系数	Sig.	相关系数	Sig.
1	枝长/cm	−0.109	0.531	−0.162	0.353	−0.047	0.787	−0.013	0.940
2	长冠幅/cm	−0.406*	0.016	−0.345*	0.043	−0.059	0.735	−0.022	0.902
3	短冠幅/cm	−0.427*	0.011	−0.369*	0.029	−0.117	0.504	−0.132	0.448
4	枝数量/条	0.091	0.601	0.160	0.359	−0.352*	0.048	−0.372*	0.041 7
5	枝直径/mm	−0.313	0.067	−0.229	0.186	−0.113	0.520	−0.085	0.627
6	叶数量/片	0.259	0.152	0.360*	0.043	−0.021	0.907	0.003	0.988
7	枝总重/g	−0.447**	0.007	−0.358*	0.035	−0.084	0.631	−0.077	0.660
8	叶鲜重/g	−0.352*	0.038	−0.273	0.112	0.127	0.469	0.174	0.317
9	平均枝直径/mm	−0.305	0.075	−0.234	0.175	0.028	0.874	0.042	0.809
10	叶面积/cm^2	−0.389*	0.021	−0.355*	0.037	−0.104	0.552	−0.013	0.939
11	枝截面积/cm^2	−0.457**	0.006	−0.402*	0.017	−0.415*	0.035	−0.104	0.553
12	叶面积指数	−0.215	0.214	−0.226	0.192	0.032	0.853	0.107	0.541
13	枝条表面积/cm^2	−0.331	0.052	−0.374*	0.027	0.020	0.909	0.071	0.685
14	枝冠体积/cm^3	−0.418*	0.012	−0.353*	0.038	−0.358*	0.036	−0.117	0.505
15	叶密度/(片/cm^3)	0.208	0.230	0.194	0.265	−0.467*	0.034	−0.444*	0.036
16	枝密度/(条/cm^3)	0.392*	0.020	0.384*	0.023	−0.193	0.266	−0.331*	0.048
17	风速/(m/s)	0.415*	0.013	0.404*	0.016	0.388*	0.041	0.352*	0.046
18	加粉时间/min	−0.006	0.973	0.000	0.998	0.147	0.398	0.374*	0.032
19	叶片主脉厚度/mm	−0.183	0.325	−0.166	0.373	0.150	0.419	0.154	0.409

（续表）

序号	变量名	枝条滞尘能力				叶片滞尘能力			
		$PM_{2.5}$		PM_{10}		$PM_{2.5}$		PM_{10}	
		相关系数	Sig.	相关系数	Sig.	相关系数	Sig.	相关系数	Sig.
20	叶片次脉厚度/mm	−0.151	0.427	−0.144	0.448	0.344*	0.043	0.352*	0.046
21	叶片厚度/mm	0.059	0.737	0.132	0.450	0.393*	0.038	0.260	0.132
22	叶正面 Ra/μm	0.047	0.803	0.018	0.923	0.353*	0.037	0.202	0.275
23	叶正面 Rz/μm	0.060	0.750	0.032	0.865	0.239	0.195	0.192	0.302
24	叶正面 Rq/μm	−0.006	0.973	−0.003	0.986	0.394*	0.041	0.338*	0.044
25	叶正面 Rt/μm	0.050	0.789	0.018	0.923	0.255	0.166	0.208	0.260
26	叶反面 Ra/μm	−0.194	0.295	−0.215	0.247	0.100	0.591	0.063	0.738
27	叶反面 Rz/μm	−0.200	0.280	−0.217	0.242	0.078	0.677	0.040	0.831
28	叶反面 Rq/μm	−0.327	0.072	−0.319	0.080	0.029	0.878	0.052	0.779
29	叶反面 Rt/μm	−0.199	0.284	−0.210	0.258	0.109	0.558	0.075	0.688
30	叶蜡质含量/%	−0.098	0.575	−0.165	0.343	−0.085	0.627	−0.115	0.511
31	叶正面黏附功能/(mN/m)	−0.076	0.684	−0.048	0.798	0.010	0.955	0.036	0.846
32	叶正面固体表面能/(mN/m)	−0.060	0.748	−0.034	0.855	0.040	0.831	0.049	0.793
33	叶反面黏附功能/(mN/m)	0.013	0.943	0.157	0.399	0.369*	0.036	0.364*	0.038
34	叶反面固体表面能/(mN/m)	0.008	0.967	0.148	0.427	0.162	0.385	0.147	0.429

注：* 在置信度（双测）为 0.05 时，相关性是显著的。** 在置信度（双测）为 0.01 时，相关性是显著的。

从显著相关的影响因素可以看出：不论是枝还是叶，对 $PM_{2.5}$ 和 PM_{10} 的滞留能力都受到枝冠体积负向影响，枝冠越大，暴露在颗粒下的枝表面积和叶表面积比例越少，反而会降低颗粒物滞留量，枝密度越高，越有利于滞留颗粒物；叶片越厚、越粗糙、反面黏附力越强，越有助于叶片滞留颗粒物；风速在一定程度上有利于颗粒与枝条、叶片接触，增加滞留面积。

4. 小结

本研究以长三角乡村地区常见的 35 种乔灌木为研究对象，通过室内风洞实验，研究其在不同风速下滞留 $PM_{2.5}$ 和 PM_{10} 的量随时间变化规律，分析了相关影响因素，分别筛选出了 10 种滞留 $PM_{2.5}$ 及 PM_{10} 能力较强的植物。

（1）选取可能影响植物滞留颗粒物数量有关的植物的枝冠特征、叶表面特征，如枝长、冠幅、表面积、体积、粗糙度、黏附力等共34个变量，分析变量与枝条、叶片滞留$PM_{2.5}$、PM_{10}数量之间的相关性，计算它们之间的spearman相关系数，并检验其显著性。结果表明，不论是枝还是叶对$PM_{2.5}$和PM_{10}的滞留能力都受到枝冠体积负向影响，枝冠越大，暴露在颗粒下的枝表面积、叶表面积比例越少，反而会降低颗粒物滞留量；枝密度越高，越有利于滞留颗粒物；叶片越厚、越粗糙、反面黏附力越强，越有助于叶片滞留颗粒物；风速在一定程度上有利于颗粒与枝条、叶片接触，增加滞留面积。

(2) 不同植物单位用地面积滞留$PM_{2.5}$能力排名在前10位的是：水杉、海桐、慈孝竹、龙柏、白玉兰、鸡爪槭、紫叶李、红叶石楠、银杏、珊瑚树，它们单位用地面积滞留$PM_{2.5}$数量在5 450～17 760个/cm^2之间；其次是构树、榉树、香樟、小叶黄杨、石榴、狭叶十大功劳、落羽杉、杜鹃、金边黄杨、栀子花、紫薇、悬铃木、八角金盘、无患子、垂丝海棠，其单位用地面积滞留$PM_{2.5}$颗粒数量均值在1 300～5 200个/cm^2之间；栾树、罗汉松等树种单位用地面积滞留$PM_{2.5}$颗粒数量都小于1 300个/cm^2。不同植物单位用地面积滞留PM_{10}能力排名在前10位的是海桐、桂花、雪松、龙柏、落羽杉、罗汉松、构树、香樟、榉树、水杉，它们的单位用地面积滞留PM_{10}数量在2 300～6 596个/cm^2之间；其次是栀子花、杜鹃、小叶黄杨、洒金桃叶珊瑚、慈孝竹、石榴、悬铃木、栾树、珊瑚树、金边黄杨、八角金盘、狭叶十大功劳、紫薇、红花檵木、樱花，其单位用地面积滞留PM_{10}颗粒数量均值在411～1 772个/cm^2之间；白玉兰、鸡爪槭等树种单位用地面积滞留PM_{10}颗粒数量都小于411个/cm^2。

(3) 滞留$PM_{2.5}$能力较强的10种植物(乔灌木各5种)水杉、慈孝竹、龙柏、白玉兰、鸡爪槭、海桐、珊瑚树、红叶石楠、小叶黄杨、杜鹃；滞留PM_{10}能力较强的10种植物(乔灌木各5种)桂花、雪松、龙柏、落羽杉、罗汉松、栀子花、杜鹃、小叶黄杨、洒金桃叶珊瑚、金边黄杨。

2.3.2 乡村低碳型植物群落构建技术

以长三角乡村地区植物群落为研究对象，根据乡和村庄绿地分类标准(《镇(乡)村绿地分类标准 CJJ/T168—2011》)，分析长三角乡村地区植物群落结构因子与固碳效益的关系;结合乡村常见植物群落的结构特征,对乡村植物群落固碳效益进行定量化研究,同时对现有乡村植物群落进行低碳型优化配置,为长三角乡村地区规划设计和建设工作提供理论支持和技术指导。

1. 研究方法

1)测定方法

采用Ciras-2便携式光合测定仪进行单株植物光合速率的测定实验。分别在一年中春、夏、秋、冬四季进行植物的光合测定实验,为排除环境因子对植物光合速率的影响,实验选择晴朗、无风或微风天气进行,同一类型的植物在一天内测定。在自然光照下,从早7:00至晚19:00每2 h测1次,每次每种植物选取3株,每株选取3片南面生长、冠层中部、大小相似、外观生长正常的成长叶片,重复测定3次。

植物的叶面积指数采用LAI-2200冠层分析仪进行测定。植物的胸径、树高等指标采用胸径尺、卷尺等工具进行测定。

2)数据处理

植物的固碳效益是根据日光合速率及有效光合时间来计算的。由于雨天时的空气中,水分已达到饱和状态,植物的叶片细胞吸水膨胀,导致叶片上气孔关闭,光合作用被迫停止或极其微弱,一年四季降雨日数不同,因此植物四季的光合有效天数不同。在计算光合作用的年总量时,需扣除植物生长季中的雨天日数。连续无雨日主要是指植物生长期,日降雨量小于5 mm作为无效降雨,超过此值时作为降雨日。

通过对长三角乡村地区连续10年的气象资料进行分析,计算植物生长季中,春、夏、秋、冬、进行光合作用的有效日期。乡村绿地常见植物光合测定实验分为春、夏、秋、冬4个季节进行,根据测定结果,估算植物的年固碳效益。

3)数据分析

参照韩焕金关于单株植物(或单位绿地)的固碳量计算方法。

植物在测定当日的净同化量计算公式为

$$P=\sum_{i=1}^{i}[(p_{i+1}+p_i)/2\times(t_{i+1}-t_i)\times 3\,600/1\,000] \tag{2.7}$$

式中：

P——单位面积的日同化量，$mmol \cdot m^{-2}$；

P_i——初测点瞬时净光合速率，$\mu mol \cdot m^{-2} \cdot s^{-1}$；

P_{i+1}——下一测定点瞬时净光合速率，$\mu mol \cdot m^{-2} \cdot s^{-1}$；

t_i——初测点时间，h；

t_{i+1}——下一测点时间，h。

(1) 植物单位叶面积固碳量的计算。根据光合作用的反应方程($CO_2+4H_2O \rightarrow C_6H_{12}O_6+3H_2O+O_2$)，可计算出植物的日固碳量，全天固定$CO_2$量为$W_{CO_2}=P\times 44/1\,000$(44为$CO_2$的摩尔质量)。其中，$W_{CO_2}$为单株植物单位叶面积日固碳量($g \cdot m^{-2} \cdot d^{-1}$)。

由于实验条件限制，植物晚上的光合作用无法测定。植物晚上的暗呼吸量按白天同化量的20%计算，因此，测定日的同化总量换算为测定日固定CO_2的量为：$W_{CO_2}(g)=P\times(1-20\%)\times 44/1\,000$，式中的$W_{CO_2}$为单位面积的叶片固定$CO_2$的质量($g \cdot m^{-2} \cdot d^{-1}$)。

(2) 植物单位土地面积固碳量的计算

单株植物单位土地面积上的日固碳量($g \cdot m^{-2} \cdot d^{-1}$)为：$Q_{CO_2}=LAI \cdot W_{CO_2}$。

其中，LAI为单株植物叶面积指数；Q_{CO_2}为单株植物单位土地面积面积日固碳量($g \cdot m^{-2} \cdot d^{-1}$)。

(3) 单株植物固碳量的计算

单株植物的日固碳释氧量($g \cdot d^{-1}$)为$M_{CO_2}=S \cdot Q_{CO_2}$。

其中，S为单株植物树冠垂直投影面积。M_{CO_2}为单株植物日固碳量($g \cdot d^{-1}$)。

2. 长三角乡村地区高固碳植物种类筛选

1) 长三角乡村地区常见植物树种固碳效益分析

结合文献中对植物固碳能力的研究及长三角乡村地区植物调研情况，筛选出用于研究的植物有香樟、广玉兰、悬铃木、意杨、大叶榉树、枫杨、枫香树、银杏、复羽叶栾树、垂柳、白玉兰、大叶朴、构树、乌桕、日本晚樱、无患子、乐昌含笑、喜树、女贞、杜英、金桂、柑橘、蚊母、碧桃、杏树、青枫、五角枫、紫薇、垂丝海棠、紫叶李、石榴、老鸦柿、石楠、杨梅、毛竹、夹竹桃、大叶栀子、蜡梅、紫荆、木芙蓉、八角金盘、洒金桃叶珊瑚、日本珊瑚树、云南黄馨、南天竹、红花檵木、结香、大叶黄杨、海桐、茶梅、毛鹃、小叶栀子、金丝桃，进行四季固碳效益的测定。

根据长三角乡村地区年降雨日平均值及植物单株植物固碳量推算出常见植物的年固碳量，如表 2.19 所示。

表 2.19　长三角乡村地区植物高固碳树种排序表

植物分类	生长型	树种名称	春/g	排序	夏/g	排序	秋/g	排序	冬/g	排序	年/kg	排序
大乔木	常绿	香樟	911.85	1	1 816.6	2	1 530.54	2	278.13	1	264.24	1
	落叶	枫杨	485.35	4	1 210.22	3	1 854.91	1	0		209.44	3
	常绿	广玉兰	171.24	14	638.95	10	1 251.81	4	219.94	2	136.02	4
	落叶	意杨	368.62	7	754.82	9	906.29	5	0		118.98	5
	落叶	大叶榉树	149.39	15	876.25	5	789.53	7	0		104.34	9
	落叶	悬铃木	180.49	12	775.31	8	790.34	6	0		101.08	10
	落叶	复羽叶栾树	68.83	28	296.45	20	476.35	11	0		49.57	15
	落叶	无患子	192	11	379.64	15	222.97	20	0		45.63	19
	落叶	枫香树	75.15	26	278.52	23	320.05	15	0		39.22	21
	落叶	银杏	21.2	45	192.67	27	204.04	23	0		24.13	30
中乔木	落叶	乌桕	439.11	5	2 431.91	1	1 476.73	3	0		246.22	2
	落叶	垂柳	410.09	6	1 052.78	4	775.63	8	0		128.82	5
	落叶	构树	119.38	20	784.58	7	405.46	12	0		73.6	11
	落叶	大叶朴	171.81	13	367	16	291.16	18	0		48	16
	落叶	白玉兰	92.39	23	233.68	25	153.37	28	0		27.5	26
	落叶	日本晚樱	24.37	43	268.52	24	75.72	39	0		20.2	33
	常绿	乐昌含笑	61.12	34	141.58	32	111.55	33	39.11	13	20.57	32
	落叶	喜树	225.19	9	531.28	12	322.81	14	0		61.83	13
小乔木	常绿	女贞	534.07	2	545.92	11	577.34	10	198	3	110.01	8
	常绿	柑橘	310	8	504.02	13	369.28	13	62.44	8	72.47	12
	常绿	桂花	133.24	17	167.6	30	207.48	21	94.55	5	35.86	22
	落叶	杏树	64.25	33	283.62	22	171.18	26	0		29.46	23
	常绿	蚊母	73.2	27	283.9	21	118.09	31	13.48	19	27.53	25
	落叶	碧桃	60.99	35	187.23	28	205.59	22	0		26.42	27
	落叶	石榴	75.88	24	180.73	29	132.95	29	0		22.44	31
	落叶	紫叶李	67.66	29	102.02	36	104.99	35	0		16.09	36
	常绿	杜英	64.94	30	43.6	46	114.3	32	23.49	16	14.93	38
	落叶	青枫	5.39	51	70.12	40	94	37	0		9.88	41

（续表）

植物分类	生长型	树种名称	春/g	排序	夏/g	排序	秋/g	排序	冬/g	排序	年/kg	排序
小乔木	落叶	老鸦柿	3.03	52	97.74	37	46.58	42	0		8.19	43
	落叶	五角枫	20.47	46	66.07	41	53.4	40	0		8.05	44
	落叶	垂丝海棠	33.28	40	76.55	39	28.65	47	0		7.84	45
	落叶	紫薇	15.41	49	41.45	47	26.05	48	0		4.74	50
灌木	落叶	木芙蓉	487.97	3	822.43	6	630.53	9	0		112.58	7
	落叶	紫荆	120.24	19	468.58	14	304.77	17	0		50.93	14
	常绿	夹竹桃	148.98	16	307.82	19	315.21	16	45.1	11	47.81	17
	常绿	石楠	117.67	21	310.18	18	285.03	19	98.79	4	47.42	18
	常绿	茶梅	196.8	10	347.38	17	97.4	36	55.55	9	39.81	20
	落叶	云南黄馨	75.82	25	142.57	31	183.21	25	71.2	6	28.02	24
	落叶	蜡梅	102.72	22	128.81	33	194.48	24	0		25.28	28
	常绿	毛竹	36.71	38	219.22	26	109.82	34	70.6	7	24.92	29
	常绿	杨梅	64.43	31	110.66	34	120.79	30	34.62	15	19.47	34
	落叶	结香	52.24	37	105.3	35	154.62	27	0		18.42	35
	常绿	海桐	64.34	32	80.59	38	77.05	38	45.12	10	15.81	37
	落叶	日本珊瑚树	25.08	42	61.09	42	48.06	41	37.28	14	10.05	40
	常绿	大叶黄杨	34.66	39	57.76	44	39.57	43	40.36	12	10.13	39
	落叶	金丝桃	121.41	18	9.86	52	21.87	50	0		9.42	42
	落叶	南天竹	25.4	41	58.19	43	31.5	44	4.62	21	6.86	46
	落叶	红花檵木	22.56	44	50.73	45	28.87	46	14.87	17	6.77	47
	落叶	洒金桃叶珊瑚	19.52	47	40.3	48	25.79	49	13.88	18	5.78	48
	落叶	小叶栀子	57.36	36	0.6	53	15.67	52	4.21	22	4.84	49
	落叶	八角金盘	15.83	48	19.83	50	30.68	45	11.31	20	4.64	51
	常绿	大叶栀子	8.09	50	29.34	49	19.48	51	2.78	23	3.42	52
	常绿	毛鹃	2.96	53	11.33	51	0.84	53	0.06	24	0.83	53

根据年固碳效益，将53种植物聚类为3类，如表2.20所示。

表2.20　长三角乡村地区植物群落高固碳树种推荐表

时间	固碳量	一类树种		二类树种	
		乔木	灌木	乔木	灌木
年	M_{CO_2}	香樟、枫杨、广玉兰、意杨、乌桕、垂柳、女贞、柑橘、喜树、桂花	木芙蓉、紫荆、夹竹桃、石楠、茶梅、云南黄馨	大叶榉树、悬铃木、栾树、无患子、构树、大叶朴、杏树、蚊母、碧桃、石榴、乐昌含笑、紫叶李、杜英	蜡梅、毛竹、杨梅、结香、海桐、日本珊瑚树、大叶黄杨、金丝桃、南天竹

（续表）

时间	固碳量	一类树种		二类树种	
		乔木	灌木	乔木	灌木
春	W_{CO_2}	垂柳	木芙蓉、海桐	枫杨、意杨、无患子、女贞、喜树、大叶朴、香樟、垂丝海棠、紫叶李、柑橘、石榴、紫薇、桂花、杜英	金丝桃、八角金盘、夹竹桃、小叶栀子、大叶黄杨、茶梅、蜡梅、日本珊瑚树、云南黄馨
	Q_{CO_2}	香樟、垂柳、女贞	茶梅、木芙蓉、海桐、大叶黄杨、金丝桃	枫杨、大叶朴、喜树、杜英、紫叶李、柑橘、桂花、石榴	石楠、夹竹桃、小叶栀子、云南黄馨、红花檵木、八角金盘、日本珊瑚树、洒金桃叶珊瑚、南天竹
	M_{CO_2}	香樟	—	枫杨、意杨、垂柳、乌桕、女贞	木芙蓉
夏	W_{CO_2}	香樟、广玉兰、意杨、大叶朴、大叶榉树、乌桕、无患子、日本晚樱、垂柳、构树、喜树、乐昌含笑、垂丝海棠、紫薇、碧桃	木芙蓉、茶梅、日本珊瑚树、毛竹、夹竹桃	枫杨、悬铃木、白玉兰、女贞、柑橘、杏树、蚊母、紫叶李、五角枫、老鸦柿、石榴、桂花	石楠、海桐、大叶黄杨、毛鹃、大叶栀子、南天竹、云南黄馨、洒金桃叶珊瑚、红花檵木、八角金盘、紫荆
	Q_{CO_2}	香樟、广玉兰、枫杨、乌桕、大叶榉树、大叶朴、垂柳、构树、喜树、蚊母、石榴、柑橘	石楠、木芙蓉、海桐、夹竹桃、大叶黄杨、日本珊瑚树、毛竹、红花檵木、云南黄馨、茶梅、毛鹃	枫香树、意杨、悬铃木、银杏、日本晚樱、无患子、白玉兰、复羽叶栾树、杏树、女贞、垂丝海棠、紫叶李、乐昌含笑、杜英、碧桃、桂花、五角枫、青枫、老鸦柿	杨梅、南天竹、紫荆、洒金桃叶珊瑚、大叶栀子、八角金盘、金丝桃、结香、蜡梅
	M_{CO_2}	香樟、乌桕	—	广玉兰、意杨、枫杨、悬铃木、大叶榉树、垂柳、构树、女贞、喜树、柑橘	木芙蓉、紫荆
秋	W_{CO_2}	枫杨、碧桃	—	香樟、意杨、大叶榉树、大叶朴、垂柳、复羽叶栾树、女贞、杜英、喜树、紫薇、紫叶李	木芙蓉、蜡梅、石楠、夹竹桃、海桐、云南黄馨、日本珊瑚树、小叶栀子
秋	Q_{CO_2}	香樟、枫杨、大叶榉树、垂柳	石楠、海桐、夹竹桃、木芙蓉、云南黄馨、茶梅	广玉兰、意杨、枫香树、悬铃木、银杏、大叶朴、乌桕、复羽叶栾树、构树、白玉兰、乐昌含笑、喜树、柑橘、女贞、青枫、杜英、桂花、紫叶李、碧桃、石榴、蚊母、杏树	杨梅、八角金盘、日本珊瑚树、小叶栀子、大叶黄杨、蜡梅、金丝桃、结香、红花檵木、紫荆、洒金桃叶珊瑚、毛竹、南天竹、大叶栀子
	M_{CO_2}	香樟、枫杨、乌桕	—	意杨、悬铃木、大叶榉树、垂柳、复羽叶栾树、女贞、构树、柑橘	木芙蓉
冬	W_{CO_2}	—	日本珊瑚树、大叶黄杨、海桐	广玉兰、香樟、女贞、乐昌含笑、杜英、桂花	杨梅、八角金盘、云南黄馨、毛竹、茶梅、石楠、洒金桃叶珊瑚、小叶栀子、红花檵木、夹竹桃
	Q_{CO_2}	—	海桐、大叶黄杨	广玉兰	石楠、日本珊瑚树、茶梅、云南黄馨
	M_{CO_2}	香樟	—	广玉兰、女贞	—

2）长三角乡村地区常见植物固碳效益与形态指标的关系

将长三角地区植物群落中常见的53种植物的固碳量与形态指标进行pearson相关分析，如表2.21所示。结果表明，乡村常见植物的树高、冠幅面积、胸径、叶面积等指标与植物单位叶面积日固碳量无显著的相关性。根据植物光合作用机理可知，在相似环境条件下，植物单位叶面积的固碳量与植物叶片的生理结构密切相关；植物叶面积指数与单位土地面积日固碳量具有极显著的正相关（$r^2=0.742$，$p<0.01$），树种胸径与单位土地面积日固碳量也具有极显著的正相关（$r^2=0.624$，$p<0.01$），其中，叶面积指数与植物单位土地面积日固碳量的相关性最为显著。胸径与单株植物的日固碳释氧量有极显著正相关（$r^2=0.854$，$p<0.01$），树种树高单株植物的日固碳释氧量有极显著正相关（$r^2=0.753$，$p<0.01$），冠幅面积与单株植物的日固碳释氧量有极显著正相关（$r^2=0.861$，$p<0.01$），与叶面积指数有显著正相关（$r^2=0.413$，$p<0.05$），其中，冠幅面积和胸径与单株植物日固碳量相关性最为显著。

表2.21　乡村常见植物固碳效益与形态指标的相关性分析

项目	树高	冠幅面积	胸径	叶面积指数	单位叶面积固碳量	单位土地面积固碳量	单株植物固碳量
树高	1	0.832**	0.745**	0.176	0.108	0.227	0.753**
冠幅面积	0.832**	1	0.841**	0.212	0.234	0.323	0.861**
胸径	0.745**	0.841**	1	0.477*	0.231	0.624**	0.854**
叶面积指数	0.176	0.212	0.477*	1	0.089	0.742**	0.413*
单位叶面积固碳量	0.108	0.234	0.231	0.089	1	0.679**	0.387*
单位土地面积固碳量	0.227	0.323	0.624**	0.742**	0.679**	1	0.604**
单株植物固碳量	0.753**	0.861**	0.854**	0.413*	0.387*	0.604**	1

注：**表示在0.01水平（双侧）上显著相关；*表示在0.05水平（双侧）上显著相关。

3）小结

长三角乡村地区绿地植物的胸径、冠幅面积树高及叶面积指数等形态指标对单位土地面积及单株植物固碳效益的发挥存在不同程度的影响。首先，冠幅面积、胸径对植物单位土地面积日固碳量和单株植物日固碳量都起到决定性作用；其次，在一定范围内，乔木的胸径与固碳量具有极显著正相关；再次，树种的高度与单株植物的日固碳量具有显著正相关。

2.3.3 乡村雨水蓄积型植物群落构建技术

结合长三角乡村地区一般降水强度，我们选取长三角乡村典型植物群落的样地，通过降雨模拟，测定植物叶片单位叶面积蓄水量和叶面积指数，计算植物单位面积的潜在蓄水能力，筛选出长三角乡村地区常见植物中雨水截留能力较强的植物种类。同时，通过统计方法，利用不同植物的树高、胸径、冠幅等形态指标，构建截留雨水预测模型，为乡村雨水截留型植物群落优化改造提供理论基础和技术支持。

1. 研究方法

1）植物筛选

结合实地调研，选取长三角乡村地区常见植物，包括：龙柏、杜英、蚊母树、罗汉松、广玉兰、桂花、女贞、枇杷、山茶、雪松、香樟、加拿利海枣、蒲葵、白玉兰、垂柳、垂丝海棠、大叶黄杨、海桐、夹竹桃、椤木石楠、苏铁、小叶黄杨、蜡梅、结香、木芙蓉、木槿、八角金盘、龟甲冬青、红花檵木、火棘、金丝桃、南天竹、合欢、红叶李、黄山栾树、鸡爪槭、榉树、龙爪槐、一球悬铃木、梧桐、日本晚樱、石榴、水杉、桃、乌桕、无患子、银杏、紫荆、紫薇、全缘枸骨、日本珊瑚树、洒金桃叶珊瑚、水栀子、狭叶十大功劳、雀舌栀子、慈孝竹、云南黄馨、春鹃、小叶女贞、紫叶小檗、芭蕉、花叶蔓长春、阔叶麦冬、络石、美人蕉、狭叶沿阶草、鸢尾、大花马齿苋。

2）树种冠层截留指标调查

（1）胸径、冠幅、株高的测量。树冠的冠幅和胸径用皮卷尺测量，株高借助于标有刻度的竹竿。冠幅，指树冠的直径，测两个方向，分别测一最大和最小值，然后取平均值，单位 m，结果保留一位小数点。胸径，指乔木主干离地表面 1.3 m 处的直径，单位 cm，结果保留两位小数点，株高单位 m，结果保留一位小数点。

（2）叶面积指数测定。叶面积指数的测定使用 L2200 植物冠层分析仪，L2200 植物冠层分析仪利用“鱼眼”光学传感器测量树冠上、下 5 个角度的透射光线，利用植被树冠的辐射转移模型(间隙率)计算叶面积指数、空隙比等树冠结构参数。

使用 L2200 植物冠层分析仪在测量叶面积指数时多选择有直射光线的早晨或

傍晚，以及云层分布均匀的阴天。对于乔木的叶面积指数测定在冠层下距离冠层底部$\frac{1}{3}$冠层半径位置，沿树干向树梢水平测东、南、西、北四个角度，每个样本测量3次得平均值。

(3) 植物叶片最大储水能力测定。通过测定植物叶片浸水前后的重量差来确定植被冠层叶片的潜在最大截留量和截留率。根据每品种树木的胸径、冠幅、树高的均值选取标准木。选取标准枝使用高枝剪剪下放在自封袋内，带回实验室在4°以下冷藏。实验时，每个品种分别选取5个标准叶片，将叶片放在叶面积测量仪内，记录叶面积及形状。用镊子放置在精度为0.000 1的电子天平快速称重，然后将叶片浸入水中5 min，然后用镊子轻轻取出，等枝叶上的水珠不再下滴时。用吸水纸吸去叶背面水滴，并且再次称重。两次称重的值的差值为植被吸附水量即最大截留量，用下式计算：

$$I = M_2 - M_1 \tag{2.8}$$

式中：

M_1——植株鲜重，g；

M_2——植株浸水后重，g；

I——最大截留量(g)=1 000 mm^3。

叶片在浸水实验中对水的截留率I_r(%)为截留量与叶片鲜重的比值百分比，使用公式如下：

$$I_r = \frac{M_2 - M_1}{M_1} \times 100\% \tag{2.9}$$

其中，I_r为截留率(%)。

叶片面积S的测定使用AM-300手持式叶面积仪，单位叶片面积的最大吸附水量即最大截留量为：

$$h = I/S \tag{2.10}$$

其中，h为单位面积叶片吸附水量(g/mm^2)；S为叶片面积(mm^2)，也为面积叶片吸附水量单位，最后转换为g/m^2。

3）植物冠层雨水截留能力计算方法

总表面储水能力 S 的计算是由每个实体的特定储水能力和它各面表面积指数的关系总和得到的。叶面积指数是单位土地面积的叶片表面积，SL 是单位表面积的叶片的最大叶片储水量，两者从植株尺度和叶片尺度分别得到了单位土地面积对应的植株的叶面积总量和单位叶面积的储水量即最大截留量，两者相乘得到单位土地面积对应的植株叶表面最大截留量。

$$S_C = LAI \cdot S_L$$

其中 S_C 为植物冠层储水能力（mm）；S_L 为叶面储水能力（mm）。

2. 长三角乡村地区植物乔木冠层储水能力分析

1）乔木冠层储水能力分析

（1）常绿乔木冠层储水能力分析。13 种常绿乔木采用浸泡法测得叶片的截留率以及单位面积叶片储水能力排在前三位的是雪松、枇杷和广玉兰，吸水率都达到了叶片自身重量的 50%以上，单位面积储水能力都达到 80 g/m^2；吸水率最低是蚊母树，其次是桂花、山茶、香樟和女贞，截留率在 20%以下；单位面积叶片储水能力最小的香樟，其次是桂花、山茶和蚊母树，储水能力都在 30 g/m^2 以下，可见桂花和山茶的吸水率和单位面积叶片储水能力都最小。从图 2.33 中还可以看出，单位面积叶片储水能力强的植物普遍叶片吸水率也较高，曲线趋势基本一致，有些植物叶

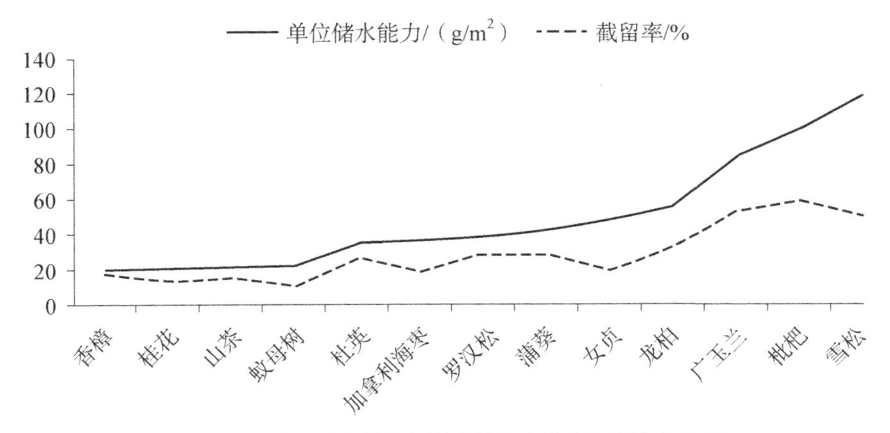

图 2.33 常绿乔木单位面积叶片储水能力和截留率分析

片单位面积储水量高但截留率低，如女贞、加拿利海枣和蚊母树，说明这 3 种植物单位表面积的叶片重量相对较重，可能原因是女贞、蚊母的叶片较厚，加拿利海枣的叶片结构复杂。叶片单位面积储水量低但截留率高的如香樟和杜英，这两种叶片质地相似，厚度也较小，因此单位表面积的叶片重量相对较轻。

13 种常绿乔木冠层储水能力(见图 2.34)最高的是雪松和龙柏，冠层平均总储水能力都达到了 350 g/m^2，其次是枇杷、广玉兰和罗汉松，在 200 g/m^2 和 300 g/m^2 之间。其他树种的冠层储水能力都在 150 g/m^2 以下，远远小于以上树种，冠层储水能力最低的是香樟，储水能力为 50 g/m^2。

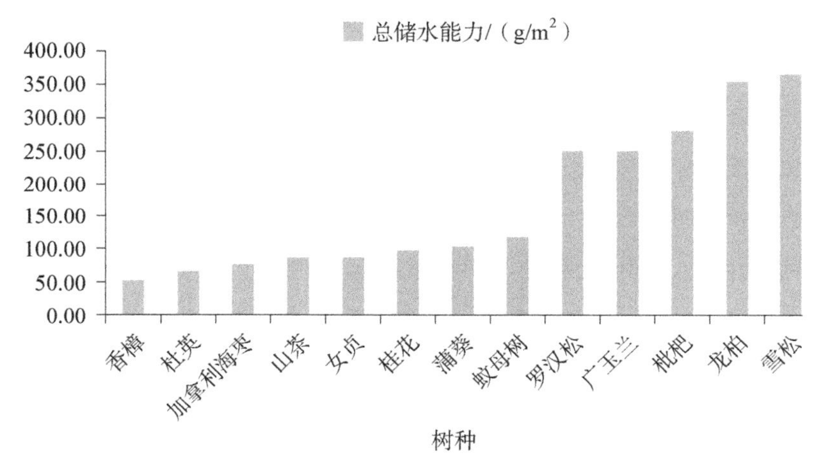

图 2.34 常绿乔木冠层储水能力分析

(2) 落叶乔木冠层储水能力分析。20 种落叶乔木的叶片通过浸泡法测得的单位面积截留量和截留率曲线趋势总体一致，与常绿乔木相比，落叶乔木叶片的截留率与单位面积储水量的规律波动较大，龙爪槐、桃树和黄山栾树的截留率要比其他落叶植物大很多，达到了 60%以上，但是单位储水能力都在 40 g/m^2 以下。情况正相反的植物是紫薇，叶片的单位面积储水量有 34.2 g/m^2，截留率只有 19.4%，其原因可能是紫薇植物叶片样本病虫害概率较高，影响叶片的生长，因此重量略轻。

另外，从图 2.35 中还可以看出，水杉、青桐、美国梧桐、榉树 4 种植物的叶片储水能力较强，截留率达到 60%以上，单位面积储水能力也在 60 g/m^2 以上。相对来说，叶片单位面积储水能力较弱的是垂柳、紫荆、红叶李、鸡爪槭、垂丝海棠，都在 30 g/m² 以下；其次是紫荆、紫薇、垂丝海棠和银杏，截留率在 30%以下；截留率最低的是垂柳。由此可见，叶片储水能力相对较弱的 3 种植物依次是垂柳、紫荆和垂丝海棠。

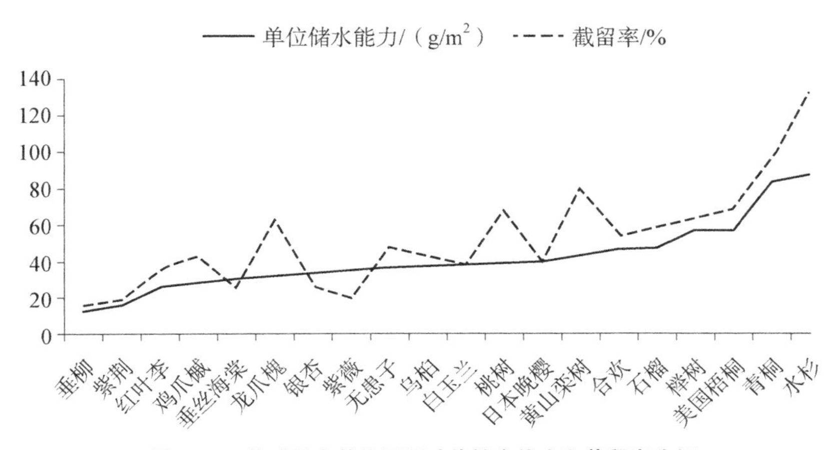

图 2.35　落叶乔木单位面积叶片储水能力和截留率分析

20 种落叶乔木冠层储水能力（见图 2.36）最高的是水杉，达到了 300 g/m²；冠层截留能力次之的是青桐、石榴和榉树，它们的冠层平均总储水能力都达到了 150 g/m² 以上；其他树种的冠层储水能力都在 150 g/m² 以下；冠层储水能力最低的是垂柳，储水能力在 50 g/m² 以下。

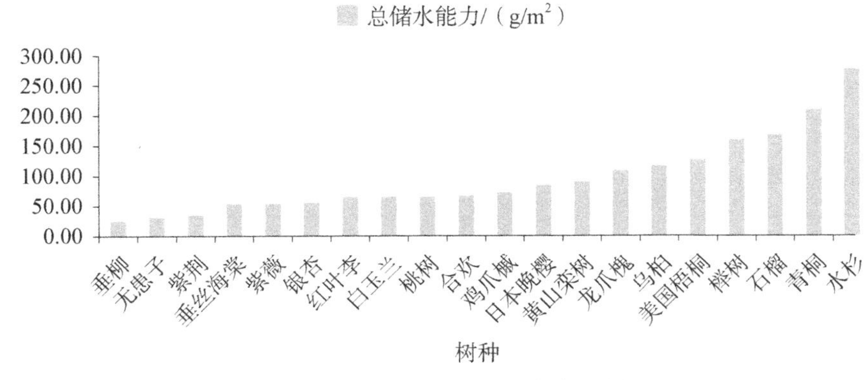

图 2.36　落叶乔木冠层总储水能力分析

35 种常见长三角乡村地区乔木截流容量排在前四位的分别是常绿针叶落羽杉、雪松、龙柏和落叶阔叶枇杷，其中单位面积截留容量最高的是落羽杉，高达 5.98 mm，单位面积截留容量最低的是垂柳，仅为 0.26 mm。

表 2.22　种常见长三角乡村地区乔木截流容量排序

植物	单位面积截留容量/mm	排序	叶面积指数 LAI	生活型
落羽杉	5.98	1	5.10	常绿针叶
雪松	3.62	2	3.07	常绿针叶
龙柏	3.54	3	6.37	常绿针叶
枇杷	3.47	4	3.47	落叶阔叶
水杉	2.77	5	3.17	落叶针叶
广玉兰	2.49	6	2.96	常绿阔叶
青桐	2.10	7	2.51	落叶阔叶
石榴	1.69	8	3.56	常绿阔叶
榉树	1.60	9	2.80	落叶阔叶
香樟	1.61	10	2.71	常绿阔叶
罗汉松	1.52	11	3.89	常绿针叶
悬铃木	1.28	12	2.21	落叶阔叶
蚊母	1.14	13	5.10	常绿阔叶
龙爪槐	1.10	14	3.42	落叶阔叶
棕榈	1.03	15	2.44	常绿阔叶
蒲葵	1.03	16	2.44	常绿阔叶
乌桕	1.02	17	2.70	落叶阔叶
桂花	0.95	18	4.54	常绿阔叶
栾树	0.93	19	2.15	落叶阔叶
女贞	0.87	20	1.87	常绿阔叶
日本晚樱	0.86	21	2.15	落叶阔叶
山茶	0.85	22	3.95	常绿阔叶
加拿利海枣	0.76	23	2.11	常绿阔叶
鸡爪槭	0.73	24	2.53	落叶阔叶
桃树	0.68	25	1.74	落叶阔叶
杜英	0.67	26	1.92	常绿阔叶
合欢	0.67	27	1.45	落叶阔叶
白玉兰	0.66	28	1.73	落叶阔叶
紫叶李	0.66	29	2.55	落叶阔叶
银杏	0.58	30	1.71	落叶阔叶

（续表）

植物	单位面积截留容量/mm	排序	叶面积指数 LAI	生活型
紫薇	0.57	31	1.66	落叶阔叶
垂丝海棠	0.56	32	1.78	落叶阔叶
紫荆	0.37	33	2.37	落叶阔叶
无患子	0.33	34	0.88	落叶阔叶
垂柳	0.26	35	2.09	落叶阔叶

2）灌木冠层储水能力分析

（1）单株灌木冠层储水能力分析。

① 单株常绿灌木冠层储水能力分析 8 种常绿灌木植物叶片的单位面积储水量和截留率趋势基本一致，其中小叶黄杨、龙柏球和海桐的叶片储水能力相对较强，截留率都在 30％以上，而且单位面积叶片储水量都能达到 46 g/m² 以上，三者的截留率几乎一样，但是单位面积叶片的储水量差异较大，原因可能是三者的叶片表面的类型差异很大，海桐叶片表面有蜡质更加光滑，龙柏的条形叶粗糙、易储水，叶片间的空隙也可以增加其对水的截留量，小叶黄杨的叶片储水能力最强，根据王会霞对叶片润湿性的研究表明，小叶黄杨的叶片相对其他叶片属于亲水性叶片，这与其叶片的表面的叶倾角有直接的相关关系。此外从图 2.37 中还可看出，夹竹桃、构骨和苏铁的截留率都在 20％以下，但是只有夹竹桃和椤木石楠的单位储水能力在 30 g/m² 以下，可见夹竹桃的叶片储水能力最弱。

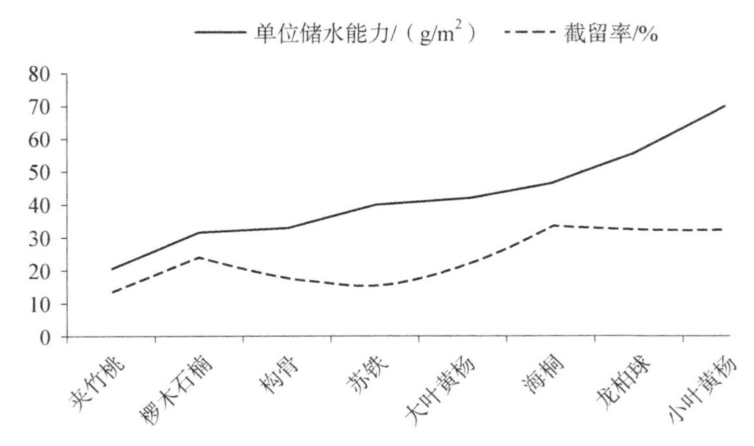

图 2.37　单株常绿灌木单位面积叶片储水能力和截留率分析

8 种常绿灌木植物冠层总储水能力(见图 2.38)最高的是小叶黄杨,达到了 300 g/m² 以上,冠层截留能力次之的是龙柏球、海桐和大叶黄杨,冠层平均总储水能力都达到了 200 g/m² 以上,其他树种的冠层储水能力都在 50 g/m² 和 150 g/m² 之间。

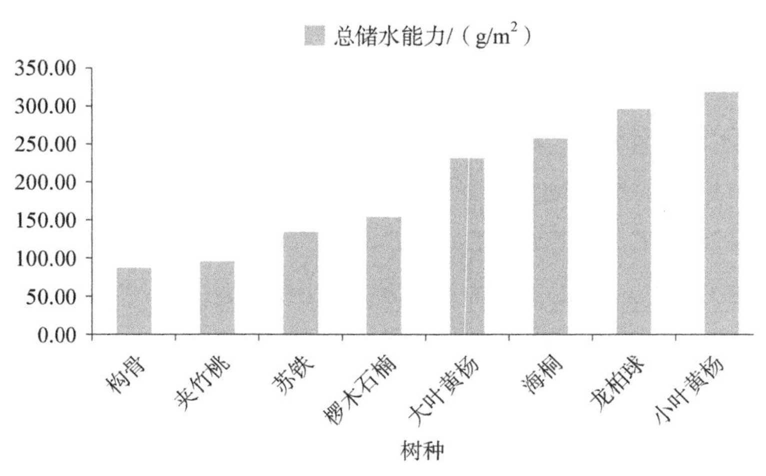

图 2.38 单株常绿灌木冠层总储水能力分析

② 单株落叶灌木冠层储水能力分析。长三角乡村地区在选择植物灌木时,多选择常绿植物,通过调研选择的 4 种落叶灌木植物都是观花植物,花期几乎囊括了四季。通过对于这 4 种植物(见图 2.39)的叶片储水能力的实验发现,结香和木芙蓉的叶片储水能力较蜡梅和木槿更强,尤其在单位面积叶片储水能力上都达到了

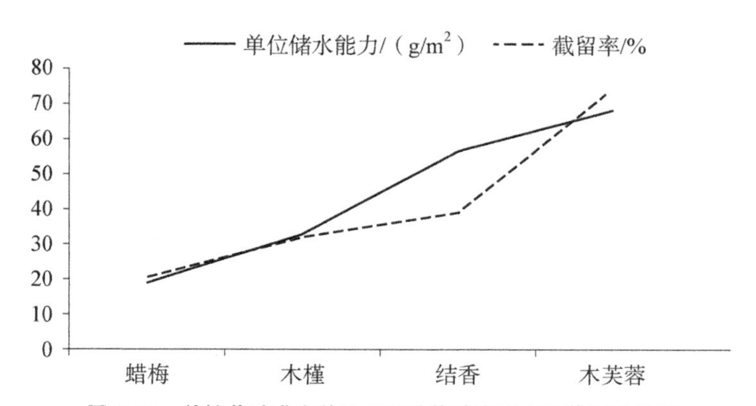

图 2.39 单株落叶灌木单位面积叶片储水能力和截留率分析

55 g/m² 以上，截留率也达到了 38%以上，但是木芙蓉的叶片相对结香要薄许多，单位面积重量也小，因此木芙蓉的单位面积叶片储水量非常高，达到了 68.3 g/m²。可见在选择落叶灌木时，推荐选择结香或木芙蓉，除了观花效果好之外，在叶片生长旺盛期还有很强的叶片储水能力。

4 种落叶灌木冠层储水能力(见图 2.40)最高的是木芙蓉，达到了 248 g/m²，其他 3 种植物都在 50 g/m² 和 150 g/m² 之间，远远小于木芙蓉。

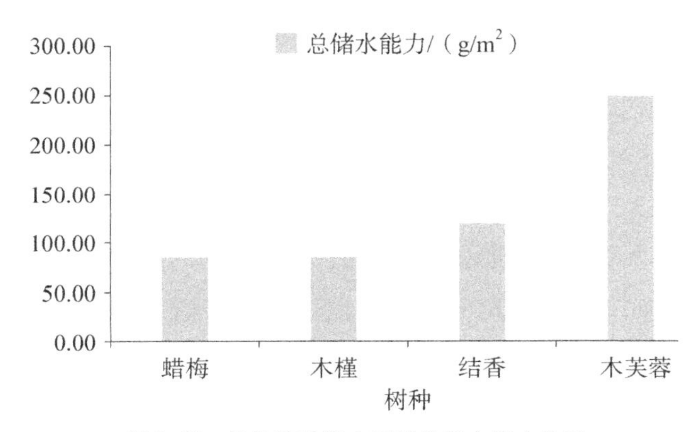

图 2.40　单株落叶灌木冠层总储水能力分析

(2) 片植灌木冠层储水能力分析。

① 片植常绿灌木冠层储水能力。14 种常绿灌木绿篱的单位面积叶片储水能力与截留率的趋势基本一致，但是孝顺竹的截留率极高而叶片储水能力一般，八角金盘的截留率则相反，两种植物的叶片质地的差异可以在一定程度上解释出现这种结果的原因，孝顺竹的竹叶质地极其轻薄，八角金盘的叶片则相对厚重，单位面积的叶片重量要远大于孝顺竹，并且在浸水实验中发现孝顺竹的叶片极易漂浮在水面上。

从图 2.41 还可以看出叶片储水能力最好的为红花檵木，其次是火棘和小叶栀子，3 种植物的单位面积叶片储水量都达到了 40 g/m² 以上，截留率基本都达到了 60%以上。叶片储水能力最差的是金边大叶黄杨，其次是云南黄馨和水栀子，单位面积叶片储水量都在 25 g/m² 以下，截留率都在 20%以下，其他绿篱植物的叶片储水能力相差都不是很大，说明在常绿灌木绿篱选择的余地较大，只有红花檵木和火棘的叶片储水能力明显高于其他常绿灌木植物的叶片。

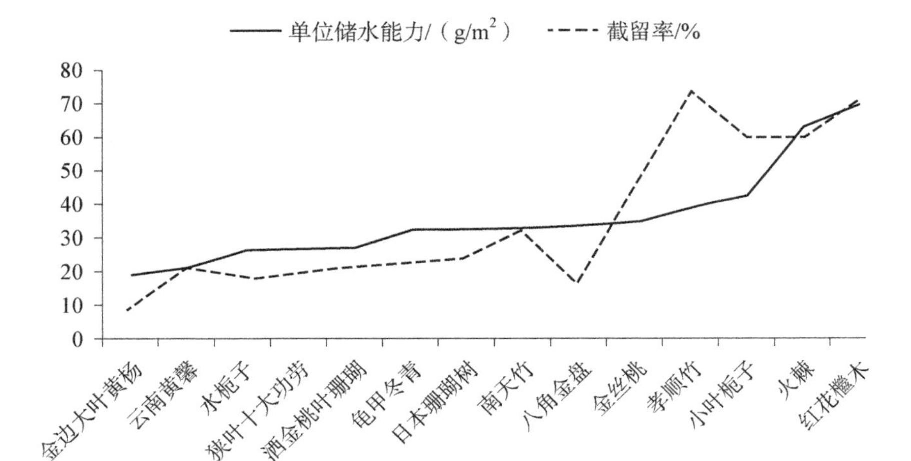

图 2.41　片植常绿灌木单位面积叶片储水能力和截留率分析

14 种常绿灌木绿篱冠层储水能力(见图 2.42)最高的是火棘，达到 327.7 g/m²；其次是红花檵木和孝顺竹，冠层平均总储水能力都达到了 250 g/m² 以上；再次是小叶栀子、八角金盘、日本珊瑚树、龟甲冬青和洒金桃叶珊瑚，在 150 g/m² 和 200 g/m² 之间，其他树种的冠层储水能力都在 150 g/m² 以下。

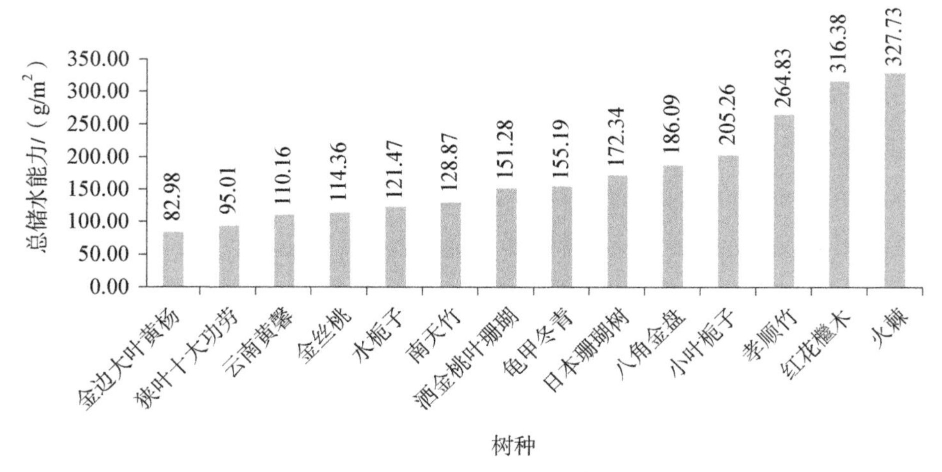

图 2.42　片植常绿灌木冠层总储水能力分析

② 片植落叶灌木冠层储水能力。绿篱和地被一般选择耐修剪的常绿植物，本

实验筛选了3种落叶植物中小叶女贞属于落叶或半常绿灌木，修剪后的绿篱非常常见，观赏效果好并且耐修剪，常作为机动车道或人行道旁的带状栽植，群落景观种也常常大片种植。杜鹃作为常见的长三角乡村地区地被植物，变种品种多，观花效果好；紫叶小檗主要观赏点在于其叶色，但是枝刺较多，适合作为阻隔视线的绿篱，在调研中发现多处紫叶小檗长势不好，叶片本来就小，叶片稀疏时非常影响观赏效果。根据浸水实验的结果，可知紫叶小檗的叶片储水能力最差，单位面积储水量只有23.9 g/m^2，截留率仅为19.2%，小叶女贞次之，杜鹃的叶片储水能力最好，单位面积储水量达到了75.3 g/m^2，截留率高达90.0%，远远高于其他两种植物(见图2.43)。

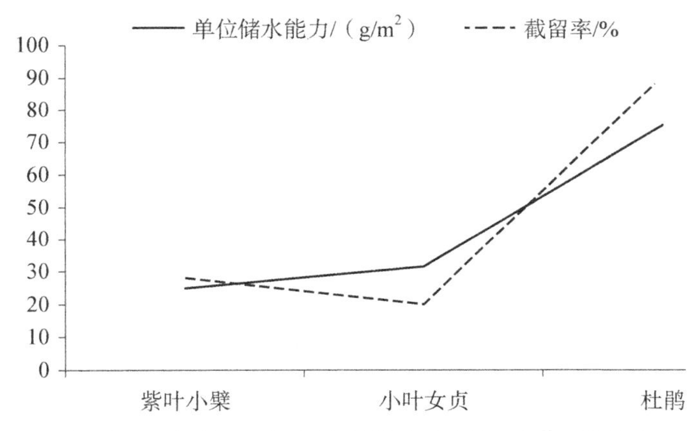

图2.43 片植落叶灌木单位面积叶片储水能力和截留率分析

3种落叶灌木物冠层储水能力(见图2.44)最高的是杜鹃，达到393 g/m^2，其他树种的冠层储水能力都在150 g/m^2 以下，远小于杜鹃。

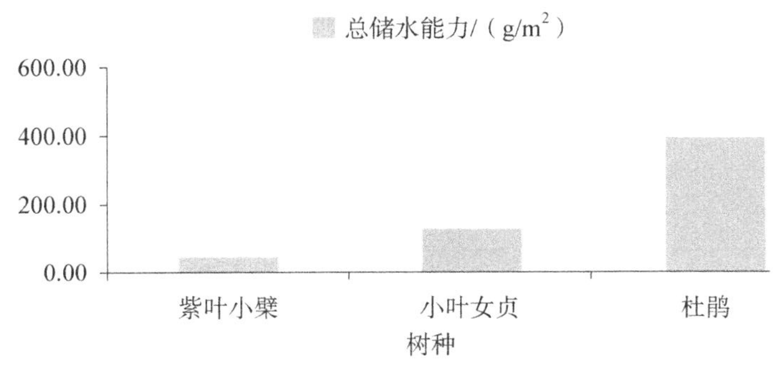

图2.44 片植落叶灌木冠层总储水能力分析

27 种常见的长三角乡村地区灌木截流容量(见表 2.23)排在前四位的分别是常绿针叶龙柏球、落叶阔叶杜鹃、常绿阔叶火棘和小叶黄杨。其中：单位面积截留容量最高的是龙柏球，高达 7.72 mm；单位面积截留容量最低的是紫叶小檗，仅为 0.49 mm。

表 2.23 种常见灌木截流容量排序

植物	单位面积截留容量/mm	排序	叶面积指数 LAI	生活型
龙柏球	7.72	1	5.31	常绿针叶
杜鹃	3.94	2	5.23	落叶阔叶
火棘	3.28	3	5.24	常绿阔叶
小叶黄杨	3.19	4	4.56	常绿阔叶
红花檵木	3.16	5	4.57	常绿阔叶
慈孝竹	2.65	6	6.86	常绿阔叶
海桐	2.56	7	5.56	常绿阔叶
木芙蓉	2.49	8	3.64	落叶阔叶
八角金盘	1.86	9	5.60	常绿阔叶
日本珊瑚树	1.72	10	5.43	常绿阔叶
龟甲冬青	1.55	11	4.89	常绿阔叶
椤木石楠	1.52	12	4.81	常绿阔叶
洒金桃叶珊瑚	1.51	13	5.65	常绿阔叶
苏铁	1.35	14	3.38	常绿阔叶
小叶女贞	1.30	15	4.16	落叶阔叶
南天竹	1.29	16	3.97	常绿阔叶
水栀子	1.22	17	4.74	常绿阔叶
结香	1.21	18	2.14	落叶阔叶
金丝桃	1.14	19	3.39	常绿阔叶
云南黄馨	1.10	20	5.42	常绿阔叶
夹竹桃	0.96	21	4.60	常绿阔叶
狭叶十大功劳	0.95	22	3.55	常绿阔叶
全缘枸骨	0.87	23	2.64	常绿阔叶
蜡梅	0.85	24	4.51	落叶阔叶
木槿	0.84	25	2.56	落叶阔叶
金边大叶黄杨	0.83	26	4.44	常绿阔叶
紫叶小檗	0.49	27	1.99	落叶阔叶

3）草本藤本冠层储水能力

8种草本植物的单位面积叶片储水量曲线和截留率曲线的趋势完全不同，相较于乔木和灌木来看，草本植物的叶片储水能力相对叶面积和叶重来看，结果差异会很大（见图2.45）。最典型的两种植物分别为美人蕉和大花马齿苋，美人蕉叶片质地极软而薄，大花马齿苋的叶片则是肉质的，同样叶片面积，美人蕉的叶片重量远小于大花马齿苋，所以才会出现美人蕉的单位面积叶片储水量仅为7.5 g/m^2，而截留率能高达68.9%，并且美人蕉的叶片在做浸水实验时，浮在水面上，不易吸水。芭蕉和美人蕉的叶片质地类似，也出现了同样的情况。大花马齿苋单位面积叶片储水量高达61.7 g/m^2，但是截留率只有21.1%。其他几种草本植物叶片的截留能力差异不大，单位面积叶片截留量基本都在20～40/m^{2}之间，截留率基本在15%～45%之间浮动。

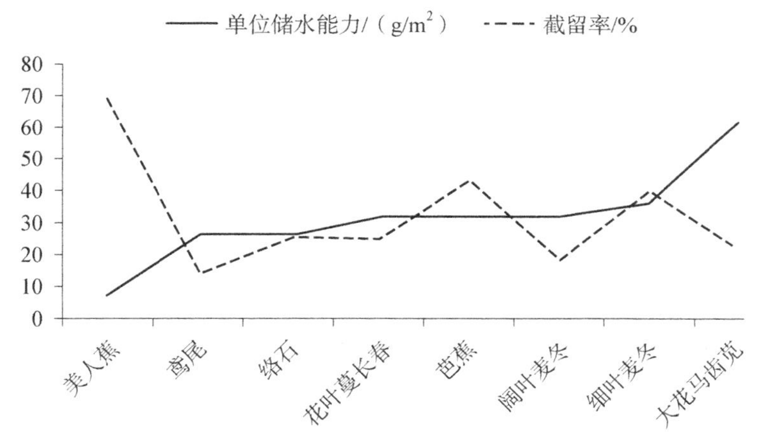

图2.45 草本藤本单位面积叶片储水能力和截留率分析

8种草本植物冠层储水能力（见图2.46）最高的是细叶麦冬，达到321 g/m^2，其次是大花马齿苋和络石、阔叶麦冬冠层平均总储水能力都达到了150 g/m^{2}以上，其他树种的冠层储水能力都在150 g/m^{2}以下。

8种常见长三角乡村地区地被截流容量（见表2.24）排在前四位的分别是常绿草本细叶麦冬、大花马齿苋、常绿藤本络石和常绿草本阔叶麦冬，其中单位面积截

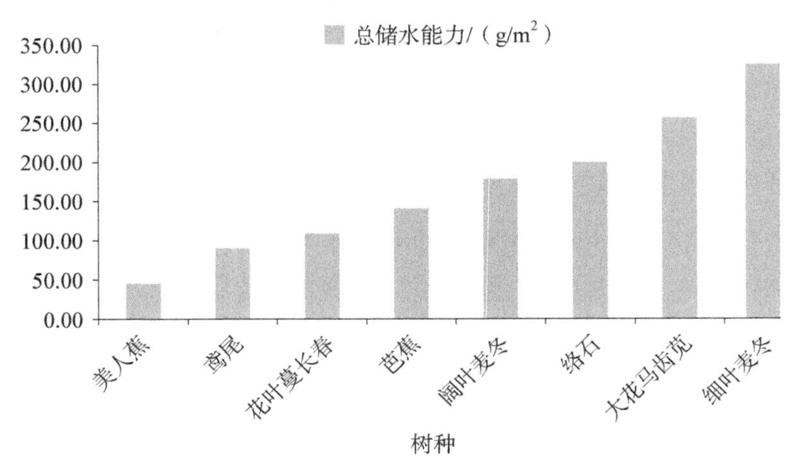

图 2.46　草本藤本冠层总储水能力分析

表 2.24　8 种常见长三角乡村地区地被截流容量排序

植物	单位面积截留容量/mm	排序	叶面积指数 LAI	生活型
细叶麦冬	3.22	1	8.83	常绿草本
大花马齿苋	2.55	2	4.13	常绿草本
络石	1.98	3	7.56	常绿藤本
阔叶麦冬	1.77	4	5.41	常绿草本
芭蕉	1.38	5	4.30	常绿草本
花叶蔓长春	1.07	6	3.37	常绿草本
鸢尾	0.88	7	3.35	多年生草本
美人蕉	0.43	8	5.71	常绿草本

留容量最高的是细叶麦冬，高达 3.22 mm；单位面积截留容量最低的是美人蕉，仅为 0.43 mm。

3. 长三角乡村地区植物冠层雨水截留预测模型构建

1）乔木冠层雨水截留预测模型

常绿树并非周年不落叶，而是叶的寿命较长，每年仅仅脱落部分老叶，同时又增生新叶，生长在北方的常绿针叶树，每年都会发枝一次或以上，因此叶面积和叶面积指数也会逐年增大。我们根据对 13 种常绿乔木不同大小样本的冠幅、胸径、高度和叶面积指数测量数据，进行绘制残差图。

13 种常绿乔木(见表 2.25)里，蚊母树的叶面积指数对胸径、冠幅、高的拟合程度最好(0.881 7)，其次为女贞(0.828 6)、枇杷(0.819 8)、龙柏(0.814 6)和罗汉松(0.808 9)，R^2 都达到 0.8 以上，说明这 5 个树种都能较好地利用胸径、冠幅、高 3 个冠层参数预测叶面积指数。拟合程度最差的是加拿利海枣(0.517 8)，其次是桂花(0.645 8)、山茶(0.709 3)，R^2 在 0.7 及以下。其原因可能是蚊母、女贞、枇杷、龙柏和罗汉松这 5 种树的样本在选取时差异不是很大，都在生长壮年，因此叶片的数量和分布与其胸径、冠幅的生长成正比，能较好地反映植株各个部分协同生长的规律。

表 2.25　13 种常绿乔木冠层雨水截留预测模型

树种	冠层截留预测模型	R^2	树种	冠层截留预测模型	R^2
杜英	$0.007\,0\dfrac{D^{0.671\,1}H^{1.998\,5}}{CW^{0.292\,1}}$	0.774 3	枇杷	$1.129\,7\dfrac{D^{-0.160\,6}H^{1.795\,3}}{CW^{0.254\,1}}$	0.819 8
广玉兰	$0.064\,0\dfrac{D^{0.817\,0}H^{0.603\,6}}{CW^{0.313\,3}}$	0.787 3	蒲葵	$0.453\,6\dfrac{D^{0.365\,3}H^{0.444\,4}}{CW^{0.376\,3}}$	0.729 7
桂花	$1.958\,9\dfrac{D^{0.163\,0}H^{0.682\,3}}{CW^{0.431\,5}}$	0.645 8	山茶	$0.081\,1\dfrac{D^{1.178\,4}H^{0.218\,4}}{CW^{-0.115\,0}}$	0.709 3
加拿利海枣	$0.171\,9\dfrac{D^{0.441\,6}H^{0.578\,6}}{CW^{0.267\,5}}$	0.517 8	蚊母树	$0.866\,3\dfrac{D^{0.318\,0}H^{1.196\,1}}{CW^{0.229\,5}}$	0.881 7
龙柏	$0.061\,5\dfrac{D^{1.171\,6}H^{0.168\,9}}{CW^{0.691\,7}}$	0.814 6	香樟	$0.481\,7\dfrac{D^{0.244\,5}H^{0.946\,8}}{CW^{0.448\,6}}$	0.792 6
罗汉松	$0.677\,8\dfrac{D^{0.045\,7}H^{1.349\,1}}{CW^{0.046\,8}}$	0.808 9	雪松	$0.872\,8\dfrac{D^{0.261\,4}H^{0.483\,6}}{CW^{0.421\,0}}$	0.723 8
女贞	$0.001\,3\dfrac{D^{1.862\,2}H^{0.349\,3}}{CW^{0.170\,3}}$	0.828 6			

注：D——植物胸径(cm)；H——植物高度(m)；CW——冠幅(m)；R^2 表示拟合优度。(以下同)

20 种落叶乔木(见表 2.26)里，叶面积指数与胸径、冠幅、高的拟合程度最好的是无患子(0.854 2)，其次是合欢(0.851 6)、白玉兰(0.845)、桃树(0.823 3)、青桐(0.820 1)、龙爪槐(0.816 3)，这 6 种植物的 R^2 能达到 0.8 以上。拟合程度最差的是一球悬铃木(0.499 4)，其次是垂丝海棠(0.503 4)、垂柳(0.524 4)，R^2 都在 0.6 以下。一球悬铃木叶面积指数拟合不好的可能原因是，实验样本长势一般，存在一定程度的病虫害情况，叶片长势不均匀，因此不能很好地反映叶片数量和质量。垂丝海棠叶面积指数拟合不好的原因可能是样本存在落叶情况，不同样本的落叶程度不同，导致其叶面积协同反映其生长状况。垂柳的叶面积指数拟合不好可能是，选取的垂柳样本多在湖边，因风速条件等原因导致测量 L 时叶片条件不稳定，造成获得的 L 存在一定的误差。

表 2.26　20 种落叶乔木冠层雨水截留预测模型

树种	冠层截留预测模型	R^2	树种	冠层截留预测模型	R^2
白玉兰	$0.0469\dfrac{D^{0.8508}H^{1.1161}}{CW^{0.2172}}$	0.845	青桐	$0.4969\dfrac{D^{0.7803}H^{0.6846}}{CW^{0.2520}}$	0.820 1
垂柳	$0.1095\dfrac{D^{0.3066}H^{1.0711}}{CW^{0.2205}}$	0.524 4	日本晚樱	$0.0387\dfrac{D^{0.5680}H^{2.6408}}{CW^{0.2260}}$	0.796 8
垂丝海棠	$0.1353\dfrac{D^{0.4749}H^{1.1993}}{CW^{-0.1589}}$	0.503 4	石榴	$2.3373\dfrac{D^{0.2030}H^{0.4246}}{CW^{0.5397}}$	0.615 8
合欢	$0.0014\dfrac{D^{2.0023}H^{0.6660}}{CW^{0.9045}}$	0.851 6	水杉	$0.4721\dfrac{D^{0.2416}H^{0.6732}}{CW^{0.1565}}$	0.770 3
红叶李	$0.0749\dfrac{D^{0.8683}H^{0.8130}}{CW^{0.1745}}$	0.817 1	桃树	$0.1187\dfrac{D^{0.3318}H^{2.6329}}{CW^{0.2215}}$	0.823 3
黄山栾树	$0.2252\dfrac{D^{0.0782}H^{1.4203}}{CW^{0.2710}}$	0.668 7	乌桕	$0.0197\dfrac{D^{0.1684}H^{2.3481}}{CW^{0.3193}}$	0.679
鸡爪槭	$0.1828\dfrac{D^{0.6079}H^{0.7491}}{CW^{0.1654}}$	0.761	无患子	$0.2669\dfrac{D^{0.5708}H^{0.3269}}{CW^{0.9623}}$	0.854 2
榉树	$0.0021\dfrac{D^{1.6964}H^{0.4535}}{CW^{0.4874}}$	0.671 7	银杏	$0.0031\dfrac{D^{1.4049}H^{0.9692}}{CW^{0.4653}}$	0.680 5
龙爪槐	$0.1608\dfrac{D^{0.0085}H^{0.5547}}{CW^{0.6101}}$	0.816 3	紫荆	$0.7149\dfrac{D^{0.6665}H^{1.0185}}{CW^{0.5684}}$	0.786 1
一球悬铃木	$0.2463\dfrac{D^{0.6029}H^{0.4123}}{CW^{0.6209}}$	0.499 4	紫薇	$0.5097\dfrac{D^{0.4339}H^{0.2430}}{CW^{0.6844}}$	0.701 3

2）灌木冠层雨水截留预测模型

实验选取的 29 种灌木中包含：单株灌木 12 种，其中 8 种为常绿灌木、4 种为落叶灌木；灌木绿篱 17 种，其中 14 种为常绿灌木，3 种为落叶灌木。以下为对 12 种单株灌木以冠幅和高度为冠层参数的叶面积指数一元回归模型和散点图，对 17 种灌木绿篱以高度为冠层参数的 LAI 一元回归模型和散点图。

8 种常绿单株灌木叶面积回归模型（见表 2.27）中，龙柏球、大叶黄杨、海桐、夹竹桃、椤木石楠、苏铁、小叶黄杨7种植物的叶面积指数对高度的回归，比对冠幅的回归拟合程度要好(高度R^2>冠幅R^2)，只有构骨的叶面积指数对冠幅的回归拟合比对高度的拟合程度要好(冠幅2>高度2)。由此可以得知，以后对这7种单株常绿灌木进行叶面积指数的预测时，要使用叶面积指数对于高度的回归方程，对构骨的叶面积指数预测最好用对于冠幅的回归方程，这样可以提高叶面积指数预测的精确度。在8种常绿单株灌木中，叶面积指数对高度的回归方程拟合得最好的是椤木石楠，拟合最差的是龙柏球；叶面积指数对冠幅的回归方程拟合得最好的是构骨，处于末尾的也是龙柏球。出现这种结果可能是龙柏球针叶密度大，当冠层厚度达到一定程度以后，对光线的遮挡程度非常高，即使冠幅或高度增加，所测到的叶面积指数值增加极小或者基本趋于稳定，因此使用叶面积指数对冠幅或者高度的回归模型都不能很好地预测龙柏球的叶面积指数，但可以预测或参考叶面积指数的取值范围。除龙柏球外，其他常绿单株灌木的叶面积指数都与高度或冠幅有很好的协同生长的作用。

表2.27　8种常绿单株灌木冠层雨水截留预测模型

树种	冠层截留预测模型	R^2	H	CW
龙柏球	$L=10.911-2.836H$	0.559 6	1.5～2.5	
	$L=1.363\,3+1.554\,2CW$	0.552 5		1.3～3.5
构骨	$L=-7.826+6.318H$	0.602 7	1.58～1.75	
	$L=-0.463\,9+1.954\,4CW$	0.900 2		1.1～1.9
大叶黄杨	$L=2.214\,5+2.423\,3H$	0.803 4	0.65～1.95	
	$L=2.006\,7+1.893\,3CW$	0.730 2		1.2～2.75
海桐	$L=0.562\,9+3.593\,1H$	0.697 4	0.92～1.68	
	$L=1.913\,7+1.721\,9CW$	0.639 4		1.3～2.7
夹竹桃	$L=1.468\,09+0.552\,39H$	0.689 6	2.95～8	
	$L=-1.058\,3+1.701\,2CW$	0.631 8		2.5～4
椤木石楠	$L=3.296\,92+0.483\,61H$	0.886 1	0.8～5.1	
	$L=3.305\,76+0.422\,29CW$	0.874		1.4～6.5
苏铁	$L=0.756\,1+2.193\,6H$	0.732	0.4～1.71	
	$L=-0.512\,7+2.599\,3CW$	0.642 5		0.8～2.2
小叶黄杨	$L=-0.032\,6+4.378\,8H$	0.753 5	0.76～1.22	
	$L=-0.295\,1+4.058\,5CW$	0.668 6		1～1.48

4 种落叶单株灌木的叶面积回归模型中(见表 2.28)，蜡梅和木槿的叶面积指数对高度的回归比对冠幅的拟合程度要好(高度 R^2>冠幅 R^2)，结香和木芙蓉对冠幅的回归比对高度的回归拟合程度要好(冠幅 R^2>高度 R^2)。由此可以得知，在预测蜡梅和木槿的叶面积指数时，最好使用叶面积指数对高度的回归方程；在预测结香和木芙蓉的叶面积指数时，最好使用其叶面积指数对冠幅的回归方程。出现这种结果可能是，结香和木芙蓉的树冠形态与蜡梅和木槿相比，更接近伞状展开形，其叶片的覆盖也呈伞状分布在冠层的上层，在植株中间及内部叶片分布稀疏，所以其叶片数量及覆盖面积与其冠幅呈显著的正相关关系，用叶面积指数对冠幅的回归方程能更好地反映叶面积指数的真实情况。

表 2.28　4 种落叶单株灌木冠层雨水截留预测模型

树种	冠层截留预测模型	R^2	H	CW
蜡梅	$L=1.6131+1.0407H$	0.771 9	1.6～4.1	
	$L=2.1656+0.8886CW$	0.745 9		1.4～4
结香	$L=-2.0581+2.7497H$	0.650 8	1.13～1.87	
	$L=0.3712+1.9676CW$	0.852 2		0.4～1.55
木芙蓉	$L=2.41707+0.48163H$	0.732	1.05～4.3	
	$L=1.91636+0.85363CW$	0.806		1.12～3.5
木槿	$L=-0.03869+1.36686H$	0.799 9	1.1～2.8	
	$L=0.2173+1.6582CW$	0.74		0.88～2.3

3) 灌木绿篱雨水截留预测模型

14 种常绿灌木绿篱(见表 2.29)的叶面积指数对高度的回归拟合得最好的是狭叶十大功劳，其次是南天竹、八角金盘、云南黄馨和慈孝竹，R^2 达 0.7 以上。说明这 5 种常绿灌木绿篱能较好地使用叶面积指数对高度的回归方程预测其叶面积指数。回归拟合最差的是火棘、金丝桃、水栀子和红花檵木，R^2 均未达到 0.6，其可能是在实验中发现，火棘、金丝桃和红花檵木的叶片多存在于冠层上层，下部叶片多凋落而基本只存在枝条，同时伴随着频繁的修剪，新叶也始终只在最上层长出，因此不论高度如何，叶片的生长量和覆盖程度不会随着高度的增加而增加，但水栀子的叶片较大，从生长点向高处及四周伸展分布，叶片的分布受枝条分布的影响，分布极不均匀，不能随高度很好地预测其叶面积指数。

表 2.29　14 种常绿灌木绿篱冠层雨水截留预测模型

树种	冠层截留预测模型	R^2	H
八角金盘	$L=3.2347+1.4104H$	0.727 2	0.46～2.8
龟甲冬青	$L=1.308+6.7392H$	0.704 1	0.35～0.9
红花檵木	$L=1.8542+3.9887H$	0.575	0.45～1.1
火棘	$L=9.9414-3.9093H$	0.502 7	0.9～1.68
金边大叶黄杨	$L=-1.064+9.145H$	0.604	0.51～0.78
金丝桃	$L=1.6235+1.7418H$	0.540 7	0.45～1.6
南天竹	$L=-0.07335+4.77786H$	0.756 2	0.4～1.35
日本珊瑚树	$L=3.3194+0.6066H$	0.628 9	0.32～7
洒金桃叶珊瑚	$L=2.0335+3.1082H$	0.655 9	0.48～2.5
水栀子	$L=1.133+3.6289H$	0.550 4	0.66～1.35
狭叶十大功劳	$L=-1.1633+7.3095H$	0.761	0.48～1.05
小叶栀子	$L=1.4148+8.181H$	0.621	0.24～0.63
慈孝竹	$L=-4.0855+2.5193H$	0.700 2	2.8～5
云南黄馨	$L=3.4806+1.1976H$	0.701 4	0.43～4

3 种落叶灌木绿篱(见表 2.30)的叶面积指数回归方程中拟合程度最好的是小叶女贞，其次是杜鹃和紫叶小檗，三者的 R^2 都在 0.6 以上，说明此叶面积指数对高度的回归方程可以大致预测其叶面积指数，紫叶小檗的叶面积指数回归方程 R^2 较低的原因可能是其叶片细小而分散，作为绿篱时密度也较小，测量时的样本生长状况也一般，没有发现因高度的增加叶片量及覆盖显著增加。

表 2.30　3 种落叶灌木绿篱冠层雨水截留预测模型

树种	冠层截留预测模型	R^2	H
杜鹃	$L=1.9379+4.6048H$	0.697 2	0.35～1.2
小叶女贞	$L=-2.0425+13.6057H$	0.775 1	0.33～0.61
紫叶小檗	$L=-0.2038+3.0083H$	0.626 3	0.45～0.85

4) 草本藤本冠层雨水截留预测模型

8 种草本植物叶面积指数回归模型(见表 2.31)中拟合程度最好的是阔叶麦冬，$R^2=0.8817$，非常接近 0.9，说明其叶面积指数与高度有非常显著的正相关关系，这可能与阔叶麦冬叶片分布均匀、叶片量及密度与生长高度紧密相关。拟合程度次之的是鸢尾和络石。拟合程度最差的是美人蕉、花叶蔓长春和芭蕉，原因可能是美人蕉和芭蕉的叶片非常大，叶片在水平上的分布不均匀，在测量样本的时候，存在冠层分析仪的探头刚好被叶片遮挡或者未被遮挡等多种情况，造成结果数据不具有明显代表性，不能使用高度来作为唯一的预测叶面积指数的参数（见表 2.31）。但花叶蔓长春的样本在测量时，发现其生长高度与叶片密度没有绝对的相关关系，因为在生长过程中，由于花叶蔓长春的枝条较软，在收到风吹或外力作用下可能会倒匐。在出现这种情况之后，便贴着地表横向生长，互相缠绕成多层结构。这种条件下的花叶蔓长春的叶面积指数比单纯直立生长时要高出许多，因此使用高度作为花叶蔓长春的冠层参数建立叶面积指数回归模型来预测叶面积指数具有一定的局限性。

表 2.31　草本藤本的冠层雨水截留预测模型

树种	冠层截留预测模型	R^2	H
芭蕉	$L=1.7994+0.7293H$	0.576 1	1.6～5.6
大花马齿苋	$L=4.0266+10.8667H$	0.667 2	0.12～0.27
花叶蔓长春	$L=1.0179+8.0863H$	0.550 5	0.13～0.43
阔叶麦冬	$L=-3.368+26.347H$	0.881 7	0.15～0.53
络石	$L=3.9327+17.0462H$	0.705 5	0.14～0.39
美人蕉	$L=2.515+2.7114H$	0.537 1	0.55～1.6
细叶麦冬	$L=4.0266+10.8667H$	0.667 2	0.25～0.63
鸢尾	$L=0.5166+7.7351H$	0.705 6	0.25～0.53

5）小结

（1）截留率可以表明叶片吸水量与叶片本身重量的比，截留率大的植物叶片越多，总量越大，理论上其吸水量则越大，而单位面积叶片对水分的最大截留量的大小与其叶片表面的润湿性直接相关；叶片表面润湿性强的植物绝对吸水量也大，所以单位表面积叶片储水能力较强，储水量与重量的比值也相对较大。由两种计算叶片吸水的参照物分别为重量和表面积，所以某些植物叶片的厚度与构造等生理原因导致同样的表面积所对应的叶片重量有大有小，而同样表面积所对应的叶片储水能力则直接与叶片表面的润湿性有关。

(2) 本研究通过室内浸水法实验测定植物叶片储水能力，计算叶片的最大吸水率以及单位面积叶片的最大截留量。根据实验研究得到冠层储水能力最强的几种植物有：雪松、龙柏、水杉、青桐；小叶黄杨、龙柏球；火棘、红花檵木、细叶麦冬、大花马齿苋。

(3) 本研究以叶面积指数模型为基础，以叶片最大截留量为常数，尝试建立了70 种常见长三角乡村地区植物的冠层截留能力预测模型。总体来说，对乔木建立的以胸径、冠幅、高作为冠层参数的叶面积指数预测模型拟合程度高于灌木或草本对单一冠层参数建立的叶面积指数模型。其中，乔木的叶面积预测模型与山茶、垂丝海棠的叶面积指数与冠幅存在正幂函数的相关关系外，其他植物的预测模型都与预先估计的规律基本符合，说明这 70 种长三角乡村地区植物的叶面积指数模型在一定程度上可以预测叶面积指数。

2.4 长三角乡村植被群落保护及优化

2.4.1 保护及优化目标

为了更好地促进美丽乡村的建设，本书根据对长三角乡村地区植物群落特征的分析和综合评价结果，针对不同生境类型的植物群落所存在的现状问题和潜在威胁提出相对应的保护及优化策略，使之有较强的实践指导意义。

在调查中发现，现状情况良好的植物群落由于与村落的发展和生活方式的改变不匹配而受到了一定破坏或处于威胁之下。一方面，一些建筑周边的植物群落在建筑改造时，由于缺乏对建筑空间和植物群落关系的设计，使植物群落或是被硬质化的地面所破坏，或是被结构简单、物种稀少、缺乏特色的植被群落所替代，植被群落的生态效益和景观文化效益都大大降低。另一方面，由于针对乡村各种生境的植被群落模式设计较少，在乡村绿化的建设过程中，植被群落出现了与各生境的匹配度较低、群落稳定性较差、群落乡土文化性较低等问题。

因此，本书的群落模式设计主要包含两个方面，分别是现状良好的群落保护模式设计和现状较差的群落改造优化模式设计。针对现状较好（评价等级为Ⅰ级或Ⅱ级）的植被群落提出一些适宜于村落发展的空间优化策略，使之与不断更新的生产、生活方式相匹配。针对现状较差（评价等级为Ⅲ级、Ⅳ级、Ⅴ级）的植被群落提出一些符合该生境并具有当地景观文化特色的稳定群落配置方式。

2.4.2 保护及优化策略

从评价结果可以发现，长三角地区的乡村植被群落质量分异明显，与生境类型有着较大的关系；各生境群落保持着较高的典型性但稳定性受到了一定的干扰，稀有性和乡土文化性缺失较严重；乡村发展和人工干预对乡村植被群落质量破坏明显。

针对以上问题，在总体上提出 3 条策略：

（1）根据群落现状的不同，针对不同生境类型的植被群落采取不同的保护或修复措施，重点关注敏感、脆弱的生境类型，如路缘、水缘和建筑周边。特别是长三角地区城市化发展较快，路缘、水缘、建筑周边的生境变化较快。

（2）在维持乡村植被群落典型性和提高植被群落稳定性的同时，重点保护和修复植被群落的稀有性和乡土文化性。构建乡土文化性植被和稀有性植被名录，加强本土性绿化，尤其是水乡特色植物的食用。

（3）在乡村城市化过程中，提高生态保护意识，尊重现状，注重乡村植被群落生境的保护和植被模式构建的适宜性、科学性考究。

基于上述 3 条策略，针对不同的生境类型的具体问题，提出若干具体的保护及优化方式，并推荐符合该生境的典型乡土植物种类及配置模式。

1. 建筑周边

建筑周边是与人们日常生活关系最为紧密的区域，也能较敏感地表现村落城镇化的进程和人们生活方式的变化。建筑周边植物群落和村落植物群落常表现为相互嵌套的关系，其功能主要体现在美化环境、经济生产和挡风护屋等方面。

从调查和评价结果来看，长三角地区建筑周边绿化大多还保持着传统的乡村风貌，植被群落组成以经济型树种和草本植物为主。建筑正面植物群落层次较为简单，郁闭度低，植物多样性较高，植物具有较为典型的文化性。建筑背面群落层次较为丰富，群落郁闭度高，植物多样性高，植物经济价值和景观价值较高，且有一些古树名木和稀有树种。但是随着乡村城市化的进程，建筑正面硬质化面积增加，自然生境的减少使植物群落的稳定性受到了较大的影响，乡村绿化的单一种植也使得群落原本的文化价值和景观价值遭到了较明显的损失。建筑背面生境由于植物经济性的下降以及人们生活方式的改变，造成了乔木数量减少，群落结构简化，古树出现频率降低。

因此为了保护建筑正面植物群落的典型文化性，以及提升其群落稳定性，可以从以下 3 个方面入手：①倡导多功能、生活性绿化，将生产与景观紧密结合，对食用、药用、观赏植物丰富搭配。②合理利用植被进行空间划分，提供活动交流空间，充分将植被融入生活。③延续乡村典型的植被景观文化，传承文化植物和经典植物配置。对于屋后植物群落，主要以保护和梳理为主，在建筑建造中，保留原有的稳定性典型性较高的植被群落，树木选择以高大乔木作为骨架，在空间条件允许的条件下，群落层次以复层为主，同时兼顾观赏性。

在树种选择方面，乔木层可选择榉树、朴树、梧桐、槐树、水杉等高大落叶乔木或石榴、柿树、香椿、枣树、橘树、梨树、枇杷等具有典型文化寓意的果树。灌木层可选用杜鹃、桂花、木槿、山茶等具有较高观赏价值的植物或日本珊瑚树、瓜子黄杨、海桐等适宜做绿篱的植物。草本层可选用番薯、茭白、青菜、生菜、茄子、大豆等蔬菜或红花酢浆草、月季、蜀葵等观赏草本进行点缀。另可搭设廊架，种植黄瓜、蚕豆、豇豆、紫藤、凌霄等爬藤植物。在屋后可种植哺鸡竹、刚竹、早竹等竹类。

对于评价等级较高的植物群落以保护为主，对于评价等级较低的植物群落以优化设计为主。本段的设计模式均为优化设计模式。在具体植物搭配和模式构建之前，对建筑周边生境绿地类型进行总结和归纳，共得出 9 种模式，其中建筑正面 6 种，建筑背面 3 种。其中建筑正面的 6 种类型中，乡村性较高的村落以第 1、2、4、6 种较为常见，乡村性较低的村落以第 3、5 种为主。在第 1、2、4 种类型中，植物群落以经济型为主;第 3 种类型植物群落以景观型为主;第 5、6 种类型植物群落以经济和景观结合的模式类型为主。在建筑背面的 3 种类型中,第 1 种主要出现在乡村性较低的地区,绿地面积较小,在优化设计时以景观文化型为主;第 2、3 种主要出现在乡村性较高的地区,绿地面积较大,优化设计以生态防护型为主。具体的植物搭配和平面配置模式如图 2.47、图 2.48 所示。

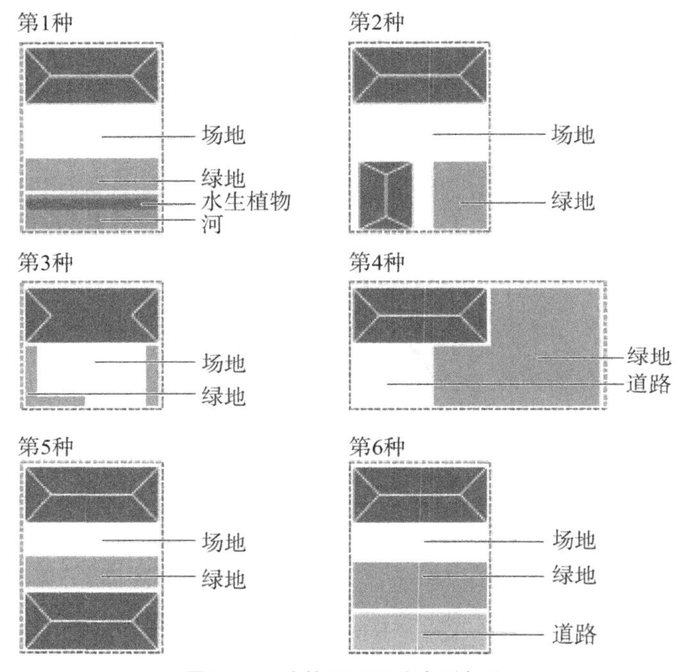

图 2.47　建筑正面绿地类型归纳

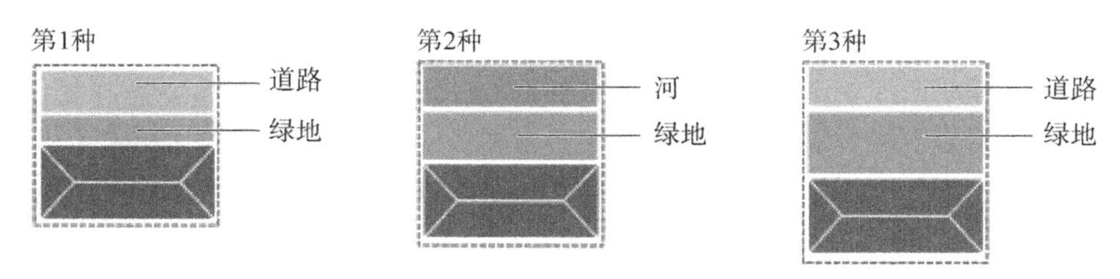

图 2.48　建筑背面绿地类型归纳

表 2.32　建筑周边植物群落配置模式

生境类型	功能类型	配置模式
房前	经济型	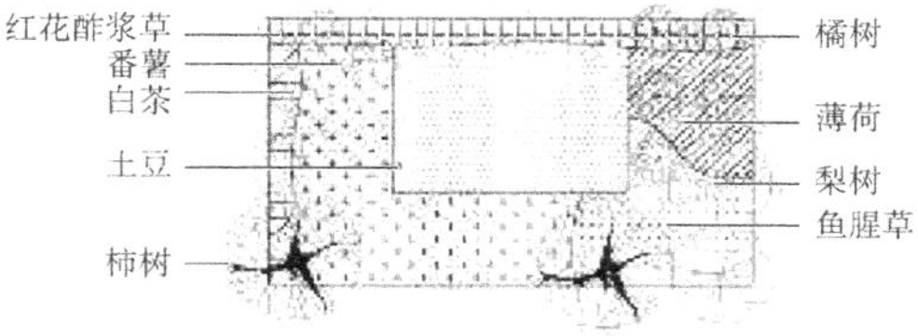 红花酢浆草 番薯 白茶 土豆 柿树 橘树 薄荷 梨树 鱼腥草
	景观型	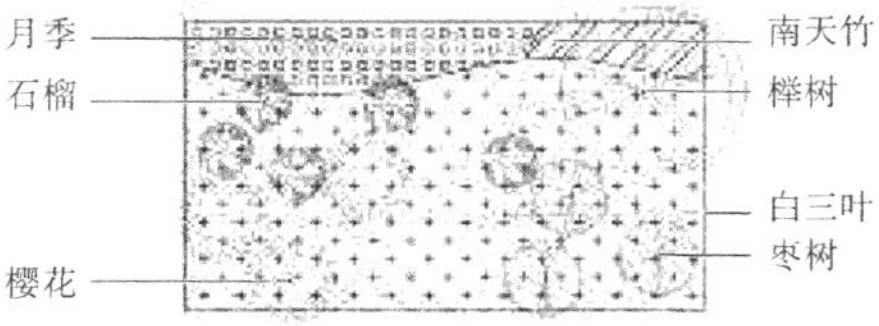 月季 石榴 樱花 南天竹 榉树 白三叶 枣树
屋后	防护生态型	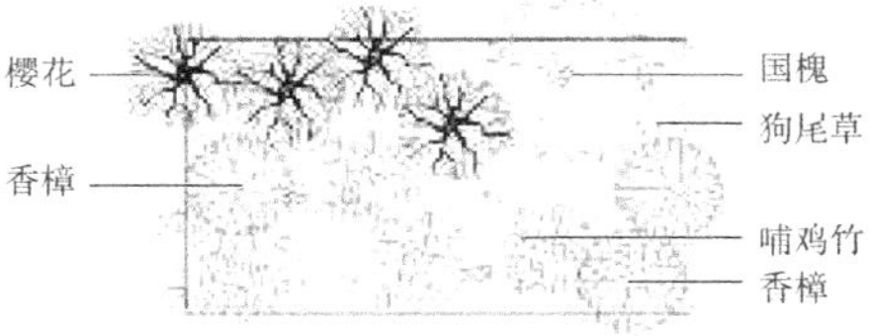 樱花 香樟 国槐 狗尾草 哺鸡竹 香樟
	景观文化型	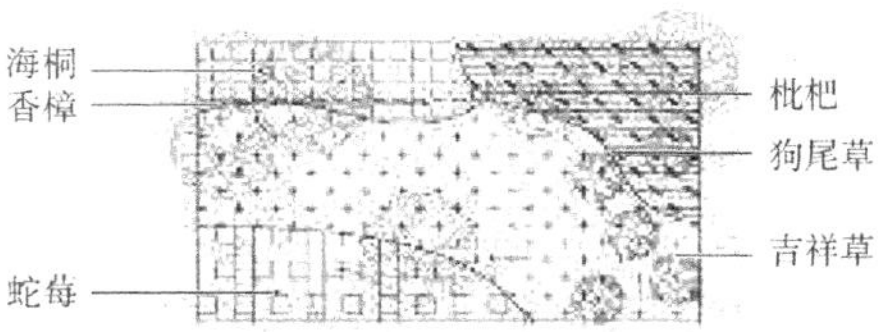 海桐 香樟 蛇莓 枇杷 狗尾草 吉祥草

2. 水缘

长三角地区水网密布，村落中的河道、湖泊等曾是村民日常生活用水的主要来源，如今则受到不同程度的污染。河道两侧绿地具有提高物种多样性、控制水土流失、有效过滤污染物、为生物提供良好的栖息地、构建水岸风景等多种生态环境改善和景观营造功能作用。如何保护和改善水缘植物群落的生态和景观功能是长三角地区亟待解决的问题。

从评价结果来看，自然驳岸边植物群落总体情况优于硬质驳岸周边的植物群落，在群落稳定性和群落典型性得分更高，但在部分样地，外来物种入侵的情况也较为明显。随着乡村发展，硬质驳岸边植物群落受到的冲击较大，在群落稳定性、典型性和乡土文化性方面均有明显降低，自然驳岸边植物群落在群落稳定性方面受到一定影响。因此，提出以下几点建议：①保护群落结构较为典型的自然驳岸边植物群落，清理入侵物种，种植保育型植被，提升群落稳定性。②修建硬质驳岸时，注意植物与水体的交流沟通，增加群落层次，恢复水生和湿生植被。③增加硬质驳岸边自然生态带的宽度，植被群落营造结合水缘生境，增强水岸特有植物的景观特色。

树种选择方面，乔木层可选用乌桕、苦楝、水杉、垂柳、构树、榔瑜、榉树、枫香、枫杨、合欢、柿树、桃树、梨树等耐水湿且根系较发达的树种，灌木层可选用石楠、桂花、云南黄馨、木芙蓉、紫荆、夹竹桃等，草本层可选用狗牙根、狗尾草、葎草、菖蒲、慈姑、荷花、千屈菜、茭白、芦苇、芦竹、水葱、狐尾藻、金鱼藻等。

对水缘绿地类型可归纳为两类，一类是水田交界处的绿地群落，另一类是水路交界处的绿地群落(见图 2.49)。在水田交界处，驳岸类型常常为自然驳岸，可根据绿地群落面积的不同，选择优化设计的方案，提出生态保育型和景观保育型两种类型。在水路交界处，自然驳岸和硬质驳岸均有分布，以硬质驳岸更多，提出生态景观型和经济景观型两种配置方式。前者可应用于宽度较大，视野开阔的河道周围；后者可应用于宽度较小，与居民区较近的河道周围(见表 2.33)。

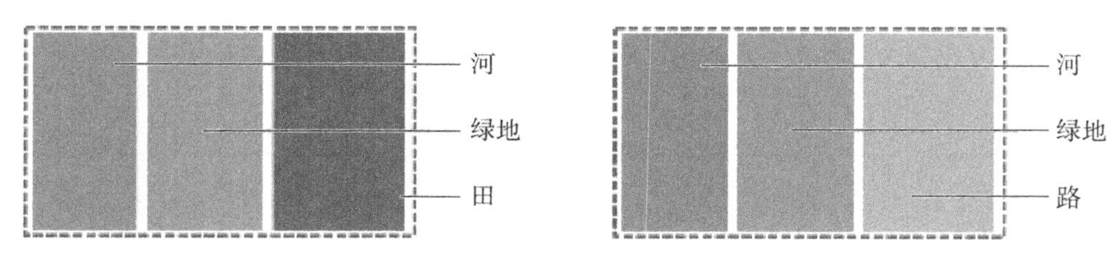

图 2.49 绿地类型

表 2.33 水缘植物群落配置模式

生境类型	功能类型	配置模式
硬质驳岸	生态景观型	芦苇 菖蒲 枫杨 水杉 构树 构树 络石

（续表）

生境类型	功能类型	配置模式
硬质驳岸	经济景观型	云南黄馨 枫杨 桂花 山茶 朴树 菜地 梨树
自然驳岸	生态保育型	荷花 垂柳 慈姑 构树 瓜子黄杨 哺鸡竹 构树
	景观保育型	黄菖蒲 榔榆 梨树 菊花脑 菱角 千屈菜 枇杷

3．路缘

乡村道路绿地是乡村生态系统中重要的绿色廊道，其主要功能包括生态通道、污染隔离、景观塑造等方面。调查和评价结果显示，乡村道路缘的植物群落现状堪忧，除了草本层的物种丰富度较高，其他各项指标均表现较差。且随着乡村的发展，虽然对道路绿化有所建设，但植物群落状况并没有太多提升，反而在部分村庄出现了植物种类单一、种植方式固化、生态服务功能降低、景观特色消失等“城市化”问题。

针对现状问题，提出以下策略：①保证路缘生境的宽度，保持自然基底，维护草本植物的多样性，形成生态廊道。②由于乡村道路绿化宽度一般较窄，因此道路周边生境与道路绿化的关系密切，应根据不同道路周边生境的不同，选择不同物种和群落结构。路田交界和路房交界是乡村中较为典型的路缘生境类型，可根据生境宽度的不同和位置的不同，分为经济型、景观型和防护型，选择不同搭配。③树种选择抗性强、易于管理和病虫害较少的乡土树种，形成具有地方特色的道路景观。

在树种选择方面，乔木层可选择榉树、女贞、水杉、香樟、枫香、乌桕、朴树、柿树、枇杷、香椿、橘子等，灌木层可选择石楠、金森女贞、小蜡、木槿、海桐、山茶、杜鹃、小叶栀子、大叶黄杨、白檀等，草本层可选择麦冬、花叶络石、大吴风草、吉祥草、红花酢浆草、美人蕉、狗尾草、荠菜等。

对路缘绿地类型可归纳为两类，一类是路田交界处，另一类是路房交界处（见图 2.50）。对于路田交界处，植物群落的序列感更为强烈、廊道性质明显，起到空间分隔，视线引导的作用。根据群落面积提出生态经济型和生态景观型两种优化模式。路房交界处的植物群落与建筑的关系更为紧密，提出生态防护型和景观文化型两种优化配置模式（见表 2.34）。

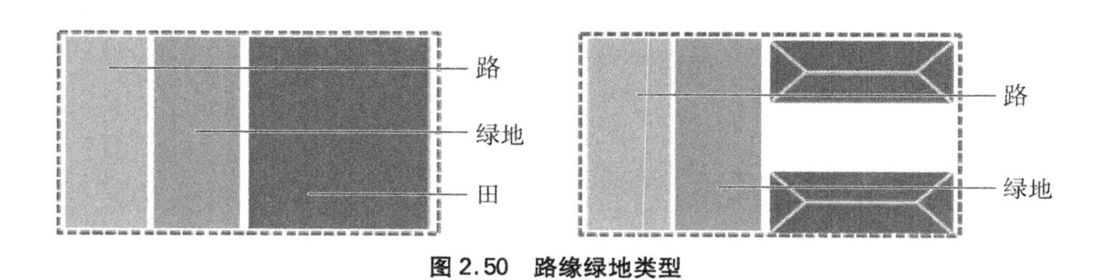

图 2.50 路缘绿地类型

针对长三角地区村落中常出现的路田交界和路房交界的生境，提出生态经济型、生态景观型、生态防护型和景观文化型 4 种配置类型。

表 2.34 路缘植物群落配置模式

生境类型	功能类型	配置模式
路田交界	生态经济型	道路 蒲公英 女贞 木槿 狗尾草 茭白 农田
	生态景观型	道路 枫香 杜鹃 千屈菜 农田

（续表）

生境类型	功能类型	配置模式
路房交界	生态防护型	杜鹃 榉树 山茶 吉祥草 道路 枇杷 石榴 房屋
	景观文化型	小叶栀子 麦冬 香樟 桃树 金森女贞

4. 绿林地

绿林地是乡村较稀少但面积较大的块状植物群落。在传统乡村中，主要以经济林的方式存在，随着乡村发展、村落产业结构和生活方式的变化，村落中的景观林逐渐增加。从评价结果来看，村落中的经济林在各项指标上得分都高于景观林，一方面原因是村落中的经济林种植方式较自然，物种多样，加之发育时间较长，群落稳定性、典型性、景观文化性均较好。另一方面，由于景观林在营造思路上没有充分考虑乡村情况，因此导致了群落稳定性不足、景观文化缺失等。

针对上述问题，提出以下几点建议：①在村落绿化建造过程中，保持原有经济林的优势树种，对林下结构和周边关系做一些调整，符合新的功能需求的同时，保持群落的稳定性和乡土特色。②对于景观林，选择景观效果较好的乡土优势树种，丰富群落层次，适当增加当地常用灌木，减少人工草本铺地，增加草本层的多样性。③与村民的生活进行结合，提供合适的活动交流空间，避免与硬质场地割裂。

树种选择方面，乔木层可选用榉树、广玉兰、构树、枇杷、石榴、水杉、柿树、香樟、樱花、榆树、紫薇、国槐、鸡爪槭、橘子等，灌木层可选择八角金盘、瓜子黄杨、紫荆、山茶、小叶女贞、杜鹃、石楠、金丝桃等，草本层可选择酢浆草、白三叶、宝盖草、繁缕、狗尾草、早熟禾、猪殃殃、蛇莓、荠菜、蒲公英、吉祥草、马齿苋、薄荷、草头等。

在群落配置方面，由于乡村中的绿林地一般为块状，且较为封闭，与周边环境的关系不如前几种生境类型那么紧密，因此不作类型划分。针对经济林主要以保护和调整为主，提出生态防护型和生态景观型两种配置模式(见表 2.35)。针对景观林，以群落构建思路为主，提出景观游憩型和生态景观型两种类型(见表 2.35)。

表 2.35 绿林地植物群落配置模式

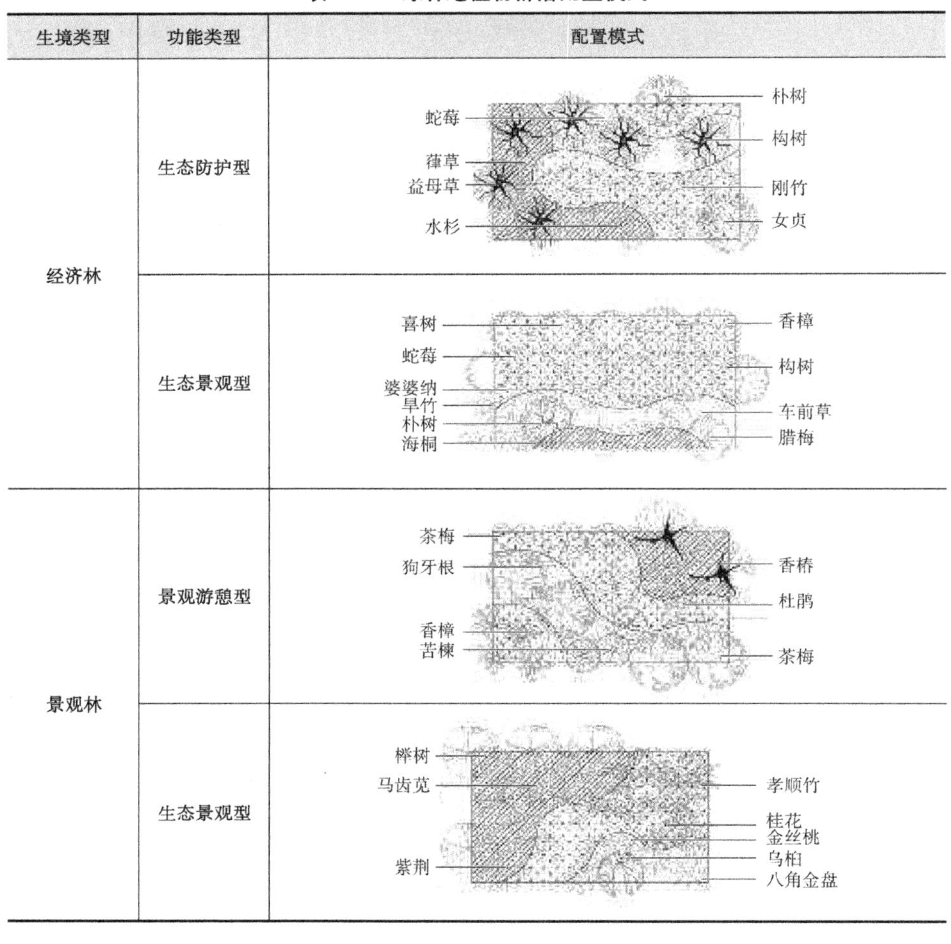

生境类型	功能类型	配置模式
经济林	生态防护型	
	生态景观型	
景观林	景观游憩型	
	生态景观型	

第 3 章

长三角乡村水环境生态修复技术

针对长三角地区水系丰富、水质恶化、水生态系统功能脆弱、面源污染源控制不力等问题，研究乡村河道淤积状况和边坡结构、水体自净能力、降雨特征和降雨初始冲刷效应带来的面源污染规律等，重点开发乡村水系贯通与复合生境构建技术、乡村景观型岸水一体生态修复技术、细分子化溶氧原位水体曝气技术、与乡村生态空间相结合的雨水花园、植草沟、净化塘等地表径流导控和净化系统化技术，形成符合长三角乡村水环境特征的生态修复关键技术集成体系。

3.1　乡村水系贯通与复合生境构建技术研发

针对长三角乡村地区河道淤积、干枯断流、水流不畅，以及农村河道整治过程中重疏浚轻生态等问题，研究清淤、疏浚与水体生态功能恢复相协调的水系沟通技术，重点研发符合乡村水系自然特征的生态疏浚模式，利用现有沟、塘、湿地等重建水体生态修复系统，形成引排顺畅、蓄滞得当、丰枯调剂、可调可控、脉络相通的水网体系，实现水体动态交换，增强水体自净能力，提高水系自然生态稳定性，实现水的良性循环，形成适于长三角乡村的水系沟通技术。建设水体复合生境修复评价体系，指导选择合适有效的生态修复技术，形成适于长三角乡村的水体复合生境构建技术。

3.1.1 适用于长三角乡村地区的水系连通性评价体系

研究水系连通性，构建水系连通网络，既可提高水资源统筹调配能力和防洪能力，又可改善水力连通、加速水体流动，增强水体自净能力。我国长期以来缺乏全面系统的乡村水系连通和水生境修复导则，缺少乡村水系连通和水生境评价的科学方法，而且关于水系连通度对水生境影响的研究甚少。本研究对乡村水系连通前后的水生境状况进行数值模拟，探究水系连通度与水生境状况的关联性，提出合适的技术手段修复或重建水生境。

1. 模型工具介绍

在研究河流的水动力问题时，模型选择通常取决于研究对象的特征、研究目的以及实际需求。本书研究目的是揭示平原河网水系连通状况对河流水质的影响，重点研究水系连通程度及河道连通路径两个影响因素，为研究长三角平原乡村地区的水系治理与水环境改善提供参考依据。为实现该目标，首先需要研究河流水动力状态与河网的水量平衡，然后进一步做河道形状、河流走向与水体环境质量的相关性分析，根据分析结果提出乡村河网水系连通工程的指导方案。河流水动力学的理论研究仍处于不断深入与完善的过程，模型选择前需要先确定研究区域范围与适用条件。目前常用水动力-水质耦合模型的对比分析见表 3.1。

表 3.1　常用水动力-水质耦合模型

	MIKE	EFDC	Delft3D	MOHID	FVCOM
空间维度	1－3 维	1－3 维	1－3 维	1－3 维	3 维
水平坐标系统	曲线坐标系	曲线坐标系	曲线坐标系	曲线坐标系	曲线坐标系
垂向坐标系统	Sigma 坐标系	Sigma 坐标系 GVC 坐标系	Sigma 坐标系	Sigma 坐标系 混合坐标系	Sigma 坐标系
网格类型	非结构网格	结构化网格	结构化网格	结构化网格	非结构三角形网格

（续表）

	MIKE	EFDC	Delft3D	MOHID	FVCOM
数值方法	有限单元法(FEM) 有限体积法(FVM)	有限差分法(FDM)	有限单元法(FEM) 有限体积法(FVM)	有限体积法(FVM)	有限体积法(FVM)
垂向压力假设	静压假设和非静压假设	静水压力假设	静压假设和非静压假设	静水压力假设	静水压力假设
时间离散方法	交替隐式法 ADI	外模半隐式，内模隐格式	半隐格式，交替隐式法 ADI	交替隐式法 ADI	交替隐式法 ADI
边界条件类型	边界入流、开边界及其他复制边界条件	边界入流、开边界、水工设施、射流/羽流、抽水/回归水	边界入流、开边界	边界入流、开边界	垂向边界、闭边界、开边界
模拟成分	DO、营养盐、叶绿素、浮游植物/动物、底泥沉积物、重金属等	DO、营养盐、藻类、粪大肠菌群、重金属、毒性物质、泥沙、浮游植物、浮游动物、底泥	保守物质、营养盐、有机物、DO、BOD、COD、藻类、细菌、重金属、泥沙、痕量有机污染物、底泥等	碳、营养盐、浮游植物/动物、BOD - DO、泥沙、底泥沉积物等	潮流场、泥沙、水质、生物等
模型特点	模拟河网、河口、滩涂等地区的情况；模拟水质预测中垂向变化常被忽略的湖泊、河口、海岸地区	模拟点源、非点源的污染，有机物的迁移等	支持曲面格式，丰水质和生态过程库富		适合复杂地形的计算

2. 案例概况及分析

1）水系状况

常熟地处长江流域下游，属太湖水系。境内沉海圩乡村湿地公园西接望虞河，水系通过望虞河连接到太湖和长江，河网密布，河道纵横交织。研究区水域总面积 0.113 52 km^2，有大小河道 14 条，总长 3 775 m，水系格局如图 3.1 所示。主河道南北走向，共 4 条，总长 1 871 m，主河 1 贯穿南北，支河 2、支河 3、横河 3、横河 1 先后汇入其中；支河 1 汇入横河 4，横河 4 与横河 2 汇入主河 2；河流走向如图 3.2 所示。沉海圩乡村湿地公园三维地形图如图 3.3 所示，研究区域水网周边的数字高程地形图如图 3.4 所示，等高距设置为 0.1 m。可以看出，研究区域地势平坦，除建筑、道路、田埂等地势稍高，整体地面高程相近，水系周边区域大致呈现出南北走向北高南低、东西走向东高西地的态势，与河流流向相同。

沉海圩乡村湿地公园各河流的特性如表 3.2 所示，表中水域面积与河流正常水位相对应。实地调研中发现，由于当地发展及建设需要，近几年研究区域部分河流被人工分隔或合并，在梅雨季节河流水位上涨时，易淹没路面(见图 3.5)，现水系连通情况如图 3.6 所示。邻近河流水位相平，养殖塘 3 与横河 4 之间被田埂隔开；横河 1 与横河 2、养殖塘 3 与主河 1 被道路分隔，采用暗管相连，管内淤积严重，通道堵塞，几乎不流动，如图 3.7 所示；主河 2 与主河 4、横河 3 与横河 4 在建设过程中也被道路隔开，但未采取工程措施连通河道，如图 3.8 所示。

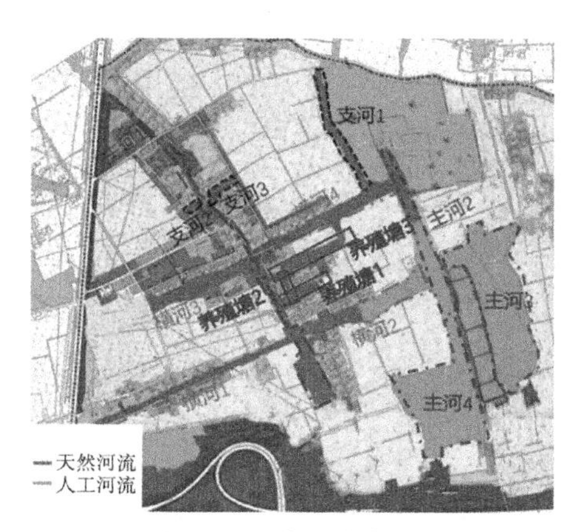

图 3.1　研究区域水系图

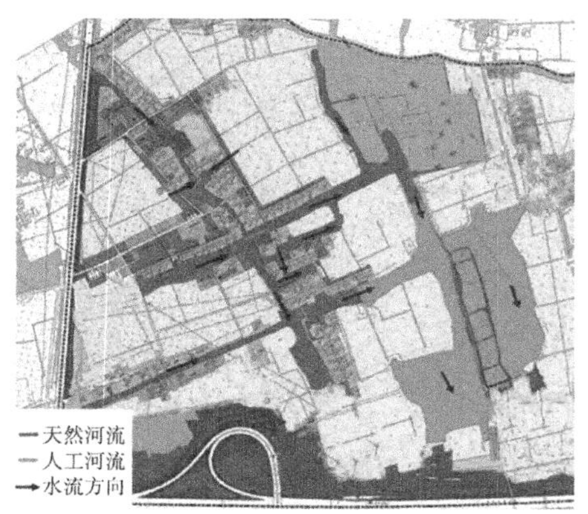

图 3.2　研究区域河流流向

图 3.3　研究区三维地形图

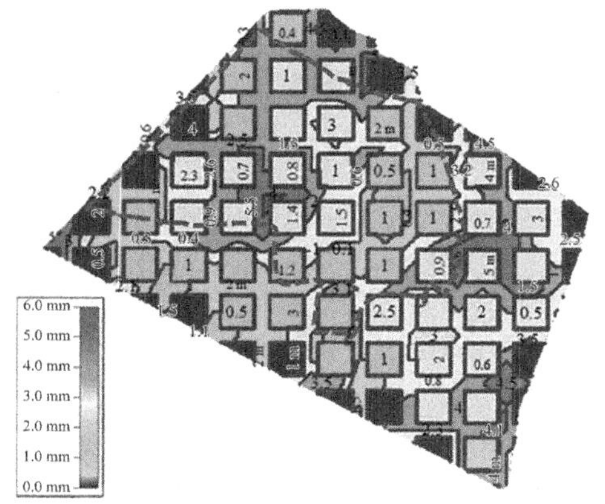

图 3.4　研究区数字高程地形图

图 3.5　被淹没的路面

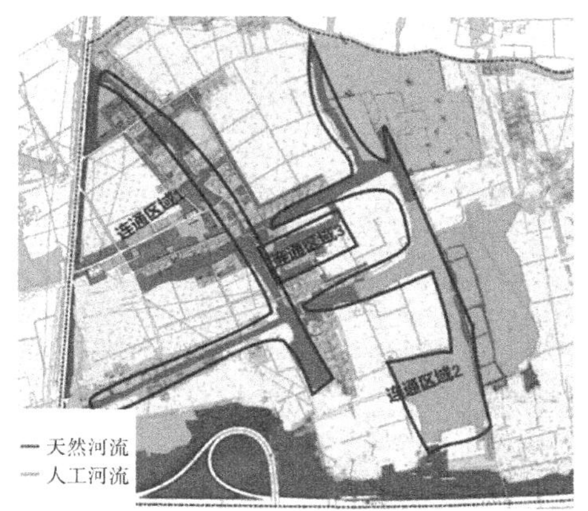

图 3.6　研究区域水系连通现状

图 3.7　暗管相连的河道

图 3.8　被分隔的河道

表 3.2　研究区域水系状况汇总

水系特性	水域面积/m^2	河长/m	最大水深/m	下游	备　注
主河 1	17 874	842	2.661		上游设有闸门，日常不开启
主河 2	9 216	367	2.587		
主河 3	30 743	353	3.356		原为两条平行的小河，人工将河中间空地的土挖除，形成主河 3
主河 4	25 483	309	6.48		人工改造过，河中河床骤降
横河 1	4 355	494	2.572	主河 1	西接望虞河，已被闸门隔开，日常不开启
横河 2	7 712	261	2.311	主河 2	

（续表）

水系特性	水域面积/m^2	河长/m	最大水深/m	下游	备　注
横河 3	3 430	224	2.24	主河 1	
横河 4	6 273.5	278	2.964	主河 2	2016 年进行了清淤
支河 1	3 277	282	2.108	横河 4	
支河 2	184	21	1.872	主河 1	
支河 3	597	61	1.977	主河 1	
养殖塘 1	3 192	77	2.695	养殖塘 2	
养殖塘 2	256	36	1.838	养殖塘 3	
养殖塘 3	927	170	2.58		

2）模型工具确定

本书研究对象为乡村水系，河道断面复杂多变，底坡变化无规律，水文资料缺乏，季节性特点突出，水污染较为严重。据此，模型选择优先考虑 Mike 模型及 FVCOM 模型，两者均采用非结构化网格划分方法，可精确模拟复杂地形，且模型各模块可自由组合，便于选择模拟对象。维数代表模型计算方法在空间尺度上的变化，三维模型所需的数据精确度高、数据量较大。本书研究水域总面积 0.113 52 km^2，流域面积较小，不利于三维模型的使用，而 FVCOM 模型为三维模型，因此本研究选择 Mike 模型。模型维度的选择根据两个维度的计算原理及其他性能（见表 3.3）决定。

表 3.3　Mike 软件一维模型与二维模型性能比较

	Mike11	Mike21
类型	一维天然河道、灌溉渠道模型	二维河口、海岸及海洋模型
模型主要结构	降雨径流、水动力、对流扩散、洪水预报等	水动力、水质、波浪、泥沙等
网格结构	树枝状/环状河网	单一矩形差分网格、矩形嵌套网格、曲线网格 - MIKE 21C、FM 网格（Flexible Model）
应用领域	污染物传输、水体水质反应过程、洪水风险分析和风险图绘制、桥梁水力设计、溃坝分析、河口盐水入侵、地下水和地表水综合分析	水工建筑物附近水域流场、盐水入侵模拟、蓄滞洪区和城市防洪模拟、水质模拟、溃坝洪水、港口泥沙和疏浚、波浪模拟

（1）一维模型。通常采用圣维南方程（Saint-Venant Equation）描述一维流动的数学模型，符合静水压力假设。

$$
\begin{cases}
\dfrac{\partial Q}{\partial x}+\dfrac{\partial A}{\partial t}=q \\
\dfrac{\partial Q}{\partial t}+\dfrac{\partial\left(\alpha\dfrac{Q^2}{A}\right)}{\partial x}+gA\dfrac{\partial h}{\partial x}+\dfrac{gQ|Q|}{C^2AR}=0
\end{cases}
\tag{3.1}
$$

式中：

Q——过水流量，m^3/s；

x——距离坐标；

A——过水断面面积，m^2；

t——时间坐标；

q——旁侧入流，入流为正，出流为负，m^3/s；

α——动量修正系数；

g——重力加速度，m^2/s；

h——水位，m；

C——谢才系数，$m^{1/2}/s$；

R——水力半径，m。

(2) 二维模型。基于三向不可压缩和Reynolds值均布的Navier-Stokes方程，并符合Boussinesq假定和静水压力假设。

连续方程：

$$
\frac{\partial \rho z}{\partial t}+\frac{\partial \rho Hu}{\partial x}+\frac{\partial \rho Hv}{\partial y}=0 \tag{3.2}
$$

x 方向的动量运输方程：

$$
\frac{\partial \rho Hu}{\partial t}+\frac{\partial}{\partial x}(\rho Huu)+\frac{\partial}{\partial y}(\rho Hvu)=-\rho gH\frac{\partial z}{\partial x}+\frac{\partial}{\partial x}\left(H\gamma_{eff}\frac{\partial u}{\partial x}\right)+\frac{\partial}{\partial y}\left(H\gamma_{eff}\frac{\partial u}{\partial y}\right)-\tau_{hx} \tag{3.3}
$$

y 方向的动量运输方程：

$$
\frac{\partial \rho Hv}{\partial t}+\frac{\partial}{\partial x}(\rho Huv)+\frac{\partial}{\partial y}(\rho Hvv)=-\rho gH\frac{\partial z}{\partial y}+\frac{\partial}{\partial x}\left(H\gamma_{eff}\frac{\partial v}{\partial x}\right)+\frac{\partial}{\partial y}\left(H\gamma_{eff}\frac{\partial v}{\partial y}\right)-\tau_{hy} \tag{3.4}
$$

湍流动能输运方程：

$$\frac{\partial \rho Hk}{\partial t}+\frac{\partial}{\partial x}(\rho uHk)+\frac{\partial}{\partial y}(\rho vHk)=\frac{\partial}{\partial x}\left(H\frac{\gamma_{eff}}{\sigma_k}\frac{\partial k}{\partial x}\right)+\frac{\partial}{\partial y}\left(H\frac{\gamma_{eff}}{\sigma_k}\frac{\partial k}{\partial y}\right)+HP_k-\rho H\varepsilon \tag{3.5}$$

湍流耗散输运方程：

$$\frac{\partial \rho H\varepsilon}{\partial t}+\frac{\partial}{\partial x}(\rho uH\varepsilon)+\frac{\partial}{\partial y}(\rho vH\varepsilon)=\frac{\partial}{\partial x}\left(H\frac{\gamma_{eff}}{\sigma_\varepsilon}\frac{\partial \varepsilon}{\partial x}\right)+\frac{\partial}{\partial y}\left(H\frac{\gamma_{eff}}{\sigma_\varepsilon}\frac{\partial \varepsilon}{\partial y}\right)+C_{\varepsilon 1}H\frac{\varepsilon}{k}P_k+\rho C_{\varepsilon 2}H\frac{\varepsilon^2}{k} \tag{3.6}$$

湍动能产生项：

$$\begin{cases} P_k=\gamma_{eff}\left[2\left(\frac{\partial u}{\partial x}\right)^2+\left(\frac{\partial v}{\partial y}\right)^2+\left(\frac{\partial u}{\partial y}+\frac{\partial v}{\partial x}\right)^2\right] \\ \mu_t=\rho C_\mu\frac{k^2}{\varepsilon} \\ \tau_{bx}=C_f^*\mu，\tau_{by}=C_f^*v \\ C_f^*=\rho g(u^2+v^2)^{1/2}/C^2, \\ C=\frac{1}{n}H^{1/6} \end{cases} \tag{3.7}$$

式中：

u、ν——x、y 方向的流速分量，m/s；

g——重力加速度，m^2/s；

z——水位，m；

H——水深，m；

ρ——水的密度，kg/m^3；

n——河床底部糙率；

k、ε——深度平均的湍流动能及其耗散率；

γ_{eff}——有效黏性系数；

μ——分子动力黏性系数；

μ_t——漩涡运动黏性系数；

C——水流输送的水质变量浓度,mg/L;

S_C——污染物源项;

S_k——与物质浓度有关的生化反应项;

C_μ、$C_{\varepsilon1}$、$C_{\varepsilon2}$、σ_k、σ_ε、σ_C——湍流经验常数。

Mike11 是针对天然河道的专业软件,可处理分汊河道、环状河网以及冲积平原的准二维水流模拟,被广泛应用于河口、河流、河网的水量模拟,适用于河流流速较小的小型河道;而研究区域属于平原河网地区,河流多为天然河道,河流短小,资料匮乏,本书的研究方向也偏向于河道纵断面,因此,本书选用 Mike11 模型。

3. 水动力模型构建与模拟

1) 河道形状概化

水深是开展河流水动力数值计算的基础数据。对河流进行水动力模拟,必须对研究范围内的河网进行合理概化,要求能够基本反映天然河网的水力特征,即概化后的河网在输水能力与调蓄能力方面与实际河网相接近。概化过程中需考虑地形条件,一般情况下在众多河道交汇处,如果交汇范围不大可以概化成节点(即不考虑交汇范围内的槽蓄、水位差等),如果交汇范围较广阔,就要作为调蓄点来考虑。

(1) 河网地形概化。河道地形资料是进行河道模拟计算的基础,河道地形概化精确与否,直接影响到模型能否真实反映河道的自然特征。河网概化根据研究区域 CAD 图来确定河道长度及地理位置,将 CAD 图转换为 *.bmp 格式后导入模型作为底图,绘制河流,结合实地调研资料输入河道里程及河流流向,概化的河网如图 3.9 所示,共 14 条河流。

(2) 河道断面概化。天然河道断面为不规则断面,且断面沿程不规则变化。对天然河道,河道概化为 m 个串联的河段,相邻河段断面形状不同。计算断面的选择则应考虑河床沿程的变化与河道走向的变化,河网中常会遇到曲折河段,要以尽量满足断面间水流符合一维渐变流的假定,拐点处需选取断面。对于个别突然扩大或突然缩小的断面,计算中考虑计入局部阻力。沉海圩乡村湿地公园水系多为天然河道,本研究采用 RISEN-SFCC 手持便携式超声波测深仪在各断面高密度

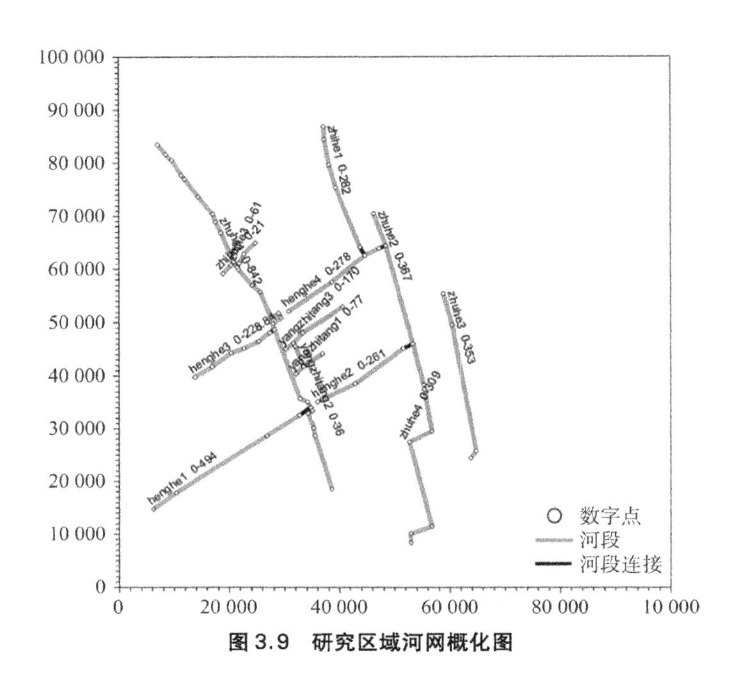

图 3.9　研究区域河网概化图

测量多点水深(见图 3.10),根据河深和河岸到水面的距离差,以河面为基准面反推河底高程与河道断面形状,耗时两个月实测河道断面 427 个。

(a)　　(b)

图 3.10　实测河道断面

(a) 水深仪校准　(b) 实地测量断面

河道断面的水力半径类型一般根据经验和水力学特性选择：深窄型河道,阻力半径计算的特性流量往往偏大，模型中选用水力半径；存在明显滩区的河道，使用阻力半径。

2）参数率定与模型校核

(1) 稳定状态下的水位值。研究区域属于平原河网地区，地势平坦，河道断面概化时以水面为基准面，将所有河道的水面高程均设置为0，故模拟稳定时模拟水位应为0。HD模块初次模拟完成，如图3.11所示。

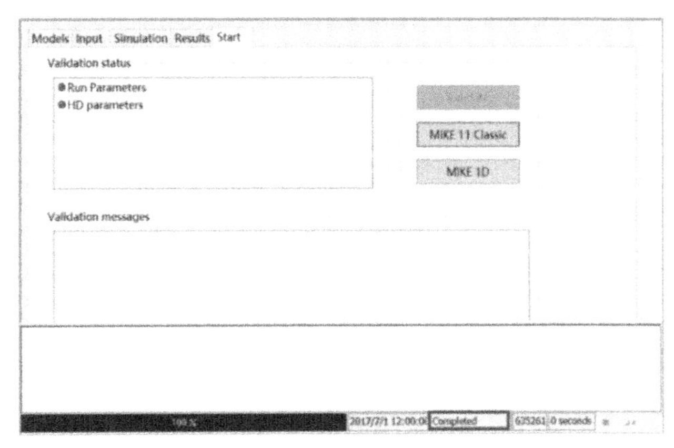

图3.11　HD模块计算完成

(2) 水位的时间序列。模型中给定的水力边界均为常数列，故适用模型任一计算断面的水位变化应接近水平线，初步率定结果中有部分河流的水位变化不合要求（见图3.12），需进一步调整率定参数校核模型。水动力模块成功率定后水位时间序列变化值如图3.13所示。

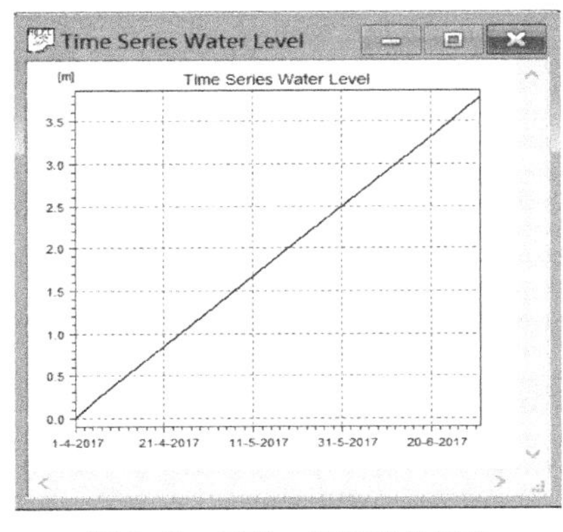

图3.12　需进一步率定的河流

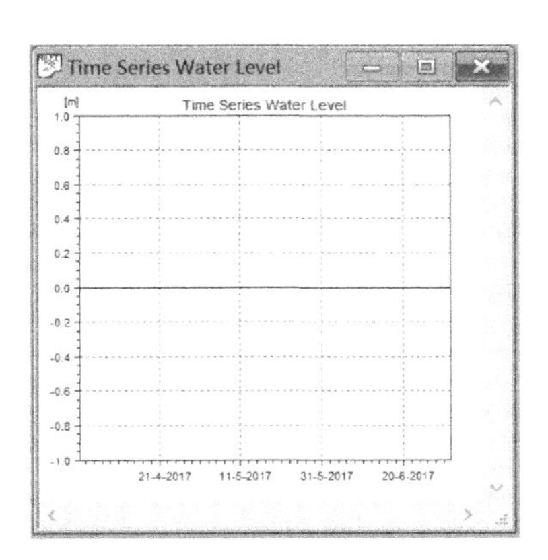

图3.13　成功率定河流

4. 水质模型构建与校核

1) 水质监测

(1) 污染源分析。通过对研究区域河流的水质分析,可从宏观上把握研究区域水系的水质状况,为将水质模型的校核提供数据支撑。经实地调研,沉海圩乡村湿地公园北侧与南侧均建设了闸门,人工调节区域水位,截断了研究区域南北两端外源污染的输入,研究区域内的两家纺织工厂自 2017 年 3 月完成业务调整后不涉及工业污水排放。因此,区域水体的污染主要来源于地表径流污染、农业面源污染以及农村生活污水污染。

(2) 监测指标和监测断面布设。

① 监测指标。本书研究的监测时间段为 2016 年 12 月、2017 年 5 月和 2017 年 9 月。根据《地表水环境质量标准》(GB 3838—2002)、《纺织染整工业水污染物排放标准》(GB 4287—2012)与研究区域水系实际情况,对监测断面位置及监测指标做出灵活调整,每次监测均设有 4 个指标:氨氮、总磷(TP)、总氮(TN)、化学需氧量/高锰酸钾指数。研究区域内工厂停止排污后,河流水体中有机物的检测选择高锰酸盐指数。② 监测断面布设。由于研究区域河流的上下游都基本设置为闭边界,本书研究重点是河道水系连通与否对地表水环境质量产生影响,侧重水动力与水质间的关系。因此,水质监测取样断面的布设选择水文特征突然变化处(如支流汇入处)和水质急剧变化处(如排污点)。

2) 参数率定与模型适用性分析

参数率定是模型构建的关键步骤,通过模拟数据与实测数据对比分析,逐步调整 AD 模块扩散系数及 EU 模块部分参数,使模拟值与实测值贴近。参数率定过程中发现,由于当前研究区域水系尚未完全连通,存在 3 个小型河网与两个单独河道,其水质现状相差过大,故其初始计算条件不能简单地直接取平均值,而应分开模拟各未连通水系,率定扩散系数等参数。由于缺少实测数据,本次模拟参数率定分为两步。

(1) 扩散系数与状态变量率定。扩散系数与状态变量的率定根据模型计算初步稳定时刻的总氮与总磷浓度的模拟值数据,模型参数率定过程中 12 个断面 TN 和 TP 浓度的模拟值和实测值的对比分别见图 3.14、图 3.15,断面编号如图 3.16

所示。TN 指标各断面模拟值与实测值的平均相对误差为－5.97%，TP 指标各断面模拟值与实测值的平均相对误差为－4.87%。TN 与 TP 指标模拟值与实测值吻合度较高,可视为扩散系数与状态变量设置合理。

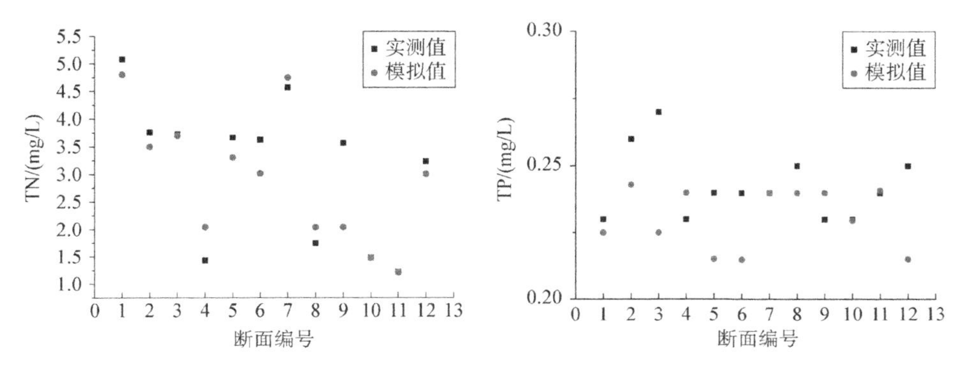

图 3.14　第一次率定时的 TN 模拟值与实测值　　图 3.15　第一次率定时的 TP 模拟值与实测值

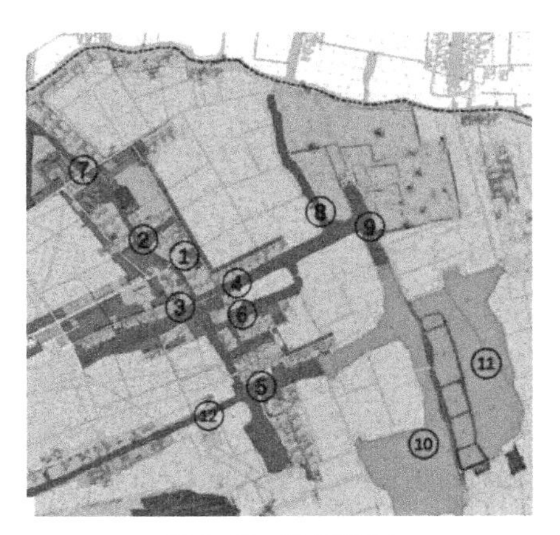

图 3.16　断面编号

(2) 常量率定。富营养化模型常量参数率定选择 2017 年 9 月的实测数据,模拟时段为 2017 年 5 月 21 日至 9 月 26 日。此次率定 TN 和 TP 浓度的模拟值与实测值的对比分别见图 3.17、图 3.18,断面编号如图 3.19 所示。

TN 指标各断面模拟值与实测值的平均相对误差为－14%，TP 指标各断面模拟值与实测值的平均相对误差为－8.9%。由图 3.17 可看出：7 号、10 号、12 号和

13 号断面 TN 模拟值与实测值差异较大，造成该现象的原因可能是模拟时间段内研究区域内曾有强降雨；7 号、10 号和 12 号断面所在河道受降雨带来的径流污染，使得 TN 浓度增大；13 号断面所在河道外围为多植被滩地，降雨期间水位升高，水域面积增大，浓度减小，而本书模型构建未考虑降雨径流作用。由图 3.18 可看出，6 号、12 号和 13 断面 TP 指标模拟值相与实测值相差较大，原因同上。TN 与 TP 指标各断面模拟值与实测值平均相对误差较小，可视为常量参数设置合理，模型具有适用性。

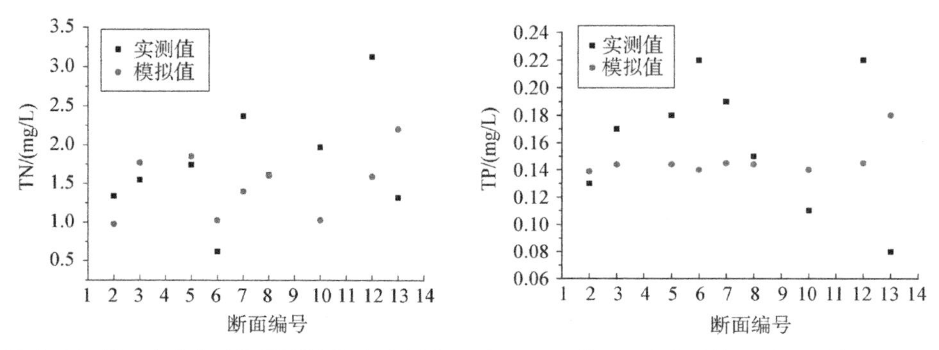

图 3.17　第二次率定时的 TN 模拟值与实测值　　图 3.18　第二次率定时的 TP 模拟值与实测值

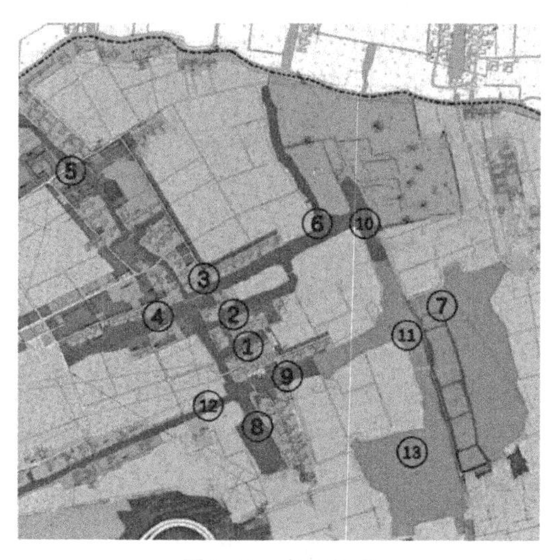

图 3.19　断面编号

5. 模拟结果及分析

1）水系结构连通度评价

根据已有研究，借鉴地理网络中连通性测度概念及景观破碎化理论，本书选取其中的水系环度 α 指数、节点连接率 β 指数和水文连接度 γ 指数来描述水系的连通状况，计算如式 3.8 所示。节点为河流交汇点及上下游端点，河链为相邻两个节点之间的河道，亚图中任意一点到其他各点之间至少有一条连通路径，否则此图可分若干亚图。由式 3.8 可看出，水系环度、节点连接率都只与河链数和节点数相关，节点数不变时，河链数越大，水系环度与节点连接率越高，河链数不变时，节点数越小，水系环度与节点连接率越高；水文连接度与三个参数均相关，与河链数、亚图数成正相关，与节点数呈负相关。

长三角乡村地区水网密布，但河道零散，从而更清晰地反映区域水系连通状况，在参照《城市水系规划导则(SL431—2008)》等技术标准和国内外具有一定代表性的城市现状值或规划值基础上，结合平原河网地区实情给出乡村水系连通的评价标准(见表 3.4)，本书参考此标准模拟研究不同水系连通程度下河流的水质状况，水质指标选择具有代表性的总氮、总磷指标。

$$\begin{cases} \alpha = \dfrac{L - V + p}{2V - 5\mathrm{p}} \\ \beta = \dfrac{L}{V} \\ \gamma = \dfrac{L}{V_{\max}} = \dfrac{L}{3(V - 2p)} \end{cases} \tag{3.8}$$

式中：

α——反映河网水系实际成环水平的指标；

β——反映河网水系中每个节点连接水系能力强弱的指标；

γ——反映河网水系中河链之间相互连接能力强弱的指标；

L——河链数；

V——节点数；

p——河网的亚图数。

表 3.4　水系连通状况评估标准

指标(等级)	优	良	中	差
水系环度 α	(0.06, 0.08)	(0.04, 0.06)	(0.02, 0.04)	(0, 0.02)
节点连接率 β	(1.04, 1.1)	(1.03, 1.04)	(1, 1.03)	(0, 1)
水文连接度 γ	(0.42, 0.6)	(0.4, 0.42)	(0.3, 0.4)	(0, 0.3)

沉海圩乡村湿地公园河网的节点数及河链数从图 3.20 中可判断;河链数 $L=23$,节点数 $V=28$,亚图数 $p=5$,河网水系连通指标值如表 3.5 所示。

表 3.5　沉海圩乡村湿地公园水系连通现状

指标	水系环度 α	节点连接率 β	水文连接度 γ
连通指标值	0	0.821	0.426
连通等级	差	差	优

由表 3.5 可看出,研究区域当前的水系连通状况较差,河道零散,水系不成环,节点连接率低,水文连接度水平仍有进一步提高空间。

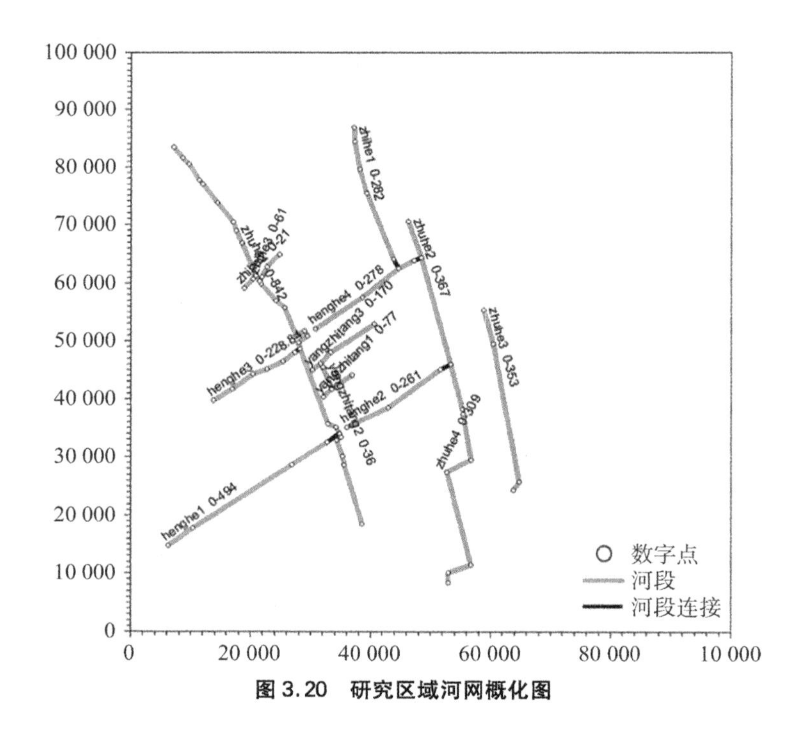

图 3.20　研究区域河网概化图

2）不同水系连通度下的河流水质

平原河网地区水系连通与否及连通程度对河流水质会产生较大的影响，下面分别从水系环度、节点连接率、水文连接度、水系连通综合修正值 4 个方面模拟分析水系连通程度对河流水质的影响。

（1）不同水系环度下的河流水质。为研究不同水系环度下研究区域河网水质状况，连通方案尽量选择节点连接率、水文连接度指标值接近或处于一个等级标准的组合进行模拟分析。此次模拟选择四组组合，水系环度依次为差、中、良、优。模拟时段设定为 5 月 21 日至 9 月 26 日。

组合 1 为一组交叉河道在河流交汇处相连，河网中无环路，如图 3.21 所示；组合 2 为一组上下游河道和两组交叉河道连通，交叉河道均在非交汇处相连，河网中存在一个环路，如图 3.22 所示；组合 3 为一组平行河道与三组交叉河道连通，交叉河道均在非交汇处相连，如图 3.23 所示；组合 4 为两组平行河道与四组交叉河道连通，河网中存在 6 个环路，如图 3.24 所示。不同水系环度下的水系连通指标值如表 3.6 所示。

表 3.6　不同水系环度下的水系连通状况

连通指标值（等级）	水系环度 α	节点连接率 β	水文连接度 γ
组合 1	0（差）	0.852（差）	0.404（良）
组合 2	0.027（中）	0.923（差）	0.400（良）
组合 3	0.047（良）	0.966（差）	0.406（良）
组合 4	0.063（优）	1.034（良）	0.400（良）

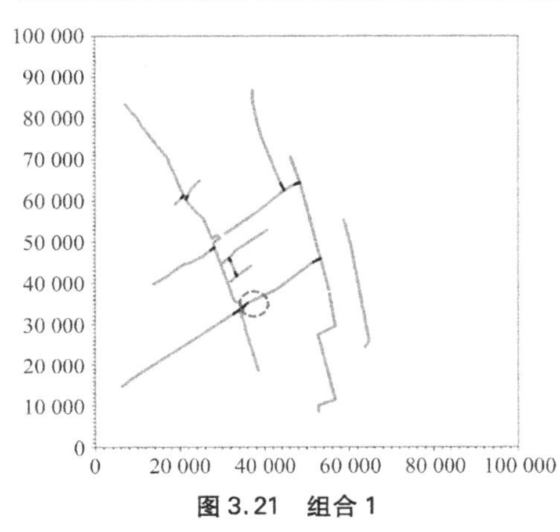

图 3.21　组合 1

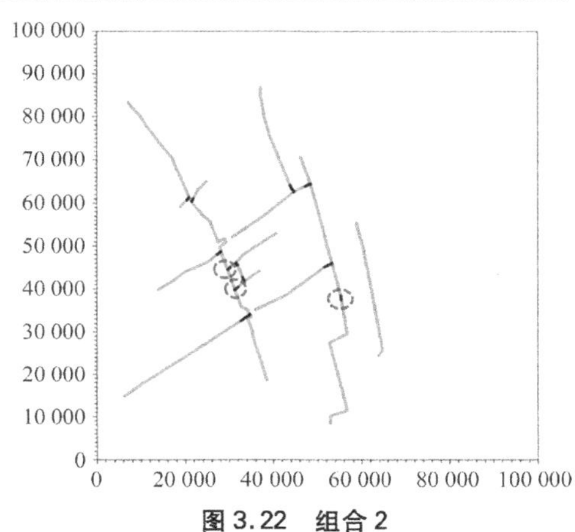

图 3.22　组合 2

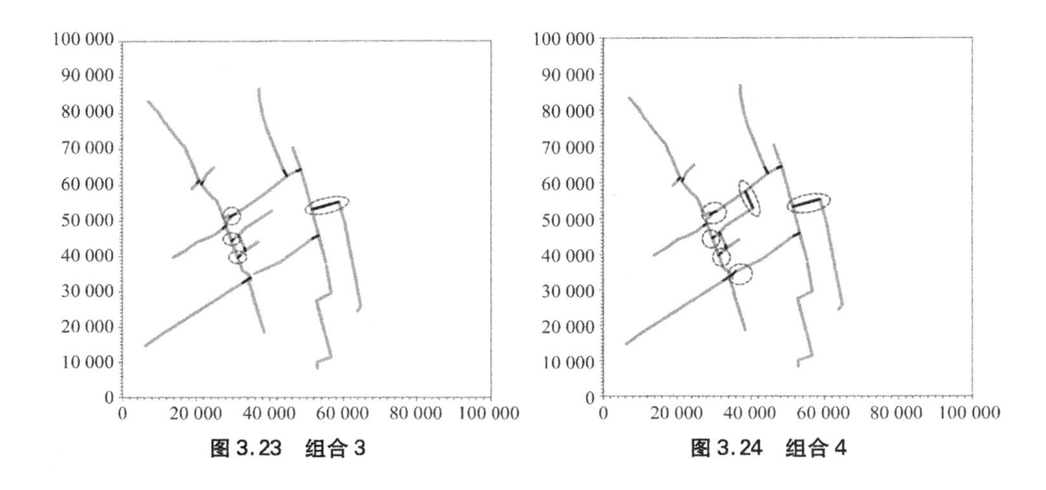

图 3.23　组合 3　　　图 3.24　组合 4

不同水系环度下，TN、TP 模拟值的对比分别见图 3.25 和图 3.26。从图中可看出，水系环度等级为差或优时，TN 指标整体改善效果较好，TP 指标整体改善效果较好；水系环度等级为中或良时，TN 浓度未降低，TP 指标降解效果较强。总体来看，无机氮为河流水体氮元素主要存在形态时，河网形态为树状河网(无环路)或水系环度等级为优的环状河网时，河流 TN 浓度较低；有机磷为河流水体磷元素主要存在形态时，河网形态为水系环度等级为中或良的环状河网时，河流 TP 浓度较低。

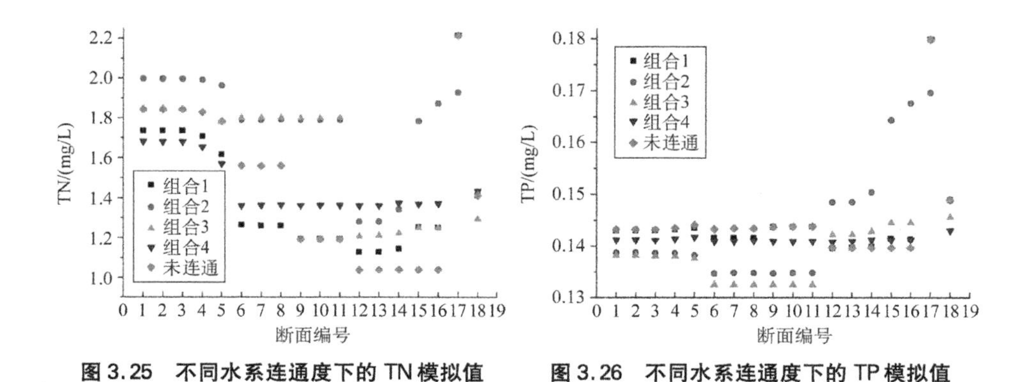

图 3.25　不同水系连通度下的 TN 模拟值　　　图 3.26　不同水系连通度下的 TP 模拟值

(2) 不同节点连接率下的河流水质。为研究不同节点连接率下研究区域河网水质状况，连通方案尽量选择水系环度、水文连接度指标值接近或处于一个等级标准的组合进行模拟分析。因水文连接度为优时，水系环度等级与其他三组相差过大，此次模拟选择三组组合，水文连接度依次为差、中、良。模拟时段设定为5月21日至9月26日。

组合5为一组平行河道，三组交叉河道连通，一组河道在交汇处相连，河网中存在一个环路。如图3.27所示。组合6为一组平行河道，一组上下游河道，三组交叉河道连通，一组河道在交汇处相连，河网中存在一个环路，如图3.28所示。组合7为两组平行河道、一组上下游河道、三组交叉河道连通，交叉河道均在非交汇处相连，河网中存在三个环路，如图3.29所示。不同节点连接率下的水系连通指标值如表3.7所示。

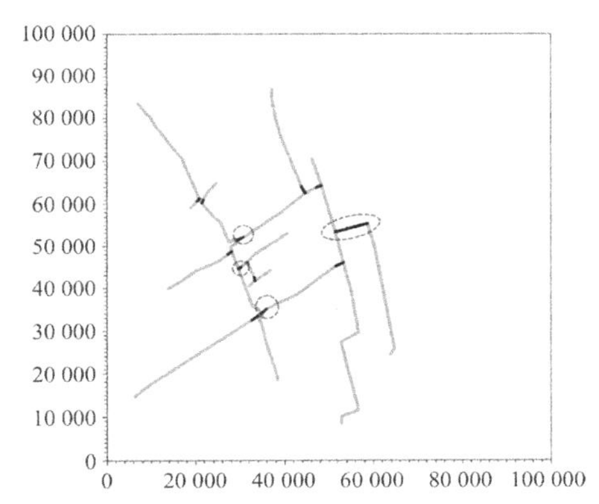

图3.27　连通主河2与主河3，主河1与养殖塘3、横河4、横河2

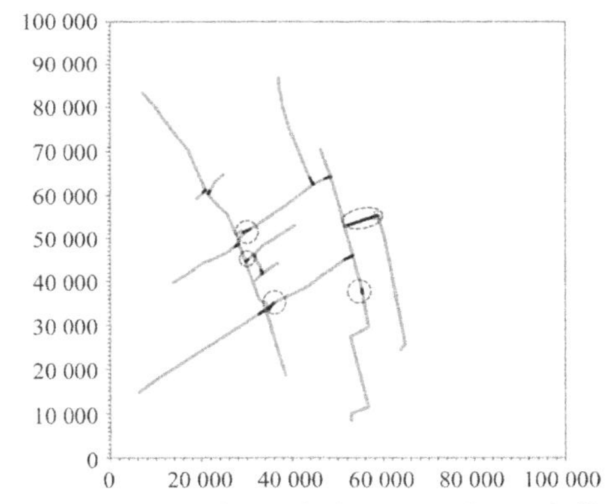

图3.28　连通主河2与主河3、4，主河1与养殖塘3、横河4、横河2

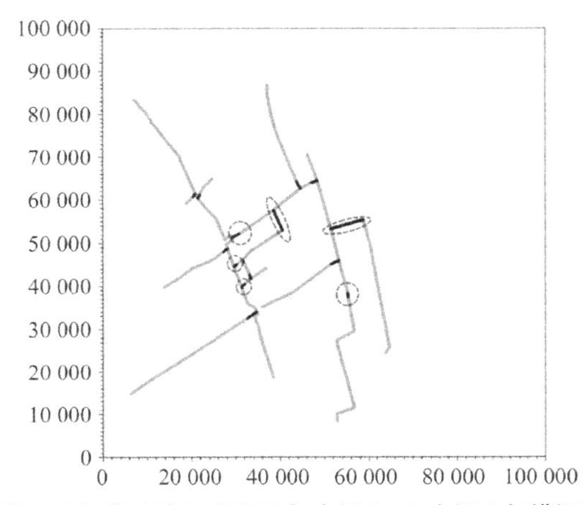

图3.29　连通横河4与养殖塘3，主河2与主河3、4，主河1与横河4、养殖塘1和3

表 3.7　不同节点连接率下的水系连通状况

连通指标值(等级)	水系环度 α	节点连接率 β	水文连接度 γ
组合 5	0.022(中)	0.964(差)	0.375(中)
组合 6	0.021(中)	1(中)	0.361(中)
组合 7	0.039(中)	1.036(良)	0.372(中)

不同节点连接率下 TN、TP 模拟值的对比分别见图 3.31 和图 3.32。从图中可看出，节点连接率等级越高，河流水质状况较好；不同节点连通程度状态下，TN 降解效果差异更为明显。因河道水体中氮元素 97%以无机氮形态存在，而磷元素在河道水体中有机磷为主要存在形态，据此推断水系连通对无机形态的营养物质降解效果更好。

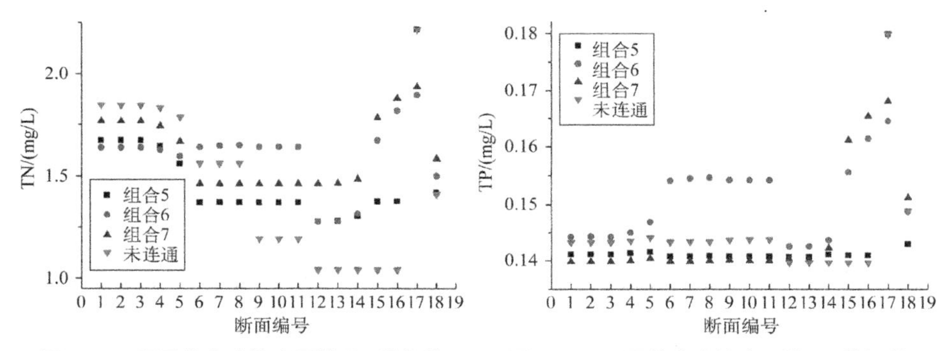

图 3.30　不同节点连接率下的 TN 模拟值　　**图 3.31　不同节点连接率下的 TP 模拟值**

(3) 不同水文连接度下的河流水质。为研究不同节点连接率条件下研究区域河网水质状况，连通方案尽量选择水系环度、水文连接度指标值接近或处于一个等级的组合进行模拟分析。因水文连接度为优时，水系环度等级与其他三组相差过大，此次模拟选择三组组合，水文连接度依次为中、良、优。模拟时段设定为 5 月 21 日至 9 月 26 日。

组合 8 为一组平行河道，两组交叉河道连通，交叉河道均在非交汇处相连，河网中存在一个环路，如图 3.32 所示；组合 9 为一组上下游河道和两组交叉河道连通，河网中存在一个环路，其中，一组河道在交汇处相连，如图 3.33 所示；组合 10

为两组交叉河道连通，一组河道在交汇处相连，河网中存在一个环路，如图 3.34 所示。不同水文连接度下的水系连通指标值如表 3.8 所示。

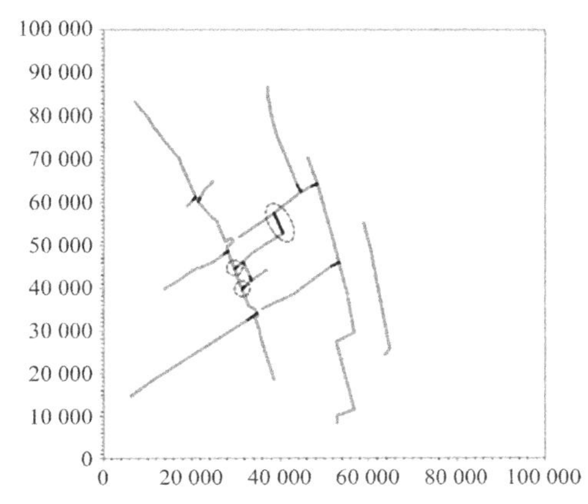

图 3.32　连通主河 1 与养殖塘 1、3，横河 4 与养殖塘 3

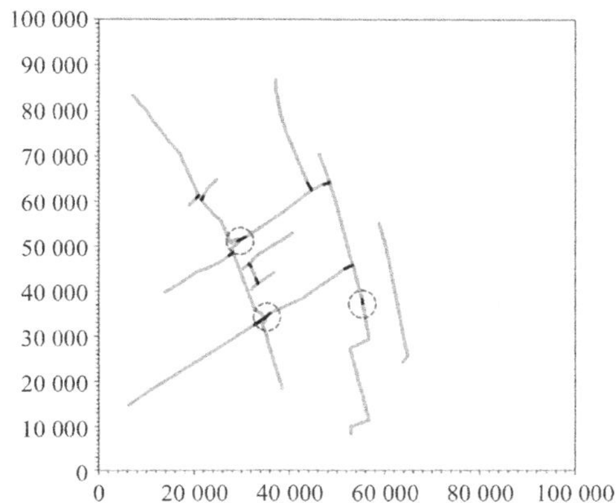

图 3.33　连通主河 1 与横河 2、4，主河 2 与主河 4

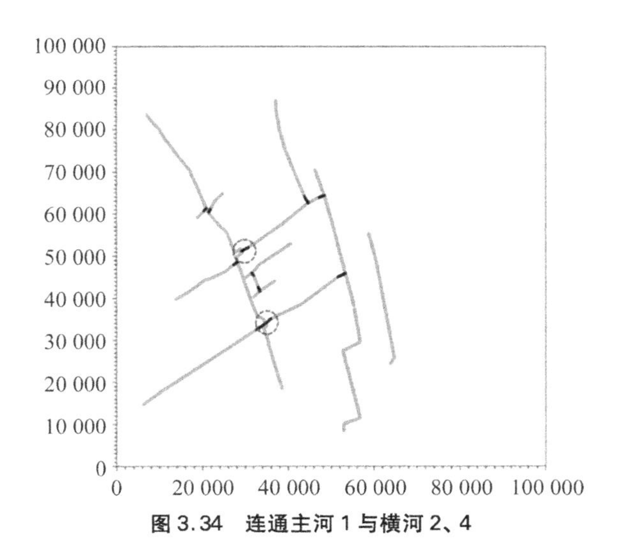

图 3.34　连通主河 1 与横河 2、4

表 3.8　不同水文连接度下的水系连通状况

连通指标值(等级)	水系环度 α	节点连接率 β	水文连接度 γ
组合 8	0.023(中)	0.931(差)	0.391(中)

(续表)

连通指标值(等级)	水系环度 α	节点连接率 β	水文连接度 γ
组合 9	0.029(中)	0.920(差)	0.404(良)
组合 10	0.029(中)	0.889(差)	0.421(优)

不同水文连接度下 TN、TP 模拟值的对比分别见图 3.35 和图 3.36。总体来看,无机氮为河流水体氮元素主要存在形态时,水文连接度等级越高,TN 浓度越低;有机磷为河流水体磷元素主要存在形态时,水文连接度等级为中或优时,TP 浓度较低。

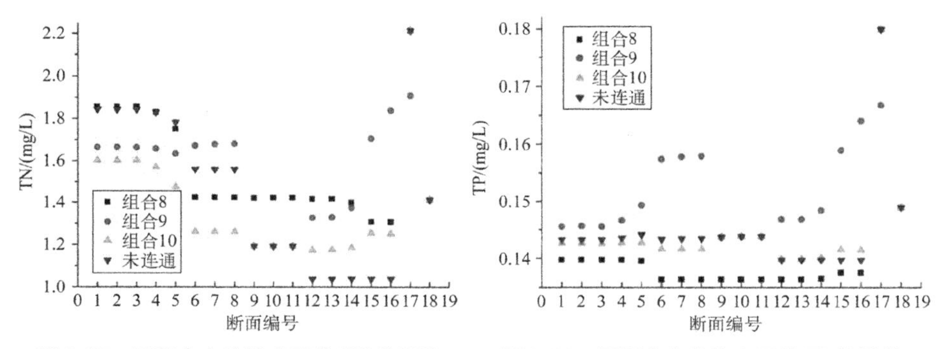

图 3.35 不同水文连接度下的 TN 模拟值　　**图 3.36 不同水文连接度下的 TP 模拟值**

(4) 不同水系连通综合修正值下的河流水质。为研究不同水系连通综合修正值条件下研究区域河网水质状况,连通方案尽量选择水系环度、节点连接率和水文连接度 3 个指标等级接近或处于一个等级标准的组合进行模拟分析。此次模拟选择四组组合,水系连通综合修正值依次递增。

组合 11 为两组平行河道,一组交叉河道,交叉河道在非交汇处相连,如图 3.37 所示;组合 12 为一组上下游河道和三组交叉河道连通,河网中存在一个环路,其中,一组河道在交汇处相连,如图 3.38 所示;组合 13 为四组交叉河道连通,如图 3.39 所示;组合 14 为一组上下游河道,4 组交叉河道连通,河网中存在 3 个环路,如图 3.40 所示。不同水系连通综合修正值下的水系连通指标值如表 3.9 所示。

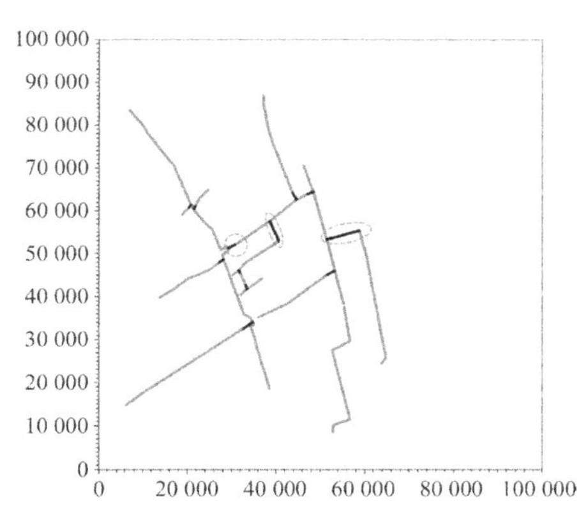

图 3.37　连通主河 1 与横河 4，主河 2 与主河 3，横河 4 与养殖塘 3

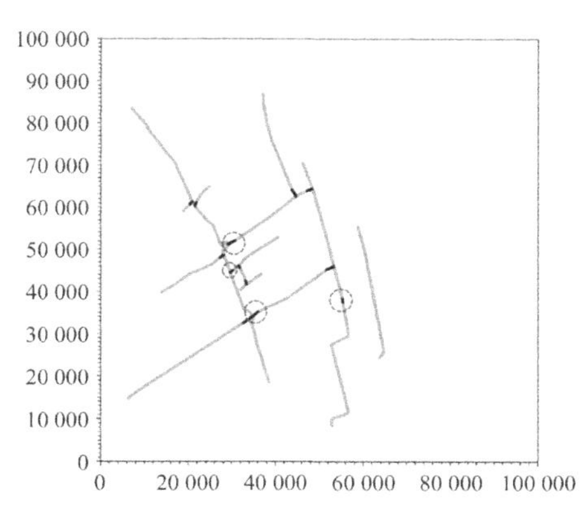

图 3.38　连通主河 2 与主河 4，主河 1 与横河 4、养殖塘 3、横河 1

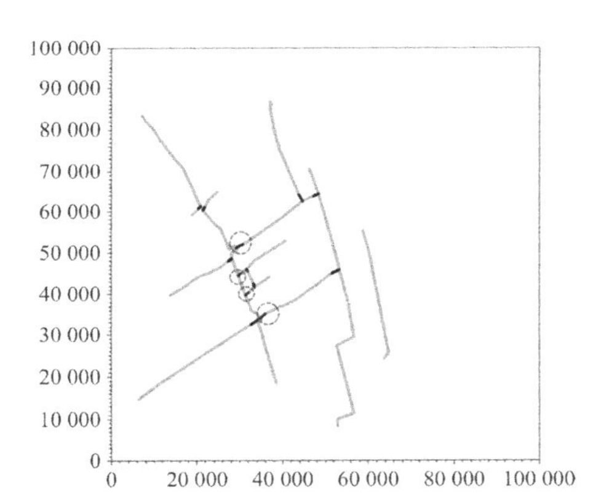

图 3.39　连通主河 1 与横河 4、养殖塘 3、养殖塘 1、横河 2

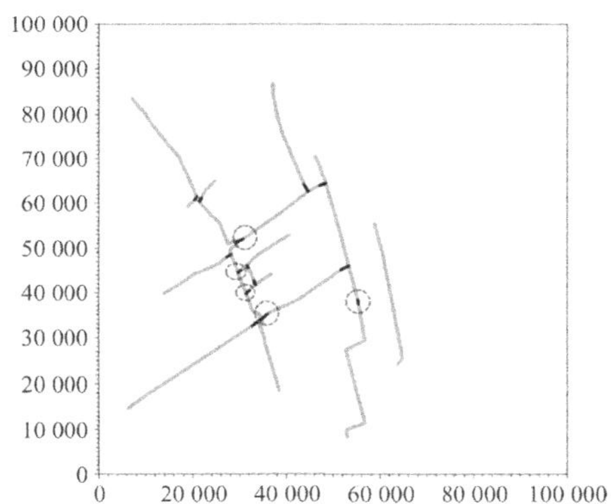

图 3.40　连通主河 2 与主河 3，连通区域 1 与连通区域 2、连通区域 3

表 3.9　不同水系连通综合修正值下的水系连通状况

连通指标值(等级)	水系环度 α	节点连接率 β	水文连接度 γ
组合 11	0(差)	0.933(差)	0.359(中)
组合 12	0.025(中)	0.960(差)	0.381(中)
组合 13	0.051(良)	0.963(差)	0.413(良)
组合 14	0.075(优)	1.040(优)	0.413(良)

不同水系连通综合修正值下 TN、TP 模拟值的对比分别见图 3.41、图 3.42。总体来看，总氮与总磷浓度变化与水系连通综合修正值相关性较低，因此，设计水

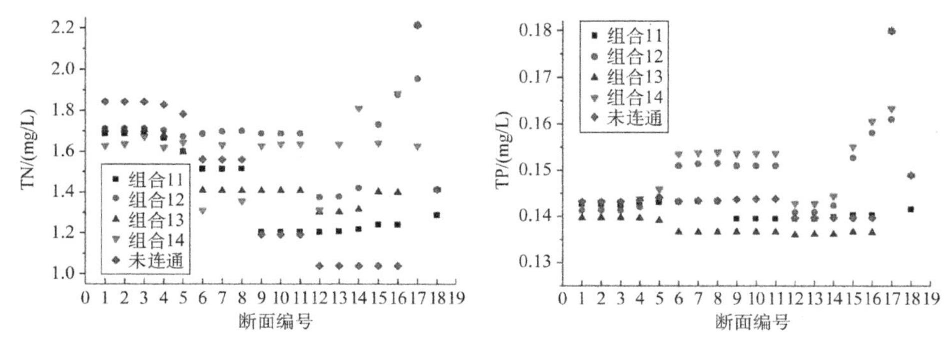

图 3.41　不同水系连通综合修正值下的 TN 值　**图 3.42　不同水系连通综合修正值下的 TP 值**

系连通方案时将 3 个指标分开考虑。

3）河道连通路径对水质的影响

本书研究长三角乡村地区河网水系连通路径对河流水质的影响，一是河流连通点位选择最短路径或是在最近的河道交汇处连通；二是研究河道连接处位于上游或是下游对河流水质影响较大。为排除其他相关因素的干扰作用，模拟时段设定为 5 月 21 日至 9 月 26 日。

(1) 交汇处与非交汇处连通下的河流水质。为比较分析两条相同河流在不同位置连通对河流水质的改善程度是否相同，选择主河 1 与横河 1 进行模拟。

① 非交汇处连通。主河 1 与横河 2 间的连通位置选择路径最短的点位，如图 3.43所示。② 交汇处连通。主河 1 与横河 2 间的连通位置主河 1 与横河 1 交汇处，比最短路径略长，如图 3.44 所示。③ 比较分析。最短路径连通（在非交汇处连通）与在最近交汇处连通两种连通方式下河网 TN、TP 模拟值的对比图分别如图 3.45和图 3.46 所示。由这两图可看出，交汇处连通时模拟值略低于最短路径连通方式。因此，水系连通路径设计时连通处尽量选择河流交汇处。

(2) 在不同里程处连通时的河流水质。为研究河网连通时是否应尽量选择河流上游位置处连通，选择连通区域 1 与连通区域 3、连通区域 1 与连通区域 2 进行模拟。

① 连通区域 1 与连通区域 3。

● 连通主河 1 与养殖塘 1。主河 1 与养殖塘 1 的连通位置位于主河 1 里程数 599 m 处，如图 3.47 所示。

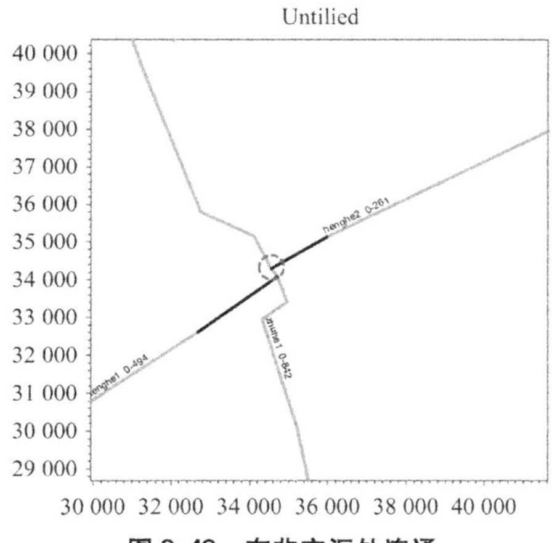

图 3.43　在非交汇处连通

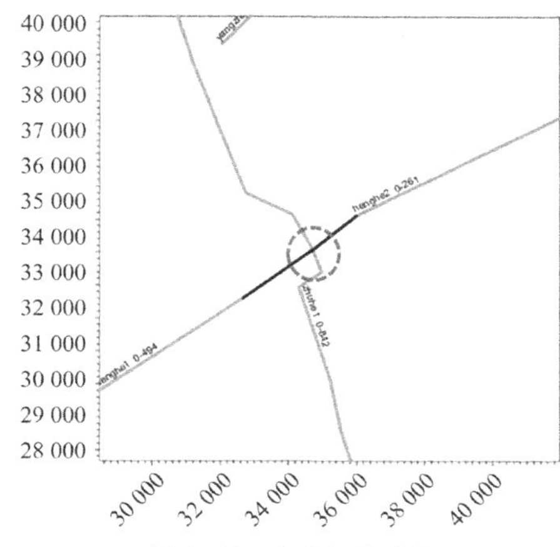

图 3.44　在交汇处连通

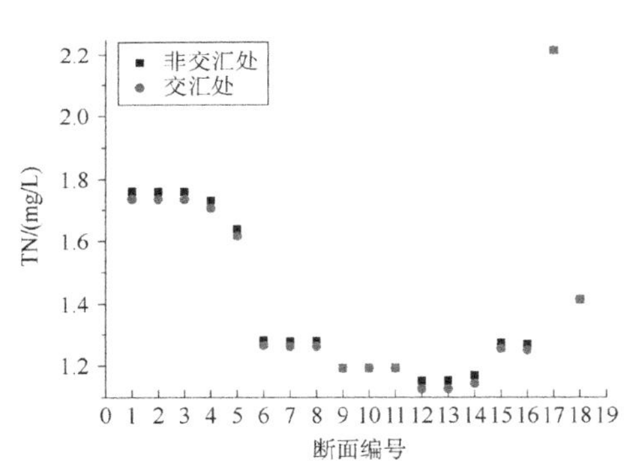

图 3.45　最短路径与交汇处连通时的 TN 模拟值

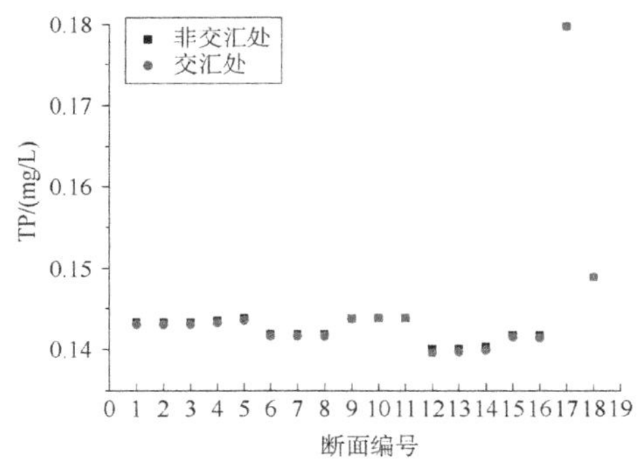

图 3.46　最短路径与交汇处连通时的 TP 模拟值

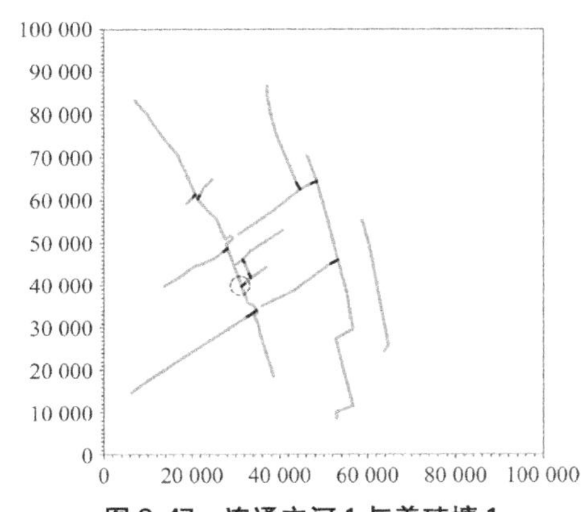

图 3.47　连通主河 1 与养殖塘 1

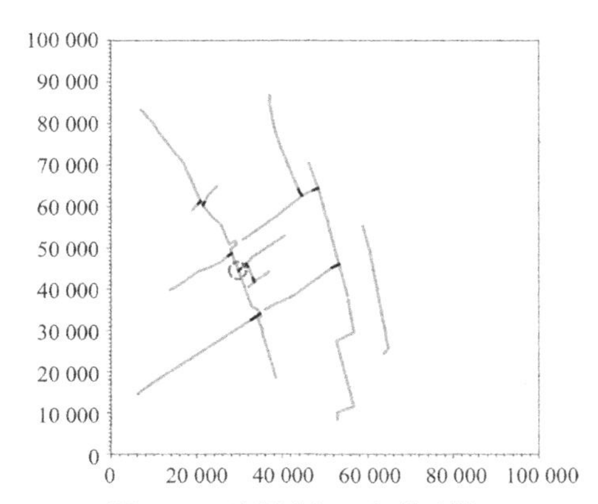

图 3.48　连通主河 1 与养殖塘 3

- 主河 1 与养殖塘 3。主河 1 与养殖塘 3 的连通位置位于主河 1 里程数为 542 m 处，如图 3.48 所示。

② 连通区域 1 与连通区域 2。

- 连通主河 1 与横河 2。主河 1 与横河 2 的连通位置位于主河 1 里程数 670 m 处，如图 3.49 所示。

- 连通主河 1 与横河 4。主河 1 与横河 4 的连通位置位于主河 1 里程数 467 m 处，如图 3.50 所示。

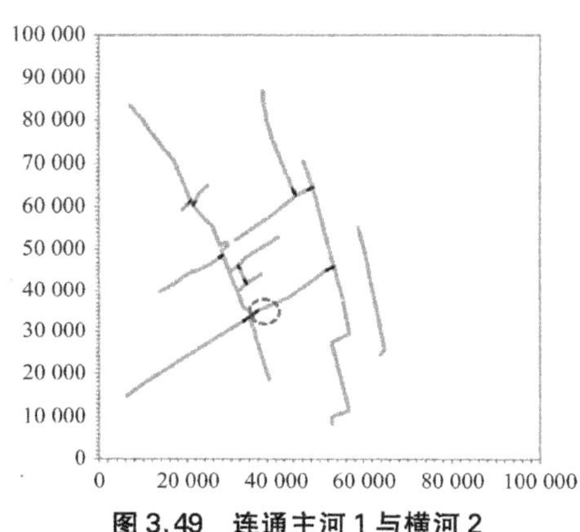

图 3.49　连通主河 1 与横河 2

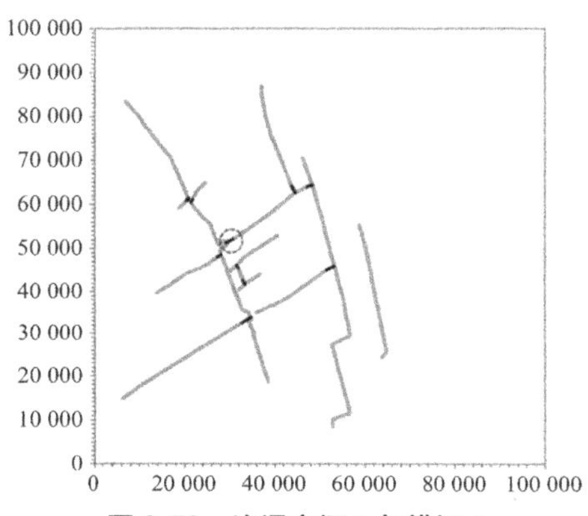

图 3.50　连通主河 1 与横河 4

③ 比较分析。上文不同连通方式下连通河道代表断面 TN、TP 模拟值的对比图，分别如图 3.51 至图 3.54 所示。从图 3.51 和图 3.53 可看出，河流在越靠近上游的河段连通时，TN 浓度越低。从图 3.52 和图 3.54 中可看出，河流在越靠近下游的河段连通时，TP 浓度越低。推测出现该现象的原因可能在不同里程数连通，河流对流速的改变程度不同，进而氮、磷降解效果不同。

4）水系连通方案建议

（1）平原河网地区乡村水系连通设计注意事项。根据研究结果，研究区域河网水系连通状况与河流水环境质量间的对应关系为：①无机氮为河流水体氮元素主要存在形态时，河网形态为树状河网（无环路）或水系环度等级为优的环状河网时，河流 TN 浓度较低；节点连接率等级越高，河流 TN 浓度越低较好；水文连接度等级越

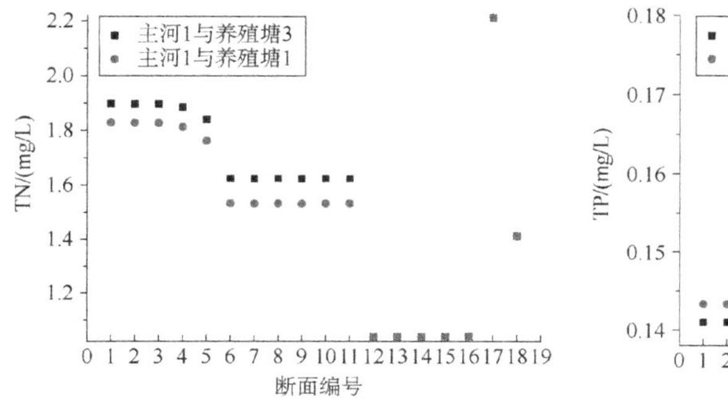

图 3.51　连通区域 1、3 连通时的 TN 模拟值

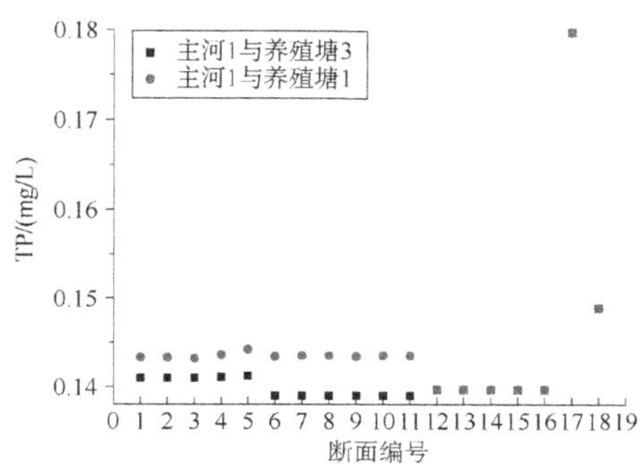

图 3.52　连通区域 1、3 连通时的 TP 模拟值

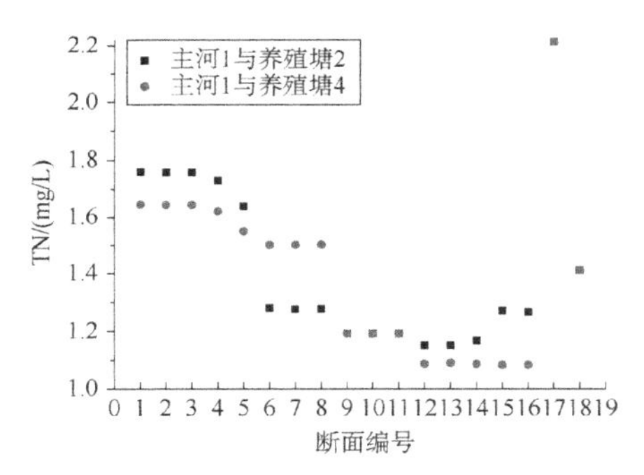

图 3.53　连通区域 1、2 连通时的 TN 模拟值

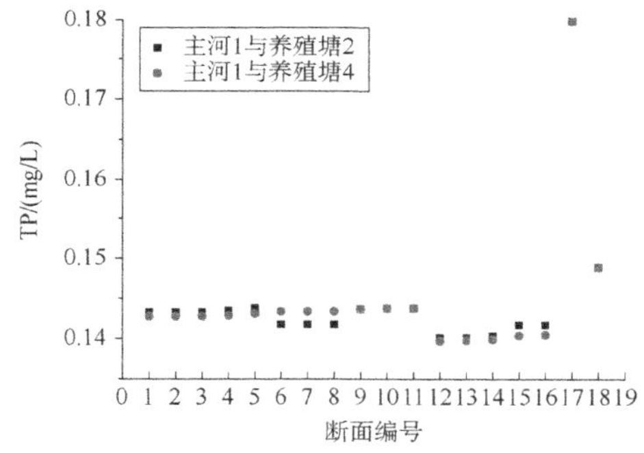

图 3.54　连通区域 1、2 连通时的 TP 模拟值

高，TN 浓度越低。②有机磷为河流水体磷元素主要存在形态时，河网形态为水系环度等级为中或良的环状河网时，河流 TP 浓度较低；节点连接率等级越高时，河流 TP 浓度越低；水文连接度等级为中或优时，TP 浓度较低。③河流在交汇处连通时，水质改善效果更佳。因此，平原河网地区乡村水系连通方案设计时应注意以下几点：

第一，乡村水系河道较为零散，如果水系成环度高的方案成本太大或不符合当地发展规划时，河网尽量设计为树状河网。

第二，乡村水系连通方案设计时遵循节点连接率较高的原则。

第三，乡村水系连通方案的设计根据河道治理指标灵活设定。重点治理河流无机氮指标时，水文连接度等级越高治理效果越好；重点治理河流有机磷指标时，水文连接度等级较低时治理效果较好。

第四,乡村水系连通方案设计时连通处尽量选择河道交汇处。

(2) 水动力辅助措施

① 布设潜水推流器。水体流速对藻类等浮游植物的生长繁殖影响较大,将河流流速控制在一定范围内能有效抑制浮游植物的生长繁殖。沉海圩河流水体主要为重力流,水流速度较小,因此在研究区域水系中安装潜流推进器,通过推动水体流动的方式加强水体循环性,促使水体保持紊动流态,从而提高水中溶解氧含量,抑制藻类生长,达到改善水质的目的。潜水推流器布设应注意:

● 潜水推流器在安装位置的水平方向推力最大,垂向河水流速变化幅度大,衰减过快,影响范围有限。因此,潜水推流器安装位置的水平方向应满足开阔、无障碍条件。

● 由于潜流推进器对周围空间有一定的扰动作用,故潜流推进器的安装位置应与河流底部保持一定距离,一般不小于 1 m。

● 潜水推流器产生的流场沿轴呈径向扩散模式,因此,潜水推流器应尽可能布设在水体中心地带,以便发挥最大效用。

② 开闸活水。因主河 1 上下游和横河 1 上游闸门均关闭,研究区域现为封闭状态,只有在强降雨时段河水流速较快,水体交换性良好。若将闸门开启,上游来水后河流流速增大,既破除了藻类大量生长的河流流速条件,也增大了污染物运输迁移速度,最低成本地对河道水质进行改善。因此,研究区域可定期打开主河 1 与横河 1 上游的闸门,每次开闸半小时,增强研究区域水体的交换性能,改善河流整体水质。

6. 小结

为探究平原河网地区的水系连通程度对河流水质的影响,以常熟市沉海圩乡村湿地公园河网为主要研究对象,构建一维水动力—水质耦合模型,以模型为工具分析河网水系连通前后及不同连通路径对河网水质的影响,模拟不同水系连通方案下河流的水质状况,并统筹考虑河流水质改善效果与工程经济成本选出最佳水系连通方案,提出适用于长三角平原河网地区乡村的水系连通方案。主要得出以下结论:

(1) 无机氮为河流水体氮元素主要存在形态时,连通方案应尽量设计为树状河网(无环路)，或保证水系成环度足够高，有利于河流水体中氮元素的降解转化，河流水质治理效果较好。

(2) 无机氮为河流水体氮元素主要存在形态时，节点连接率和水文连接度等级越高时，TN 模拟浓度越低，降解效果越好。水系连通方案设计时应尽量提高河网的节点连接率与水文连接度。

(3) 有机磷为河流水体磷元素主要存在形态时，水系环度等级设计为中或者良更有利于 TP 的降解，河流水质的改善效果更好。

(4) 有机磷为河流水体磷元素主要存在形态时，若水文连接度等级为中或者优，TP 的模拟浓度较低。水系连通方案设计时需根据河流水质与河道分布的实际情况综合权衡。

(5) 河道在河流交汇处连通时河流水质较好，水系连通方案设计时应尽量将连通处设置在河道交汇处。

(6) 河流在靠近上游的河段连通河道时，TN 模拟浓度较低，TP 模拟浓度较高，对 TN 与 TP 的降解效果不同。水系环度指标与水文连接度指标对 TN、TP 的降解规律也不同。因此，水系连通方案设计时应根据重点治理的水质指标灵活设计连通方案。

3.1.2 适用于长三角乡村地区的水体复合生境构建技术

1. 水生境修复评价体系构建

从生态学角度出发，当前水生境修复评价体系主要有两类：指标体系法和指示物种法。其中，指标体系法是指根据水生态系统的特征和其服务功能建立指标体系，采用数学方法确定其修复状况，生化指标法是指标体系法的典型代表；指示物种法是指采用一些指示种群，利用其多样性和丰富度来监测水生态系统健康，从而判断其修复状况。本书主要介绍生化指标法及指示物种法。

1) 生化指标法评价体系

有学者以基于化学指标为水体健康的驱动因素，水生物为水生态系统综合响应群体的逻辑框架，根据水质状态和生态特性，利用层次分析法构建化学与生物复合指标体系，计算各样点健康评价指标，可综合评价流域水生境修复状态。

(1) 化学指标。

流域中，湖泊水体作为陆地生态系统营养循环库，通过河流承接陆地生态系统中自然和人类活动释放的大量营养盐，因此，在工业化程度不高的农村，河湖水体中营养盐、氮、磷的含量表征了水体的水质。

(2) 生物指标。

水体中生存着各类生物群落，包括生产者、消费者和分解者。大型底栖无脊椎动物在水生态系统中属于消费者亚系统，其摄食、掘穴等扰动活动会影响系统的物质循环、能量流动过程等，多样性程度可以间接反映水生态系统功能的完整性。着生藻类作为初级生产者，不仅可反映系统中消费等级的状况，而且能稳固水底的基质，为鱼类和底栖无脊椎动物提供隐蔽所和产卵场；同时还能敏感响应水环境状况的变化，尤其是在氮、磷等无机营养盐浓度方面。因此，生物指标采用大型底栖无脊椎动物和着生藻类两个因素，并用分类单元数(S)、BMWP(Biological Monitoring Working Party)指数和优势度指数(D)作为大型底栖无脊椎动物的表征指标，用分类单元数(S)，生物多样性指数(H)和优势度指数(D)作为着生藻类的表征指标。

2) 指示物种法评价体系

在指示物种法中，生物完整性指数(Index of Biological Integrity, IBI)是目前水生境修复评价中应用最广泛的指标之一。生物完整性指数由多个生物状况参数组成，通过比较参数值与参考系统的标准值得出该水生境的修复程度。生物完整性指数中每个生物状况参数都对一类或几类干扰反应敏感，因此 IBI 可定量描述人类干扰与生物特性之间的关系，间接反映水生态系统健康受到的影响程度。用 IBI 评价水生态系统健康优于用单一指数评价的原因是，单一指数反映水生态系统受干扰后的敏感程度及范围不同，综合各个生物状况参数构建 IBI，可以更加准确和完全地反映系统健康状况和受干扰的强度。

评价水生境修复状况时，根据水生态系统生物群落结构特征和数据可获得情况，选择某类生物群落作为指示物种构建 IBI。国内外 IBI 研究显示，鱼类完整性指数(Fish-index of Biological Integrity, F－IBI)和底栖无脊椎动物完整指数(Benthos-index of Biological Integrity, B－IBI)的构建较为成熟，已被广泛应用于水生态与环境基础科学研究、流域管理中；关于着生藻类完整性指数（Periphyton-index of Biological Integrity，P－IBI）的研究起步较晚，但目前也已逐渐展开。学者多选用这3种生物作为指示物种的原因在于：

（1）鱼类。

优点：①分布广，能在绝大多数水生态系统中生存，可反映流域尺度较全面和详细的水生态系统信息，形态特征明显，易于鉴定；②大多数鱼类生活史较长，对各方面的压力敏感，当水体特征发生改变时，鱼类个体在形态、生理和行为上会产生相应的反应；③鱼类群聚中食性种类较多，彼此之间构成食物网，可反映出系统中消费等级的状况；④鱼类群聚中含有众多的功能公位群，可综合反映水生态系统中各成分之间的相互作用。

不足：具有很强的移动能力，对胁迫的耐受程度比较低，与生态系统变化的相关性比较弱。

（2）底栖无脊椎动物。

优点：①在水生态系统中属于消费者亚系统，以摄食碎屑物为主，对物质分解起着重要作用；②一般都有很高的物种多样性，多样性程度可间接反映水生态系统功能的完整性；③在水生态系统中的摄食、掘穴等扰动活动会影响系统的物质循环、能量流动过程；④自身作为大多数鸟类饵料的重要组成部分，可反映系统中消费等级的状况。

不足：无脊椎动物通常分类等级较高，难以测定每个物种的作用，同时这些物种中有些可能不必要甚至不合适。

（3）着生藻类。

优点：①为水生态系统的初级生产者，位于食物链的底端，通过光合作用将无机营养元素转化成有机物，并被更高级的有机生命体利用，可反映系统中消费等级的状况；②能稳固水底的基质，为鱼类和底栖动物提供隐蔽所和产卵场；③分布范围广，能敏感响应水环境状况的变化，尤其是在N、P等无机营养盐浓度方面。

不足：该类群的物种数量巨大，且对分类的专业技能要求较高，应用不够广泛。

2. 水生境修复评价标准

从理念发展趋势上看，国外的水环境管理经历了“污染—防治保护—生态管理”的阶段，目前已从污染防治转移到生态系统的恢复与保护，各国在水生态系统保护和修复方面相继颁布过综合性手册、导则等。根据不同的修复目标，不同国家以自主选择的方式进行水生态修复工程，使规划更具适用性，可供此次研究借鉴。各国的评价导则如表 3.10 所示。

表 3.10　各国的水生态保护与修复评价导则

国家	名　称	颁布时间	备　注
英国	河流修复技术手册	2002 年	
澳大利亚	澳大利亚河流修复手册	2000 年	
美国	河流走廊恢复：原理，过程和实践	1998 年	包括恢复河道走廊动态平衡和功能的方法
美国	韦斯河调查和河岸稳定手册	1997 年	河流地貌学与河道演变、河流系统的地貌评价，河岸加固方法综述等
美国	河道整治工程水力设计	2001 年	提供系统的水力设计方法
英国	河流修复技术手册	2002 年	结合工程实例进行说明
日本	中小河流修复技术标准	2008 年	包括适用范围、设计洪水位、河道岸边线和河宽、横断面形状、纵断面形状、粗糙系数、管理用道路、维护管理部分
日本	中小河流修复技术标准说明		阐述中小河流横、纵、横断面形状设计方法，有设计案例集
中国	河湖生态修复与保护规划编制导则	2015 年	

1）生化指标法评价标准

按照已有研究成果进行指标计算：总氮（TN）、总磷（TP）、溶解氧（DO）、高锰酸盐指数（COD_{Mn}）、氨氮（NH_3-N）的计算方法为实地采样测量；大型底栖无脊椎动物和着生藻类分类单元数（S）的计算方法为实验室计数；Berger-Parker 优势度指数（D）、大型底栖无脊椎动物 BMWP 指数和着生藻类生物多样性指数（H）的计算方法分别如下：

$$D = N_{max}/N \tag{3.9}$$

$$BMWP = \sum t_i \tag{3.10}$$

$$H = -\sum_{i=1}^{S}\left(\frac{n_i}{N}\log_2\left(\frac{n_i}{N}\right)\right) \tag{3.11}$$

式中：

N_{max}——最优势种的个体数；

N——功能团全部物种的个体数；

t——每种分类的计分，1～10，分值随生物敏感性增大而增加；

i——科级水平分类数；

H——Shannon-Weaver 多样性指数；

S——物种总数；

n_i——第 i 种物种的个体数。

因水生境修复评价体系中化学指标与生物指标的量纲不同，分级标准不同，为使两者具有同度量、可比较的数值，参考现有研究成果将实测数据按下式进行标准化处理：

对于 TN、TP、COD_{Mn} 和 NH_3-N，标准化公式为

$$\overline{M}=\frac{V_{max}-M}{V_{max}-V_{min}} \tag{3.12}$$

对于 DO，标准化公式为

$$\overline{M}=\frac{M-V_{min}}{V_{max}-V_{min}} \tag{3.13}$$

对于大型底栖无脊椎动物和着生藻类分类单元数 S，标准化公式为

$$\overline{M}=\frac{M-Q_{95}}{Q_{95}-Q_5} \tag{3.14}$$

对于 Berger-Parker 优势度指数 D，标准化公式为

$$\overline{M}=\frac{Q_{95}-M}{Q_{95}-Q_5} \tag{3.15}$$

对于大型底栖无脊椎动物 BMWP 指数，标准化公式为

$$\overline{M}=\frac{M-V_{min}}{V_{max}-V_{min}} \tag{3.16}$$

对于着生藻类生物多样性指数 H，标准化公式为

$$\overline{M}=\frac{M-0}{3-0} \tag{3.17}$$

式中：

M——该样点测量值；

V_{max}、V_{min}——地表水标准(GB3838 标准)等标准的最大临界值和最小临界值；

Q_{95}——所有样点数据的 95%分位数；

Q_5——所有样点数据的 5%分位数。

水生态系统健康评价综合指标反映特定水生态系统结构与功能的健康程度，计算公式按综合指数的含义和数理关系构建，包括函数(健康综合指标)、变量(因素层)、权重值(各变量的重要度判断值)和修正值(修正得分范围)四部分。各指标因子采用等权重；修正值通过加权平均法及参考评价标准范围获得。在此基础上建立健康综合指标 I 的计算模型，即：

$$I=a\sum_{x=1}^{n} i_x \tag{3.18}$$

式中：

i_x——因素层指标得分；

a——修正值，本研究取值为 0.5；

$n=2$。

本研究有两个因素层因子：水质和生物。各因素层指标具体计算公式为：

$$i_c=i_N+i_{DO} \tag{3.19}$$

$$i_N=(SV_{TN}+SV_{TP})/2 \tag{3.20}$$

$$i_{DO}=(SV_{DO}+SV_{COD_{Mn}}+SV_{NH_3-N})/3 \tag{3.21}$$

$$i_B=(i_{DI}+i_{PA})/2 \tag{3.22}$$

$$i_{DI}=(S+BMWP+D)/3 \tag{3.23}$$

$$i_{PA}=(S+H+D)/3 \tag{3.24}$$

式中：

i_c——化学指标得分；

i_N——营养盐指标得分；

i_{DO}——氧平衡指标得分；

SV_{TN}——TN 标准化值；

SV_{TP}——TP 标准化值；

SV_{DO}——DO 标准化值；

$SV_{COD_{Mn}}$——COD_{Mn} 标准化值；

SV_{NH_3-N}——$NH_3—N$ 标准化值；

i_B——生物指标得分；

i_{DI}——大型底栖无脊椎动物指标得分；

i_{PA}——着生藻类指标得分。

基于国内外研究成果及专家咨询，确定健康评价等级划分为 5 个等级：综合指标值为 0.8～1.0 的健康等级为优，0.6～0.8 的健康等级为良，0.4～0.6 的健康等级为合格，0.2～0.4 的健康等级为差，0～0.2 的健康等级为极差，如表 3.11 所示。

表 3.11　水生境修复状况评估标准

等级	优	良	合格	差	极差
指标值	(0.8,1.0)	(0.6, 0.8)	(0.4, 0.6)	(0.2, 0.4)	(0, 0.2)

2）指示物种法评价标准

评价标准的划分是生物完整性指数评价中的关键，目前尚无统一的划分标准。大多数研究以参照点位 IBI 值分布的 25%分位数作为健康评价标准。如果点位的 IBI 值>25%分位数值，则表示该点位受到的干扰很小，是健康的；对 IBI 值<25%分位数值的分布范围，进行三等分，分别代表一般、较差和极差 3 个健康程度。根据上述方法，可确定出健康、一般、较差和极差 4 个等级的划分标准。该评价标准基本覆盖了水生态系统不同层次的健康状态，划分出的等级数较为合理，可以区分出研究区域所有评价单元水生态系统健康状态之间的差异。

3. 研究区域水生境状况评价

沉海圩乡村湿地公园水系沟通及水生境修复前的水质状况如表 3.12 所示，取点位置图如图 3.55 所示；水系沟通及水生境修复后水质状况如表 3.13 所示，取点位置图如图 3.56 所示。施工后对水生物进行调查，浮游植物分布较为广泛，共发现 81 种藻类，浮游动物个别样点检测出。其中，绿藻种类最多，有 5 属、33 种，占总种数的 41%；其次是硅藻(23 种)，占 28%，如表 3.8 所示。沉海圩乡村湿地公园工业化程度较低，水体污染物主要为营养盐，因此，化学指标首先选择总氮、总磷与氨氮。着生藻类是研究区域水生物的优势物种，能敏感响应水环境状况的变化，尤其是在氮、磷等无机营养盐浓度方面，因此，生物指标选择藻类。此外，水体中藻类的生长状况对溶解氧的含量影响甚大，溶解氧可反映水生物的生长状况，因此，化学指标体系中加入溶解氧指标。此次修复，80%样点的水生境修复状况达到良或优，区域整体达到合格水平。

表 3.12　沟通及修复前水质状况　　**单位：mg/L**

编号	总氮	总磷	COD_{cr}	氨氮
1	1.52	0.33	161	0.46
2	0.9	0.07	27	0.23
3	1.87	0.18	33	0.52
4	3.94	0.72	25	2.31
5	0.91	0.08	26	0.22
6	2.64	0.24	27	0.88
7	2.24	0.28	24	0.86
8	1.19	0.16	30	0.4
9	0.57	0.19	72	0.57
10	1.56	0.08	73	0.39
11	8.39	0.3	46	0.84
12	7.38	0.12	28	0.72
13	0.96	0.11	27	0.25
14	3.44	1.28	32	1.96
15	1.83	0.28	30	0.5
16	0.56	0.04	37	0.18
17	3.45	0.28	30	2.04
18	0.86	0.05	9	0.25
19	1.6	0.13	43	0.23
20	1.24	0.65	34	0.24

(续表)

编号	总氮	总磷	COD_{cr}	氨氮
21	3.64	0.46	37	1.26
22	54.35	4.14	81	49.77
23	0.3	0.1	19	0.34
24	3.21	0.29	31	1.31

表 3.13　沟通及修复后水质状况　单位:mg/L

编号	总氮	总磷	COD_{Mn}	氨氮
1	1.34	0.13	7.1	0.30
2	1.55	0.17	6.0	0.24
3	1.74	0.17	4.9	0.25
4	1.74	0.18	5.5	0.31
5	1.26	0.15	4.5	0.23
6	0.63	0.18	4.4	0.13
7	1.61	0.15	6.9	0.22
8	0.62	0.22	5.1	0.14
9	1.97	0.11	5.9	0.32
10	1.96	0.15	6.1	0.46
11	1.47	0.08	6.9	0.24
12	1.32	0.08	6.4	0.24
13	0.67	0.14	6.7	0.04
14	1.57	0.26	4.7	0.71
15	1.35	0.16	7.0	0.16

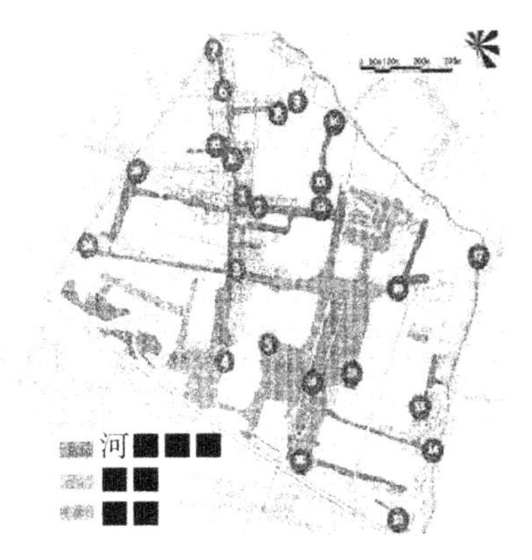

图 3.55　施工前水系原状模型图

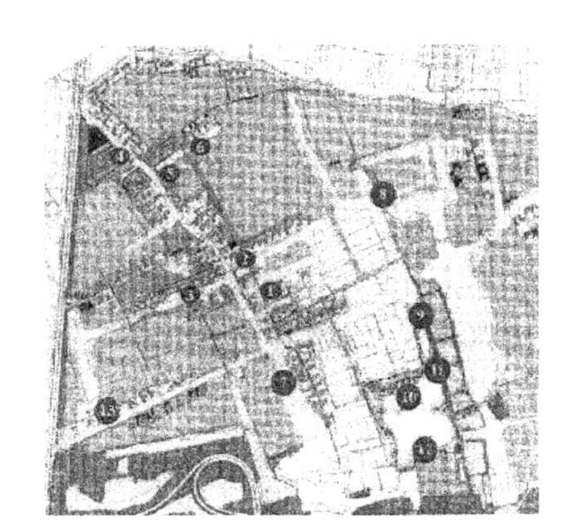

图 3.56　施工后水系原状模型图

由表 3.12 可看出，研究区域水系沟通及生境修复前，区域水质整体较差，属于地表水劣Ⅴ类标准。其中，氨氮浓度变化范围为Ⅱ类～劣Ⅴ类水质标准，近 50%区域属于Ⅱ类水体标准，17 号点氨氮浓度超过 2 mg/L，属劣Ⅴ类水体标准，主要受外围河道水体影响。25%区域总磷浓度属于劣Ⅴ类～Ⅴ类水体标准，4 号点、14 号点总磷浓度超过 0.60 mg/L，属劣Ⅴ类，总磷浓度主要受到养殖塘和耕地影响。近 40%区域 COD 浓度属于Ⅲ类水体标准，周边用地类型主要为林地和果园；1 号点 COD 浓度超过 160 mg/L，属劣Ⅴ类水体标准，样点周边用地主要为建设用地。近 60%区域总氮浓度属于劣Ⅴ类水体标准，11 号点、12 号点总氮浓度达到 6 mg/L，严重超标，样点周边用地为养殖塘。总体而言，水体修复前沉海圩乡村湿地公园水质较差，水生境评价体系里化学指标极差，整体水生境状况不佳。

由表 3.13 可看出，研究区域进行水系沟通及生境修复后，沉海圩乡村湿地公园水质整体得到较大提升，已达到地表水Ⅴ类水体标准。几乎 100%区域氨氮浓度达到Ⅱ类水体标准，水体有机氮浓度较低。区域总磷浓度属于Ⅱ类～Ⅳ类水体标准，与施工前相比，水体总磷浓度明显降低，水质整体提升。区域内高锰酸盐指数变化范围为Ⅲ类～Ⅳ类水体标准，近 50%区域高锰酸盐指数属于Ⅲ类水体标准，不同点位高锰酸盐指数浓度接近，区域水系贯通性较好。区域总氮浓度变化范围为Ⅲ类～Ⅴ类水体标准，30%区域总氮浓度属于Ⅳ类水体标准，整个区域水体 TN 浓度存在较大差异性。总体而言，水生境指标体系中的化学指标取得极大改善。

为使化学指标与生物指标具有同度量、可比较的数值，对实测的水质数据及生物数据进行标准化处理。由公式 3.12 得到标准化后研究区域的水质指标值，如表 3.14所示；根据公式 3.11 和公式 3.17 得到标准化前后的生藻类生物多样性指数，如表 3.15 所示；根据 3.18 至公式 3.24 求得水生境系统修复评价综合值，如表 3.16所示。由表 3.17 可见，进行水系沟通及水生境修复后，研究区域整体水生境状况良好；其中，CS1、CS12、CS13 点位水生境状况优秀，恢复很好；CS2、CS7、CS9、CS11 点位水生境状况良好，恢复得不错；CS4 和 CS10 点位也恢复至健康水平。

表 3.14　施工后标准化的水质数据

编号	总氮	总磷	COD_{Mn}	氨氮
1	0.37	0.37	0.61	0.92
2	0.25	0.16	0.69	0.95
3	0.14	0.16	0.78	0.95
4	0.14	0.11	0.73	0.91
5	0.41	0.26	0.81	0.96
6	0.76	0.11	0.82	1.01
7	0.22	0.26	0.62	0.96
8	0.77	(0.11)	0.76	1.01
9	0.02	0.47	0.70	0.91
10	0.02	0.26	0.68	0.83
11	0.29	0.63	0.62	0.95
12	0.38	0.63	0.66	0.95
13	0.74	0.32	0.64	1.06
14	0.24	(0.32)	0.79	0.70
15	0.36	0.21	0.62	0.99

注：括号数字所在样点区域为劣Ⅴ类水体，如表 3.15 中样点 8 区域水体总磷严重超标，为劣Ⅴ类水体。

表 3.15　研究区域标准化前后生藻类生物多样性指数

藻类名录	CS1	CS2	CS7	CS9	CS10	CS11	CS12	CS13	CS14
标准化前	1.92	1.36	1.41	0.42	0.52	0.57	1.62	1.68	0.75
标准化后	0.64	0.45	0.47	0.14	0.17	0.19	0.54	0.56	0.25

表 3.16　研究区域综合指标计算

	CS1	CS2	CS7	CS9	CS10	CS11	CS12	CS13	CS14
SV_{TN}	0.37	0.25	0.22	0.02	0.02	0.29	0.38	0.74	0.24
SV_{TP}	0.37	0.16	0.26	0.47	0.26	0.63	0.63	0.32	(0.32)
i_N	0.37	0.21	0.24	0.25	0.14	0.46	0.51	0.53	(0.04)
$SV_{COD_{Mn}}$	0.61	0.69	0.62	0.70	0.68	0.62	0.66	0.64	0.79
SV_{NH_3-N}	0.92	0.95	0.96	0.91	0.83	0.95	0.95	1.06	0.70
i_{DO}	0.77	0.82	0.79	0.81	0.76	0.79	0.81	0.85	0.75
i_c	1.14	1.03	1.03	1.05	0.90	1.25	1.31	1.38	0.71

（续表）

	CS1	CS2	CS7	CS9	CS10	CS11	CS12	CS13	CS14
i_{PA}	0.64	0.45	0.47	0.14	0.17	0.19	0.54	0.56	0.25
综合指标值	0.89	0.74	0.75	0.60	0.53	0.72	0.93	0.97	0.48

注：括号数字所在样点区域为劣Ⅴ类水体，如表3.17中样点14区域水体总磷超标，为劣Ⅴ类水体。

4. 小结

本次研究采用生化指标体系对沉海圩乡村湿地公园的水生境修复状况进行评估，本次评估基于化学指标，结合藻类水生物，构建水生态系统综合响应体系，计算各样点生化指标，综合评价了研究区域的水生境修复状态。长三角乡村地区工业化程度不高，农村河流主要承载着自然和人类活动释放的大量营养盐，水体中营养盐的含量表征了水体的水质，因此，化学指标第一步选择了总氮、总磷与氨氮。水体中的着生藻类作为初级生产者，不仅可反映系统中消费等级的状况，还能够敏感响应水环境状况的变化，尤其是在氮、磷等无机营养盐浓度方面，因此，生物指标选择了藻类。水体中藻类的生长状况对溶解氧的含量影响甚大，因此，溶解氧可反映水生物的生长状况，化学指标体系中加入溶解氧。此次修复，80%样点的水生境修复状况达到良或优，区域整体达到合格水平。

3.1.3 适用于长三角乡村地区的水系生态疏浚技术

河道清淤、疏浚是减少内源污染的有效途径和措施，而且能增加蓄水量，提高水体自净能力和河道通航能力。但是，不合理的清淤会破坏水底生境（如沉水植物、底栖动物和微生物），削弱底栖生态系统的自净功能，反而加速沉积物的淤积速度，使得清淤不仅没有达到净化水体的目的，甚至会加快水质的进一步恶化。

1. 疏浚工程悬浮物影响预测模型

疏浚工程施工作业区会产生高浓度悬浮泥沙，对施工期河流水环境产生影响，因此需对悬浮物（SS）的影响程度和范围进行预测，以选择正确的施工方案和环保措施。一般认为，当水中含沙量大于挟沙力时，水中泥沙处于超饱和状态，泥沙会发生沉降；反之就会悬浮。模型应既能模拟SS的衰减过程，又可模拟SS的悬浮过程，因此，本研究采用泥沙模型模拟悬浮物。一维泥沙运动方程如下所示：

$$A\frac{\partial S}{\partial t}+Q\frac{\partial S}{\partial x}=-\alpha B\omega(S-S^{*})+S_{p} \tag{3.25}$$

$$\nu=\sqrt{\left(13.95\frac{\nu}{d}\right)^{2}+1.09gd\frac{\rho_{s}-\rho}{\rho}}-13.95\frac{\nu}{d} \tag{3.26}$$

$$S^{*}=k\left(\frac{u^{3}}{gh\omega}\right)^{m} \tag{3.27}$$

式中：

S——含沙量；

Q——流量；

B——水面宽度；

α——泥沙恢复饱和系数；

ω——泥沙沉降速度；

S^{*}——挟沙力；

ν——水的动力黏滞系数；

d——泥沙粒径；

ρ_{s}——泥沙密度；

ρ——水的密度；

g——重力加速度，$g=9.81\ \mathrm{m/s^{2}}$；

h——断面平均水深；

k——水流挟沙力系数；m 为未知指数，根据实测资料进行率定或由设计部门提供。

2. 生态疏浚工程

河道的生态疏浚与传统的工程疏浚有明显区别，如表 3.17 所示。生态疏浚是以生态修复为理论基础实施的修复工程，以实现河道水体生态位的修复。在底泥沉积层，通过疏挖底泥最大可能地将储积在该层中的营养物质移出水体，清除水体的污染内源，减少底泥污染物向水体的释放，改善水生态循环，遏制河道稳定性的退化，为水生生态系统的恢复创造条件。该技术注重生物多样性和物种的保护，以不破坏水生生物自我修复繁衍为前提，同时又为生物技术介入创造有利条件。

表 3.17　河道生态疏浚与一般工程疏浚

项目	生态疏浚	一般工程疏浚
工程目标	清除底泥中的污染物	增加水体容积，维护通航能力
工程监控	专项分析，严格监控，环境风险评估	一般控制
施工精度	可达 50 mm	200～300 mm
边界要求	按污染层确定	底面平坦，断面规则
疏挖深度	<1.0 m	>1.0 m，限制扩散
设备选型	标准设备改造或专用设备	标准设备
底泥处理	根据泥、水污染性质处理	泥、水分离后堆置
对颗粒物扩散限制	尽量避免扩散及再悬浮	不做限制
尾水排放	处理达标后排放	不处理
疏浚后河床修复	滩地结构改造、微生物再造、河床基质改良等	无
生态要求	为水生植物恢复创造条件	无

3. 研究区域底泥疏浚工程

河道底泥的生态疏浚工艺流程如图 3.57 所示。工艺的核心范畴为疏挖深度设计、沉积物疏挖形式、空间定位技术、施工方式设计、余水处理和疏挖底泥的处置等。

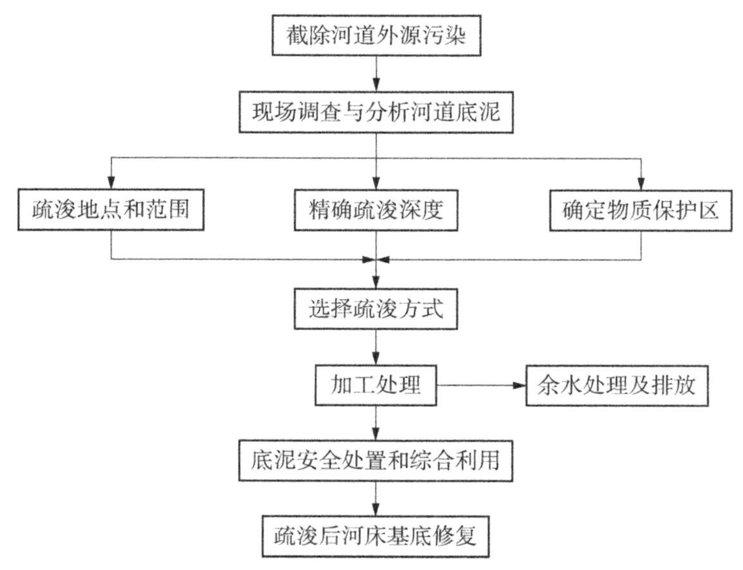

图 3.57　河道底泥生态疏浚技术工艺流程

沉海圩乡村湿地公园水网密布，但流通性较差，水质相差较大。尤其春夏之际时期，水质较差，而且该区域地势较低，梅雨季节河道水位迅速提高，淹没路面，影响居民正常生活。对此，我们采用生态清淤措施，采用暗管相连方式连通各河流。相同走向的邻近河流，根据水力势能降低的方向清淤，形成高程差，利于水体自然流动；不同走向的邻近河流，选择河宽度较大的河段疏浚连通，加大水流冲击力度，提升流速。河道生态清淤可降低底泥的氮磷含量，降低河床高程，增大水环境容量，提高水体自净能力。与此同时，研究区域清理的淤泥不含有毒有害物质，且氮磷等营养盐含量较高，可进行资源化处理。根据土地利用情况，部分河道的淤泥排放到农田，并进行平整复垦，可减少化肥使用量，提升土地肥力；对于养殖塘，采用生态疏浚技术在水下对淤泥进行局部液化形成流性好的泥浆，通过吸泥泵将泥浆送入长距离管道输送系统，最后将淤泥以较低浓度排放到田间，实施田间淤灌，无须人工扛塘泥，提高了清淤效率。

4. 小结

沉海圩乡村湿地公园治理前河道淤积现象比较普遍，河道原有的蓄水能力有所减弱，梅雨季节河水倒灌，漫过乡道，严重影响居民日常出行。为此，我们采取了清淤疏浚措施，一方面增强了河道的蓄水防洪能力，另一方面借此沟通了水系，相得益彰。对于清淤过后的淤泥，我们也针对周围用地类型，进行了资源化处置，变肥为宝。部分淤泥排放至农田，提升土地肥力，减少化肥使用量；部分淤泥进行水下局部液化，得到流性好的泥浆，送入长距离管道输送系统排放至低田，实施田间淤灌，平整复垦，无须人工扛塘泥，提高了清淤效率。

3.2 长三角乡村雨水地表径流导控适用植物筛选与设计

针对长三角地区水系丰富、水生态系统功能脆弱、面源污染源控制不力等问题，研究乡村降雨特征和降雨初始冲刷效应带来的面源污染规律，重点开发乡村生态空间相结合的雨水花园、植草沟雨水地表径流导控低，影响设施中草本植物的现状调研及文献研究，初步筛选出低影响设施中应用频度较高的 25 种草本植物，开展适用于长三角乡村地区雨水花园草本植物的逆境生理定量化分析，以及其对污染物削减能力分析，利用隶属函数均值的方法对25种植物进行抗旱、耐涝、去污等综合能力分析与排序，最终筛选出适用于长三角乡村地区调蓄型、净化型和综合型雨水花园的草本植物种类并构建典型植物配置模式，为长三角乡村地区“海绵城市”的建设提供理论依据和设计策略。

3.2.1 实验设计

1. 实验材料

根据现状调研及文献研究，筛选植物包括佛甲草、八宝景天、千屈菜、铜钱草、马蹄金、翠芦莉、狼尾草、紫穗狼尾草、蓝羊茅、细叶芒、晨光芒、花叶芒、斑叶芒、金叶苔草、石菖蒲、金边麦冬、兰花三七、萱草、花叶玉簪、吉祥草、葱兰、紫娇花、金边吊兰、黄菖蒲、马蔺，共计25种草本植物作为实验材料。所有植物材料均购买于上房园艺公司苗圃，购买前对植物苗进行生长状况鉴定，选取长势优良的植物苗进行栽植。

2. 种植装置设计

定制228组模拟雨水花园种植实验装置，装置由不锈钢制作而成，高65 cm，口径30 cm。装置包括7个结构层，从上到下依次为蓄水层、植被层、土壤层、过渡层(铺设两层土工布)、填料层、排水层、渗排水管以及出水口(见图3.58)。其中蓄水层为雨水停留缓冲区域，给径流的汇集和下渗提供缓冲的时间；植被层种植25种不同品种的植物；土壤层为1∶1比例，原土、中砂混合改良种植土，此混合土壤有利于植物根系的分布和雨水的下渗，不易产生板结；过渡层铺设两层土工布，极大地降低了土壤层土壤的下渗和流失；填料层铺设20 cm砌块砖，砌块砖能够有效地对污染径流中的污染物进行富集和吸收，同时能够快速地下渗雨水；排水层有10 cm的碎石构成，便于水分的在其间隙件快速流动；渗排水管有直径200 mm的PVC水管加工而成，水管每隔3 cm进行四面打孔，同时用土工布将水管进行包裹，便于雨水的快速排出，同时可以防止土壤的下渗对水管造成阻塞；出水口设置与装置底部上方5 cm处，这样即可确保下渗的雨水径流能够有适当时间进行沉淀，再经由渗水管到出水口排出，水龙头可根据需求进行闭合或开启，方便对径流出流的控制。

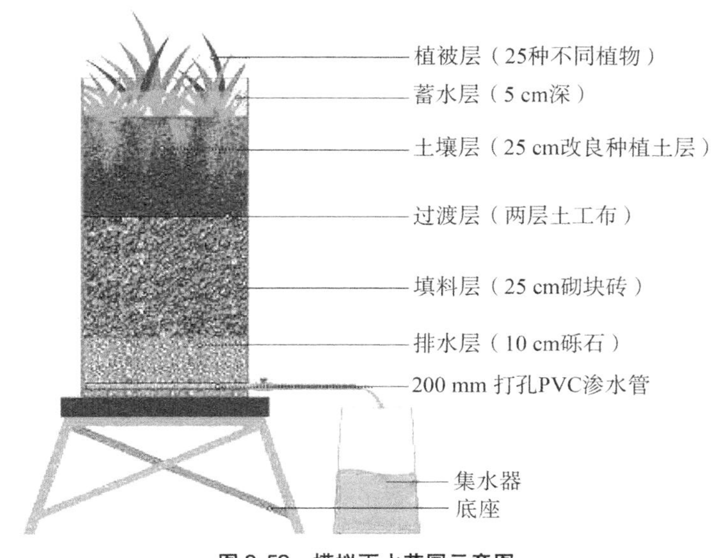

图 3.58 模拟雨水花园示意图

3. 抗逆性实验设计

将购置的 25 种处于生长旺盛期的草本植物栽培于上述订制的实验装置内，每种植物分为 3 个实验组，分别是对照组(Control group, CK)、干旱胁迫组(Drought group, D)、水涝胁迫组(Wet group, W)，每个组别设置 3 个重复，即每种植物种植 9 盆，每盆种植植物的量根据实际景观中植物配置的密度进行种植。另设置 3 盆空白实验组，即相同土壤结构层，但不进行植物种植的 3 个空白对照组。植物种植完成后，将所有装置放置于上海交通大学农业与生物学院标准化实验温室内，进行为期 90 d 的缓苗培养(见表 3.18)。待苗正常生长后，于 8 月 1 日开始植物抗逆性胁迫实验，即日起分 3 组进行实验。于 8 月 4 日开始第一次样品采取，采样周期为 4 d，共计采样 7 次，抗逆性实验周期 28 d。

表 3.18　植物抗逆性实验设计

组别	重复	样本数量	栽植日期	缓苗期	胁迫开始日期	水分控制	开始采样日期	采样周期	结束实验日期	实验次数
CK	3	75	5月1日	90 d	8月1日	N	8月4日	4 d	8月29日	7
D	3	75	5月1日	90 d	8月1日	S	8月4日	4 d	8月29日	7
W	3	75	5月1日	90 d	8月1日	F	8月4日	4 d	8月29日	7
E	3	3	/	/	/	N	/	/	/	/

注：CK为对照组，D为干旱胁迫组，W为水涝胁迫组，E为空白实验组；N为正常浇水，S为停止浇水，F为浇灌满水。

待90 d缓苗期结束后，于8月1日分别对3个实验组进行水分胁迫控制实验，CK组每日正常浇水，每日对土壤湿度进行测定，保持土壤的最大田间持水量（任君霞，2012）；D组从8月1日起停止浇水，每天定时进行土壤湿度测定，记录土壤湿度变化数据；W组在8月1日将种植装置的出水水龙头打开，持续浇水待水龙头出水后，关闭水龙头，继续浇水直至淹没到土壤上方3 cm处，停止浇水，即进行水涝胁迫实验。所有组别每隔4 d进行一次取样，采样时间均为早上7点至9点，采样时采用随机取样的方法，选取植物的新叶下方第二片叶。每次样品的选取均在每组植物的3盆中剪取叶片，样品选取由三人同时进行。取样后及时对样品进行保鲜处理，现场配备液氮。取下的植物叶片标记后立即放入液氮进行保鲜，待取完所有样品后随即至生理实验室进行处理、分析，所有样品于当日分析测试完毕，记录数据。

4. 径流污染物消减实验设计

停止抗逆性实验后，选用原有CK组作为去污能力的实验组，分别标记为去污能力实验的重度组（H）、中度组（M）、轻度组（L）（见表3.19）。25种植物每个组选取一盆进行实验，水样采取后采用3个平行样进行测定。同时，空白实验组（E）作为对照组进行3个重复实验测定。

我们于8月29日分别向H、M、W、E 4个实验组加注自来水，保持种植装置水龙头呈开启状态，将洁净水样瓶置于出水口处，水龙头出水后即停止浇水。待所有装置内出水停止后将水龙头闭合，以保证所有装置内的水分含量一致，减小实验误差。

表 3.19　植物去污能力实验设计

组别	重复	样本数量	栽植日期	缓苗期	开始采样日期	采样周期	结束实验日期	实验次数
H	1	25	5月1日	120 d	9月1日	7 d	9月29日	4
M	1	25	5月1日	120 d	9月1日	7 d	9月29日	4
L	1	25	5月1日	120 d	9月1日	7 d	9月29日	4
E	3	3	/	/	9月1日	7 d	9月29日	4

(1) 模拟污染液配置。根据李田等对上海市地表径流水质特征统计的结果进行模拟污染液的配置，用 KH_2PO_4、NH_4Cl、葡萄糖及自来水配置模拟污染液。模拟污染液分为 3 个浓度值，分别为重度污染、中度污染以及轻度污染。轻度污染液浓度将模拟上海地表径流水质中的最小值，重度污染则根据最大值进行配置，中度污染则参照中值进行污染液配置(见表 3.20)。

表 3.20　污染液配置浓度　　单位：mg/L

污染浓度/统计值	TP	TN	COD
重度	2.5	25	500
中度	0.5	10	250
轻度	0.1	2	50

(2) 实验测试：自 9 月 1 日起，开始进行 25 种植物对不同浓度情况下 TP、TN、COD_{Cr} 的去除能力测定，实验每隔 7 天进行一次，根据实验装置的大小，计算出其在水分饱和的情况下，配置 2 L 模拟污染液进行浇灌。先将所有实验组的水龙头关闭，分别对各实验组进行 3 个浓度模拟污染液浇灌。待所有样本浇灌完成后，将洁净取样瓶置于出水口，打开水龙头，进行水样采集。采样预处理、营养元素测定在上海交通大学农业与生物学院实验室进行。

3.2.2　测试指标及方法

1. 抗逆性指标选择及测定方法

逆境指的是对植物在生长发育过程中所遭受的不利环境因素的总称，通常可根据此类环境种类将逆境分为两类：一类是生物逆境，另一类是非生物逆境。非生物逆境即为胁迫，胁迫主要由炎热、寒冷、干旱、水涝、盐碱等原因形成。

植物的抗逆性主要表现在其对逆境的抵抗和忍耐性能上。抗逆性是植物抗性的主要表现方式之一。当植物受到胁迫时，植物可通过细胞的代谢反应对逆境的损失进行有效阻止，降低或者修复，使植株能够进行正常生长发育。研究发现，逆境情况下，植物会产生不同的抗性方式，而这些方式可在植物体上相同或者不同位置同时发生。

植物在受到水分胁迫的情况下，会产生一定的形态变化和生理变化。生理变化主要包括膜系统变化、保护酶含量变化、渗透调解物质的含量变化 3 个方面。其中，水分胁迫对细胞膜有着较为直接和明显的伤害，细胞膜透性的增大，致使细胞内大量离子外渗，细胞膜的选择透性逐渐改变甚至丧失，最终导致细胞膜的损伤，植物细胞膜透性对植物所受到的逆境伤害有着较直接的反应，目前在植物抗逆性研究中较为常用。

MDA（丙二醛）是细胞膜质过氧化的最终产物，MDA 含量的高低能够有效反映细胞膜质过氧化的程度，植物叶片细胞组织中 MDA 含量的增加即可表示植物受到胁迫的程度在逐渐增加，目前，MDA 被广泛视为植物抗逆性的重要指标之一。

Pro（脯氨酸）是植物蛋白质的组分之一，植株中存在大量游离状态的 Pro。植物组织中的 Pro 最基本的作用是细胞质内渗透调节的物质，同时对稳固生物大分子结构、降低细胞的酸性、解除氨毒等方面起到重要的功能，Pro 作为基本指标用来指示植物所受到的逆境伤害程度。

由于单一指标对植物的抗逆生理反应较片面，因此本研究选取土壤含水量的变化（针对抗旱能力）、细胞膜透性、游离脯氨酸含量、丙二醛含量多个指标作为本研究中植物抗旱、耐涝品种筛选的生理指标。

1）土壤含水量的测定

通过使用土壤三参检测仪（型号：W. E. T Sensor Kit）对土壤含水量进行检测，并记录数据（仅针对干旱胁迫组进行测定）。

2）植物细胞膜透性的测定

使用 DDS－307 型电导率仪（上海康仪仪器有限公司，上海）对植物叶片电导

值 S_1 进行测定(高峻风,1993,植物生理学实验技术),另对空白蒸馏水电导值 S_0 进行测定。测定结束后,再将带有植物叶片的试管放入沸水浴中加热 30 min,取出冷却后再测其煮沸后的电导值 S_2。即可求出其相对电导率:

$$L = \frac{S_1 - S_0}{S_2 - S_0} \times 100\% \tag{3.28}$$

3) 游离脯氨酸(Pro)含量的测定

用茚三酮比色法进行植物叶片游离脯氨酸测定。

4) 丙二醛(MDA)含量的测定

采用硫代巴比妥酸法进行植物叶片内丙二醛含量的测定(上海植物生理生态研究所,2000)。

2. 去污能力指标选择及方法

1) TP 含量的测定

总磷 TP 的测定采用"钼酸铵分光光度法"(GB 11893—1989);

2) TN 含量的测定

总氮 TN 的测定采用"碱性过硫酸钾消解紫外分光光度法"(HJ 636—2012);

3) COD_{Cr} 含量的测定

化学需氧量 COD_{Cr} 采用重铬酸钾"快速消解分光光度法"(HJ/T 399—2007)进行测定。

$$污染物净化率 = [(C_0 - C)/C_0] \times 100\% \tag{3.29}$$

式中:

C_0——模拟污染液浓度 mg/L;

C——所取样品浓度 mg/L。

3. 模糊数学隶属函数评价方法

用隶属函数的方法,对 25 种供试植物的抗旱性、耐涝性、污染物去除能力进行综合评价和比较研究。其计算方法如下:将上述土壤含水量(仅干旱胁迫)、植物叶片细胞膜透性、Pro 含量、MDA 含量、TN 去除率、TP 去除率、COD_{Cr} 去除率 6 个指标进行综合评判,采用模糊数学隶属函数计算公式进行定量转换后求得,再将各指标隶属函数值取平均，进行干旱、水涝适应性比较、去污能力比较。隶属函数公式：

$$U(X_j)=(X_j-X_{jmin})/(X_{jmax}-X_{jmin}) \tag{3.30}$$

式中：

$U(X_j)$——隶属函数值；

X_j——各处理指标测定值；

X_{jmin}、X_{jmax}——所有参试处理中某一指标内的最小值和最大值。

如某一指标与综合评判结果为负相关，则用反隶属函数进行定量转换。计算公式为：

$$U(X_j)=1-(X_j-X_{jmin})/(X_{jmax}-X_{jmin}) \tag{3.31}$$

3.2.3 25种草本植物抗旱能力分析

对25种草本植物抗旱指标的隶属函数值进行计算，计算其平均值，结果越大则表示其抗旱能力就越强，并对25草本植物的隶属函数值的平均值进行排序。具体计算结果如表3.21所示。25种植物的抗干旱胁迫能力由强至弱依次为：佛甲草、金边麦冬、吉祥草、细叶芒、晨光芒、兰花三七、蓝羊茅、花叶芒、狼尾草、紫穗狼尾草、八宝景天、萱草、马蹄金、金叶苔草、斑叶芒、紫娇花、马蔺、葱兰、铜钱草、花叶玉簪、金边吊兰、石菖蒲、黄菖蒲、千屈菜、翠芦莉。

表3.21 25种草本植物抗旱能力综合评定指数与排序

植物名称	土壤含水量	细胞膜透性	游离脯氨酸	丙二醛	平均值	排序
佛甲草	0.951	0.930	0.852	1.000	0.933	1
八宝景天	0.562	0.797	0.143	0.813	0.579	11
千屈菜	0.253	0.000	0.036	0.442	0.183	24
铜钱草	0.731	0.484	0.005	0.000	0.305	19
马蹄金	0.478	0.802	0.506	0.179	0.491	13
翠芦莉	0.011	0.017	0.161	0.371	0.140	25
狼尾草	0.497	0.631	0.644	0.764	0.634	9
紫穗狼尾草	0.596	0.760	0.555	0.526	0.609	10

（续表）

植物名称	土壤含水量	细胞膜透性	游离脯氨酸	丙二醛	平均值	排序
蓝羊茅	0.757	0.942	0.669	0.422	0.697	7
细叶芒	0.676	0.956	0.880	0.536	0.762	4
晨光芒	0.703	0.847	0.959	0.517	0.757	5
花叶芒	0.684	0.765	0.825	0.500	0.693	8
斑叶芒	0.532	0.691	0.115	0.417	0.439	15
金叶苔草	0.466	0.470	0.160	0.824	0.480	14
石菖蒲	0.000	0.467	0.132	0.508	0.277	22
金边麦冬	0.786	0.913	1.000	0.641	0.835	2
兰花三七	0.718	1.000	0.556	0.616	0.722	6
萱草	0.579	0.456	0.213	0.879	0.532	12
花叶玉簪	0.411	0.048	0.070	0.678	0.302	20
吉祥草	1.000	0.714	0.619	0.727	0.765	3
金边吊兰	0.170	0.280	0.047	0.697	0.299	21
葱兰	0.245	0.452	0.025	0.733	0.364	18
紫娇花	0.587	0.376	0.000	0.745	0.427	16
黄菖蒲	0.119	0.469	0.151	0.089	0.207	23
马蔺	0.545	0.356	0.018	0.614	0.383	17

根据25种草本植物在干旱胁迫过程中土壤含水量变化、叶片细胞膜透性变化、叶片Pro含量变化、叶片MDA含量变化的趋势对25种草本植物抗旱能力进行聚类分析，结果如图3.59所示，结合25种植物抗旱指标隶属函数值的大小，可将25种草本植物抗旱能力分为两类：较强和较弱。图中晨光芒、金边麦冬、细叶芒、花叶芒、紫穗狼尾草、兰花三七、蓝羊茅、佛甲草、吉祥草9种植物形成了较为紧密的一个聚类簇。此类植物隶属函数值均排名前列，故可将此类植物归类为抗旱能力较强。而马蹄金、斑叶芒、黄菖蒲、铜钱草、紫娇花、马蔺、萱草、金叶苔草、八宝景天、狼尾草、千屈菜、翠芦莉、花叶玉簪、金边吊兰、葱兰、石菖蒲则形成了较为紧密的抗旱能力相对较弱的一类。

3.2.4 25种草本植物耐涝能力分析

通过计算25种草本植物的耐涝性指标的隶属函数值的平均值，其均值越大则

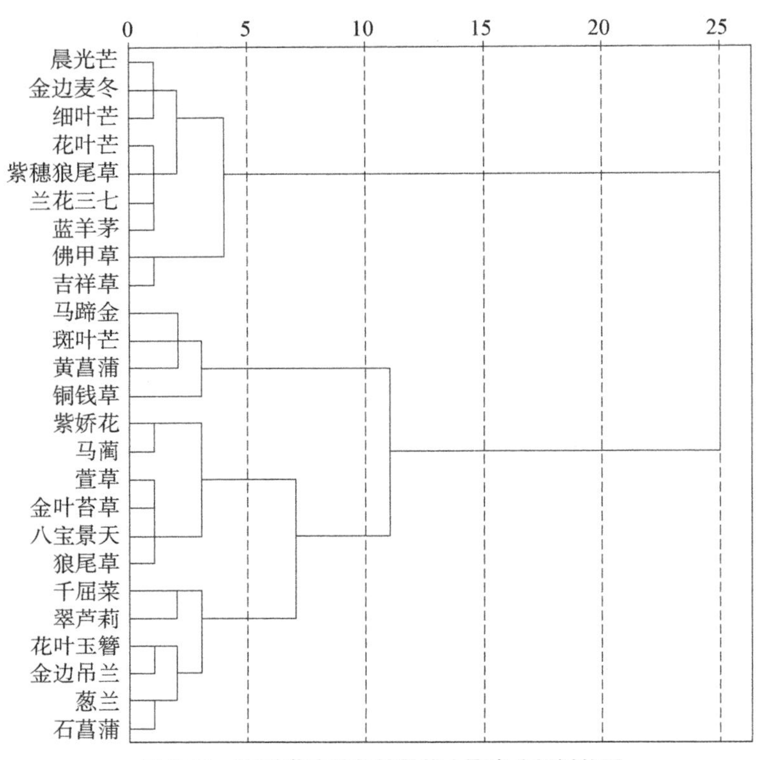

图 3.59　25 种草本植物抗旱能力聚类分析树状图

表示其耐涝能力就越强，最后对 25 草本植物的隶属函数值的平均值进行大小排序。具体计算结果见表 3.22。对 25 种草本植物的耐涝能力进行排序，结果由强至弱依次为：铜钱草、千屈菜、吉祥草、翠芦莉、斑叶芒、细叶芒、晨光芒、石菖蒲、金边麦冬、花叶芒、狼尾草、黄菖蒲、紫娇花、佛甲草、兰花三七、八宝景天、葱兰、花叶玉簪、紫穗狼尾草、萱草、金叶苔草、金边吊兰、马蔺、马蹄金、蓝羊茅。

表 3.22　25 种草本植物耐涝能力综合评定指数与排序

植物名称	细胞膜透性	游离脯氨酸	丙二醛	平均值	排序
佛甲草	0.577	0.171	1.000	0.583	14
八宝景天	0.816	0.038	0.817	0.557	16
千屈菜	0.964	0.642	0.849	0.818	2
铜钱草	0.936	0.896	0.683	0.838	1

（续表）

植物名称	细胞膜透性	游离脯氨酸	丙二醛	平均值	排序
马蹄金	1.000	0.162	0.000	0.387	24
翠芦莉	0.560	0.890	0.932	0.794	4
狼尾草	0.534	0.466	0.848	0.616	11
紫穗狼尾草	0.305	0.684	0.630	0.540	19
蓝羊茅	0.320	0.253	0.507	0.360	25
细叶芒	0.851	0.714	0.562	0.709	6
晨光芒	0.692	0.900	0.512	0.701	7
花叶芒	0.598	0.704	0.640	0.647	10
斑叶芒	0.932	0.866	0.448	0.749	5
金叶苔草	0.386	0.147	0.852	0.461	21
石菖蒲	0.592	1.000	0.465	0.686	8
金边麦冬	0.584	0.893	0.572	0.683	9
兰花三七	0.855	0.503	0.322	0.560	15
萱草	0.326	0.214	0.980	0.507	20
花叶玉簪	0.574	0.119	0.936	0.543	18
吉祥草	0.873	0.696	0.840	0.803	3
金边吊兰	0.853	0.026	0.503	0.461	22
葱兰	0.720	0.038	0.884	0.547	17
紫娇花	0.916	0.077	0.827	0.607	13
黄菖蒲	0.540	0.723	0.566	0.610	12
马蔺	0.629	0.000	0.716	0.448	23

根据25种草本植物在水涝胁迫下植物叶片细胞膜透性、Pro含量、MDA含量的变化趋势进行聚类分析，分类结果如图3.60所示，图3.60中25种草本植物形成了相对较为紧密的两个聚类簇，结合25种草本植物的隶属函数值，可将其分为耐涝能力较强和较弱两个类别。其中，细叶芒、斑叶芒、晨光芒、千屈菜、吉祥草、翠芦莉、兰花三七、花叶芒、石菖蒲、铜钱草、马蹄金的隶属函数值相对较大，即可将此类植物定性为耐涝能力较强的植物；葱兰、紫娇花、金边吊兰、马蔺、紫穗狼尾草、黄菖蒲、金边麦冬、佛甲草、萱草、狼尾草、花叶玉簪、金叶苔草、八宝景天、蓝羊茅则形成了耐涝能力相对较弱的一类。

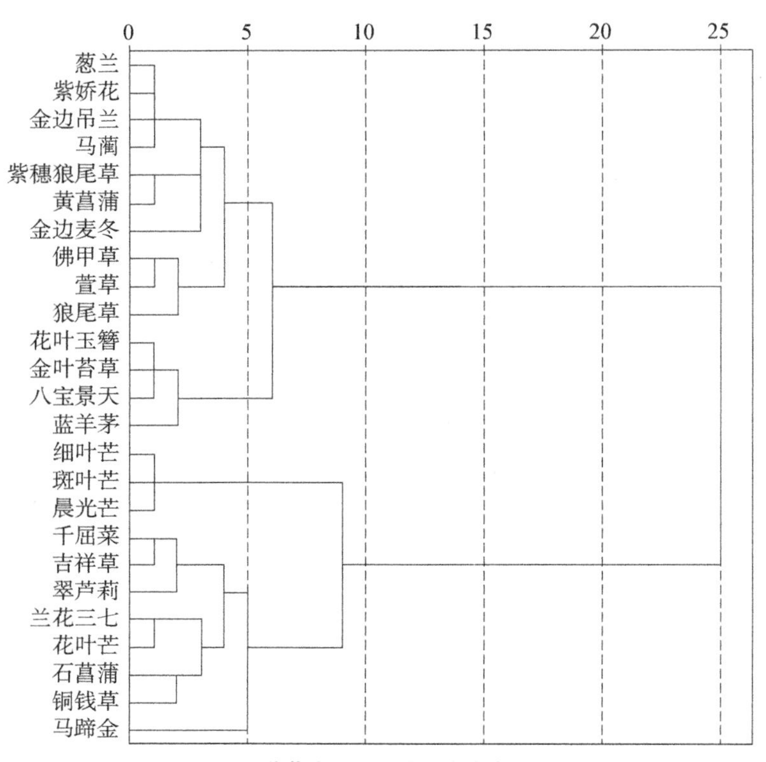

图 3.60　25 种草本植物耐涝能力聚类分析树状图

3.2.5　25 种草本植物径流污染物削减能力分析

对 25 种草本植物对重度、中度、轻度三个浓度的 TP、TN、COD_{cr} 的去除能力隶属函数值的平均值进行计算，均值越大，则表示其对污染物的去除能力就越强，最后根据平均值的大小对 25 草本植物的综合污染去除能力进行排序。具体计算结果见表 3.23。25 种草本植物的去污能力由强至弱依次为：花叶玉簪、千屈菜、佛甲草、吉祥草、金边麦冬、兰花三七、铜钱草、萱草、斑叶芒、蓝羊茅、晨光芒、金叶苔草、翠芦莉、狼尾草、细叶芒、紫穗狼尾草、花叶芒、马蔺、八宝景天、金边吊兰、紫娇花、马蹄金、石菖蒲、葱兰、黄菖蒲。

表 3.23　25 种草本植物去污能力综合评定指数与排序

植物名称	TP-H	TP-M	TP-L	TN-H	TN-M	TN-L	COD-H	COD-M	COD-L	平均值	排序
佛甲草	0.894	1.000	0.959	0.774	0.798	0.733	0.879	0.712	0.935	0.854	3
八宝景天	0.555	0.633	0.454	0.555	0.466	0.000	0.645	0.480	0.232	0.447	19
千屈菜	0.908	0.516	0.949	0.858	0.915	0.811	0.908	0.903	0.992	0.862	2
铜钱草	0.837	0.923	0.769	0.000	0.605	0.642	0.880	0.746	0.835	0.693	7
马蹄金	0.537	0.117	0.285	0.346	0.627	0.279	0.399	0.406	0.460	0.384	22
翠芦莉	0.772	0.385	0.423	0.997	0.437	1.000	0.313	0.537	0.129	0.555	13
狼尾草	0.789	0.000	0.783	0.390	0.451	0.665	0.698	0.596	0.566	0.549	14
紫穗狼尾草	0.641	0.586	0.567	0.457	0.009	0.504	0.690	0.665	0.512	0.514	16
蓝羊茅	0.693	0.690	0.600	0.654	0.416	0.572	0.821	0.784	0.384	0.624	10
细叶芒	0.571	0.481	0.529	0.369	0.218	0.738	0.655	0.474	0.722	0.529	15
晨光芒	0.781	0.414	0.966	0.632	0.350	0.758	0.542	0.491	0.602	0.615	11
花叶芒	0.536	0.378	0.621	0.300	0.660	0.074	0.635	0.707	0.541	0.495	17
斑叶芒	0.809	0.408	0.581	0.472	0.680	0.672	0.829	0.539	0.674	0.629	9
金叶苔草	0.709	0.732	0.816	0.712	0.696	0.047	0.737	0.458	0.466	0.597	12
石菖蒲	0.000	0.363	0.883	0.295	0.627	0.119	0.425	0.165	0.236	0.346	23
金边麦冬	0.735	0.797	1.000	0.939	1.000	0.912	0.553	0.734	0.790	0.829	5
兰花三七	0.702	0.897	0.888	0.867	0.821	0.942	0.631	0.579	0.354	0.742	6
萱草	0.678	0.233	0.450	1.000	0.691	0.968	0.794	0.655	0.730	0.689	8
花叶玉簪	0.997	0.950	0.978	0.859	0.760	0.878	0.922	0.949	0.895	0.910	1
吉祥草	1.000	0.976	0.795	0.307	0.711	0.691	1.000	1.000	1.000	0.831	4
金边吊兰	0.198	0.223	0.297	0.856	0.602	0.974	0.000	0.155	0.194	0.389	20
葱兰	0.517	0.508	0.336	0.384	0.288	0.344	0.229	0.430	0.000	0.337	24
紫娇花	0.604	0.239	0.470	0.425	0.689	0.066	0.274	0.394	0.328	0.388	21
黄菖蒲	0.478	0.162	0.000	0.440	0.000	0.635	0.348	0.330	0.205	0.289	25
马蔺	0.760	0.521	0.521	0.762	0.737	0.662	0.040	0.000	0.340	0.482	18

注：H 为重度，M 为中度，L 为轻度。

根据 25 种草本植物对重度、中度、轻度 3 个浓度的 TP、TN、COD_{cr} 污染径流的削减能力进行聚类分析，如图 3.61 所示，佛甲草、花叶玉簪、金边麦冬、兰花三七、吉祥草、铜钱草、萱草、千屈菜、紫穗狼尾草、蓝羊茅、细叶芒、晨光芒、狼尾草、斑叶芒 14 种植物形成了相对较为紧密的一个聚类簇，结合表 3.23 种此类植物的隶属函数值的大小排序，可将翠芦莉、花叶芒也归类于此类植物，即对 3 个浓度污染物的综合削减能力较强；而马蹄金、紫娇花、八宝景天、金叶苔草、石菖蒲、黄菖蒲、葱兰、金边吊兰、马蔺对 3 个浓度污染径流的综合削减能力相对较弱。

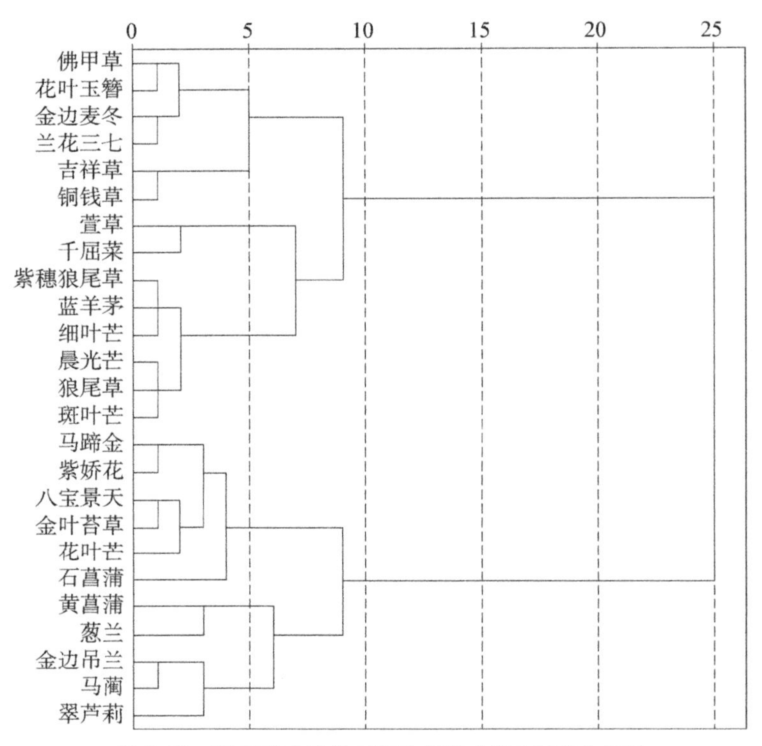

图 3.61　25 种草本植物对污染物削减能力聚类分析图

3.2.6　25 种草本植物综合能力评价分析

结合上述 25 种植物的抗旱指标的隶属函数平均值、耐涝指标的隶属函数平均值和去污能力指标的隶属函数平均值，对 25 种草本植物的综合适宜性能力进行分类排序(见表 3.24)，排序结果由强至弱依次为：吉祥草、佛甲草、金边麦冬、晨光芒、兰花三七、细叶芒、千屈菜、铜钱草、花叶芒、斑叶芒、狼尾草、花叶玉簪、萱草、蓝羊茅、紫穗狼尾草、八宝景天、金叶苔草、翠芦莉、紫娇花、马蔺、石菖蒲、马蹄金、葱兰、金边吊兰、黄菖蒲。

表 3.24　25 种草本植物综合能力综合评定指数与排序

植物名称	抗旱性	耐涝性	去污能力	平均值	排序
佛甲草	0.933	0.583	0.854	0.790	2
八宝景天	0.579	0.557	0.447	0.528	16
千屈菜	0.183	0.818	0.862	0.621	7
铜钱草	0.305	0.838	0.693	0.612	8
马蹄金	0.491	0.387	0.384	0.421	22
翠芦莉	0.14	0.794	0.555	0.496	18
狼尾草	0.634	0.616	0.549	0.600	11
紫穗狼尾草	0.609	0.54	0.514	0.554	15
蓝羊茅	0.697	0.36	0.624	0.560	14
细叶芒	0.762	0.709	0.529	0.667	6
晨光芒	0.757	0.701	0.615	0.691	4
花叶芒	0.693	0.647	0.495	0.612	9
斑叶芒	0.439	0.749	0.629	0.606	10
金叶苔草	0.48	0.461	0.597	0.513	17
石菖蒲	0.277	0.686	0.346	0.436	21
金边麦冬	0.835	0.683	0.829	0.782	3
兰花三七	0.722	0.56	0.742	0.675	5
萱草	0.532	0.507	0.689	0.576	13
花叶玉簪	0.302	0.543	0.91	0.585	12
吉祥草	0.765	0.803	0.831	0.800	1
金边吊兰	0.299	0.461	0.389	0.383	24
葱兰	0.364	0.547	0.337	0.416	23
紫娇花	0.427	0.607	0.388	0.474	19
黄菖蒲	0.207	0.61	0.289	0.369	25
马蔺	0.383	0.448	0.482	0.438	20

本次研究采用抗旱性、耐涝性、对污染径流削减能力作为变量进行主成分分析，数据由有 25 个样品 16 个变量(干旱胁迫下土壤含水量变化、植物叶片细胞膜透性、游离脯氨酸含量、丙二醛含量，水涝胁迫下植物叶片细胞膜透性、游离 Pro 含量、MDA 含量，3 种不同浓度下 TP、TN、COD_{Cr} 的径流污染去除率)组成。采用 MATLAB R2013b 进行主成分分析 PCA。25 种草本植物区分的 PCA 结果如图 3.62所示。PC1 和 PC2 各占方差的 64.5%和 33.4%，从图 3.62(a)中可知，黄

菖蒲、翠芦莉、石菖蒲、铜钱草与其他 21 种样品在 PC2 上明显区分，萱草、花叶玉簪、八宝景天、葱兰、紫娇花、金边吊兰、马蔺、斑叶芒、金叶苔草与细叶芒、晨光芒、金边麦冬、佛甲草、马蹄金、兰花三七、花叶芒、狼尾草、紫穗狼尾草、蓝羊茅在 PC1 上明显区分，表明 25 种草本植物在抗旱性、耐涝性、对污染径流削减能力上具有显著的差别，可用于雨水花园草本植物筛选的依据。图 3.62(b)是对应的载荷图：细叶芒、晨光芒、金边麦冬、佛甲草、马蹄金、兰花三七、花叶芒、狼尾草、紫穗狼尾草、蓝羊茅中干旱胁迫下脯氨酸的含量绝对值在 PC1 水平上含量高，而黄菖蒲、翠芦莉、石菖蒲、铜钱草中去除高浓度总磷的能力在 PC2 水平上载荷较高。PCA 结果表明：干旱胁迫下 Pro 的含量与植物去除高浓度总磷的能力可作为雨水花园草本植物综合适应能力分类的两个特征指标。

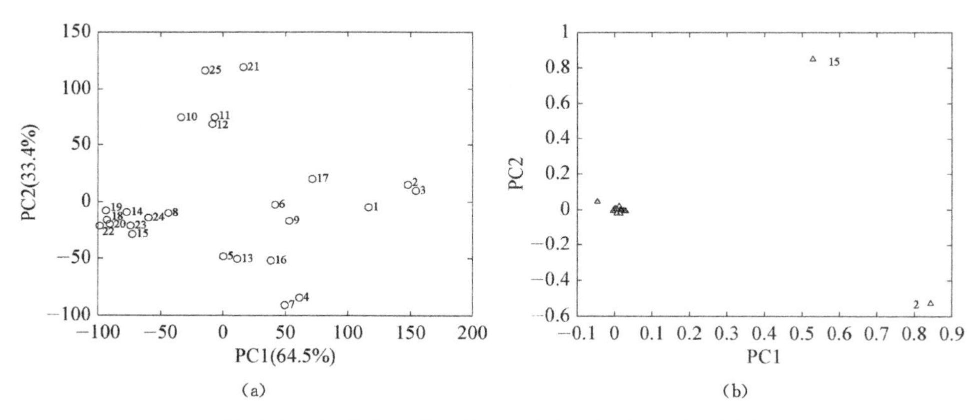

图 3.62　25 种草本植物综合适应能力区分的 PCA 结果

(a)PCA 得分图；(b)PCA 载荷图

如图 3.63 所示，根据 25 草本植物在干旱胁迫下叶片细胞膜透性、叶片内 Pro、MDA 的变化趋势，结合其在水涝胁迫下叶片细胞膜透性、Pro、MDA 含量的变化规律以及其对重度、中度、轻度 3 种浓度 TP、TN、COD_{cr} 模拟径流污染削减的能力，对 25 种植物综合适应能力进行聚类分析可知：细叶芒、晨光芒、千屈菜、兰花三七、紫穗狼尾草、蓝羊茅、斑叶芒、花叶芒、佛甲草、吉祥草、翠芦莉、铜钱草和花叶玉簪形成了相对较为紧密的一个聚类簇，结合 25 种植物在上述所有指标的隶属函数均值进行分析和比较，以及干旱胁迫下 Pro 的变化分类、重度 TP 的去除率的分类情况，可将此类植物定性为综合能力较强的一类；而金边麦冬、萱草、狼尾草、石菖蒲、金叶苔草和葱兰则为综合适应能力较为一般；综合能力相对较弱的植物包括马蹄金、紫娇花、八宝景天、黄菖蒲、马蔺、金边吊兰。

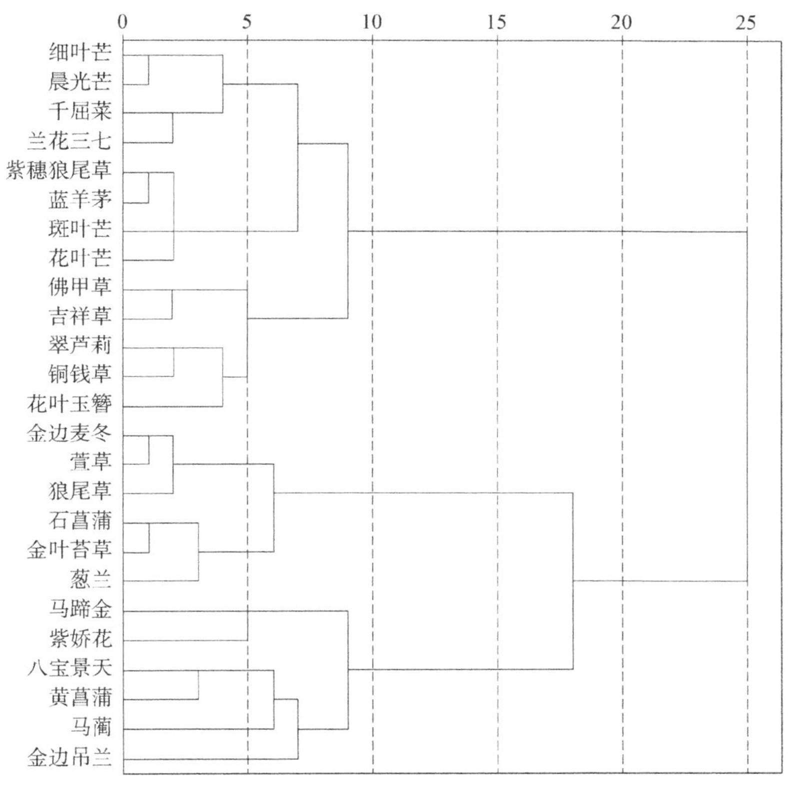

图 3.63　25 草本植物综合能力聚类分析图

3.2.7 适用于乡村地区雨水花园草本植物配置模式构建

根据本研究对 25 种草本植物的抗逆性和径流污染物削减能力的研究结果，结合长三角地区降雨径流类型和面源污染的发生的特点，增加对植物景观效果的要求，提出了适用于长三角乡村地区雨水花园的 3 种植物配置模式设计，即调蓄型雨水花园植物配置模式设计、净化型雨水花园植物配置模式设计与综合功能型雨水花园植物配置模式设计。

1. 雨水花园植物配置要点

根据雨水花园周边及其内部的地形起伏形式特征对雨水花园进行分区种植，将整个雨水花园划分为3个不同地形的种植区(见图3.64)，其中：一区为雨水花园的底部，是雨水花园的主要功能区，主要用于汇集周边的雨水径流，根据上海地区春夏季降雨较为集中的特点，此区域易间歇性被水淹没，是3个区域中最为潮湿的区域，所以在植物选择的过程中，应着重考虑植物的耐涝性能，以及对径流污染物的削减能力；二区处于一区和三区之间，地形起伏变化相对较大，呈斜坡状，在进行植物配置时，应充分考虑本区域较容易受到雨水径流侵蚀，以及雨水蓄积的情况，所选植物应具有良好的护坡能力，即根系较深、生长稳定的植物，同时具有一定的耐水湿能力，且应避免选择植株较高的植物，以免产生倒伏，影响景观效果；三区是雨水花园的堰体区域及周边相对平整区域，堰体多呈垄状，雨水停留时间较短，故本区域相对前两者较为缺水，且其处于雨水花园的外围，所以在进行三区植物配

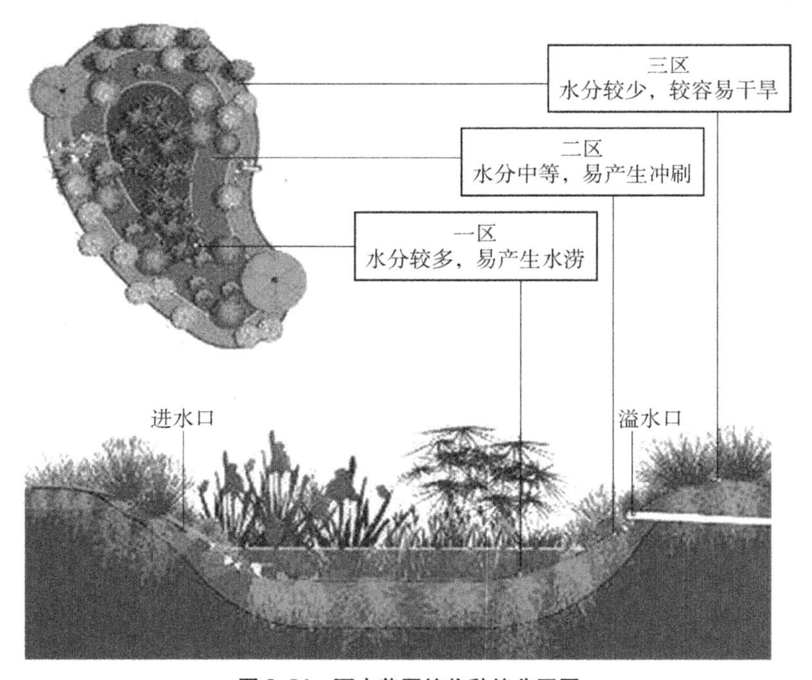

图3.64　雨水花园植物种植分区图

置的过程中，应充分考虑到植物的抗旱能力，同时所选植物也应能够承受周边径流向雨水花园汇集时所产生的冲击。

2. 适用于调蓄型雨水花园植物的配置与应用

调蓄型雨水花园主要用于地表径流较多、径流污染较轻的场地，建设面积范围在 20～40 m^2 较适宜。因此，在进行植物配置时，应考虑植物的耐涝性和对大量雨水径流的抵抗能力。调蓄型雨水花园多应用于公共绿地之中，建造过程中应根据公共绿地及雨水花园的地形起伏进行植物的配置，这样既增加了雨水花园的使用效率，又对其地形、结构起到了一定的保护和修饰作用；同时，在植物配置的过程中，应结合公共绿地的主题、景观小品、周边植物配置的方式进行配置，更贴合整体的设计风格，提升雨水花园形式上的美感。

(1) 模式。根据前文结果，对本类型雨水花园较适用的草本植物品种有：铜钱草、千屈菜、吉祥草、翠芦莉、斑叶芒、细叶芒、晨光芒、石菖蒲、金边麦冬、花叶芒，结合雨水花园植物配置要点，进行典型草本植物模式配置，典型配置模式如图 3.65 所示。图中翠芦莉和千屈菜的耐涝能力较强，植株较高，故将其种植于易受水涝的一区；细叶芒、花叶芒、晨光芒、斑叶芒等植物耐涝能力也相对较强，根系分布较广、植株无明显的杆径，遭受大量降雨径流时不易倒伏，且能够有效防止土壤遭受侵

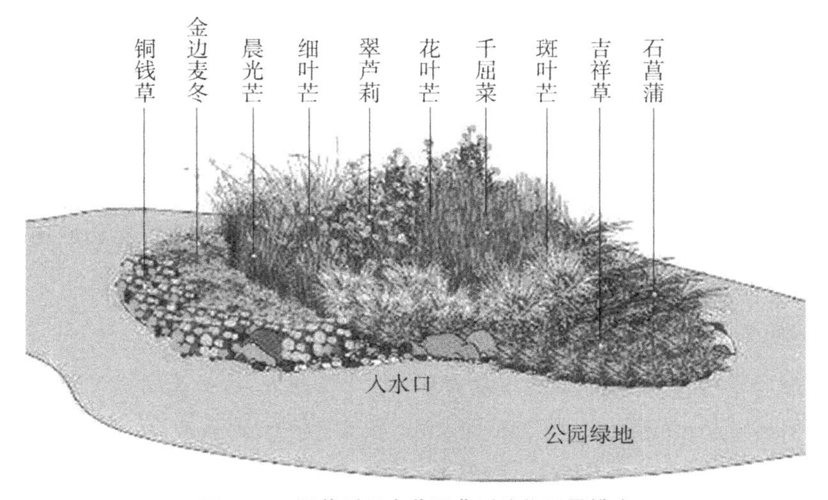

图 3.65　调蓄型雨水花园典型植物配置模式

蚀，故将其植于二区；吉祥草、铜钱草、金边麦冬、石菖蒲的抗旱能力较强，且植株较为低矮，将其植于三区，可对雨水花园的堰体起到较好的巩固作用，同时可与其他植物一起营造较立体的雨水花园景观。

(2) 效益预估。由于本类型的径流污染较轻，在植物抗污能力方面考虑得较少，但其中千屈菜、吉祥草、铜钱草、斑叶芒等植物的去污能力较强，在本研究第4章中发现，此类植物能够有效地净化处理其装置内70%左右的TN、TP、COD_{Cr}等污染模拟液。

(3) 维护。在本类型中铜钱草、千屈菜、吉祥草、翠芦莉等植物的耐涝性极好，在水涝的情况下，可正常生长22天以上；斑叶芒、细叶芒、晨光芒、石菖蒲、金边麦冬、花叶芒等植物的耐涝性能也较好，研究表明，其可以在水涝情况下，保持植株的正常生长15天左右；三区所种植斑叶芒、细叶芒、晨光芒、金边麦冬、花叶芒等植物，可于干旱条件下正常生长20天左右，较大程度上减少了人工的维护和管理。

3. 适用于净化型雨水花园植物的配置与应用

净化型雨水花园多设置于硬质化程度较高、径流污染较为严重的城市道路、露天停车场等区域。在其进行植物配置时，需着重考虑所选植物对径流污染物的削减能力。净化型的雨水花园植物可以有效地对周边汇集至雨水花园的污染径流进行吸收净化处理。植物选择过程中，根据所设置区域的不同进行植物种类的选择，城市广场的雨水花园，应注重植物对雨水的适应能力和污染物的去除能力。广场大面积的硬质汇水区域，易造成雨水花园产生较长时间的积水和较为严重的径流污染。道路雨水花园植物配置时，应着重考虑植物的去污能力的景观效果，以及是否易于管理等指标，特别是城市干道周边的雨水花园，应选择污染去除能力较强、景观效果较好、易于打理的草本植物。停车场的雨水花园植物配置和道路两侧的相似，应选择污染物去除能力强的植物景观，从而营造更加适宜的城市生活环境。

1) 模式

根据文中对25种草本植物污染物去除能力的研究，选择去污能力较强且景观效果相对较好的植物，如花叶玉簪、千屈菜、佛甲草、吉祥草、金边麦冬、兰花三七、铜钱草、萱草、斑叶芒、蓝羊茅等，进行净化型雨水花园典型植物配置模式设计，典型配置模式如图3.66所示，图中一区所种植的植物是具有良好的污染物削减能力且耐涝性较强的千屈菜；二区所配置的植物为花叶芒和斑叶芒，其具备良好的景观效果以及去污能力，同时根据前文的研究结果可见其对土壤的保水能力也较强；三区则配置耐旱能力较强、植物相对较为低矮的草本植物，其对土壤的水分要求较少，可以有效保持雨水花园的正常生态功能，同时可以营造良好的景观效果。

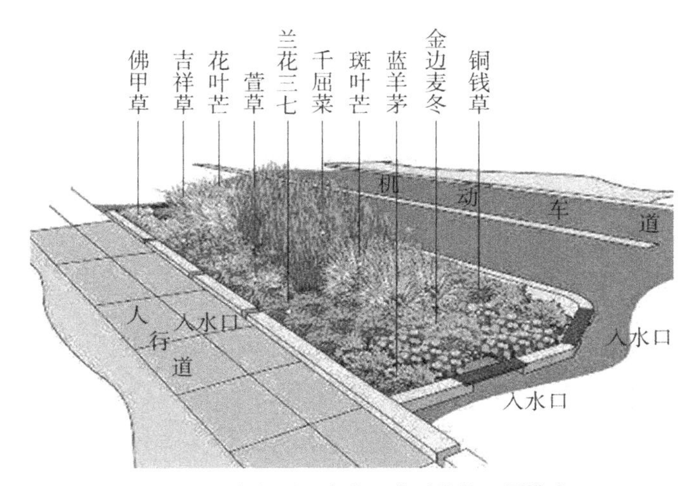

图 3.66 净化型雨水花园典型植物配置模式

2）效益预估

实验过程中发现，花叶玉簪、千屈菜、佛甲草、吉祥草等植物对其所种植的装置内 TP 的去除能力较好，可达 75%左右；萱草、翠芦莉、金边麦冬、兰花三七等植物对 TN 的去除能力较好，去除率甚至可以达到 75%左右；对 COD_{Cr} 的去除效果较好的植物是吉祥草、千屈菜、佛甲草、斑叶芒、萱草，去除率均大于 50%以上。通过以上植物的组合，可大大降低道路雨水径流中污染物的浓度，能够有效地从污染物的源头对其进行蓄积和净化，减轻城市河湖的污染。

3）维护

此类植物中，佛甲草、吉祥草、金边麦冬、兰花三七、斑叶芒、蓝羊茅的抗旱性较强，可在干旱的条件下正常生长 15 天以上；铜钱草、吉祥草、千屈菜的耐涝性较强，可以在水涝胁迫的情况下正常的生长 20 天以上。因此在进行维护管理的时候，可根据上述植物对水分的特性进行人工管理，可有效减少人工、水资源的浪费。

4. 适用于综合功能型雨水花园植物的配置与应用

综合功能型雨水花园适用于径流量较大且污染较严重的区域，该类型雨水花园的应用范围相对较广。因此，在对综合功能型雨水花园植物配置时，应将植物的抗性、水质改善能力等综合考虑。

(1) 模式。根据文章对25种草本植物抗旱性、耐涝性、去污能力的综合评价结果，选择综合得分较高的佛甲草、金边麦冬、吉祥草、晨光芒、细叶芒、兰花三七、狼尾草、千屈菜、花叶芒、斑叶芒、花叶玉簪、萱草、铜钱草、紫穗狼尾草、蓝羊茅15种植物进行植物配置。典型植物配置模式如图3.67所示，图中，用于一区种植的植物为千屈菜、紫穗狼尾草、花叶芒、斑叶芒、细叶芒、晨光芒6类植物，均具备良好的抗旱、耐涝和污染物去除的综合能力；二区的植物主要是萱草、花叶玉簪、吉祥草、狼尾草等植物，具备相对中等的植物高度，且对土壤结构的稳定效果较好，具备短时期的耐涝能力；三区则配置了耐旱能力较强、土壤保水率较好、植株低矮的兰花三七、金边麦冬、蓝羊茅、吉祥草等草本地被植物。

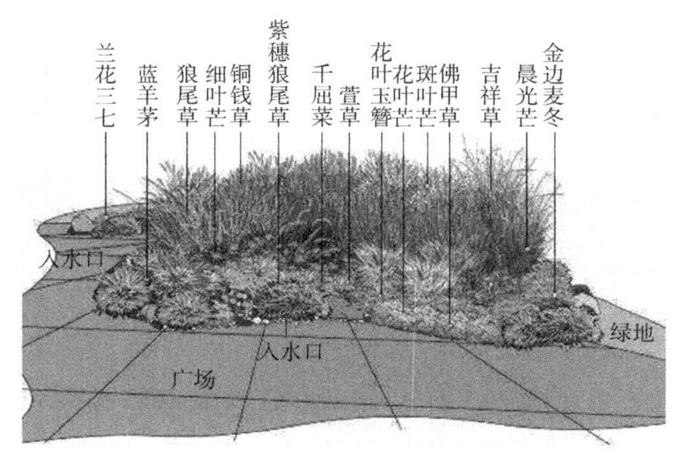

图3.67 综合型雨水花园典型植物配置模式

(2) 效益预估。实验结果显示，花叶玉簪、吉祥草、佛甲草、铜钱草等植物对种植装置内TP的综合去除率可达70%以上；佛甲草、金边麦冬、千屈菜、兰花三七、花叶玉簪、萱草等植物对TN的综合去除率可达75%以上；千屈菜、花叶玉簪、吉祥草等植物对COD_{Cr}的去除率可达50%以上。

(3) 维护。图中佛甲草、金边麦冬、细叶芒、晨光芒、兰花三七、花叶芒、吉祥草等植物的抗旱性较好，可在干旱条件下正常生长 15 天左右；铜钱草、千屈菜、吉祥草、细叶芒、晨光芒等植物有较好的耐涝性能，可在水涝条件下正常生长 20 天左右。此类植物的种植，可有效减少自来水的浇灌和人工的管理。

3.2.8 小结

种植土壤的改良、透水性结构层的增加，改变了雨水花园的植物生境，同时长三角地区夏季雨水集中，冬季雨水较少，径流污染较重的特殊气候特征，导致雨水花园每年要经历一定时间的丰水期和枯水期。为了保证其全年的正常运行，雨水花园所配置的植物应具备良好的抗旱、耐涝、去污的功能。本研究通过对目前长三角地区低影响设施所配置的草本植物种类进行前期的调研与筛选，最终确定 25 种草本植物作为研究的对象，对其抗旱、耐涝、去污能力进行控制实验研究，利用隶属函数值的方法对 25 种植物进行抗旱、耐涝、去污以及综合能力的排序，筛选出适合长三角地区 3 种类型模式的雨水花园的草本植物，为长三角乡村地区绿地"海绵城市"的建设及雨水花园的推广与应用提供理论依据和技术支持。

1. 抗旱性

通过对 25 种草本植物在干旱胁迫的情况下土壤含水量、叶片细胞膜透性、叶片内游离 Pro 的含量、丙二醛的含量 4 项生理指标变化趋势进行分析、比较，对其进行抗旱性综合分析。结果表明，随着干旱胁迫时间的增加，25 种草本植物的 4 项指标的变化趋势不尽相同，不同植物土壤含水量的降低速率有着较为显著的差异，总体来看，芒属植物的土壤含水量下降速率要明显低于金边吊兰、铜钱草、翠芦莉、千屈菜等植物；细胞膜透性均匀、MDA 含量均呈上升趋势，其中翠芦莉、千屈菜、马蔺、金边吊兰等植物的细胞膜透性上升速率明显高于金边麦冬、佛甲草、细叶芒等植物，上述翠芦莉等植物的 MDA 含量的增加速率也明显高于佛甲草、细叶芒、兰花三七等植物；而游离 Pro 的变化趋势则较为复杂，总体呈先上升后下降趋势，晨光芒、金边麦冬等植物的 Pro 累积量达到峰值时所用的时间较长，千屈菜、翠芦莉等值则较早达到了峰值。最后，利用隶属函数值方法对上述指标进行综合分析，对

25种草本植物进行抗旱能力排序，结果显示，芒属植物、山麦冬属植物的综合抗旱能力较强，翠芦莉、千屈菜、金边吊兰等植物的抗旱能力较弱。

2. 耐涝性

对25种植物进行水涝胁迫，通过植物细胞膜透性、游离Pro、MDA的变化趋势3项指标进行分析比较，结果表明，25种草本植物的3项生理指标的总体变化趋势较为类似，多呈先上升，后下降趋势，但其变化幅度差异较为显著。其中，细胞膜透性的变化幅度较大，蓝羊茅、金叶苔草等植物的平均变化率要明显高于铜钱草、千屈菜、翠芦莉等植物；Pro的变化幅度也较大，翠芦莉、铜钱草、吉祥草等植物Pro累积的峰值时间要明显晚于金叶苔草、金边麦冬、蓝羊茅等植物；MDA的变化总体较为平稳，其中铜钱草、千屈菜、翠芦莉3种植物的变化趋势呈较为平缓的线性增长，金叶苔草、金边吊兰、佛甲草等植物的变化幅度较大，且其含量均较早地到达峰值。通过隶属函数值的方法对水涝胁迫的3个指标综合分析后，得到25种植物的耐涝能力排序。结果表明，翠芦莉、铜钱草、千屈菜、吉祥草等植物的耐涝能力要明显好于金叶苔草、金边吊兰、佛甲草等植物。

3. 去污能力

通过对重度、中度、轻度3个浓度情况下TP、TN、COD_{Cr}的去除能力研究分析，结果显示，吉祥草、花叶玉簪、千屈菜、佛甲草等植物对TP的去除能力较好；对TN去除率较高的植物主要为萱草、翠芦莉、金边麦冬、兰花三七、千屈菜等植物；而吉祥草、花叶玉簪、千屈菜、蓝羊茅、铜钱草、斑叶芒等植物对COD_{Cr}的去除能力较为突出。且结果显示，不同植物对3种不同浓度的污染物的去除能力存在着一定的差异，部分植物对轻度和中度的去除能力较强，如晨光芒、金边麦冬对轻度、中度的TP去除率要比其对重度的去除率要高。

4. 综合适应能力

通过对25种草本植物的细胞膜透性、游离Pro含量、MDA含量随胁迫时间的变化趋势，对重、中、低三个浓度下TP、TN、COD_{Cr}的去除能力的综合分析，以及对隶属函数均值的比较，结合主成分分析以及聚类分析的结果，对其综合适应能力进行分析排序。结果显示，细叶芒、晨光芒、千屈菜、兰花三七、紫穗狼尾草、蓝羊茅、斑叶芒、花叶芒、佛甲草、吉祥草、翠芦莉、铜钱草和花叶玉簪的综合能力较强，金边麦冬、萱草、狼尾草、石菖蒲、金叶苔草和葱兰的综合适应能力较为一般，马蹄金、紫娇花、八宝景天、黄菖蒲、马蔺、金边吊兰的综合适应能力相对较弱。

5. 配置模式

根据长三角地区的气候特征和适用长三角地区的3类雨水花园结构模式，进行草本植物配置模式设计，结合植物在抗旱、耐涝和去污能力方面的表现、综合能力的强弱及自身习性进行调蓄型、净化型和综合型的雨水花园植物配置，其中，适用于调蓄型的植物耐涝能力较强，包括铜钱草、千屈菜、吉祥草、翠芦莉、斑叶芒、细叶芒、晨光芒、石菖蒲、金边麦冬、花叶芒等植物；花叶玉簪、千屈菜、佛甲草、吉祥草、金边麦冬、兰花三七、铜钱草、萱草、斑叶芒、蓝羊茅等植物对污染物的去除能力较强，故此类植物适用于净化型的雨水花园；综合型雨水花园的要求既包括去污能力强，又包括耐涝、抗旱性能良好，故选择佛甲草、金边麦冬、吉祥草、晨光芒、细叶芒、兰花三七、狼尾草、千屈菜、花叶芒、斑叶芒、花叶玉簪、萱草、铜钱草、紫穗狼尾草、蓝羊茅等综合适应能力较强的植物进行配置。

3.3 长三角乡村景观型岸水一体生态修复技术

针对乡村河道自然土坡护岸易遭受冲刷、掏空、塌陷、水土流失，传统生态混凝土护坡价格高、与乡村环境不协调，以及长三角乡村水系发达、水体水质恶化的问题，研究适合于乡村生态环境和工程特点的乡村景观型岸水一体生态修复技术，重点研发适于乡村水体环境的净水护坡多功能复合生态袋技术和集水体修复与乡村特色为一体的亲水平台型组合生态浮床技术。

3.3.1 净水护坡多功能复合生态袋技术

1. 实验设计

实验构建了3种体系的生态袋：组合植物体系、菌种载体体系、菌种载体与组合植物共生体系，分别就3种体系的生态袋的净水效果开展研究。

3 种体系中菌种载体选择为碱处理稻草与活化沸石；实验菌群选择为驯化脱氮菌群与驯化工程菌群(EM 菌)。这两种菌群分别以稻草与沸石为固定附着载体进行挂膜。植物组合以芦苇与黑麦草进行组合搭配。

1) 菌种载体体系(体系一)

菌种载体体系包括沸石载体加载脱氮菌(脱氮-沸石组)、稻草载体加载脱氮菌(脱氮-稻草组)、沸石载体加载 EM 菌(EM -沸石组)、稻草载体加载 EM 菌(EM -稻草组),共 4 组。

2) 组合植物体系(体系二)

组合植物体系为芦苇-黑麦草实验组(植物组),生态袋未添加人工驯化的固定菌种,用以区分对比组合植物体系和菌种载体-组合植物共生体系的净水效果差异。

3) 菌种载体与组合植物共生体系(体系三)

菌种载体-组合植物共生体系共设置 4 组实验：沸石载体脱氮菌-组合植物实验组(脱氮-沸石-植物组)、稻草载体脱氮菌-组合植物实验组(脱氮-稻草-植物组)、沸石载体 EM 菌-组合植物实验组(EM -稻草-植物组)、稻草载体 EM 菌-组合植物实验组(EM -沸石-植物组)。

在 3 组体系设置基础上增设空白实验组(空白组),实验袋体只装填沙子与泥土,3 种体系的具体设置情况如表 3.25 所示。

表 3.25 实验组别设置

实验组号	耦合菌种	菌种载体	添加量	组合植物	所属体系
1#	脱氮菌	活化沸石	100 mL 脱氮菌挂膜沸石	无	体系一
2#	脱氮菌	活化沸石	100 mL 脱氮菌挂膜沸石	3 株芦苇、200 cm^2 黑麦草	体系三
3#	工程菌	碱处理稻草	60 mL 工程菌挂膜稻草	无	体系一
4#	工程菌	碱处理稻草	60 mL 工程菌挂膜稻草	3 株芦苇、200 cm^2 黑麦草	体系三
5#	脱氮菌	碱处理稻草	60 mL 脱氮菌挂膜稻草	无	体系一
6#	脱氮菌	碱处理稻草	60 mL 脱氮菌挂膜稻草	3 株芦苇、200 cm^2 黑麦草	体系三
7#	工程菌	活化沸石	100 mL 工程菌挂膜沸石	无	体系一
8#	工程菌	活化沸石	100 mL 工程菌挂膜沸石	3 株芦苇、200 cm^2 黑麦草	体系三
9#	无	无	无	3 株芦苇、200 cm^2 黑麦草	体系二
10#	无	无	无	无	空白组

2. 实验准备

1）菌种驯化培养

供试菌种选用工程菌与脱氮菌群，工程菌为菌液形式，购自江苏丹阳市尚德生物科技有限公司，主要的优势菌种为酵母菌、乳酸菌、枯草芽孢杆菌，以及光合细菌。工程菌复合培养基：可溶性淀粉 5 g、蛋白胨 5 g、葡萄糖 10 g、酵母膏 5 g、硫酸镁 0.5 g、磷酸二氢钾 1 g、硝酸钾 1 g、硫酸亚铁 0.01 g、氯化钙 0.01 g，定容于 1 000 mL 的容量瓶中。

供试脱氮菌取自南京江心洲污水处理厂的二沉池，将生物污泥按 1% 的接种量接种到 500 mL 的脱氮菌富集无菌培养基中进行扩大培养，在微生物恒温培养箱中培养 3 d 左右，培养温度为 30℃；待培养基液体出现浑浊，即在波长 600 nm 下吸光度值达到最大，光度值约为 0.1，取出培养箱中的培养基；使用微生物接种环取第一次扩大培养基中的菌液，接种到新的培养基中，培养瓶体积为 1 000 mL，进行脱氮菌的第二次扩大富集培养，以期获得菌种纯度较高的硝化反硝化菌群；扩大培养 3 d 后，采用同样的方法进行第三次扩大培养。

脱氮菌群的培养基：$(NH_4)_2SO_4$ 1 g、KNO_3 2 g、柠檬酸钠（$C_6H_5Na_3O_7 \cdot 2H_2O$）6 g（C/N>5）、$K_2HPO_4$ 1 g、$MgSO_4 \cdot 7H_2O$ 0.2 g、蒸馏水 1 000 mL；取洁净纱布进行封口，培养基配置好后，在 121℃ 高压蒸汽锅中，灭菌 20 min，静置冷却。

2）沸石的活化

取 2 000 g 天然斜发沸石，沸石表观颜色为米灰色，粒径为 1.00～2.00 mm，用去离子水洗涤 3 遍，首先洗掉沸石表面的可溶性无机物。将洗涤后的沸石分装于 250 mL 的小烧杯中，放置在马弗炉中，在 350℃ 条件下，密闭灼烧 2.5 h，去除沸石内部孔隙中的有机物，进而打开沸石内部丰富的孔隙，尽最大可能发挥其吸附性能。冷却至室温，密封保存，以备后续实验使用。

3）稻草碱处理

稻草载体填料为天然水稻秸秆，将供试稻草在稻穗处剪下，将整根稻草剪成 1 cm 左右的碎段。用浓度为 2% 的 NaOH 溶液浸泡稻草碎段，浸泡液没过材料，24 h 后取出样品，用蒸馏水反复洗涤至溶液 pH 值呈中性，经碱处理洗涤干净后的碎稻草放置在 35℃ 烘箱中烘干备用。

4）载体挂膜

供试菌种菌液完成3次富集培养后，分别进行活化沸石与稻草载体的挂膜实验。将两种载体以一定比例单独加入脱氮富集培养菌液基与工程菌驯化富集菌液中（载体挂膜量以1 000 mL的培养菌液为基准，稻草的挂膜量为25 g稻草，沸石载体为200 mL），装有沸石与稻草载体的菌液放置在摇床上，控制温度为35℃，进行两种载体的挂膜实验。

3—4 d后发现，掺有沸石的菌液培养基中沸石由之前的米灰色变为棕褐色，稻草载体表面黏附着淡黄色的菌膜状物质，表明稻草与沸石挂膜成功（见图3.68）。由此可见，稻草挂膜结束后，表面黑色腐斑点状物质完全消失。

图3.68　稻草挂膜及挂膜后照片

图3.69为稻草挂膜前后电镜图，在20 μm的电镜扫描图中，可以清晰地看出碱处理后的稻草，圆球形管束状纤维素结构较为明显；挂膜之后，管束状纤维结构被一层膜状物质覆盖，表明经过3 d的摇床挂膜实验后，稻草表面生物膜的生长覆盖状况较好。

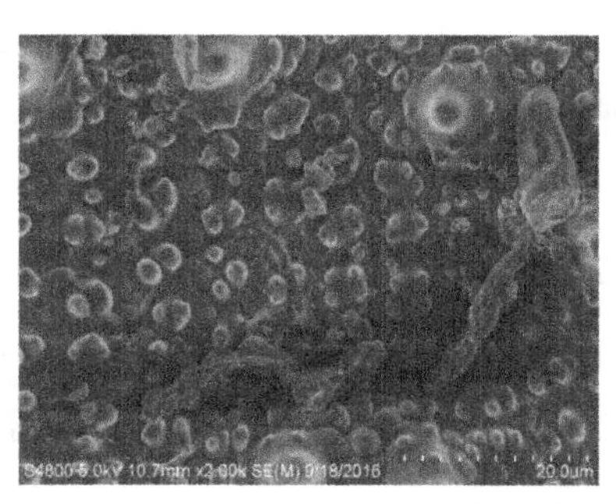

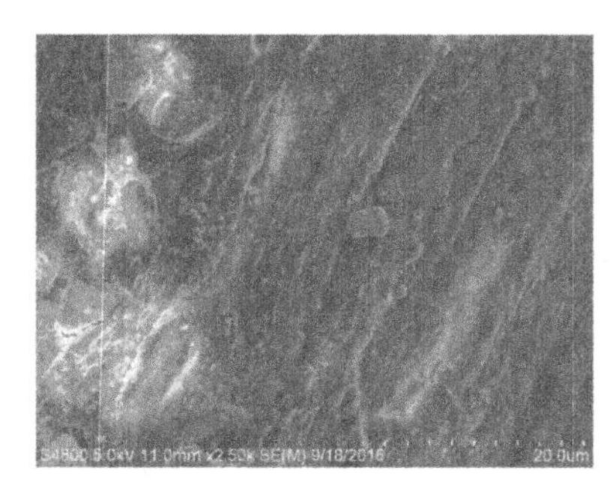

图3.69　稻草挂膜前后电镜对比图

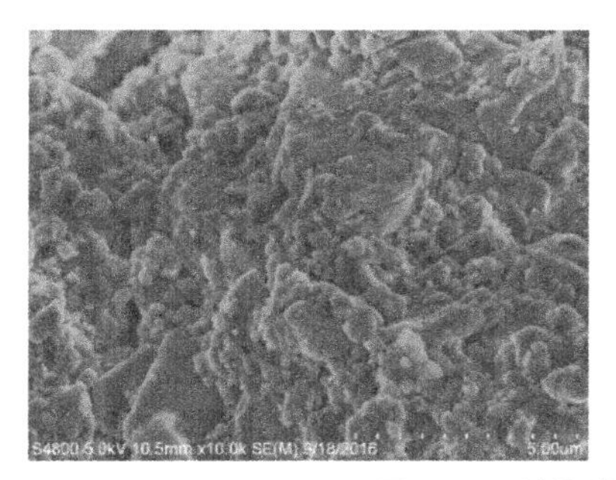

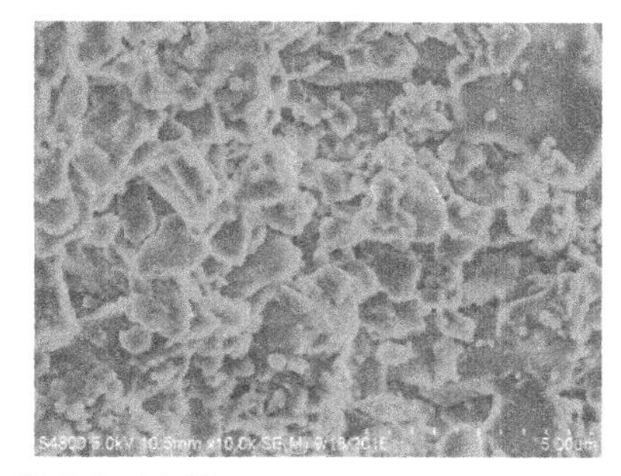

图 3.70 活化沸石挂膜前后电镜图

由图 3.70 可以看出，活化挂膜后沸石粒径内部碎屑状颗粒有机物质明显减少，内部孔隙结构更加突出，表明在马弗炉中进行高温活化时，去除了沸石内部孔隙中的有机物质；同时，挂膜后的沸石表面更加平整、光亮，有生物膜状物质覆盖，表明活化沸石脱氮微生物菌群挂膜成功。

3. 实验装置及方法

1）实验装置及运行条件

实验为连续流实验，首先通过高位水箱进水，然后依靠重力流维持实验系统连续进出水；高位水箱容积为 150 L，生态袋装填箱体容积为 70 L。生态袋实验袋体有效体积为 4 L，黑麦草涂抹前对草种进行浸泡，筛掉不具备发芽条件的草种，提高黑麦草的出芽率。实验初期，采用自来水作为原水连续 7 d 保持进出水，以减少实验前期土壤、沙体中污染物给后续实验带来的不利影响。

高位水箱底部 5 cm 处均匀设置 10 个出水口，出水口径大小为 5 mm，每天连续运行 8 h，下层生态袋箱体的有效水体体积为 20 L，实验水力停留时间为 2.5 d。实验装置如图 3.71 所示，示意图如图 3.72 所示。

图 3.71 3 种体系净水实验装置图

2）植物生长状况

实验中后期植物的生长状况。如图 3.73 所示，黑麦草根系穿透上层土

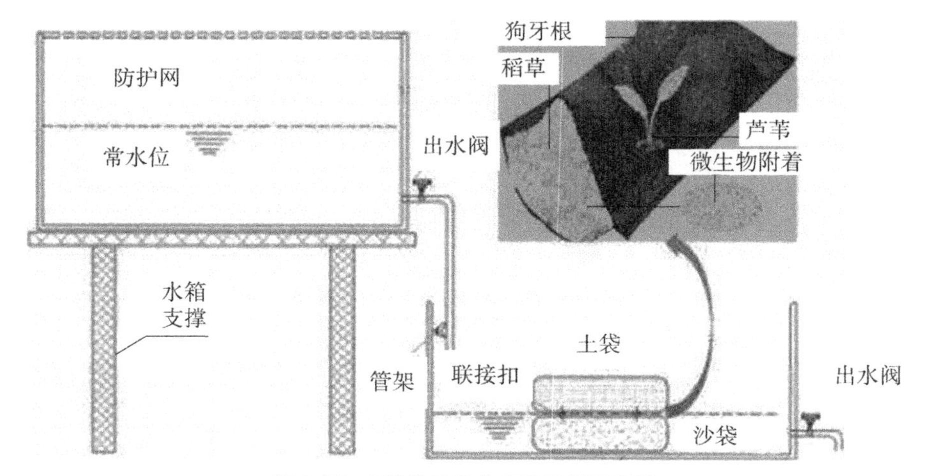

图 3.72　3 种体系净水实验装置示意图

图 3.73　植物的生长状况

体生态袋，黑麦草生长高度为 10 cm 左右，生长密度为 1 株/cm^2；芦苇种植密度 3 株/200 cm^2，平均株高为 30 cm。

4. 不同体系对水中污染物的去除效果分析

本实验共分两阶段进行，第一阶段实验启动期(0—40 d)，采用九龙湖湖水作为实验用水，进水水质较好，COD_{Mn}、NH_3-N、TN、TP 浓度分别为 4.5 mg/L、0.65 mg/L、1.72 mg/L、0.068 mg/L，启动期 4 项水质指标总体去除率分别为 13.1%～26.9%、66.4%～73.9%、53.7%～68.6%、63.2%～75.3%，不同实验组之间的净水效果差异不大。为进一步优化筛选出对工程项目示范建设具有借鉴意义的运行参数，第二阶段实验（即运行稳定期 40—60 d）采用东南大学护校河水体作为实验用水，提高了实验进水污染物浓度，进水 COD_{Mn}、NH_3-N、TN、TP 浓度分别为 10～13 mg/L、9～12 mg/L、12～15 mg/L、0.5～0.7 mg/L。实验结果汇总图中的系统运行时间 0—20 d 对应实验运行稳定期 40—60 d。采样时间为 41 d、43 d、47 d、50 d、53 d、56 d、59 d，对应为实验结果汇总图中的系统运行时间 1 d、3 d、7 d、10 d、13 d、16 d、19 d。

1）有机物去除效果分析

3 种不同实验体系对有机物的去除情况。由图 3.74 可见，系统稳定运行阶段初期（40 d），有机物初始进水浓度为 10.9 mg/L，耦合微生物型生态袋（脱氮-沸石组、脱氮-稻草组、EM-沸石组、EM-稻草组）对有机物的总体去除率在 22%～33.9%；实验运行至 7 d 时，进水有机物浓度上升到 12.6 mg/L，耦合微生物型生态袋（脱氮-沸石组、脱氮-稻草组、EM-沸石组、EM-稻草组）对有机物总体去除率在 26.3%～38.9%，有机物总体去除率提高了 5%左右。这表明了有机物去除率与进水浓度呈正相关关系。进水浓度的提升，给微生物提供了更充足的碳源，因而微生物活动加强，有机物去除率也相应提升。

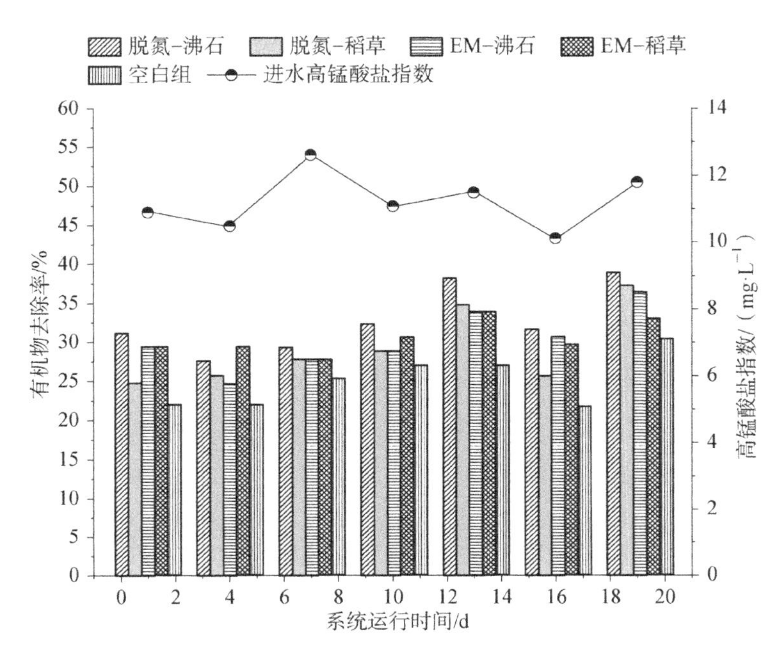

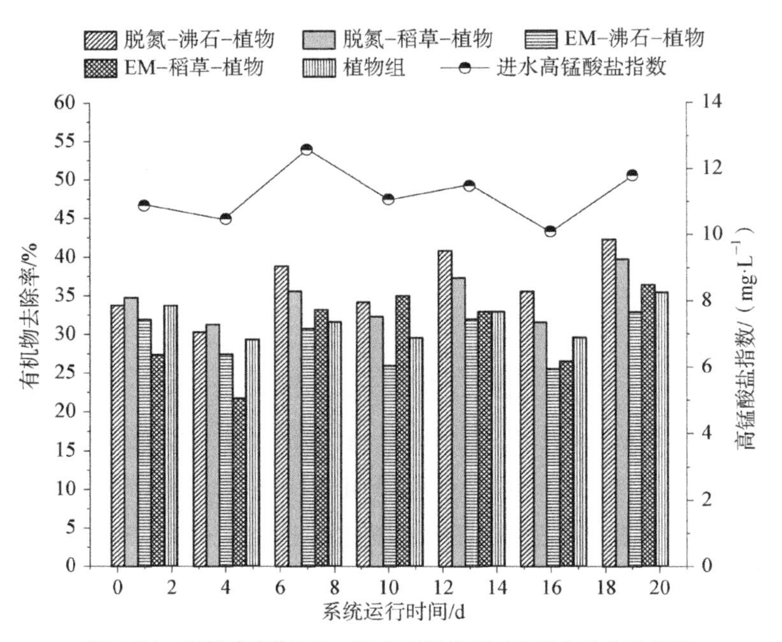

图 3.74　运行稳定期(40—60 d)不同体系对有机物的去除效果

40—60 d 期间，总体来看，有机物去除效果最好的实验组为脱氮-沸石-植物组、脱氮-稻草-植物组，有机物去除效率分别为 42.4%、39.8%。对于脱氮-沸石-植物组来说，沸石能够一定程度上对有机物进行吸附，植物根系也能对有机物进行截留，同时袋体内载体填料可以对污水中不溶性的有机污染物质进行过滤，更重要的是，植物本身对有机物的吸收转化，以及植物根系、沸石对微生物的富集，让更多微生物参与有机物的去除。对于脱氮-稻草-植物组来说，除了植物的作用，稻草也是微生物良好的栖息地，含有丰富的碳源和微量元素，如钙、锌等，许多微生物会在稻草上进行繁衍，促进了整个水系的有机物的去除。

在这个稳定期间，脱氮-沸石组、脱氮-稻草组、EM-沸石组、EM-稻草组、空白组、脱氮-沸石-植物组、脱氮-稻草-植物组、EM-稻草-植物组、EM-沸石-植物组、植物组对 COD 的平均去除率为 32.79%、29.27%、30.25%、30.56%、25.08%、36.63%、34.76%、29.68%、30.59%、31.90%。有机物的去除效果最佳的实验组为菌种载体与组合植物共生体系的脱氮-沸石-植物组(36.63%)；其次是脱氮-稻草-植物组(34.76%)，稻草来源广泛、价格低廉，比价格高昂的沸石更方便运用在实际工程中，因此值得大力推广。菌种载体与组合植物共生体系(脱氮-沸石-植物组、脱氮-稻草-植物组、EM-稻草-植物组、EM-沸石-植物组)4组对有机物的平均去除率为32.92%，在有机物的去除中表现最优，菌种载体与组合植物共生体系不仅有菌类的作用、植物的作用，还有袋体沙土的吸附作用，比起单一的菌种载体体系和单一的植物体系，发挥了多方面作用，加强了水质净化效果。其次是组合植物体系，对于有机物的平均去除率达到31.90%。最后是菌种载体体系(30.72%)。这说明植物作用能够降解有机物，根系也能富集微生物，比单纯地添加菌种更能留住微生物，为有机物的净化做出贡献。

但是，菌种载体与组合植物共生体系、菌种载体体系、植物体系相对于空白组(25.08%)来说，都提高了5.6%～7.9%的去除效果。同时，此次实验发现，本研究中有机物去除率相对较低。其他资料显示，大部分生态袋去除有机物的效果保持在40%～60%，这些实验多在夏季开展，而本次实验在秋冬季进行，实验期间天气转寒微生物活性降低，微生物对于有机物降解能力下降，导致生态袋对有机物的去除效果相对较低。

2) 氨氮去除效果分析

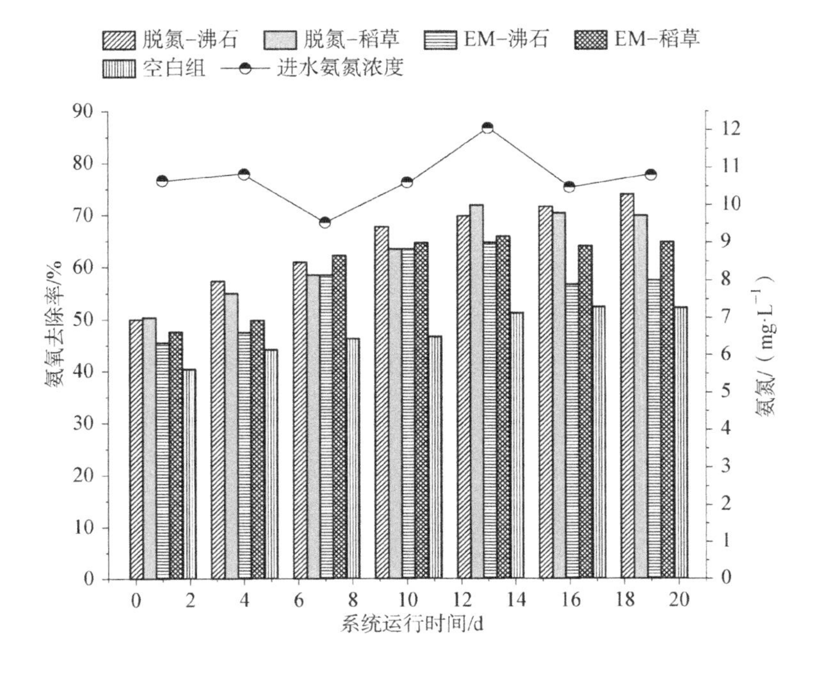

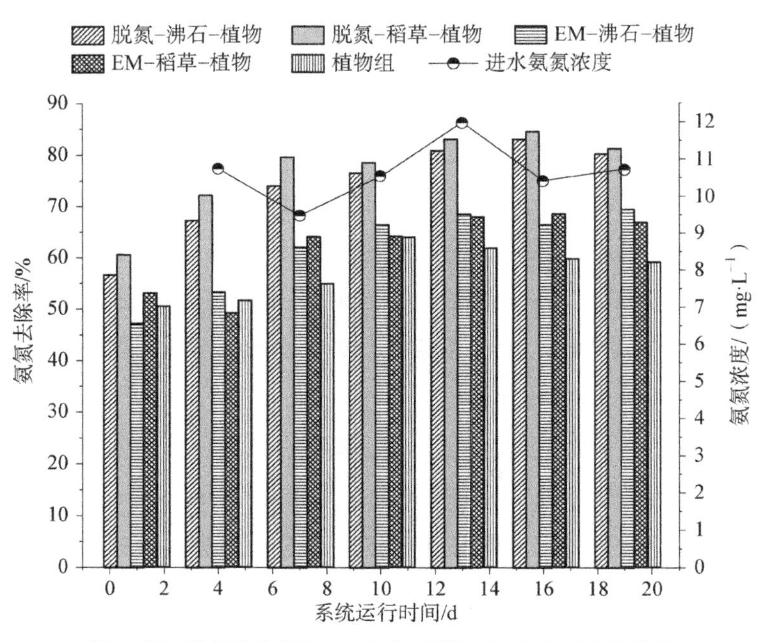

图 3.75　运行稳定期(40—60 d)不同体系对氨氮的去除效果

图 3.75 为 3 种不同实验体系对氨氮的去除情况。从图 3.75 可以看出，系统稳定运行阶段(40—60 d)，3 种体系及空白组的氨氮去除率均稳定在 40%以上。在这个稳定期间，脱氮-沸石组、脱氮-稻草组、EM -沸石组、EM -稻草组、空白组、脱氮-沸石-植物组、脱氮-稻草-植物组、EM -稻草-植物组、EM -沸石-植物组、植物组的平均去除率为 64.17%、62.50%、56.03%、59.60%、47.49%、74.04%、77.03%、61.89%、61.95%、57.44%。氨氮去除效果最佳的是菌种载体与组合植物共生体系的脱氮-稻草-植物组(77.03%)，这是因为稻草给微生物特别是脱氮菌提供了碳源，同时也提供了生存环境，加速了脱氮菌的繁殖，有益于脱氮菌对氨氮的转化。其次为脱氮-沸石-植物组(74.04%)，这是因为沸石载体挂膜脱氮菌群后形成生物沸石，利用沸石表面富集的硝化细菌群，可以将其吸附的氨氮转化为硝酸盐氮，从而空出沸石内部孔隙的吸附位，实现原位再生，提高氨氮去除率。

实验运行至 15 d 后，菌种载体植物共生体系(脱氮菌-稻草-植物组，脱氮菌-沸石-植物组)氨氮的去除率分别达到 84.4%与 83.1%，植物组氨氮去除率仅为 63.3%，可以看出耦合脱氮菌群生态袋的脱氮效率要高于传统植物种植型生态袋

21.1%，表明生态袋加载脱氮菌群可显著提高氨氮去除效率。

整个运行期间，菌种载体与组合植物共生体系（脱氮-沸石-植物组、脱氮-稻草-植物组、EM-稻草-植物组、EM-沸石-植物组）4组对于氨氮的平均去除率为：68.72%。它在氨氮的去除中表现最优，比菌种载体实验组（60.58%）高出了8.1%。分析认为，植物可以吸收水体中氨态氮及硝态氮，通过同化作用将两种形态氮素转化为自身组成。菌种载体与组合植物共生体系对于氨氮的净化作用比起植物体系和菌种载体体系来说更强，脱氮-稻草-植物组的结果更加证实了稻草在实际工程中作为脱氮菌碳源和载体十分可靠，为此次项目提供了强有力的支撑。

3）总氮去除效果分析

图3.76为3种不同实验体系对总氮的去除情况。水体中的氮主要以无机氮和有机氮两种形式存在，氮的去除主要是通过微生物的硝化和反硝化作用、基质的吸附作用以及植物吸收等过程实现。生态袋基质填料中，特别是具有较大阳离子交换能力的基质填料对氮具有较强的吸附作用。由图3.76得知，空白实验组对总氮的去除率在33.6%～48.1%之间。这一结果表明总氮的去除离不开袋体土壤对氮素的吸附作用、微生物脱氮作用。

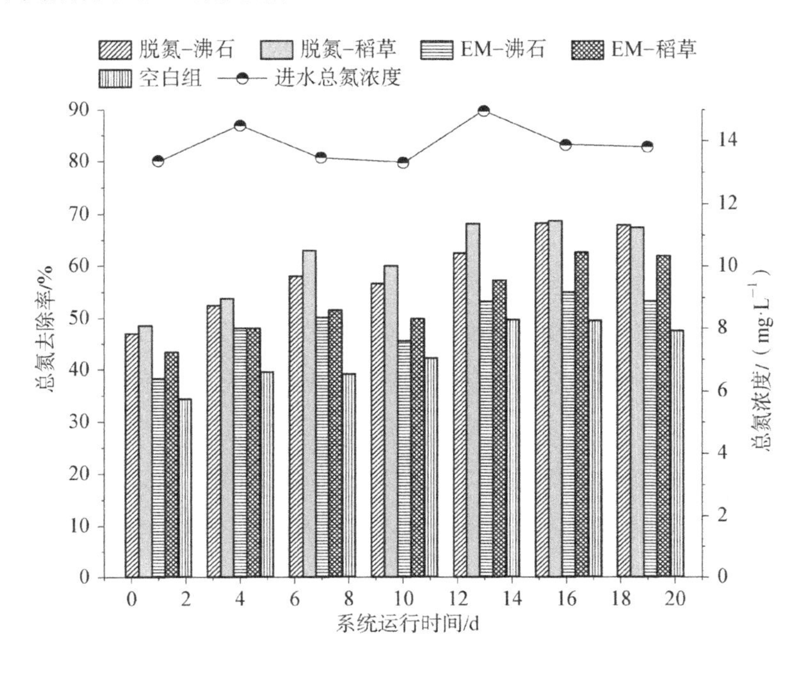

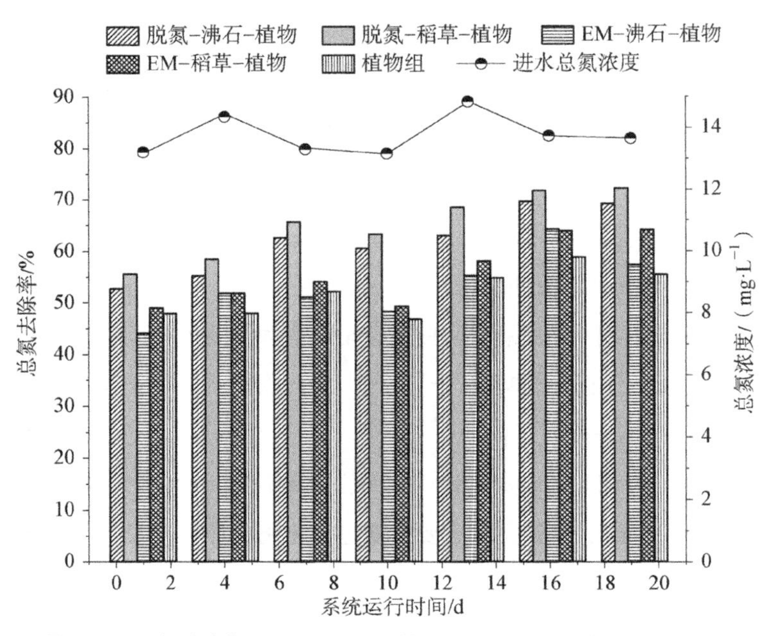

图 3.76　运行稳定期(40—60 d)不同体系对总氮的去除效果及出水浓度

实验结果显示，稻草载体挂膜脱氮菌群实验组及相应组合植物组总氮的去除率分别为 47.9%～66.3%、56.2%～73.8%，在整个实验系统中稻草载体脱氮菌—组合植物实验组对于总氮的去除效果最优。分析认为，稻草作为菌种挂膜载体，为脱氮菌生长提供生物反硝化碳源和微生物附着场所，微生物将稻草中的纤维素物质水解为有机物，促进了植物生长、改善了生物反硝化碳源，强化了水体的脱氮过程；稻草同时可以作为植物生长基质，为植物生长提供营养元素，显示出具备强化生物脱氮的潜力，作为生物反硝化碳源具备很强的优势。

有文献材料指出，稻草浸出液可以为反硝化过程中所需的酶提供活性中心，提高反硝化酶活性，从而提高系统的反硝化速率。淹水环境下，袋体基质内聚集物通过生物膜富集微生物，在适当微环境下可将硝酸盐氮转化为氮气。稻草载体具备较高的纤维素含量，纤维素降解菌可将纤维素转化为反硝化菌可利用的碳源，使得反硝化过程顺利进行，继而提高体系的总氮去除能力。3 种体系对总氮的净化作用，菌种载体与组合植物共生体系的表现最优，稻草载体脱氮菌—组合植物实验组对于总氮的去除效果也为我们实际工程提供了重要参考。

4) 总磷去除效果分析

图3.77为3种不同实验体系对总磷的去除情况。在稳定运行期间(40—60 d),脱氮-沸石组、脱氮-稻草组、EM-沸石组、EM-稻草组、空白组、脱氮-沸石-植物组、脱氮-稻草-植物组、EM-稻草-植物组、EM-沸石-植物组、植物组的平均去除率分别为84.17%、84.34%、75.36%、81.40%、77.26%、87.91%、87.64%、81.24%、83.28%、84.70%,所有实验组总磷平均去除率达到75%以上,总磷的去除效果良好。系统稳定运行初期(41—47 d),脱氮-稻草-植物组对总磷的去除效果最好,去除率在79.6%~88.2%之间;但是在48—60 d期间,脱氮-沸石-植物组除磷效果较好,去除率在90.9%~92.7%之间。

从稳定运行期间(40—60 d)各实验组的平均去除率中看出,对磷去除效果最佳的是脱氮-沸石-植物组、脱氮-稻草-植物组,高达87.91%、87.64%,比起植物组84.70%高了3%左右,比起菌种载体组(脱氮-沸石组、脱氮-稻草组、EM-沸石组、EM-稻草组),高了3%~12%。3种体系中,对总磷的去除率最佳的是菌种载体与组合植物共生体系,其中,该体系综合了沙土袋对磷有吸附、沉降作用,植物根系对磷有截留作用,更重要的是,发挥了植物对于磷肥的需求,微生物对磷元素的需求。

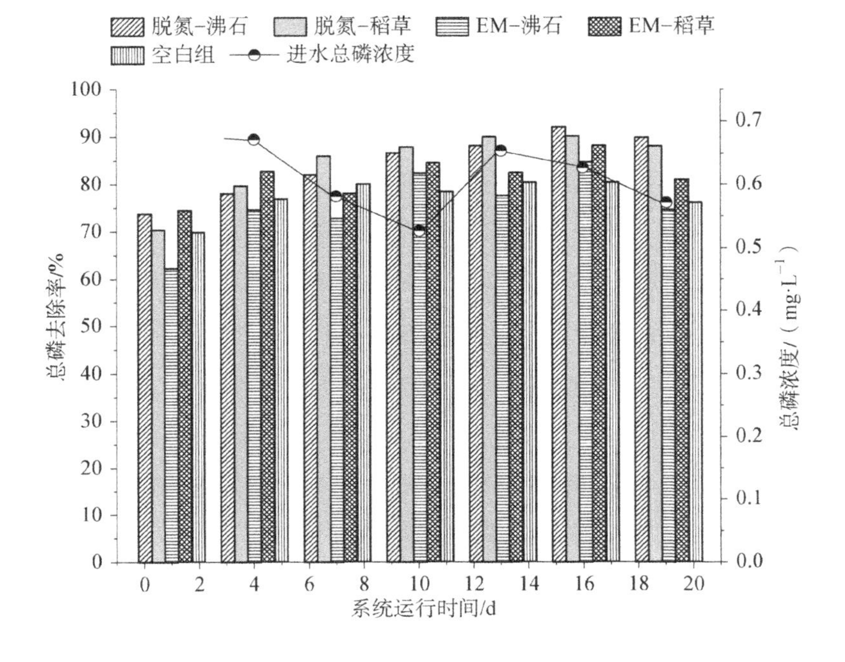

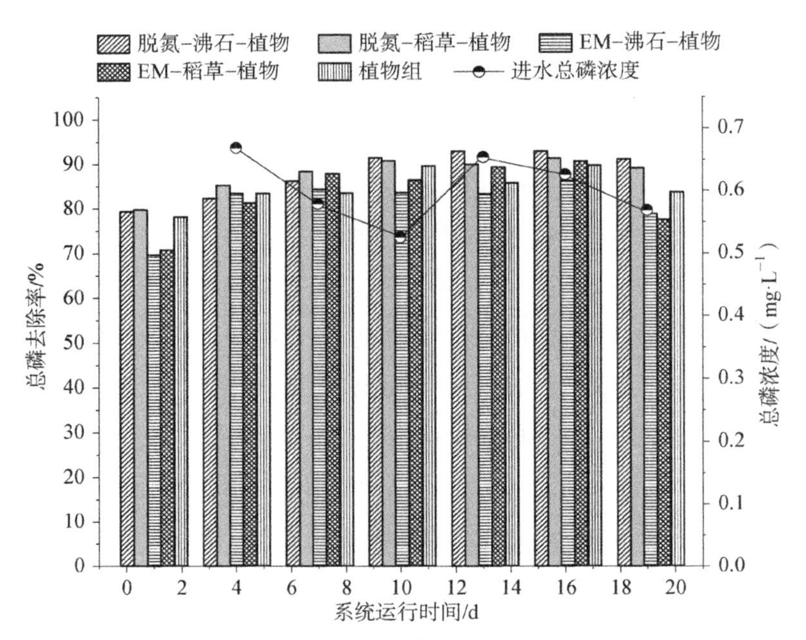

图 3.77 运行稳定期(40—60 d)不同体系对总磷的去除效果

5. 小结

第一,体系稳定运行期间(40—60 d),脱氮-沸石组、脱氮-稻草组、EM-沸石组、EM-稻草组、空白组、脱氮-沸石-植物组、脱氮-稻草-植物组、EM-稻草-植物组、EM-沸石-植物组、植物组对有机物的平均去除率为 32.79%、29.27%、30.25%、30.56%、25.08%、36.63%、34.76%、29.68%、30.59%、31.90%。有机物的去除效果最佳的是菌种载体与组合植物共生体系。

第二,体系稳定运行期间(40—60 d),菌种载体与组合植物共生体系(脱氮-沸石-植物组、脱氮-稻草-植物组、EM-稻草-植物组、EM-沸石-植物组)4 组对于氨氮的平均去除率为 68.72%。它在氨氮的去除中表现最优,比菌种载体实验组(60.58%)高出了 8.1%。

第三,体系稳定运行期间(40—60 d),稻草载体挂膜脱氮菌群实验组及相应组合植物组总氮的去除率分别为 47.9%~66.3%、56.2%~73.8%,在整个实验系统中脱氮-稻草-植物组对于总氮的去除效果最优。

第四，从稳定运行期间(40—60 d)各实验组的平均去除率中看出，对磷去除效果最佳的是脱氮-沸石-植物组、脱氮-稻草-植物组，高达 87.91%、87.64%，比植物组 84.70%高了 3%左右，比菌种载体组(脱氮-沸石组、脱氮-稻草组、EM-沸石组、EM-稻草组)高了 3%～12%。

脱氮-稻草-植物组在各污染物的去除中表现优良，稻草在实际生活中获取方便，价格低廉，脱氮-稻草-植物组十分利于在工程项目中应用。

3.3.2 亲水平台型组合生态浮床技术

生态浮床是根据自然生态规律，结合现代农艺及环境治理措施，利用植物、微生物在污染水体中吸收、吸附和降解水中污染物的技术，具有投资少、运行性能稳定、节约能源、维护简单方便等优点。目前国内外对生态浮床作为生态强化技术改善水质的研究较多，也取得了很好的效果，但多数生态浮床对于浮床的结构、如何更好更充分地接触污染水体方面、如何提高对于氮磷等污染的去除率方面的研究还不够。因而，针对长三角水系丰富，水质恶化的现状，我们吸取现有生态浮床的优点，设计了一种具有生物多样性的生态浮床工艺，通过浮床的立体分区构造设计，在浮床中建立以水生植物、水生动物及微生物为主的食物链，发挥生态净化功能，同时利用人工介质富集微生物，多方位地净化水体，有利于难降解性污染物的去除及富营养化的改善，保证水质改善效果。这种浮床符合乡村特色的亲水平台型组合生态浮床技术，不仅经济实惠、可操作性强，而且可实现水体的原位修复、美化水域，是组成长三角乡村水环境生态修复的关键技术之一。

1. 浮床设计

新型组合生态浮岛分Ⅰ、Ⅱ两层：Ⅰ层为水生植物层，由多个 333 mm×333 mm 正方体浮岛拼接板组成，水生植物例如水芹、空心菜等种植在拼接板的篮筐内(直径 60 mm 的圆形篮筐)。Ⅱ层为深度处理层，该层分为 A、B、C 处理区，A 处理区为废弃软壳，由含钙量较高的牡蛎壳放置于网笼内，再用悬挂介质悬挂在浮岛底部拼接板组成；B 处理区为水生动物网笼，养殖田螺、河蚬等水生动物，该水生动物也将放置在网笼内，悬挂在浮岛底部拼接板上；C 处理区为人工纤维填料，利用一些人工纤维填料富集微生物，悬挂在浮岛底部拼接板上，用于水质净化。

整个浮岛联用水生植物、水生动物、废弃软壳，发挥它们在净水方面的组合效果：浮岛I层种植水生植物吸收水中氮磷等营养元素，利用植物根系过滤去除颗粒性污染物和藻类；浮岛II层养殖田螺等水生动物，通过动物内部消化作用将难降解性污染物分解或者转化。悬挂含钙量高的废弃软壳，一方面通过吸附的作用去除磷，另一方面也能附着一些微生物，为水质的净化提供作用。悬挂人工纤维填料，富集土著微生物，利用微生物的分解作用去除水中污染物。1 m^2 新型组合生态浮岛示意图如图 3.78 所示，实际搭建浮岛面积根据实地需要选取。

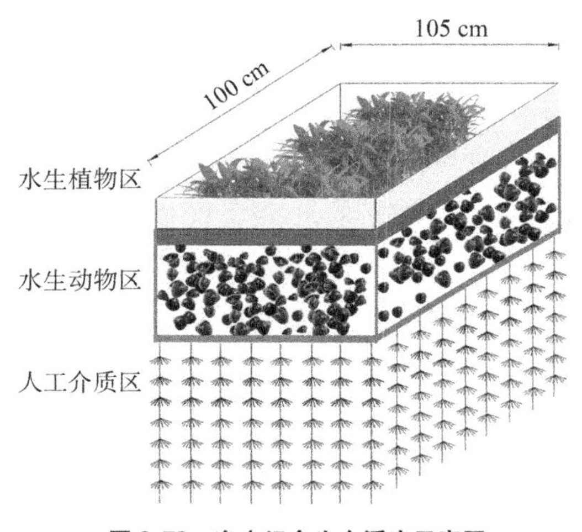

图 3.78　净水组合生态浮床示意图

2. 实验装置

根据上述设计，在实验室中，搭建了新型生态浮床与普通浮床，开展了新型浮床与普通浮床的处理效果对比实验。新型浮床选取 8 个小正方形单元，搭建水生植物区（种植空心菜）、水生动物区（悬挂田螺网笼）、人工介质区（悬挂人工介质）。普通浮床只选取 8 个小正方形单元，仅搭建水生植物区，种植空心菜。

实验浮床水箱体积为 1.3 m×0.7 m×1 m，实验进水桶体积为 500 L。实验中，在进水桶中配制原水，然后利用泵抽吸进入浮床水箱。水箱中水流方式为水箱一侧底部进水，从水箱的另一侧上部出水，出水方式也是通过泵吸作用，将水流入排水沟渠中，以达到水体可以与浮床得到充分接触的目的。实验运行装置示意图如图 3.79 所示，实验实际运行图如图 3.80 所示。

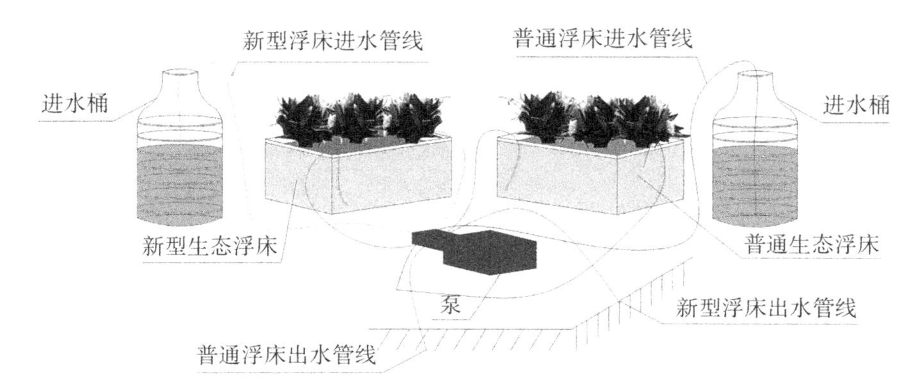

图 3.79 浮床实验运行装置示意图

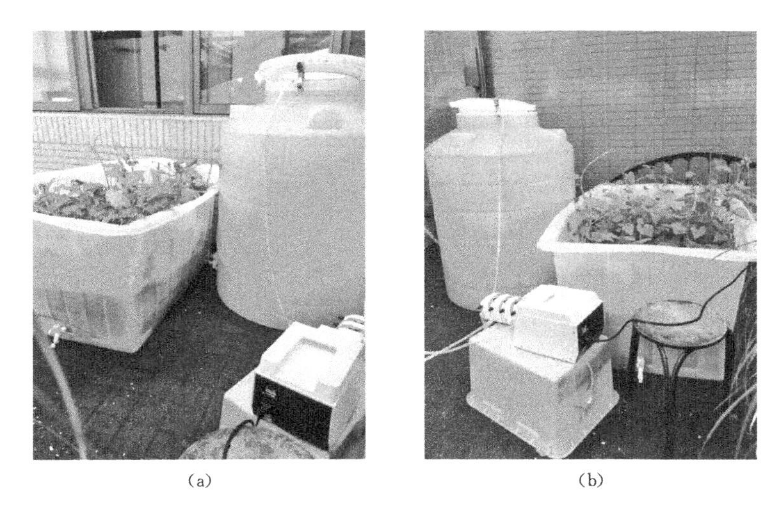

(a) (b)

图 3.80 实验实际运行图

(a)新型浮床；(b)普通浮床

3. 运行条件

实验用水采用人工配水，其水质指标范围大约为：COD 为 40～60 mg/L、NH_3 - N 为 5～9 mg/L、TN 为 7～13 mg/L，TP 为 0.8～1.2 mg/L，配比参考方案如表 3.26 所示。实验采用连续进水方式，保持水力停留时间为 4 d，水力负荷 1.74 $m^3/(m^2 \cdot d)$。

表 3.26　实验配水浓度

指标	配制药剂	配制浓度	指标	配制药剂	配制浓度
COD	葡萄糖	50 mg/L	微量元素	$CuCl_2 \cdot 2H_2O$	0.07 mg/L
氨氮	NH_4SO_4	7 mg/L	微量元素	$MnCl_2 \cdot 4H_2O$	0.13 mg/L
有机氮	尿素	3 mg/L	微量元素	$ZnSO_4 \cdot 7H_2O$	0.14 mg/L
总磷	KH_2PO_4	1 mg/L	微量元素	$Na_2MoO_4 \cdot 2H_2O$	0.03 mg/L
微量元素	$CaCl_2 \cdot 2H_2O$	19.3 mg/L	微量元素	H_3BO_3	0.025 mg/L
微量元素	$MgSO_4 \cdot 7H_2O$	71.0 mg/L	微量元素	KI	0.033 mg/L
微量元素	$FeSO_4 \cdot 7H_2O$	17.4 mg/L			

实验运行周期为 135 d,常规水质指标监测均依据《水和废水监测分析方法(第四版)》,分析项目包括化学需氧量、氨氮、总氮、总磷。

4. 生态浮床对比实验结果分析

1) 有机物去除效果分析

图 3.81 为新型生态浮床和普通浮床对 COD 的去除率的变化。整个运行期间,新型生态浮床 COD 的进水浓度在 47.11～51.88 mg/L,普通浮床 COD 的进水浓度在 47.61～50.91 mg/L。

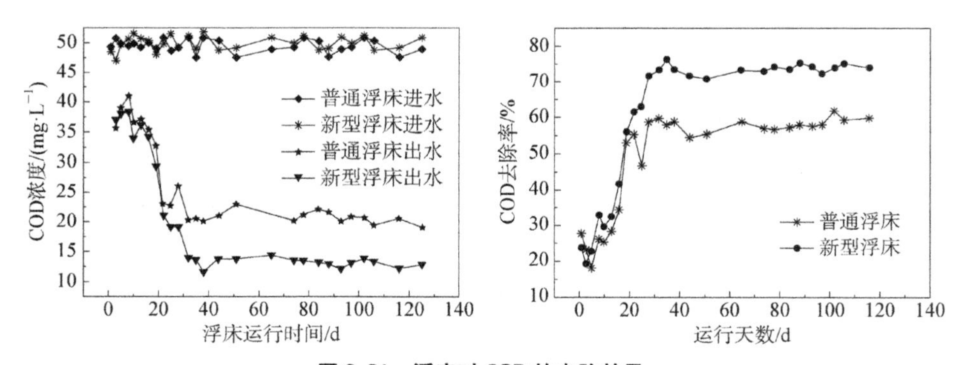

图 3.81　浮床对 COD 的去除效果

运行初期,即 0—15 d,新型生态浮床和普通浮床对于 COD 去除效率呈现小波动状态,但去除率稍有增加。新型生态浮床的去除率在 19.2%～32.9%之间波动,平均去除率为 26.8%;而普通生态浮床的去除率在 18.0%～28.2%之间波动,平均去除率为 24.8%。此期间,两种生态浮床系统尚未稳定,浮床的空心菜刚开始生长，对 COD 的去除主要靠水中的微生物作用，因而去除效果一般，且有所波动。

运行时间在 16—25 d 时，新型生态浮床和普通浮床对于 COD 去除效率相差不多，去除率随着运行时间不断上升，此期间空心菜生长迅速，吸收分解有机物为生命活动提供能量，因而促进了有机物的去除，同时植物根系富集了微生物，对有机物进行了吸收转化作用。

运行时间从 26 d 开始，新型生态浮床对于 COD 的去除效果明显优于普通浮床。该时间段内，人工介质富集的微生物增殖迅速、活性增强，有机物降解能力提高，而且田螺等生物也需要有机物维持生命活动，因而新型浮床对于 COD 的去除效果提升较快。

运行稳定期自 40 d 之后，新型生态浮床和普通浮床对于 COD 去除效率开始趋于稳定状态。40～135 d 内，新型生态浮床 COD 的平均出水浓度维持在 13.315 mg/L，平均去除率为 73.3%；普通浮床 COD 的平均出水浓度维持在 20.900 mg/L，平均去除率为 57.7%，新型生态浮床对于 COD 的去除率高于普通浮床。分析认为，新型浮床中的田螺等生物逐渐适应环境、人工介质富集微生物、空心菜长势稳定，三者均对 COD 去除有一定的作用，且共同形成的植物-动物-微生物体系对 COD 的去除具有强化作用。

2）氨氮去除效果分析

图 3.82 为新型生态浮床和普通浮床对氨氮的去除效果。整个运行期间，新型生态浮床氨氮的进水浓度在 6.74～7.30 mg/L，普通浮床氨氮的进水浓度在 6.77～7.21 mg/L。

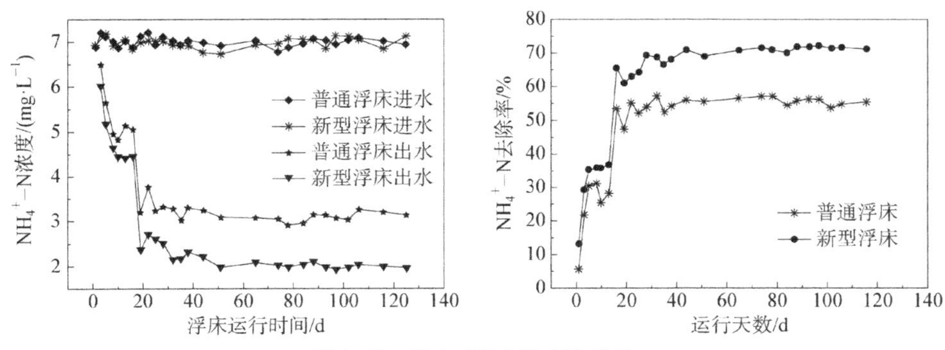

图 3.82 浮床对氨氮的去除效果

在 0—19 d,新型生态浮床和普通浮床对于氨氮的去除呈明显的上升趋势,两者对氨氮的去除效果差异不大,新型生态浮床对于氨氮的平均去除率为 34.0%,普通浮床对于氨氮的平均去除率为 28.0%,新型生态浮床对于氨氮的去除效果仅提高了 6%。这期间,空心菜对氨氮的吸收、根系对颗粒性污染物的截留以及根系附着微生物的生物降解对氨氮的去除,产生了很大的作用。

运行时间从 20 d 开始,新型生态浮床和普通浮床对于氨氮的净化作用趋于稳定,且新型生态浮床对于氨氮的净化作用高于普通浮床。20—135 d 期间,新型生态浮床氨氮的出水浓度为 1.93～2.72 mg/L,对于氨氮的平均去除率为 69.7%,普通浮床氨氮的出水浓度为 2.91～3.77 mg/L,对氨氮的平均去除率为 55.2%,新型生态浮床对氨氮的平均去除率比普通浮床高出 14.5%。分析认为,人工介质富集的微生物在其表面形成的生物膜对氨氮进行脱氮作用,植物对氨氮的吸收同化作用,以及植物根系对氨氮污染物截留吸附作用,田螺单元依靠田螺的同化作用,都对氨氮的去除做出了贡献。相关研究结果表明,在生态工程中,与微生物相比植物吸收所产生的净化效果较小,这是人工介质单元和田螺单元净化贡献率大于空心菜单元的根本原因,也是新型生态浮床对于氨氮的去除效果优于普通浮床的主要原因。

3) 总氮去除效果分析

由图 3.83 可见,整个运行期间,新型生态浮床总氮的进水浓度在 9.122～10.817 mg/L,普通浮床总氮的进水浓度在 9.10～10.98 mg/L。

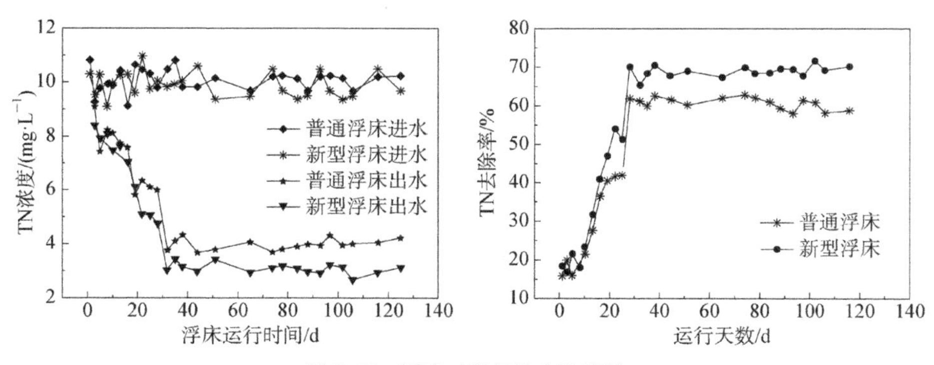

图 3.83 浮床对总氮的去除效果

运行时间在 0—10 d 期间,新型生态浮床和普通生态浮床对于总氮的平均去除率分别维持在19.7%、17.1%，两种浮床的去除率差异性很小。此间，对总氮净化起作用的主要为微生物和植物根系形成的生物膜对总氮的降解转化，以及空心菜生长对氮的需求。

运行时间在11—35 d期间，新型生态浮床和普通生态浮床总氮的出水浓度都呈下降趋势，而且在20 d之后，新型生态浮床总氮的出水浓度逐渐低于普通浮床，新型浮床对于TN的平均去除效率比普通浮床要高6%～7%。此时，附着在人工介质及空心菜根系表面的硝化细菌的硝化作用及空心菜的吸收作用都会对总氮的去除产生效果。

运行稳定期在35—135 d期间，新型生态浮床对于总氮的平均去除率为69.1%，普通浮床对于总氮的平均去除率为60.6%；新型生态浮床对于总氮的去除率最高达到71.6%，平均去除效果高于普通浮床8.5%。这段时间内，田螺适应水生环境，生物量的上升，可提高对藻类及其他有机颗粒的滤食和消化，从而促进了颗粒性有机物的氨化作用。在生态浮床中，通过水生动物田螺—藻类等植物—微生物的食物链作用，提高了包括藻类在内的颗粒性有机物的可溶化和无机化（氨化）以及可生化性，同时改善了人工介质生物膜中微生物的基质条件，促进了硝化细菌的生长和活性，提高了对总氮的去除效果。

4）总磷去除效果分析

从图3.84可知，新型生态浮床进水TP为0.92～1.21 mg/L，普通浮床进TP为0.94～1.17 mg/L。运行前期0—12 d，新型生态浮床对于TP的去除效果略微

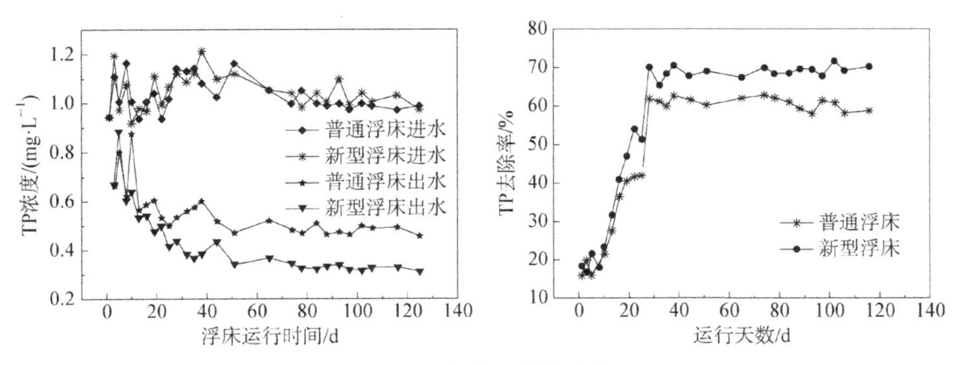

图3.84　浮床对TP的去除效果

高于普通浮床，此间，田螺等生物未完全适应新型生态浮床，人工介质也未完全富集微生物，新型生态浮床与普通浮床相比，对于 TP 的去除作用不明显。同时在这 0—12 d 期间，普通浮床对于 TP 的去除效果呈现波动状态，跟系统刚刚起步未完全稳定有关系。

运行时间 18—44 d，新型生态浮床和普通浮床对于磷的去除作用，逐渐出现差别。此间，两种浮床中的空心菜迅速生长，根系茂盛，空心菜根系开始发挥作用，吸收了部分的磷。新型生态浮床田螺等生物构建的生态系统形成，人工介质富集的微生物，都对磷的去除产生了作用。因而两种生态浮床对于磷的去除率都有提高，但是新型浮床对于 TP 的去除效率远大于普通浮床，该阶段，新型浮床的平均去除率约 62.1%，普通浮床的平均去除率约 49.0%，新型浮床比普通浮床的平均去除率高出 13.1%。

运行时间 45—80 d，新型生态浮床和普通浮床对于磷的去除作用维持在一个稳定区间，此间，空心菜生长茂盛，田螺已经适应新型浮床的环境，人工介质富集的微生物数量相对稳定，新型浮床的平均去除率约 67.8%，普通浮床的平均去除率约 53.6%，新型浮床比普通浮床的平均去除率高出 14.2%。

运行时间 81—135 d，时间进入秋冬季（9 月中下旬—11 月中旬），空心菜生长略有颓势，普通浮床对于 TP 的去除率略微下降，但是新型生态浮床微生物以及田螺等的协同作用对 TP 去除保持良好的效果。

5. 小结

运行期间，从 0—135 d，新型生态浮床对 COD、TP、TN、NH_3-N 的平均去除率分别为 59.9%、58.6%、54.7%、60.2%，普通浮床对 COD、TP、TN、NH_3-N 的平均去除率分别为 48.6%、46.6%、48.0%、47.5%，新型生态浮床对 COD、TP、TN、NH_3-N 的平均去除率比普通浮床高出 11.3%、12%、6.7%、12.7%。

运行稳定期间，从 40—135 d，新型浮床对于污染物的去除效果明显优于普通浮床。新型浮床对 COD、TP、TN、NH_3-N 的最高去除率达到 76.2%、70.9%、71.6%、72.2%，新型生态浮床对 COD、TP、TN、NH_3-N 的平均去除率分别为：73.3%、62.1%、69.1%、69.6%，普通浮床对 COD、TP、TN、NH_3-N 的平均去除率分别为 57.7%、48.9%、60.6%、55.2%，新型生态浮床对 COD、TP、TN、NH_3-N 的平均去除率基本比普通浮床约高 10%。这个结果对于实际工程有很好的指导作用。

3.4 长三角乡村高效增氧水体原位修复技术

针对河道自然水体溶解氧含量低、内源污染严重、生化作用缓慢等特点，曝气可作为提升水体溶解氧水平、强化水体自然修复能力、改善水环境质量的重要工程措施。传统曝气方式产生气泡尺寸较大，在水体中停留时间短，氧气利用率有限。运行能耗高，于是，我们研究设计出一种适合河道修复的新型高效溶氧曝气装置，通过缩小产生气泡尺寸来达到提高利用率，降低能耗，强化污染物的去除效果的目的。

现有的水力剪切式微纳米气泡发生装置，均依靠旋转流场或文丘里结构形成的低压区负压引入气体或直接通入空气，再通过高压区将溶气以气泡的形式释放到流体中，最后经旋转流场的水力剪切作用对大尺寸气泡进行破碎。这种设计的主要问题在于，气体吸入量很大程度上取决于负压的形成，在流体本身参数变化或流动状态发生变化的，如液体温度和流速变化时，气体的吸入量难以控制，而流体本身参数的变化也严重影响气泡的释放。微孔曝气装置直接将气体加压泵入微孔材料，通过微孔材料上的细孔产生气泡，再让微气泡融入水体。该方法的不足之处在于，曝气头易于堵塞，造成气流短路，供氧不均匀，氧利用率较低，在维修时，需将池子内污水抽干，修理时间长，维修成本高等。

针对当前微纳米气泡发生装置高耗低效的问题，本研究旨在研发出一种基于变螺距切割原理的高效低耗的微纳米气泡发生装置。研发出的装置旨在解决当前装置容易堵塞、供氧不均匀、氧利用率较低、制作及运行成本高的问题。

3.4.1 新型溶氧曝气装置研发

1. 新型溶氧曝气装置结构

新型溶氧曝气装置的结构示意图如图 3.85 所示。该装置包括：壳体、变螺距

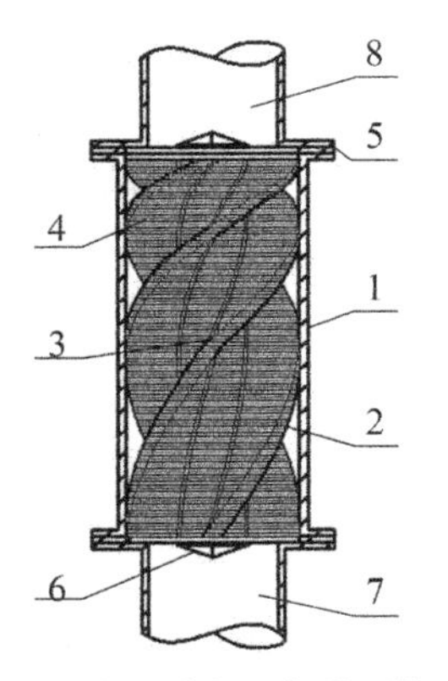

图 3.85　新型溶氧曝气装置的结构示意图

1—壳体；2—变螺距螺旋叶片；3—设在壳体的中心轴；4—基本叶片；5—支座；6—导体锥；7—进口与气液输入管；8—出口与溶气细化流体输出管。

螺旋叶片组件、设置在壳体中的中心轴、支座和导流锥，壳体带有的一个气液进口和一个出口，进出口沿变螺距螺旋叶片组件，进口与气液混合输入管，出口与溶气细化流体输出管。

变螺距螺旋叶片组件由沿中心轴 3 依次排列连接的基本叶片单元 4 组成，从气液进口端至出口端的各基本叶片单元内边缘的连接轨迹满足以下等径变螺距螺旋曲线方程：

$$X=\frac{D}{2}\cos t$$

$$Y=\frac{D}{2}\sin t$$

$$Z=b\cdot t^{m} \tag{3.32}$$

式中：

D——中心轴直径；

t——变螺距螺旋叶片组件上任一点的扭转角度(弧度)；

m——变距螺旋系数，$0<m<1$；

b——其值为 $L/(2\pi)^{m}$，其中，L 为变螺距螺旋叶片组件的长度。

中心轴表面铣有上述等径变螺距螺旋线方程形状的凹槽，随后将基本叶片单元叠加旋转，组装固定成上述变螺距螺旋叶片组件，中心轴的两端车削有外螺纹，通过带有与外螺纹配合的导流锥(自带内螺纹)组合固定，导流锥可用于均匀分布气液混合流体，同时也有利于减小阻力损失。

组成变螺距螺旋叶片组件的基本叶片单元为“一”字形或“十”字形，叶片厚度为 0.1～1 mm。叶片厚度越小，对气液混合物的切割细化效果越好，产生的气泡直径较小，溶氧效率也越高，基本叶片单元的数量根据叶片的厚度和变螺距螺旋叶片组件的长度而定。

装置中的壳体与变螺距螺旋叶片组件固定并紧密配合，壳体、中心轴、变螺距螺旋叶片组件通过支撑支座、导流锥、螺栓、螺母相互连接固定。

对于新型溶氧曝气装置，气体输入通过气体分布器实现，气体分布器为圆柱形，垂直插入气液混合流体输入管内，背向水流处开有出气孔，出气孔的中心位于气液混合流体输入管的轴线上。高速水流经过气体分布器时发生绕流运动，在分布器出气孔处产生漩涡，从出气孔释放的气体在漩涡区水力剪切的作用下迅速得到分散。

高溶解氧环境条件下，普通铸铁极易遭受化学腐蚀，所以新型溶氧曝气装置的材质应采用不锈钢材质，以防止高溶解氧对装置的腐蚀作用。

新型溶氧曝气装置的其他细节如图 3.86 至图 3.88 所示。

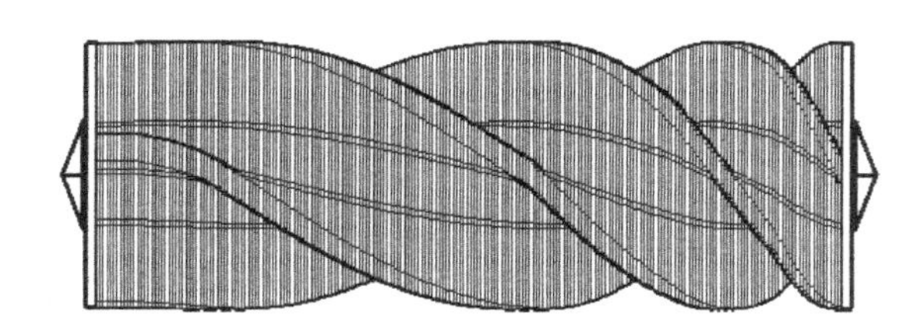

图 3.86　变螺距螺旋叶片组件结构示意图

图 3.87　基本叶片单元结构示意图

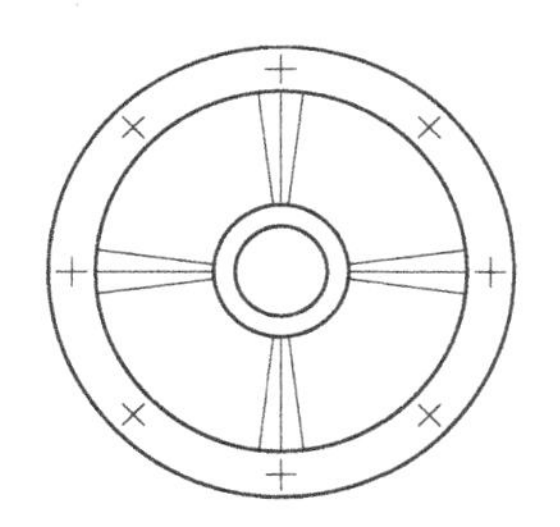

图 3.88　支座结构示意图

2. 新型溶氧曝气装置优点

(1) 新型溶氧曝气装置中产生的气泡直径比传统曝气装置小，气泡的表面积较大，气液两相的接触面积增大，可有效强化氧的传质效率，提高氧(或气体)在常温、常压条件下在水中的浓度。气泡直径越小，在水中停留时间越长，能使氧气保持在水中不易释放出来。

(2) 传统曝气装置一般只存在曝气充氧作用，细化切割作用较弱。新型溶氧曝气装置通过构建立体切割数学方程，能将流过该装置的气、水分子团及各种悬浮物和溶解于水中的大分子有机物集团切割细化，从而大大增加物质相互作用的接触面积。在污废水处理中，微生物、污染物、溶解氧可实现充分的混合接触，进而强化好氧微生物的活性，提高对污染物的去除能力。

(3) 虽然近年来出现一些新型微纳米曝气装置，但是存在结构复杂难以加工，流道较窄容易堵塞等问题。而新型溶氧曝气装置结构简单、体积小、不易堵塞、操作方便、维护和使用成本较低，具有良好的经济效益。

(4) 新型溶氧曝气装置能够直接用于好氧生物处理进行污废水处理和受污染水体净化(修复)，还可用于富氧水制备、饮料加气等液体溶气领域，以及化工生产过程中的细化混合等领域。

3. 新型溶氧曝气装置应用系统

图 3.89 是新型溶氧曝气装置的一种应用系统图。新型溶氧曝气装置工作时，先打开水泵，曝气水池中的水通过水泵的输送作用在系统内进行循环，氧源(氧气瓶或空压机)通过输气管与气体分布器相连接。打开氧源的控制阀，气液两相在气体分布器的作用下完成气液两相的初步混合。经过初步混合的气液两相流进入新型溶氧曝气装置后，在变螺距螺旋叶片组件的作用下发生旋转，形成螺旋流。同

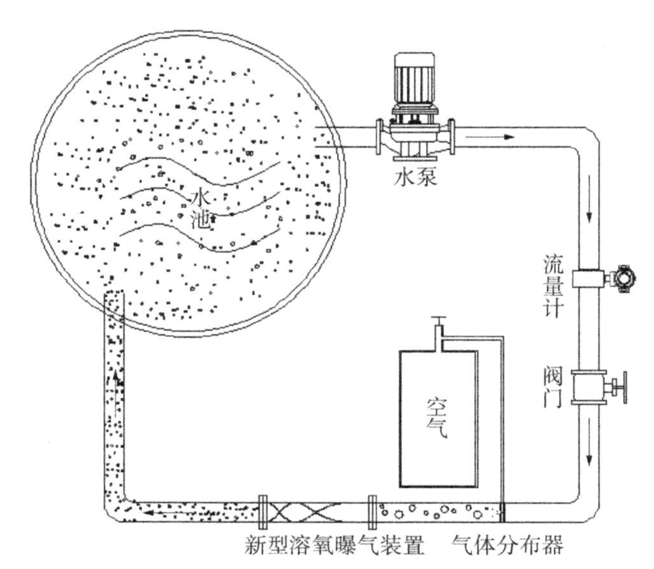

图 3.89　新型溶氧曝气装置的一种应用系统图

时，螺旋叶片能够实现对气泡的机械切割作用，使气泡直径变小。而且装置内可产生径向和轴向的压力梯度，扩大传递界面，产生二次流等复杂流动状态，使得气泡在水力剪切作用下进一步破碎细化，气液两相在装置内混合比较均匀，传质作用充分，水体中的溶解氧能够得到迅速的提升，达到饱和甚至超饱和状态，并能使得水体中溶解氧在相当一段时间内维持在较高水平。同时，污染物在经过新型溶氧曝气装置后也能够实现一定的切割细化。

3.4.2 新型溶氧曝气装置充氧性能研究

1. 实验材料与方法

进行清水曝气充氧的实验装置如图 3.90 所示。

图 3.90 清水充氧实验装置图

曝气水池：圆柱形水池，直径为 60 cm，有效水深为 70 cm。

空压机：型号 V－0.17/8，排气量 0.17 m^3/min，额定压力 8Pa，电机功率 1.5 kW，福建泉州力达机械有限公司。

立式管道泵：型号 ISGD50－125(I)，转速 1 450 r/min，流量 12.5 m^3/h，扬程 5 m，山东淄博工业泵厂。

水平螺翼式流量仪：型号 LES－50 mmE，流量范围 0.5～31.25 m^3/h，精度 ±2%，上海方峻仪器仪表有限公司。

空气玻璃转子流量计：型号 LZB－6，流量范围 100～1 000 L/h，上海天川仪表厂。

空气玻璃转子流量计：型号 LZB－10，流量范围 250～2 500 L/h，上海天川仪表厂。

压力表：型号 Y－60，测量范围 0～0.1 MPa，青岛华青自动化仪表有限公司。

溶氧仪：Fisher Scientific™ Traceable™ Portable Dissolved Oxygen Meter，测量范围 0.0～20.0 mg/L，精度±0.4 mg/L，响应时间 $t \leqslant 45$ s。

1）实验药品

脱氧剂：无水亚硫酸钠（化学纯）；催化剂：六水氯化钴（分析纯）。

2）实验方法

（1）将溶氧仪探头安装在曝气池固定位置（由于本实验的曝气池模型较小，所以只测定水体 1/2 深度处的溶解氧浓度），应避免气泡直接经过溶氧仪探头。

（2）将清水注入池内，当清水的体积达到 200 L 时，停止注入。

（3）测定并记录水温、水中初始溶解氧浓度。

（4）用温水溶解氯化钴后再溶解亚硫酸钠，并搅拌均匀，将药剂由池面均匀撒入水中，同时开启水泵，调节阀门将水泵的流量调至 12 m^3/h。（注：在本实验中后续出现的液体流量均指液体的循环流量）

（5）当水中溶解氧浓度降为零时并稳定后，启动风机，调节气体流量计阀门至气体流量为 400 L/h 进行曝气。

（6）每隔 30 s 记录一次水体中溶解氧浓度值，直到水中溶解氧达到饱和浓度 C_S 为止，实验结束。

2. 曝气装置充氧性能分析

清水曝气实验条件如下：

大气压：0.101 MPa；水样体积：200 L；水温：14.3℃；空气温度：15.7℃；液体流量：12 m^3/h；气体流量：400 L/h；无水亚硫酸钠用量：27 g；氯化钴用量：0.504 1 g（$CoCl_2 \cdot 6H_2O$）；脱氧前溶解氧浓度：8.3 mg/L；测试时气体的绝对压

力：0.137 MPa。

在对清水进行脱氧前，水体中的溶解氧为8.3 mg/L；投加催化剂和脱氧剂后，水体中的溶解氧迅速下降到零，随着曝气的进行，溶解氧浓度不断增大，最终达到了9.5 mg/L，图3.91为水中溶解氧浓度随曝气时间 t 的变化曲线。

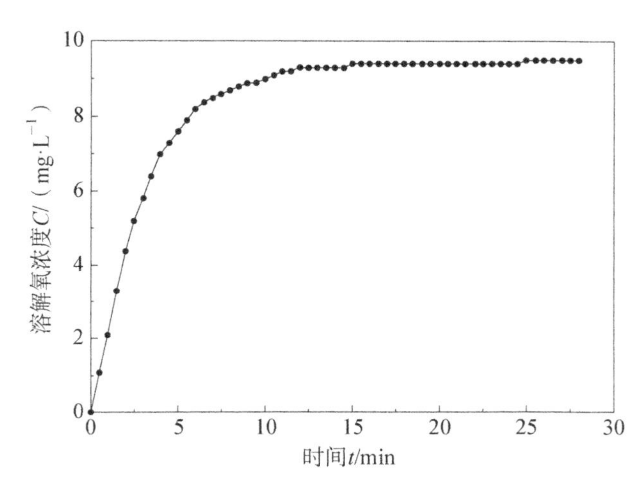

图3.91　水中溶解氧浓度 C 随时间 t 的变化曲线

从图3.91可以看出，在0～28 min水中溶解氧浓度随曝气时间增加而不断增大，但是增加速率逐渐减缓，即 $C-t$ 关系曲线的斜率越来越小。曝气充氧过程属传质过程，这种现象可用双膜理论进行解释，在氧由气相向液相转移过程中，阻力主要来自液膜，液膜内氧的传递微分方程式为：

$$\frac{\mathrm{d}C}{\mathrm{d}t}=K_{\mathrm{La}}(C_{\mathrm{S}}-C) \tag{3.33}$$

饱和浓度差 $C_{\mathrm{S}}-C$ 与曝气时间 t 呈负相关关系，因此随曝气时间的增加，溶解氧的饱和浓度差 $C_{\mathrm{S}}-C$ 不断减小，传质推动力也随之不断减小。所以水中溶解氧浓度 C 与时间 t 关系曲线的斜率随时间的增加而不断减小。

3. 曝气装置充氧性能参数表征

1）氧总转移系数

将液膜内氧的传递微分方程式积分整理后有

$$\ln(C_s - C) = \ln C - K_{La} \cdot t \quad (3.34)$$

式中：

C_s——水中饱和溶解氧浓度，mg/L；

C——与曝气时间 t 相应的水中溶解氧浓度，mg/L；

t——曝气时间，min；

K_{La}——曝气装置在测试条件下氧总转移系数，min^{-1}

可见，当将待曝气的水体脱氧至零后开始曝气，水中溶解氧浓度 C 是曝气时间 t 的函数，且 $\ln(C_s - C)$ 与时间 t 成线性关系，通过绘制 $\ln(C_s - C)$-t 的关系曲线，对 $\ln(C_s - C)$-t 进行线性拟合，求得线性方程斜率的负值即为 K_{La} 值。

根据中国城镇建设行业标准——《曝气器清水充氧性能测定》对曝气实验数据处理时，应舍去溶解氧浓度 C 小于 $20\%C_s$ 的初始数据以消除脱氧剂的影响，同时，还应舍去浓度 C 大于 $80\%C_s$ 的值，以减小结果误差。

图 3.92 为本次实验中选取数据点 $\ln(C_s - C)$-t 的散点图，对图中的点进行线性拟合得到的方程为：

$$y = -0.3407x + 2.327 \quad (R^2 = 0.9991) \quad (3.35)$$

所以，可求得 $K_{La} = 0.3407\ min^{-1}$。

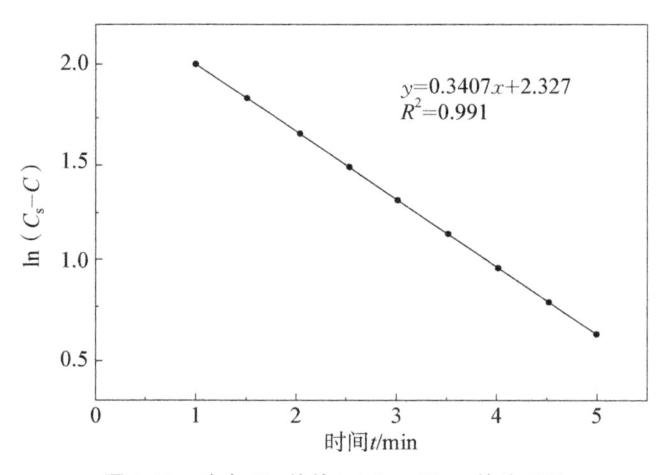

图 3.92　确定 K_{La} 值的 $\ln(C_s - C)$-t 的关系图

温度对氧的总转移系数影响很大，且清水充氧实验很难控制在同一温度下进行，为了在实际应用中便于比较，采用温度为20℃下的标准氧总转移系数 K_{Las} 来代替不同温度下氧总转移系数 K_{La}。

$$K_{\mathrm{Las}}=K_{\mathrm{La}}\theta^{(20-T)} \tag{3.36}$$

式中：

K_{Las}——标准条件下，曝气装置氧总转移系数，min^{-1}；

K_{La}——测试水温条件下曝气装置氧总转移系数，min^{-1}；

T——测试水温，℃；

θ——温度修正系数1.024。

所以，标准氧总转移系数 $K_{\mathrm{Las}}=0.340\,7\times1.024^{(20-14.3)}=0.390\,0\ \mathrm{min}^{-1}$。

2）充氧能力

充氧能力 q_{c} 是指曝气装置在标准条件下，单位时间向溶解氧浓度为零的水中传递的氧量，计算公式如下：

$$q_{\mathrm{c}}=\frac{60}{1\,000}K_{\mathrm{Las}}VC_{\mathrm{s(20)}} \tag{3.37}$$

式中：

1 000——由mg/L化为 $\mathrm{kg/m^3}$ 的系数；

60——由min化为h的系数；

q_{c}——标准条件下曝气装置充氧能力，kg/h；

K_{Las}——标准条件下，曝气装置氧总转移系数，min^{-1}；

V——测试水池中水的体积，$\mathrm{m^3}$；

$C_{\mathrm{s(20)}}$——20℃水中饱和溶解氧浓度的9.17，mg/L。

由 $V=200\ \mathrm{L}=0.2\ \mathrm{m^3}$、$K_{\mathrm{Las}}=0.39\ \mathrm{min}^{-1}$，求得新型溶氧曝气装置的充氧能力 $q_{\mathrm{c}}=\frac{60}{1\,000}\times9.17\times0.2\times0.39=0.042\,9\ \mathrm{kg/h}$。

3）氧利用率

氧利用率 ε 是指曝气装置在标准条件下，传递到水中的氧量占曝气装置供氧量的百分比，是评价曝气装置充氧性能的重要指标，能够表示曝气装置对氧气利用率的高低。

$$\varepsilon = \frac{q_c}{0.28 \times q} \times 100\% \tag{3.38}$$

式中：

ε——标准条件下，曝气装置氧利用率，%；

q_c——标准条件下，曝气装置充氧能力，kg/h；

0.28——标准状态下，1 m^3 空气所含氧的重量，mg/L；

q——标准状态下(0.1 MPa，20℃)曝气装置通气量(m^3/h)，按下式计算：

$$q = \frac{q_b P_b T_a}{T_b P} \tag{3.39}$$

式中：

q_b——气体的实际流量，m^3/h

P_b——测试时气体的绝对压力，MPa；

T_b——测试时气体的绝对温度，$(273+T)$K；

P——0.1 MPa；

T_a——绝对温度 293 K。

由于曝气转子流量计计量条件与刻度标定条件存在差异，q_b 应按下式计算

$$q_b = q_{b_0} \sqrt{\frac{P_{b_0} T_b}{P_b T_{b_0}}} \tag{3.40}$$

式中：

q_{b_0}——测试时，转子流量计的刻度流量，m^3/h；

P_{b_0}——刻度标定时气体的绝对压力，0.1 MPa；

T_{b_0}——刻度标定时气体的绝对温度，293 K。

由 $q_{b_0} = 0.4\ m^3/h$，$P_b = 0.137$ MPa，$T_b = 288.7$ K，求得 $q_b = 0.4 \times \sqrt{\frac{0.1 \times 288.7}{0.137 \times 293}} = 0.339\,2\ m^3/h$。

由 $q_b = 0.3392\ m^3/h$，$P_b = 0.137\ MPa$，$T_b = 288.7\ K$，$P_{b_0} = 0.1\ MPa$，$T_{b_0} = 293\ K$，求得 $q = \frac{0.3392 \times 0.137 \times 293}{288.7 \times 0.1} = 0.4716\ m^3/h$。

由 $q_c = 0.0429\ kg/h$、$q = 0.4716\ m^3/h$，所以求得新型溶氧曝气装置氧的利用率为 $\varepsilon = \frac{0.0429}{0.28 \times 0.4716} \times 100\% = 32.49\%$。

通过对新型溶氧曝气装置的充氧性能表征参数的分析表明，新型溶氧曝气装置在充氧性能方面表现出较大的优势，尤其是氧利用率达到了 32.49%。

4. 不同气液流量对充氧性能的影响

气液流量能够直接影响气液两相流的运动状况，气体的流速增加能够改变液体的流动状态，液体在气体的扰动下形成旋涡，能够将气泡破碎，不同气液流量对气泡尺寸的影响较大，氧的传质效率对气液流量也较为敏感。通过测试不同气液流量下的充氧性能，进一步分析新型溶氧曝气装置在不同工况条件下的运行性能，气液流量的设定及实验温度如表 3.27 所示。

表 3.27 不同的气液流量设置

组别	液体流量/($m^3 \cdot h^{-1}$)	气体流量/($m^3 \cdot h^{-1}$)	实验温度/℃
1	6	0.3	24.2
2	6	0.6	24.8
3	6	0.9	24.1
4	6	1.2	23.9
5	9	0.3	24.2
6	9	0.6	24.7
7	9	0.9	24.3
8	9	1.2	24.8
9	9	1.6	24.5
10	12	0.3	24.2
11	12	0.6	24.8
12	12	0.9	25.1
13	12	1.2	24.8
14	12	1.6	25.0

1）气体流量对曝气装置充氧性能的影响

在液体流量 $Q_w=6\ m^3/h$，$9\ m^3/h$，$12\ m^3/h$ 情况下，逐渐加大气体流量，考察新型曝气装置在液体流量一定时，充氧性能随气体流量的变化规律，溶解氧质量浓度 C 与曝气时间 t 的变化关系如图 3.93 至图 3.95 所示。

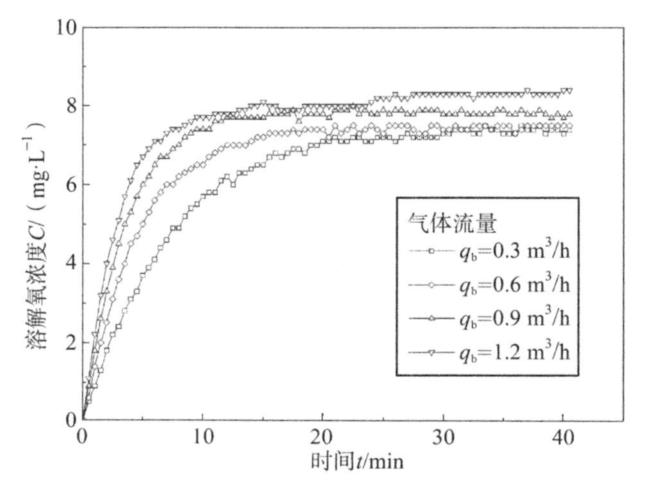

图 3.93　液体流量 $Q_w=6\ m^3/h$ 时溶解氧浓度 C 随时间 t 变化的曲线

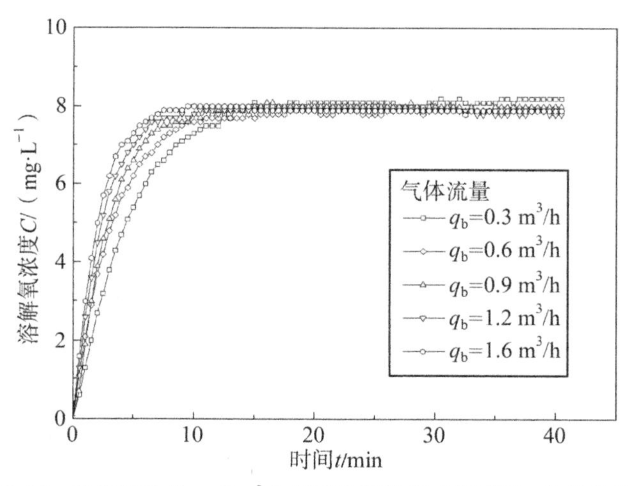

图 3.94　液体流量 $Q_w=9\ m^3/h$ 时溶解氧浓度 C 随时间 t 变化的曲线

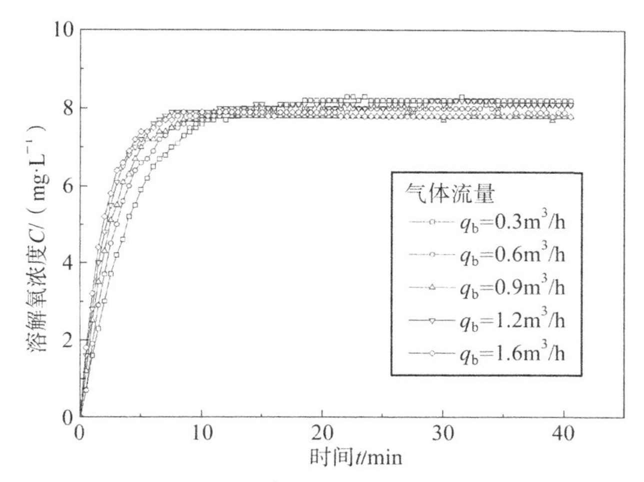

图 3.95　液体流量 $Q_w = 12\ m^3/h$ 时溶解氧浓度 C 随时间 t 变化的曲线

经过比较我们发现，在液体流量一定时，随着气体流量的增大，曝气池中溶解氧浓度具有较快的上升速度，达到饱和值的时间也相对较短，说明液体流量一定时，增大空气流量能够加快新型装置的溶氧速率。

但在不同液体流量条件下，溶解氧浓度 C 随时间 t 变化的速率存在一定的差异，当液体流量为 6 m^3/h 时，气体流量的增加对水中溶解氧的变化影响较大，不仅体现在水中溶解氧浓度的上升速度不同，而且溶解氧浓度能够达到的饱和值也存在着一定的差异，从图 3.93 至图 3.95 中可以看出，液体流量较低时，水中溶解氧的饱和值随着空气流量的增大而增大。随着液体流量的增大，当达到 9 m^3/h、12 m^3/h 时，溶解氧浓度 C 随时间 t 变化的曲线逐渐靠拢，各组数据虽然存在着一定的差别，但气体流量的变化对装置溶氧效率的影响作用逐渐减小。这是由于当液体流量较低时，装置内液体的流速较低，其湍流强度较低，此时增加气体流量能够对液体产生一定的扰动，可以增大装置内部的湍流强度，从而对氧的传质过程产生影响。表现为装置的溶氧效率得到提高，随着液体流量逐渐增加，湍流强度得到了较大的提高，此时气体流量的变化对装置内的湍流强度的影响减小，气体流量的变化对装置的溶氧效率的提高作用会呈现降低趋势。

通过对各组实验数据计算可得新型溶氧曝气装置在不同气液流量下的充氧性能参数如表 3.28 所示。

表 3.28　新型曝气装置在不同气液流量下的充氧性能参数

液体流量 Q_w /($m^3 \cdot h^{-1}$)	气体流量 q_b /($m^3 \cdot h^{-1}$)	氧转移系数 K_{Las} /min^{-1}	充氧能力 q_c /($kg \cdot h^{-1}$)	利用率 ε/%
6	0.3	0.134 0	0.014 74	13.38
	0.6	0.209 3	0.023 02	10.44
	0.9	0.264 3	0.029 07	8.794
	1.2	0.309 0	0.033 99	7.712
9	0.3	0.210 8	0.023 19	21.04
	0.6	0.279 1	0.030 71	13.93
	0.9	0.336 9	0.037 06	11.21
	1.2	0.403 6	0.044 40	10.07
	1.6	0.472 0	0.051 92	8.834
12	0.3	0.257 9	0.028 37	25.75
	0.6	0.327 9	0.036 07	16.37
	0.9	0.390 7	0.042 98	13.00
	1.2	0.439 1	0.048 30	10.96
	1.6	0.491 7	0.054 09	9.205

新型溶氧曝气装置的充氧能力与氧利用率随气体流量的变化如图 3.96、图 3.97所示，在液体流量一定时，随着气体流量的增加，装置充氧能力增大，而氧的利用率降低。尤其是气体的流量较低时，提高气体流量可显著地提高装置的充

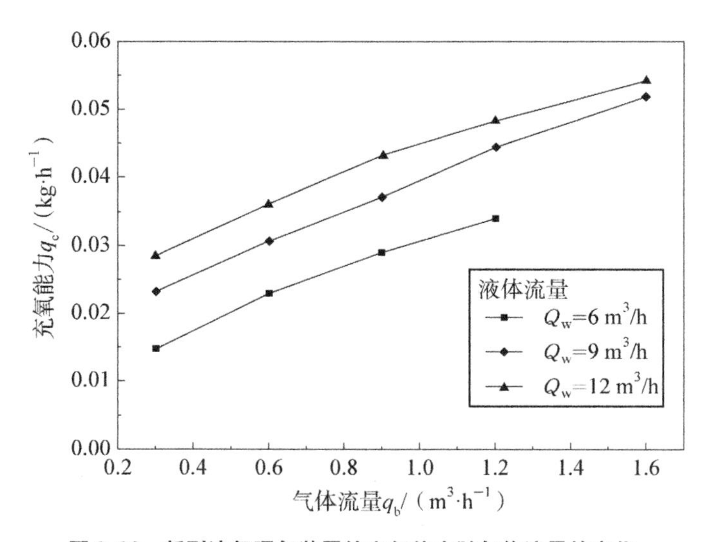

图 3.96　新型溶氧曝气装置的充氧能力随气体流量的变化

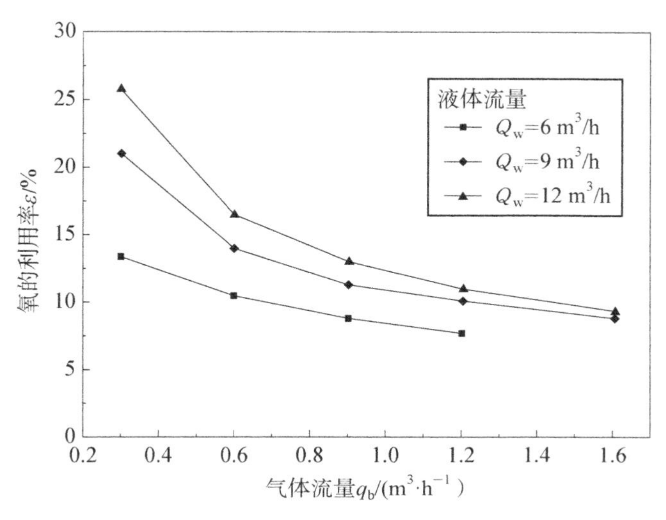

图 3.97　新型溶氧曝气装置的氧利用率随气体流量的变化

氧能力。随着气体流量的进一步增加，装置的充氧能力增加缓慢，且氧的利用率下降比较明显。装置的充氧能力在气体流量 q_b＝1.6 m^3/h、液体流量 Q_w＝12 m^3/h 达到最大为 0.054 09 m^3/h，氧的利用率在液体流量 Q_w＝12 m^3/h、气体流量 q_b＝0.3 m^3/h 达到最大值。

气体流量较低时，增大气体流量，气体的速度加大，气体运动给液体的流动带来了扰动，增大了气液两相流的湍流强度。一方面，气体在装置内经过水力剪切进一步破碎细化，气泡的平均直径减小，从而使得氧的转移系数增大，装置向水体的充氧能力得到增强；另一方面，随着气体速度的增大，气体在装置内的停留时间变短，且随着水中溶解氧的浓度逐渐升高，氧转移的推动力变小，氧向水体的转移将变得困难，最终体现在装置的氧的利用率下降。

2）液体流量对装置充氧性能的影响

新型溶氧曝气装置的充氧性能与氧的利用率随液体流量的变化如图 3.98、图 3.99所示，提高液体的流量，装置内的湍动程度加强，能够加大氧的传质系数，所以装置的氧总转移系数、充氧能力和氧的利用率均随着液体流量的增加而增加。和不同气体流量的变化规律类似，在液体流量较低时，增大液体流量对提高装置的

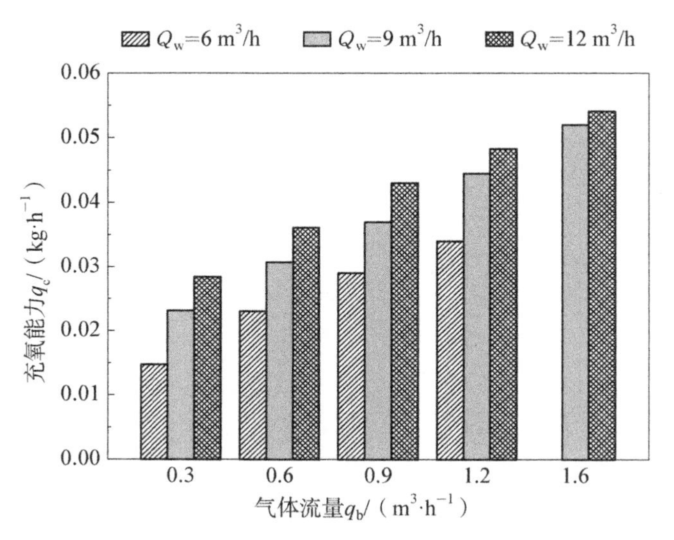

图 3.98　新型溶氧曝气装置的充氧能力随液体流量的变化

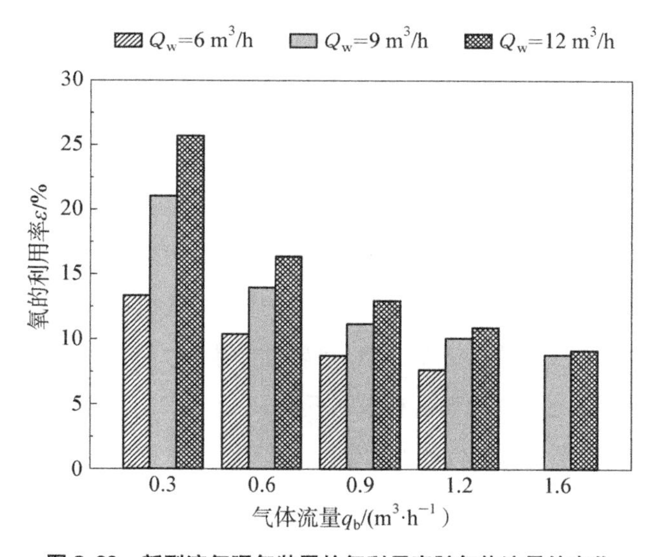

图 3.99　新型溶氧曝气装置的氧利用率随气体流量的变化

充氧性能的作用比较明显；随着液体流量的进一步提高，增大液体流量对装置充氧性能的影响慢慢减弱，在实际应用中大幅度提高液体流量也会显著增加装置的能量消耗。

5. 新型溶氧曝气装置与微孔曝气装置的比较

微孔曝气装置主要由供气设备、气体管道、刚玉曝气盘组成，其中刚玉曝气盘的技术参数如下：直径约 132 mm、厚度 20 mm、气孔率 36%～42%、微孔孔径(平均)150～200 μm，将 3 个刚玉曝气盘均匀分布安装在曝气池底部。在与新型溶氧曝气装置相同环境测试的条件下，控制气体的有效流量与新型溶氧曝气装置相同，对水体进行曝气。

图 3.100 为两装置水体中溶解氧含量随时间变化曲线的对比图，从图中可以看出，在相同的气体流量下，新型溶氧曝气装置能够达到的饱和溶解氧浓度更高，且达到饱和的时间也更短，而微孔曝气装置水体中的溶解氧含量随时间上升的速度比较缓慢。

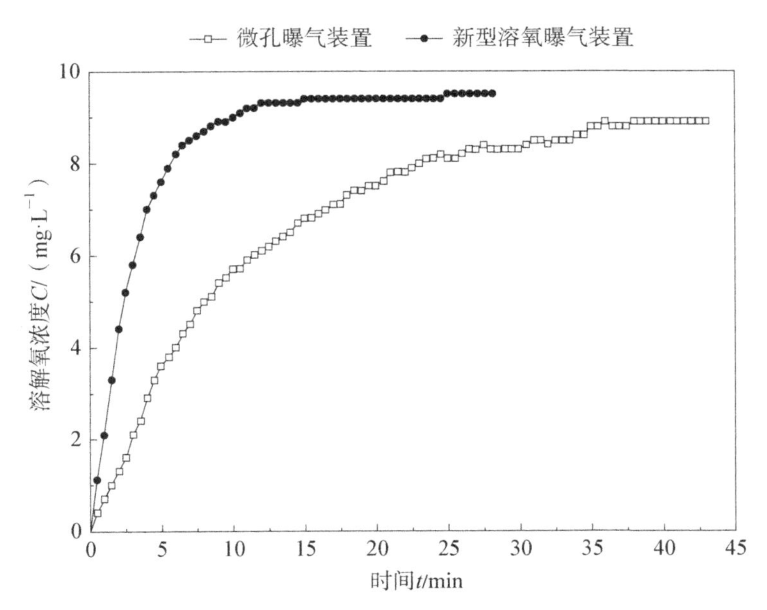

图 3.100　新型溶氧曝气装置与微孔曝气装置 C-t 关系对比图

表 3.29 列举了两种曝气装置的充氧性能表征参数的计算结果，微孔曝气装置的饱和溶解氧浓度为 8.9 mg/L，新型溶氧曝气装置的饱和溶解氧浓度可达 9.5 mg/L。新型溶氧曝气装置池内由于液相的循环对水体具有搅拌作用，使得水体的紊动程度变得更为剧烈，使其饱和溶解氧浓度比微孔曝气装置提高了 6.7%。在相同气体流量下，新型溶氧曝气装置的氧总转移系数、充氧能力和氧的利用率是微孔曝气装置的 4 倍左右。

表 3.29　新型曝气装置与微孔曝气装置的性能比较

曝气设备	饱和溶解氧 C_S/ ($mg \cdot L^{-1}$)	氧总转移系数 K_{Las}/ min^{-1}	充氧能力 q_c/ ($kg \cdot h^{-1}$)	氧利用率ε /%
新型曝气装置	9.5	0.390 0	0.042 9	32.49
微孔曝气装置	8.9	0.090 4	0.009 9	8.41

相比微孔曝气装置，新型溶氧曝气装置具有更高的氧总转移系数、充氧能力和氧的利用率。对于新型溶氧曝气装置，装置内存在以下两种作用：一是基本叶片的机械切割作用，二是装置内产生径向和轴向的压力梯度，扩大传质界面，产生二次流等复杂流动状态。气泡在水力剪切下，能够进一步破碎细化，增大气液两相的接触面积，降低气液两相接触界面两侧的气膜和液膜的厚度，由此提高了氧的传质速率，所以，新型溶氧曝气装置的充氧效果要优于微孔曝气装置。

6. 小结

(1) 在液体流量为 $Q_w=12\ m^3/h$，气体流量 $q_b=0.3\ m^3/h$ 时，装置的氧总转移为 0.39 min^{-1}，充氧能力 q_c 为 0.042 9 kg/h，氧利用率ε 高达 32.49%。

(2) 气体流量和液体流量的变化对装置充氧性能的影响研究表明，随着液体流量增加，装置氧总转移系数、充氧能力和氧利用率均增大；随着气体流量增加，装置的氧总转移系数和充氧能力变大，氧的利用率下降，但装置充氧性能表征参数随气液流量的变化并不满足线性关系。

(3) 新型溶氧曝气装置与微孔曝气器在相同空气流量下的对比实验表明，新型溶氧曝气装置能够达到的饱和氧浓度更高，且达到饱和的时间也较短，新型溶氧曝气装置具有更高的氧总转移系数、充氧能力和氧的利用率。

3.4.3 新型溶氧曝气装置改善污染河流水质研究

1. 实验条件

实验装置同清水曝气实验装置相同，如表 3.30 所示，只是将实验用水由清水换成受污染的河水。实验用水取自南京市一条城市内河，该河道总长约 4.8 km，平均宽度为 5 米左右，平均水深为 1.5 m。平时河水基本呈滞留状态，雨天时水体呈现流动状态，但流速较为缓慢，为典型的城市小河道特征，水体并未发黑，但已散发出强烈的异味，给人的感官带来明显的厌恶感。

水质指标检测方法如表 3.30 所示。

表 3.30 主要水质检测指标与分析方法

检测指标	分析方法或仪器
DO	便携式溶氧仪
COD_{Mn}	高锰酸盐指数法
氨氮	纳氏试剂分光光度法
TN	碱性过硫酸钾消解紫外分光光度法
TP	钼酸盐分光光度法
浊度	便携式浊度仪

为了比较新型溶氧曝气装置与微孔曝气装置对污染河水的处理效果，实验装置共设 3 组。第一组不进行曝气处理，静置作为空白对照；第二组采用微孔曝气装置对河水进行曝气，通气量为 400 L/h；第三组使用新型溶氧曝气装置对河水进行曝气，曝气量同样控制在 400 L/h，液体循环流量为 12 m^3/h。实验河水的体积均为 200 L，有效水深为 0.7 m，进行曝气的两组系统每天曝气时间相同且均控制在 3 h，其他时间段不进行曝气。每天曝气前，对每组河水测定其水体中的溶解氧含量；在曝气结束后，对其水质指标进行测定。

2. 污染河流水质改善效果分析

1）水体中 DO 浓度的变化

在对污染河水水体进行曝气的实验中，微孔曝气装置和新型溶氧曝气装置均能够较快地提高水体中的溶解氧浓度，使水体中的溶解氧达到饱和状态。停止曝气后，水体中的溶解氧缓慢下降，每天在曝气前测定水体中的剩余溶解氧含量，3 组实验中水体中的剩余溶解氧含量的变化如图 3.101 所示。

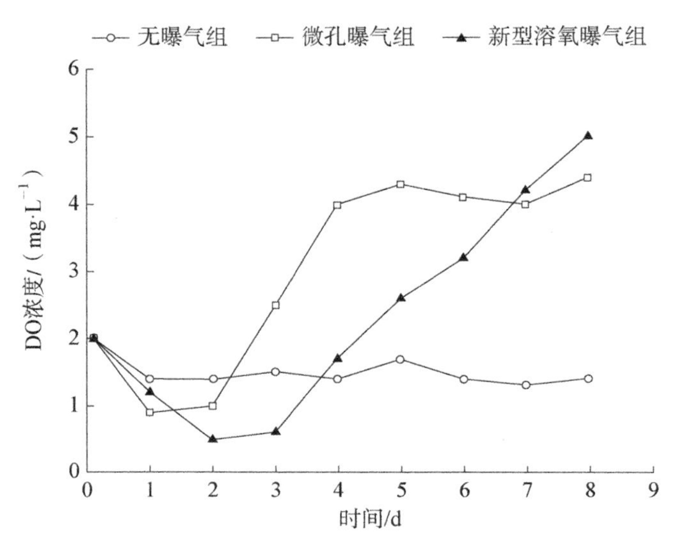

图 3.101　水体中 DO 浓度随时间的变化

从图 3.53 可以看出，曝气前水体的初始溶解氧为 2 mg/L，无曝气组水体中的溶解氧在第一天出现了下降，之后基本保持在 1.4 mg/L 左右。微孔曝气组水体中的溶解氧在第一天出现下降之后，随着后续曝气的进行，水体中的溶解氧逐渐增加，在第四天溶解氧升高到 4 mg/L 左右，之后变化幅度不大；在第 8 天水体中的溶解氧达到最大值为 4.4 mg/L。新型溶氧曝气组水体的溶解氧在第二天下降到最低为 0.5 mg/L，之后溶解氧快速增加；在第七天的时候溶解氧含量超过微孔曝气组；在第八天水体中溶解氧达到 5 mg/L。比微孔曝气组高 0.6 mg/L。对比空白组，水体中溶解氧高 3.6 mg/L，微孔曝气组溶解氧含量增大的时间要早于新型溶氧曝气装置。

水体中的溶解氧变化比较复杂，因为水体中的溶解氧与水体中的污染物质存在密切的关系。水体中的污染物质增加，溶解氧被消耗，溶解氧浓度下降；增加水体中的溶解氧，微生物的活性增强，进而加快对水体中污染物质的降解作用，污染物质的含量下降，水体中的溶解氧含量能够维持在较高的水平。曝气组在前三天里出现溶解氧浓度下降现象，是由于进行曝气后，水体中微生物活性增强，微生物的需氧量增加。停止曝气后，水体的耗氧速率大于水体的大气复氧速率，从而使得水体中的溶解氧在刚开始时表现出下降趋势；之后随着微生物对污染物质的降解，污染物质的含量减少，水体的耗氧速率降低，水体中的溶解氧浓度逐渐升高。微孔曝气组停止曝气后，粒径较大的悬浮物沉降到底部，使得水体中污染物的含量降低，新型溶氧曝气具有切割细化作用，污染物依旧能够比较均匀地分散在水体中，所以其耗氧速率要大于微孔曝气装置组，最终呈现出微孔曝气组溶解氧含量增加的时间要早于新型溶氧曝气装置。

2）水体中 COD_{Mn} 的变化

如图 3.102 所示，无曝气组、微孔曝气组和新型溶氧曝气组的 COD_{Mn} 都出现了明显的下降。无曝气对照组 COD_{Mn} 浓度在前三天出现了明显的下降，之后变化不再明显；微孔曝气组的浓度由开始时的 16.52 mg/L 下降到 8.15 mg/L，去除率达到 50.7%；新型溶氧曝气组的 COD_{Mn} 浓度由 17.59 mg/L 下降到 6.38 mg/L，去除率可达 63.7%。微孔曝气组在前 6 天的 COD_{Mn} 浓度要低于新型溶氧曝气装置水体中 COD_{Mn} 浓度。

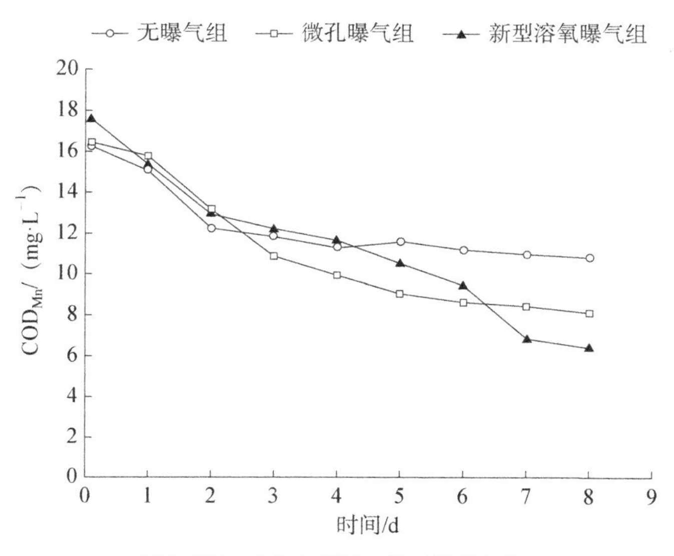

图 3.102　水体中 COD_{Mn} 随时间的变化

无曝气组作为对照，只做静置处理，河水中悬浮的污染物在静止的过程中被沉降到水池底部，不能够被检测到。这是无曝气组的 COD_{Mn} 浓度下降的主要原因。对于微孔曝气组，在不曝气阶段，部分悬浮的污染物依旧会沉降到水池底部，虽然曝气能够对水体造成了一定的扰动，但扰动的程度较弱，部分粒径较大且已经沉降在底部的污染物很难被带到水体中。新型溶氧曝气装置能够将流过该装置的悬浮物和大分子有机物集团进行切割细化，且由于对水体进行循环，水池中的污染物能够几乎均匀地分散在水池中，使得水体中的微生物、污染物、溶解氧充分混合接触，强化微生物的活性，提高对污染物的去除能力。由于克服了污染物的沉降并对污染物切割细化，污染物分散比较均匀，使得新型溶氧曝气装置在前期对 COD_{Mn} 表现出的降解作用要弱于微孔曝气装置，但是随着时间的延长，新型溶氧组水体的 COD_{Mn} 浓度最终低于微孔曝气组。通过水体的浊度变化，能够在一定程度上验证各组水体中污染物的分散情况。

水体中的污染物之间相互结合成大的分子集团，污染物与微生物的接触面积大大减小，从而导致污染物通过生物降解的难度增加。实验中，微孔曝气虽然能够提高水体中的溶解氧浓度，但对污染物的去除效果并不十分理想。沉积物曾经一度被看作是水体环境污染物质的最终存储场所，大量的有机物、氮磷物质、重金属等在底泥中沉积，最终造成水体的内源污染。与微孔曝气相比，新型溶氧曝气装置能够较好地解决上述问题，在实际污染河流的修复中具有较大的优越性。

3）水体中氨氮的变化

水体中氨氮的变化如图 3.103 所示，无曝气组水体中的含氮有机物在微生物的作用下转化为氨氮，使得水体中的氨氮浓度出现了一定程度的上升。对于两曝气实验组，通过曝气不仅能够解决水体中氨氮上升的问题，而且对氨氮具有一定的去除效果，但微孔曝气和新型溶氧曝气在对氨氮的去除上呈现出较大的差别。微孔曝气组对氨氮的去除效果有限，最大去除率只有 12.0%，但新型溶氧曝气装置对氨氮的去除具有十分明显的效果，水体中氨氮的浓度在第三天后便出现了大幅度下降，最终使氨氮的浓度由初始的 10.55 mg/L 下降到 1.04 mg/L，去除率高达 90.1%。从图 3.55 中可以看出，微孔曝气组和新型溶氧曝气组水体中氨氮浓度在前两天基本没有变化，说明氨氮的减少并非是曝气时吹脱作用引起，而是在微生物

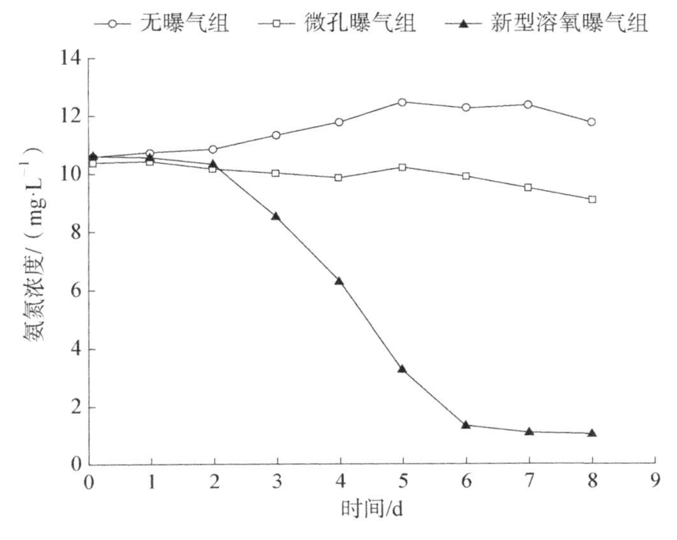

图 3.103 水体中氨氮随时间的变化

的作用下被氧化转化。

新型溶氧曝气装置对氨氮去除效果较好的原因在于:①新型溶氧曝气装置能够对水体中的物质进行切割细化,增加微生物、氨氮和溶解氧之间的接触面积,提高了微生物活性,强化了硝化细菌对氨氮的氧化作用。②氧是生物硝化作用中的电子受体,与微孔曝气装置相比,新型溶氧曝气装置的充氧能力更强,有利于硝化反应的进行。

4) 水体中 TN 的变化

不同曝气组对水体中 TN 的去除效果如图 3.104 所示。从图中可以看出,无曝气组水体中 TN 的浓度由初始的 14.73 mg/L 下降到 13.90 mg/L,TN 浓度随着时间的变化并不明显。曝气实验组水体中 TN 浓度随时间的变化基本呈现出相同的趋势。在前一段时间内,曝气组水体中的 TN 逐渐下降,微孔曝气组在第六天 TN 的浓度最低达到 11.83 mg/L,此时的去除率为 20%;新型溶氧曝气组在第五天 TN 的浓度最低达到 12.38 mg/L,此时的去除率为 23%。之后两组曝气实验水体中的 TN 不再下降,而是呈现一定幅度的波动。在前期,由于水体处于好氧—缺氧交替的状态,能够使反硝化反应能够较好地进行,但随着时间的推移,水体中的溶解氧含量逐渐增加，反硝化所需要的缺氧条件不再满足，硝态氮很难通过反硝化作用转化为氮气而实现对 TN 的去除，而且反硝化菌是化能异养兼性缺氧型微生物，随着有机碳源的消耗，反硝化细菌的活动逐渐受到抑制，所以对水体中 TN 的去除不再明显。

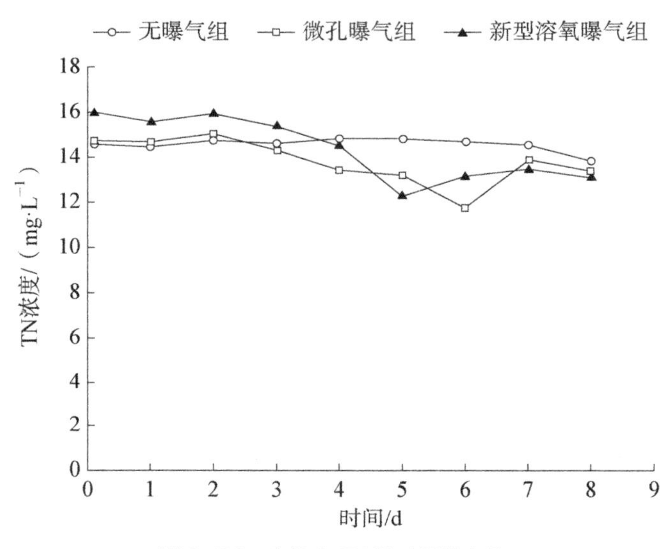

图 3.104　水体中 TN 随时间的变化

5）水体中 TP 的变化

图 3.105 给出了 3 组实验中水体 TP 浓度的变化，从图中可以看出，无曝气对照组水体中 TP 的浓度基本没有减少。两组曝气实验组水体中 TP 浓度随着运行时间不断下降，在第五天，两曝气实验组的总磷浓度达到最低，微孔曝气组的 TP 浓度为 1.2 mg/L，新型溶氧曝气组的 TP 浓度为 1.16 mg/L，由此可见，两曝气实验组对 TP 的去除率并不是很高，差别较小。在第五至第八天内，水体中 TP 含量基本保持稳定。

在厌氧条件下，聚磷菌通过聚磷酸盐水解产生的能量将有机物转化为 PHA，同时伴随着正磷酸盐的释放；在好氧条件下，聚磷菌能够利用胞内贮存的 PHA 提供生长所需的能量和碳源，聚磷菌生长时将磷以聚合的形态贮存在体内，此时，吸收的磷远远大于厌氧时释放的磷，聚磷菌对磷的超量吸收使得水中磷的浓度大大

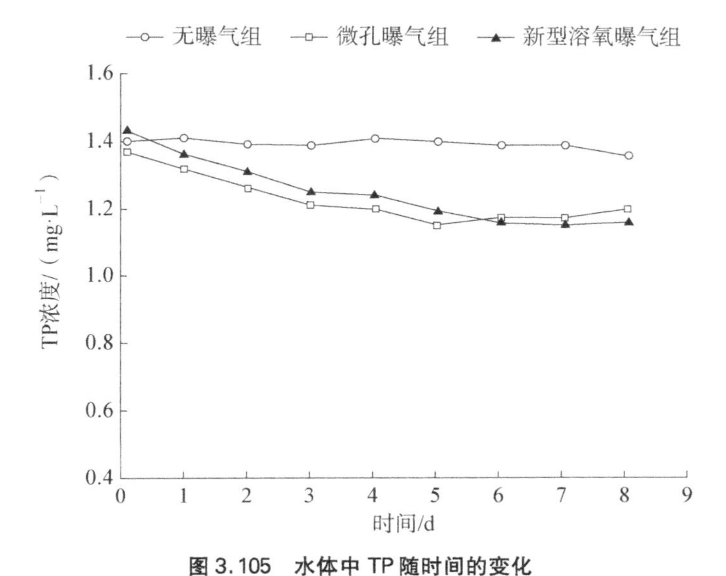

图 3.105 水体中 TP 随时间的变化

下降，从而实现了对磷的去除。随着水体中溶解氧的增加，聚磷菌“释磷”所需的厌氧条件不再满足，由于聚磷菌没有经过厌氧释磷的过程，所以在好氧条件下，聚磷菌无法实现对磷的超量吸收，因而水体中磷的含量不再变化。

6）水体中浊度的变化

如图 3.106 所示，3 组实验水体中浊度出现了明显的下降，无曝气组和微孔曝气组的浊度下降速度较快，水体中大量的悬浮物在非曝气时间段沉降到底部。新型溶氧曝气组能够对悬浮的污染物进行切割细化，污染物的粒径变小，发生沉降比较困难，而是比较相对均匀地分散在水体中，且水体进行循环时紊动较为剧烈，浊度于第一天出现了上升。在对浊度测定过程中，新型溶氧曝气组的浊度始终大于无曝气对照组和微孔曝气组，不过从最终的浊度变化来看，3 组实验水体的浊度随着系统运行时间的增加逐渐下降，水体也变得澄清。

3. 小结

新型溶氧曝气装置用于处理受污染河流具有很好的效果，能够快速消除水体的异味，改善水体水质，实现对受污河流的净化。在相同曝气量的条件下，虽然微孔曝气装置和新型溶氧曝气装置均能够较快地增加水体中的溶解氧含量，但两组

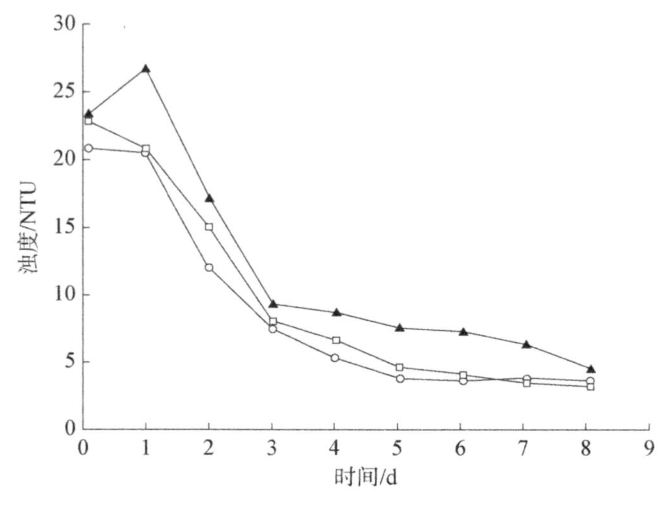

图 3.106　水体中浊度随时间的变化

曝气方式在对污染物的去除上呈现出一定的差异。与微孔曝气组相比，新型溶氧曝气组的 DO 最终提高了 0.6 mg/L，对 COD_{Mn}、氨氮、TN 和 TP 的去除率分别高 13%、78.1%、3%、3.5%。综合来看，新型溶氧曝气装置对污染物质的切割细化，使污染物能够较均匀地分散在水中，在污染河流治理的实际工程中具有良好的应用前景。

第 4 章

长三角乡村景观生态化规划设计技术

针对长三角乡村无序扩张、空心村凸显、土地使用效率低下、乡村公共场所景观建设滞后、院落布局分散、庭院空旷、风貌退化等问题,利用多期遥感等数据分析乡村空间布局、村落景观密度、频度、优势度值,研究乡村景观空间形态与肌理的演化特征、乡村生产生活方式变化与旧有乡村院落景观空间适应性及乡土景观中特有的地域性造型特征,重点开发乡村景观空间布局生态化规划设计技术、乡村公共场所景观生态化设计技术和乡村院落景观生态化设计技术等,建立长三角乡村景观结构合理、环境舒适、生态高效、低碳节约的生态化规划设计技术集成体系。

4.1 长三角乡村景观空间布局分析

4.1.1 乡村生态敏感性分析

1. 现状调研

本研究以长三角乡村地区的 15 个行政村(包括南京、镇江、苏州、无锡和常州

5 市)为研究对象,主要是石墙围、蒋山村、花联村、西舍、高村、荆山村、杨柳村、东青村、沉海圩、中泾村、梅泾村、秦巷村、西管村、强埠村、丁家边村,调研其建设用地影响乡村敏感性的非生态化模式。调查乡村的具体位置如表 4.1 所示。

表 4.1 现状非生态乡村建设用地模式一览表

类型	对生态的影响	现状模式	典型案例	特点
阻隔生态联系	该模式下,水体与乡村居民点之间的现代化建设片区一方面破坏乡村风貌,另一方面切断水体与乡村的生态廊道	乡村居民点 城镇化开发 水体	南京市高淳区西舍村	乡村居民点与水体之间具有较大规模用地
产生环境污染	该模式下乡村旁的污染工业对居民点与周边生态斑块均产生负面影响	工业 乡村居民点 水体	常州市溧阳强埠村	平原水网地区乡村利用建设用地兴办工厂
过度改造生态基质	该模式下的山体一方面无法与乡村产生生态联系,另一方面其自身也受到干扰破坏	城镇化开发 山体 山体	南京市高淳区花联村	对山脚下的乡村进行城镇化开发
过于注重交通影响	该模式下的乡村建设用地以为追求与区域交通干道的临近而忽略自身的生态本底,造成生态斑块的闲置与浪费	水体 水体 水体 乡村居民点 交通干道	镇江市句容丁家边村	靠近交通干道进行建设活动

2. 研究方法

生态敏感性是在不损失或不降低环境质量的情况下，生态系统对自然变化或人为干扰的反映程度和适应能力，能够分析和预测区域发生生态系统失衡和环境问题的可能性(欧阳志云，2000)。基于生态敏感性分析，选取植被覆盖、生物多样性、道路交通影响、水源保护以及地形条件4个方面的技术进展进行探讨(李琳，2015；胡望舒2010；谢花林，2010；赵义华，2009；颜文涛，2007)。

植被覆盖包括植被覆盖指数和植被覆盖种类。就长三角乡村地区的植被覆盖指数而言，可划分为大于60%、45%～60%、30%～45%、10%～30%，以及不大于10%五级体系对乡村植被的覆盖程度进行分析(李琳，2015)。

就生物多样性保护而言，依据长三角乡村地区的地理环境与气候背景，可划分为两栖类动物、小型哺乳类动物以及喜水鸟类3种类型(孙烨，2012)，也可直接划分为喜水生物与喜林生物两种类型(曾振，2014)，确定潜在生物的多样性。

就道路交通影响而言，乡村道路比城市道路等级低、流量小，所以在划分道路缓冲区时，相关学者将苏州乡村地区的主要道路的距离划分为小于100 m、100～200 m、200～300 m，以及大于300 m，分别对应高便捷区、中便捷区、低便捷区及非便捷区(王雨村，2015)。

就水源保护区而言，主要是通过河道、湖泊的敏感性提出区域内的水源保护策略(丁金华，2016)，将乡村水系河道划分为一级、二级以及三级，将水源保护区划分为一级水源保护区、二级水源保护区、准级水源保护区(彭震伟，2013；谢花林，2011)。

就地形条件而言，国内学者主要围绕高程、坡度以及坡向3个因子展开研究，一部分学者如选取高程、坡度因子对乡村地形进行分析(彭震伟，2013；颜文涛，2007)，还有一部分选取坡度、坡向因子进行乡村地形分析(李永华，2015)。

在生态敏感性分析中，根据《生态功能区划暂行规程》中生态敏感性评价的相关规范内容，首先运用德尔菲专家打分的方法，对各项单因子进行打分与赋值，其次运用AHP层次分析法确定指标间的相对权重，通过Arcinfo平台制定生态敏感性的标准(尹海伟，2006)，对各乡村用地单项生态因素敏感性等级及其权重进行评估，进行单因素的叠加，按照各土地利用单因素的敏感性分级形成单因素的图层，通过加权多因素的分析得到综合敏感性的分层；最后叠合现状道路、水体等得到生态敏感性模型。

表 4.2　生态敏感性分析模型

评价因子		分　类	敏感值	权重
植被覆盖类型		芦苇	5	1/N
		农田	4	
		林地	3	
		苗圃	2	
		无植被区	1	
水域	主要水域	自身及周边 20 m 缓冲区内	5	1/N
		20～50 m 缓冲区	4	
		50～100 m 缓冲区	3	
		100～150 m 缓冲区	2	
	次要水域	150 m 缓冲区外	1	
		自身及其周围 5 m 缓冲区内	5	
		5～10 m 缓冲区	4	
		10～20 m 缓冲区	3	
		20～50 m 缓冲区	2	
		50 m 缓冲区	1	
道路交通影响	道路缓冲带	123 省道两侧缓冲带各 100 m	5	1/N
		村内主要道路两侧缓冲带各 15 m	4	
		道路本身及其他区域	2	
	道路便捷性	距离主要道路的距离小于 100 m	5	
		距离主要道路的距离 100～200 m	4	
		距离主要道路的距离 200～300 m	3	
		距离主要道路的距离大于 300 m	2	
地形条件	坡度	<8%	3	1/N
		8%～28%	4	
		>28%	5	
	高程	<25 m	3	
		25～50 m	4	
		>50 m	5	

基于分析方法中加权多因子的过程，加权叠加法的计算公式为

$$S_i = \sum_{k=1}^{n} B_{ki} W_k \tag{4.1}$$

式中：

S_i——综合评价值；

B_{ki}——空间单元第一因子敏感性等级值；

W_k——空间第一因子权重；

N——因子个数。

3. 研究结论

综合评价值代表了该空间地块的生态敏感性程度，分值越高，生态敏感性越强(佘济云，2012)，在此基础上可划分为最敏感区、敏感区、低敏感区与不敏感区(见表4.3)。

表4.3　敏感度分区表

类型	说　明
最敏感区	一般表现为有大量水体、森林覆盖或者地表坡度大于20%的区域。该区域对认为的开发建设活动极为敏感，一旦开发不利，出现干扰破坏，不但会影响建设工作，还会给生态环境带来不可逆转的严重破坏。属于生态保护的重点区域，一般不建议进行开发建设
敏感区	一般表现为对人类的活动较为敏感。该区域对地区的气候起到重要调节作用的区域，生态恢复难打较大，开发时需谨慎
低敏感区	一般表现为能够承受一定的认为开发建设。但若遭受较大的干扰，将造成该地区的空气质量下降、植被多样性降低以及噪声污染等生态问题，生态恢复速度较慢
不敏感区	可用于开发建设。一般作为城乡建设用地

4.1.2　乡村安全适宜性分析

1. 现状调研

以长三角地区的15个行政村为调研对象，以维护乡村安全为目的，对乡村绿化覆盖程度、污染性工业用地规模以及乡村居民点距离潜在地质灾害源头进行调研(见表4.4)，发现样地中的绿化覆盖面积明显不足，污染性的工业用地占比仍然偏高，居民点距离潜在的地质灾害源头较近，存在安全隐患。

表 4.4　长三角乡村建设用地与生态环境安全关系一览表

乡村建设用地现状及绿化覆盖程度	污染性工业用地规模	离灾害隐患的距离
(1) 南京市高淳高村  乡村建设用地面积 30 984 m^2，绿化覆盖面积 16 407 m^2，占乡村建设用地比例 52.9%	(1) 常州市溧阳强埠村  工业用地面积占乡村建设用地面积的 57.2%	(1) 南京市高淳花联村  与固城湖的距离仅为 5 m，直接毗邻湖泊，存在较大的淹没隐患
(2) 南京市高淳石墙围村 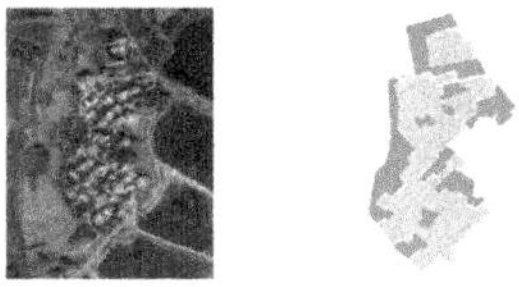 乡村建设用地面积 40 447 m^2，绿化覆盖面积 15 315 m^2，占乡村建设用地比例 37.9%	(2) 南京市高淳蒋山村 工业用地面积占乡村建设用地面积的 17.7%	(2) 南京市高淳蒋山村 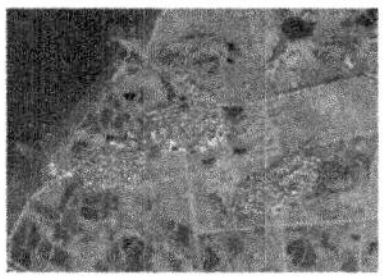 距离固城湖最小距离为 47 m，位于洪水淹没范围以内，存在一定的安全隐患
(3) 常州市溧阳西管村  乡村建设用地面积 68 592 m^2，绿化覆盖面积 10 223 m^2，占乡村建设用地比例 14.9%	(3) 无锡市惠山秦巷村  工业用地面积占乡村建设用地面积的 19.9%	(3) 南京市高淳荆山村 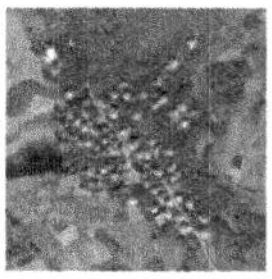 直接毗邻山体，位于山体滑坡范围内，有较大的安全隐患
(4) 南京市高淳西舍村 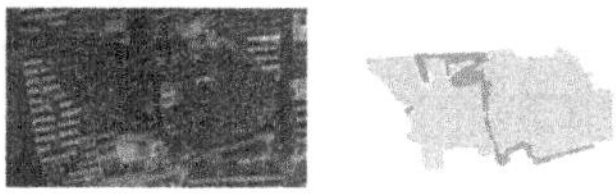 乡村建设用地面积 139 549 m^2，绿化覆盖面积 17 345 m^2，占乡村建设用地比例 12.4%	(4) 无锡市惠山梅泾村  工业用地面积占乡村建设用地面积的 26.5%	
(5) 镇江市句容丁家边村 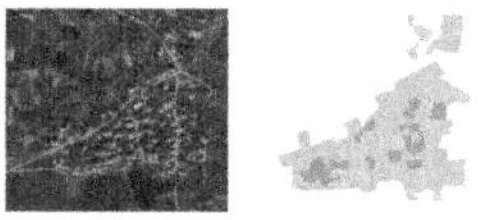 乡村建设用地面积 128 441 m^2，绿化覆盖面积 19 541 m^2，占乡村建设用地比例 15.2%		

（续表）

乡村建设用地现状及绿化覆盖程度	污染性工业用地规模	离灾害隐患的距离
（6）苏州市常熟东青村 乡村建设用地面积 35 163 m^2，绿化覆盖面积 6 070 m^2，占乡村建设用地比例 17.3%		
（7）无锡市惠山秦巷村 乡村建设用地面积 187 621 m^2，绿化覆盖面积 18 856 m^2，占乡村建设用地比例 10.1%		
（8）南京市高淳花联村 乡村建设用地面积 122 073 m^2，绿化覆盖面积 13 769 m^2，占乡村建设用地比例 11.3%		

就绿化覆盖而言，高于 20%的乡村共有 2 个，即高村和石墙围村，分别为 52.9%和 37.9%，绿化覆盖率远高于其他乡村，占样本总数的 13.3%；绿化覆盖率位于 10%～20%的乡村共有 6 个，分别为西管村、西舍村、丁家边村、东青村、秦巷村以及花联村，分别为 14.9%、12.4%、15.2%、17.3%、10.1%以及 11.3%，占样本总数的 40%；其他 7 个乡村的绿化覆盖率均低于 10%，占样本总数的 46.7%。因此绿化覆盖程度整体偏低，乡村个体间差异很大。

就污染性工业用地而言，强埠村、蒋山村、秦巷村以及梅泾村均有此类用地，占样本乡村总数的 26.7%，用地比例分别为 57.2%、17.7%、19.9%以及 26.5%。因此，污染性的工业企业在苏南部分乡村地区仍然存在，且用地占比较高。

就离潜在灾害隐患的距离而言，花联村、蒋山村与荆山村均具有一定的安全隐患，占样本总数的20%。其中，花联村与蒋山村距离大规模湖泊较近，存在洪水淹没的危险，荆山村距离山体较近，易受山体滑坡的危害。所以，长三角乡村地区的生态安全性亟待加强。

2. 研究方法

安全适宜性分析的对象为乡村的安全性，主要反映村域范围内产生各项认为或自然灾害的可能性，包括水安全、生物安全、泥石流、大气污染等（朱怀，2014）。通过对村域范围不同地理环境进行安全等级的划分，为乡村范围内不同的用地布局提出规避危险的建议，从而保障乡村人居环境与生态环境。长三角乡村主要位于水网密布、丘陵以及平原地区，存在较多的安全隐患包括洪水、山体滑坡以及生物栖息地的破坏，所以从水安全、生物安全以及地质灾害3个方面的研究进展进行探讨。

就水安全格局而言，由于长三角地区的乡村周边普遍存在大量水体，所以水患的预防势在必行，可通过分析研究区域的径流量及洪水淹没因子得到水综合安全格局（孙烨，2012）。

就生物安全而言，包括生物栖息地的保护和生态廊道的维护。在长三角乡村内地区首先应该以生物的自然栖息地整体保护为目标，利用最小累积阻力模型开展景观生态安全格局的定量研究，选取地表覆盖类型、海拔、坡度、土壤质地和公路等为阻力因子，建立最小累计阻力面，识别廊道、辐射道和战略点等生态安全格局组分，划分生态缓冲区、生态过渡区、生态边缘区等生态功能区（赵筱青，2013）。

就地质灾害而言，基于长三角乡村地区的地理环境，泥石流与山体滑坡具有较高的威胁性，因此可基于GIS技术的空间分析功能与信息量法的定量分析功能，根据地形、地貌、地质、环境等条件，选取高程、坡度、岩性、土地利用类型、滑坡点密度、地质构造缓冲区及归一化植被指数（NDVI）7个评价因子，进行泥石流灾害危险性评价，划分出中度危险区、高度危险区自己极高度危险区（宁娜，2013）。

为确定各项指标的重要性，综合国内外关于安全适宜性分析的各种分析方法（欧定华，2015），选择主成分分析法，分析步骤与层次分析法中的单排序类似，对指标进行互相比较，分析其重要程度，构建判断矩阵并求得最大特征值（见表4.5）。

表 4.5　安全适宜性分析模型

评价因子		分　类	安全值	权重
水安全	径流分析	径流强度大	3	1/N
		径流强度适中	4	
		径流强度小	5	
	淹没分析	距离主要河湖 0～20 m	2	
		距离主要河湖 20～50 m	3	
		距离主要河湖 50～100 m	4	
		距离主要河湖 100 m 以上	5	
	水源保护	水源一级保护区	5	
		水源二级保护区	4	
		二级保护区以外 5 000 m	3	
		非保护区	2	
生物安全	小型哺乳类动物	离林地距离	5	1/N
		离乡村建设用地距离	4	
		离省道距离	3	
		高程	2	
		滨水环境	5	
	两栖类动物	离工业区的距离	4	
		离乡村建设用地距离	3	
		离省道距离	2	
		滨水环境	5	
	鸟类	离林地距离	4	
		离省道距离	3	
		离乡村建设用地距离	2	
	动物迁徙	阻力面计算	5	
	生态廊道	山体	4	
		水体	5	
		绿地	4	
		湿地	5	
		生物迁徙廊道	5	
地质灾害		滑坡缓冲区 0～500 m	3	1/N
		滑坡缓冲区 500～800 m	4	
		滑坡缓冲区 800～1 000 m	5	
		滑坡缓冲区 1 000 m 以上	6	

基于上文提到的主成分分析法来构造矩阵，若分析模型中有 n 个评价因子，每

个评价因子有 m 个因素，建立一个 $n \times m$ 的矩阵，如下所示：

$$\boldsymbol{X}=\begin{Bmatrix} X_{11} & X_{12} & \cdots & X_{1m} \\ X_{21} & X_{22} & \cdots & X_{2m} \\ \cdots & \cdots & \cdots & \cdots \\ X_{n1} & X_{n2} & \cdots & X_{nm} \end{Bmatrix}$$

对 m 个元素进行线性的组合，调整组合系数来得到新的综合因素，求解所得向量的相对大小，可以作为各个指标的相对重要程度的度量(朱怀，2014)。

3. 研究结论

通过测评公式确定各因子的指标并经过 ArcGIS 平台的加权运算，将乡村的安全适宜性划分为 A 级区、B 级区和 C 级区(见表 4.6)，完成村域范围内生态环境的安全适宜性分析。

表 4.6 安全适宜性分区表

类型	说明
A 级区	该区域位于洪水淹没、山体滑坡的范围之内，同时也位于各种生物的栖息地之中，若在此处进行开发建设会有严重的安全隐患并且破坏当地动植物的生存繁衍，干扰鸟类的正常迁徙，无论是人为建设还是生态环境都会受到不可修复的破坏，所以属于禁止开发区域 因此该区域尽可能安排农林用地，进行农业耕种以及经济果林
B 级区	该区域与各种地质灾害有一定的距离，能够保证不会在第一时间受到破坏，同时与生物栖息地之间也存在一定的阻隔，适量的工程建设不会对生态环境以及自身安全造成太大的影响，属于限制建设区 因此，该区域可以承担旅游服务的功能(生态环境较好的可开发生态旅游功能)，进行少量的旅游服务设施的建设，如单车租赁点、移动式售货车等设施，该区域是进入乡村居民点的过渡区
C 级区	该区域与各种会引发地质灾害的元素距离较远，同时也远离各项生态用地，人为的开发建设对生态安全影响不大，属于适合建设区 因此，该区域为乡村居民点集中区，包括居住功能和大部分服务功能，是人群活动的主要场所

4.1.3 用地生态化模式分析

1. 现状调研

以传统的乡村用地布局模式为基础，结合用地布局现状的问题可知，长三角乡村地区的绿化覆盖率普遍低于 20%，山体丘陵遭到建设活动的破坏加大了安全隐患，水系或遭填埋或遭污染，平原地区的乡村往往过多注重交通便捷度，靠近区域干道而忽略自身生态效应，乡村与周边山水环境的关系趋于紧张。

因此，基于长三角乡村地区的生境现状，提取山、水、平原以及丘陵 4 种地形，综合地形地貌、水文资源、生物种类、道路交通、人为活动等因素，将乡村与山水环境的关系进行分类与归纳，包括水网型乡村布局模式、丘陵型布局模式以及平原型乡村布局模式三大类(见表 4.7)。

表 4.7　乡村与山水环境关系一览表

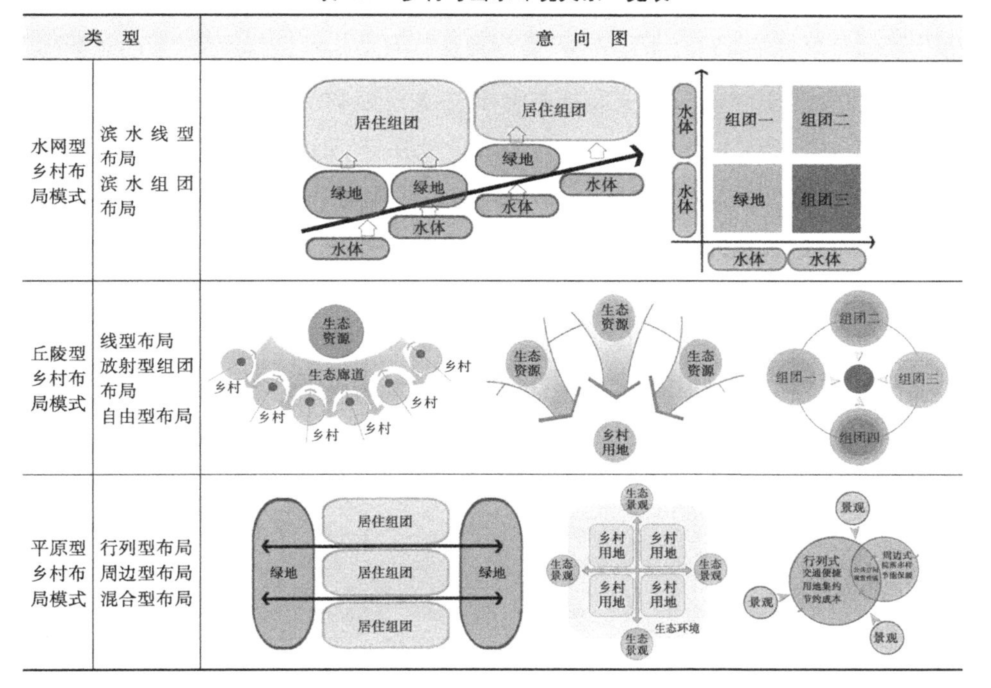

类　型		意　向　图
水网型乡村布局模式	滨水线型布局 滨水组团布局	
丘陵型乡村布局模式	线型布局 放射型组团布局 自由型布局	
平原型乡村布局模式	行列型布局 周边型布局 混合型布局	

2. 研究方法

长三角乡村的生态资源丰富，需首先研究整合乡村与山水环境的布局关系，传统的用地布局模式分为集中式布局、开敞式布局以及自由型布局(张志国，2011)。集中式布局适用于地形平坦、人均耕地面积较少的平原地区乡村，乡村形态规整，成团块状形态；开敞式布局适用于多山多水的地区，由多个自然村落灵活组成，村内开敞空间较多，景观良好；自由式布局适用于地形不平整，无法成规模进行建设活动的乡村,该类型的乡村自然组较为分散,顺应地形(朱霞,2007)。

3. 研究结论

1) 水网型乡村布局模式

根据长三角乡村的地理环境特点,滨水型乡村的用地布局模式可划分为滨水线型布局和滨水组团布局。

滨水线型布局(见图4.1)的优势在于,乡村具有丰富的景观资源,一方面,沿河的岸线部分具备生态慢行步道的设计条件,可打造生态化驳岸;另一方面,滨水一面的乡村在夏季具有良好的散热通风效果。乡村内的交通流线相对明显,由于主要道路通过平行于乡村长边来布置,故交通体系骨架清晰,有助于用地的集约性;有助于利用优美的乡村资源发展服务业,沿主要道路和河流一侧可适当发展少量的休闲商业,提升乡村功能的多样性。不足之处在于,狭长的用地对乡村建设产生限制,服务设施集中布局的难度较大,缺少统一的邻里中心,服务范围有限;同时,基础设施布置分散也会造成建设成本的提高。

生态化途径:①适合创造联系乡村河流与内部居住区的绿廊(见图4.2),引导生态景观向乡村内部渗透;②在此基础上利用绿廊种植特色乡土植被,营造乡土景观节点并设计若干公共活动场所;③利用滨水空间的生态化建设来打造主要的邻里中心,而后沿着乡村的长边方向来分散规划公共设施,使其服务半径达到乡村全覆盖的要求。

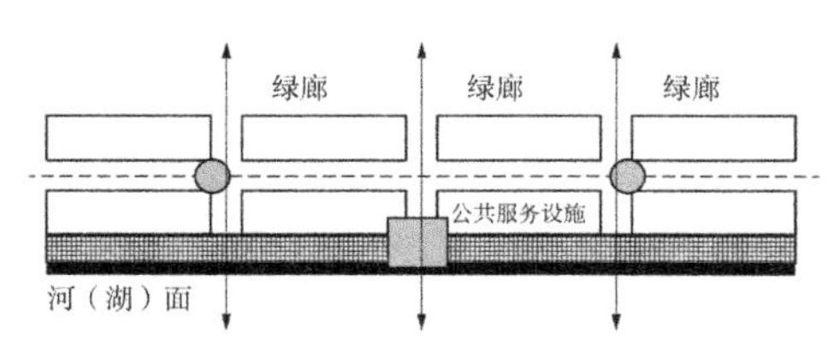

图4.1 滨水线型布局模式图

图4.2 苏州市常熟东青村

滨水组团布局(见图4.3)的优势在于,乡村整体的向心性较强,能够便捷地将各项服务设施集中布置,提高公共空间的使用效率,在一定程度上降低了建设成本与村民出行的时间成本;组团布局能够增加乡村的面宽与进深,利于在天气寒冷时抵御来自河(湖)面的寒风,提高整体的保温性;由于乡村布局紧密,用地节约,所以道路用地所占比例较低,有助于营造静谧、安宁的田园氛围。不足之处在于,乡村组团的沿河景观界面有限,水体景观与乡村内部公共空间的联系较弱,多数村民无法享受较好的生态资源,导致乡土植被的使用频率降低;夏季、密布的村宅排列方式将会导致建筑间空气流动速度下降,不利于整体环境的散热。

生态化途径:以乡村临近的滨水空间为重点利用对象,塑造村内主要公共空间与水体的景观廊道并在村内规划网状绿地系统,每一处绿地、池塘都应当选择具有乡土特色的乔灌木、地被与水生植物,优化植被群落结构,凸显群落不同高度层次的景观效果(见图 4.3),如打造湿地公园,在美化居住、游憩环境的同时,可对乡村生活污水进行生物过滤,形成综合的生态效益,提升人居环境质量。

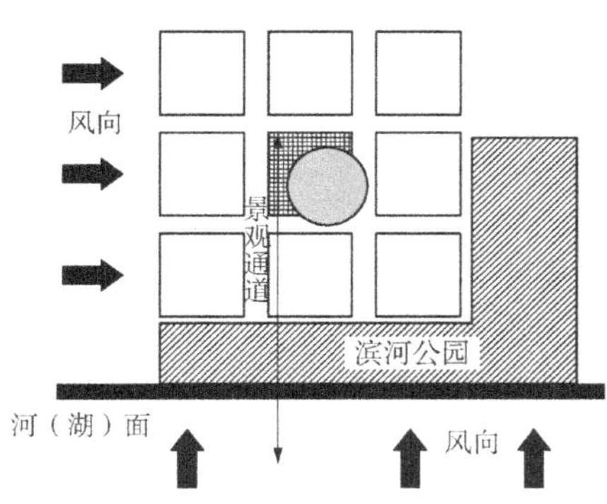

图 4.3 滨水组团布局模式图

图 4.4 南京市高淳花联村

2) 丘陵型乡村布局模式

根据长三角乡村的地理环境特点,丘陵型乡村的用地布局模式可划分为线型布局、放射型组团布局以及自由型布局。

线型布局的优势在于:①乡村沿着丘陵山体的一侧具有良好的生态景观资源(见图 4.5),拥有完善的乡村慢行系统设计基础。同时,丘陵山体一方面可保证乡村内部形成冬暖夏凉的居住环境,节省能源,生态宜居;另一方面,便于乡土经济果林的种植,如桃树、橘树、石榴树等,促进产业生态化格局的形成,并为旅游服务业创造潜在价值。②线性布局的道路系统丰富,路网结构较为明显,便于村民出行。

不足之处在于：①丘陵山体的存在会对外界交通产生隔阻作用，导致乡村不能便捷地与外界联系；②与滨水线性布局模式相似，狭长的形态难以形成集中的公共设施用地，基础设施分散建设导致成本上升。

生态化途径：打通乡村沿山体丘陵一侧的界面，设计数条绿色廊道与村内若干公共空间相衔接，增强山景的渗透性(见图4.6)；沿绿色通廊种植乡土树种，将观赏性植被与可食用景观相结合，营造富有生态性与趣味性的公共活动场地，例如村口、祠堂周边、体育健身场所等标志性空间；既需要营造主要的邻里交往空间，还应沿乡村长边方向分散布置公共服务设施，使其服务半径达到乡村全覆盖的要求。

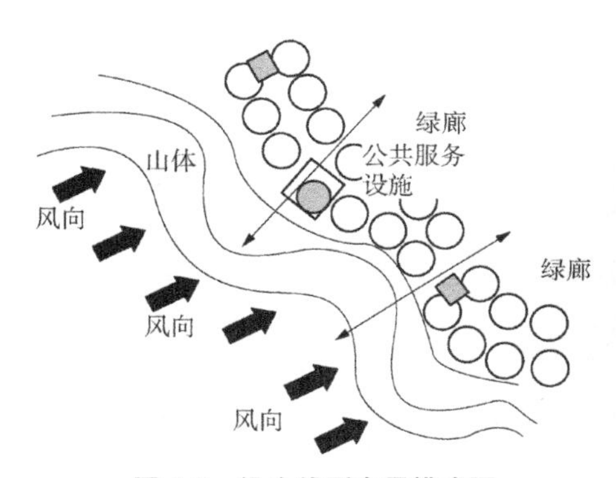

图4.5　沿山线型布局模式图

图4.6　南京市高淳山上村

放射型组团布局通常呈现出嵌入丘陵山体的格局(见图4.7)，其优势在于：①具有两三个邻山边界，处于优良的生态景观环境中，一方面具有较大的旅游开发潜质，另一方面有利于利用山体丘陵种植乡土经济树林，发展无污染的生态产业。②由于被山体丘陵包围，该天然屏障使乡村拥有良好的保温效果。③同时，相对紧凑的用地布局便于集中建设公共设施与基础设施，降低建设成本。不足之处在于：①乡村内部交通主线不明显，带来的交通干扰造成道路系统性的下降。②山体面向乡村一侧的植被若被大量破坏，则会大幅提高泥石流、山体滑坡等灾害发生的概率，严重威胁乡村居住环境的安全性。

生态化途径：一方面，从乡村的特色公共空间出发，打造数条景观道路与外围的丘陵山体相连通(见图4.8)，有条件的乡村可在山体上设计环山慢行步道，让人群畅游山林，体验森林氧吧；另一方面，应注重山体丘陵生态环境的维护，保护乡土植物群落的完整性，种植经济果林时应选择适合地方土壤条件与气候环境的乡土树种，在发展生态采摘、促进旅游业的同时加固山体土壤，杜绝地质灾害的发生。

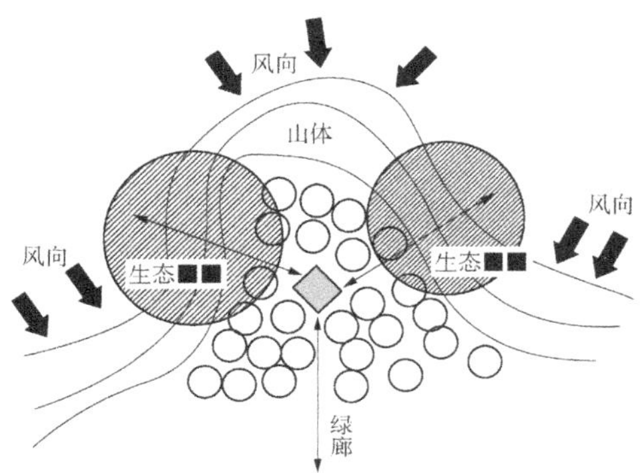

图 4.7 放射型组团布局模式图

图 4.8 南京市高淳荆山村

自由型布局的优势(见图 4.9)在于，乡村的建设用地因循就势，顺应地势走向进行灵活布局，富有变化，特征突出，对不同的地理条件均具有较强的适应性，因此，乡土景观在设计时形式多样，与起伏的地形相契合，易于实现生态化的景观空间。同时，每一户都能获得良好的景观视野、通风空间与采光面积，在夏季时散热效率较高。不足之处在于：①乡村建设用地非常不集约，难以形成规整集中的用地，带来公共服务设施和基础设施建设成本的提高，例如居住组团之间的道路修建复杂、走向与结构比较模糊造成道路面积占比过重，排水管道与电路管线的铺设难度相对其他布局模式更大。②过度分散的布局不仅不利于乡村空间的整体采暖，造成大量的热量流失，还会占用更多的生态用地，造成植物群落、水体等要素的消亡。③由于公共服务设施的分散布局会导致服务半径的局限性，影响村民日常的服务需求。

生态化途径：每一户农家应充分利用起伏地形的优势，营造属于自己的乡土景观(见图 4.10)，通过乡土植被、农家菜园以及池塘等元素，在村宅前后创造集食用、观赏以及游憩于一体的乡土景观。在乡村用地方面，应在多元与开放的基础之上体现生态与稳定，首先确定每个居住组团的建设边界防止过多侵占生态资源，而后在散点布局相对居中的组团内规划公共设施用地，如祠堂、谷场、村委会等。注重可再生能源的使用，降低乡村能耗。道路的铺设过程中尽可能选取乡土材料，体现村野风貌，彰显该布局模式中原汁原味的乡村特色。

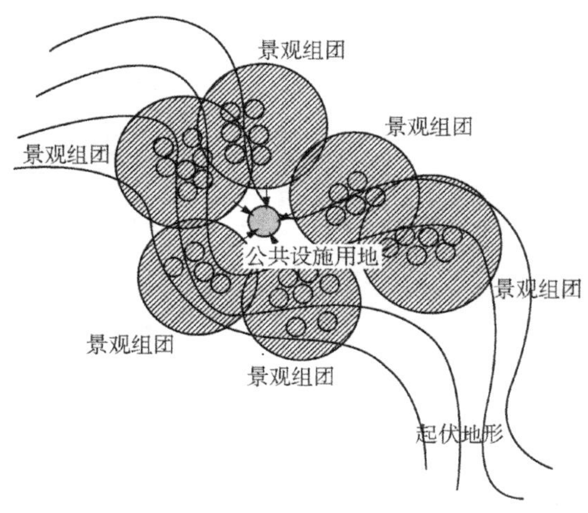

图 4.9　自由型布局模式图

图 4.10　南京市高淳高村

3) 平原型乡村布局模式

根据长三角乡村平原地区的环境，平原型乡村的布局模式可以划分为行列型布局、周边型布局以及混合型布局。

行列型布局模式的优势(见图 4.11)在于：①村宅按照一定间距、高度与朝向，成排成列地整齐布局，每户都拥有良好的采光与通风，从而降低乡村整体能耗；②简单、便捷的方格型路网骨架明显，有利于内部交通的组织；③用地集约，能够集中布置邻里中心；④同时，由于地形的平坦与路网的规整，易于架设管网等基础设施，建设成本下降。不足之处在于：横平竖直的建筑排列风貌与城市小区趋同，缺少乡土特色，空间缺乏趣味性，显得单调、死板。

生态化途径：①首先对乡村的用地布局进行景观空间的整体考虑，利用乡村外围的环村林带设计绿化小游园(见图 4.12)；②在村口、文化空间、体育活动空间进行生态景观的配植；③在居住用地中，错落排列村宅、通过篱笆、矮墙等乡土材料提高院墙的通透性，进一步增强空间的趣味性。

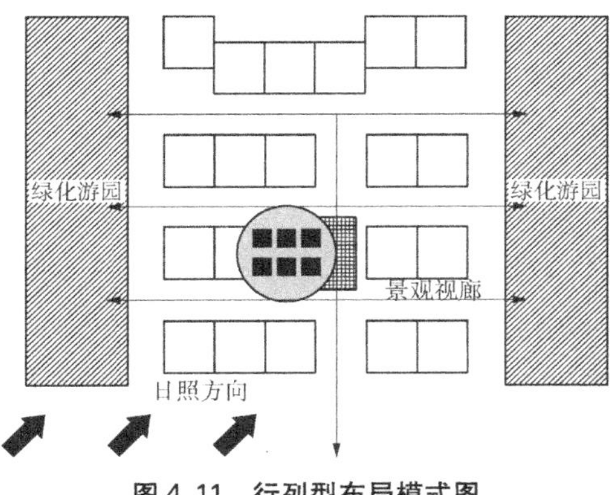

图 4.11　行列型布局模式图

图 4.12　无锡市惠山区梅泾村

周边型布局模式(见图 4.13)的优势在于：①乡村内能够形成院落、街坊以及内外均有活动场所的趣味空间；②乡村道路骨架规整，内部方向感强，交通较为便利；该布局模式在冬季有助于固热保暖、遮风挡沙并减少积雪量，降低乡村热量的损失；此外，乡村内部建筑密度大，用地平整，具备集中的公共设施用地，有利于基础设施建设成本的下降。不足之处在于部分村民住宅不具备良好的采光空间，同时存在通风不良、容易潮湿的问题。

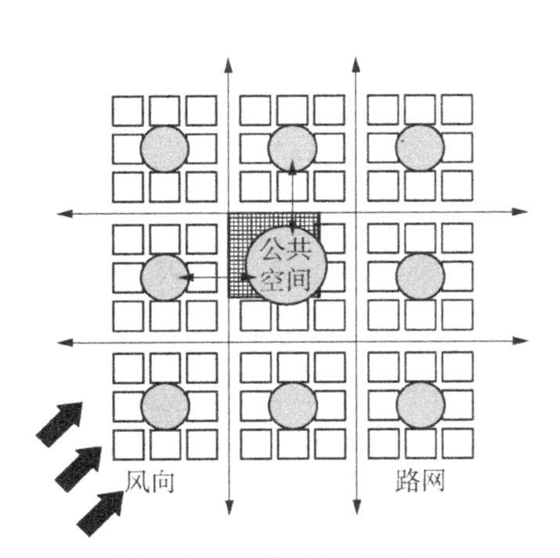

图 4.13　周边式布局模式图

图 4.14　无锡市惠山区秦巷村

生态化途径：宜利用乡村外部的景观空间，打通联系内部的视线通廊，促使自然景观渗入居住环境(见图 4.14)；就内部而言，民宅院落可以利用乡土植物打造生态景观，使村宅内外皆有景；拥有较好生态基础的庭院可利用雨水资源打造庭院水景，实现景观的再生性与生态性；村内的主要公共场所应配植乡土植被群落；对于部分朝向不好的住宅宜对其功能进行改善，将潮湿及通风不良的空间置换为厨房、贮藏室等。

混合型布局(见图 4.15)是综合行列式布局与周边型布局的优点，在乡村内部形成多处半开敞空间的布局模式，其空间模式的优势在于：①不似行列式布局般单调呆板，同时也能确保村宅拥有良好的朝向、采暖与通风，一方面可促进用地的集约化，另一方面可节约能源；②半开敞的空间格局能够促进庭院内外景观的交融，与公共空间的乡土景观相得益彰；③公共设施集中也方便居民使用。不足之处在于，与周边型布局模式类似，少量民居存在采光不足、通风不良以及容易潮湿的问题。

生态化途径：①明确主要的公共活动空间结构，而后留出适当的空地作为小型游憩空间(见图 4.15)；②利用半开敞空间的优势，采用乡土观赏性植被与可食用植被打造特色景观空间，提高乡村建设用地的生态性；③为营造更好的乡村风貌，排水沟渠等基础设施可采用乡土石材堆砌并于表层覆盖地被植物，院落围合设施可采用篱笆等通透性乡土材料，建筑可适当增加具有文化符号的装饰，彰显乡村的特色气质。

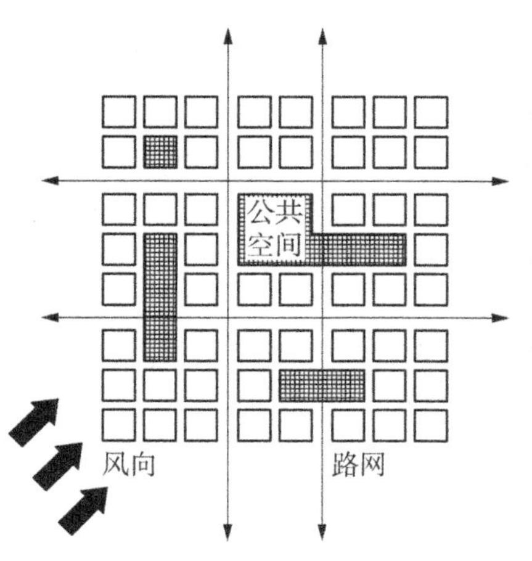

图 4.15　混合型布局模式图

图 4.16　南京市江宁区杨柳村

4.1.4 功能生态化模式分析

1. 现状调研

目前，乡村用地功能布局主要分为条形用地功能布局与团状用地功能布局(见表 4.8)。然而，任何一种用地功能布局模式下的基础设施都不能很好地利用长三角地区丰富的乡村生态资源，各功能分区之间缺少生态要素的穿插与贯通，如结合河流进行乡村小景的营造，结合山体打造景观视野长廊，所造成乡村功能特点的缺失，需建立生态化的功能组织。

表 4.8 现状功能组织模式表

布局类型	形 式 简 图	说明	典 型 案 例
条型用地功能布局	绿地 公共服务设施用地 居住用地 公共服务设施用地 绿地 公共服务设施用地 绿地	公共服务设施用地与绿地均为散点布置，但是各分区间缺少生态关联	苏州常熟中泾村
	绿地 居住用地 公共服务设施用地 绿地 绿地	公共服务设施用地集中布置，绿地分散布置，一定程度上集约用地，但是却未能考虑利用周边的生态资源串联不同的功能分区	苏州市常熟东青村
团状用地功能布局	绿地 公共服务设施用地 绿地 绿地 居住用地	乡村用地存在一处完整的公共中心。该中心包括各类设施以及休闲绿地，其余各处少量布置绿地，使得乡村具有较强的向心性	南京湖熟杨柳村

在村庄的建设用地范围内，乡村作为村民生活休闲的主要承载对象，其主要功能分为居住功能、服务功能以及游憩功能(见表4.9)(施桃红，2011)，较为典型的生态化乡村功能结构模式包括4种(吴理财，2014)且各分区均由适宜的生态化指标。

表4.9 乡村功能分区生态化指标

功能	类型	指标
游憩功能	乡村建成区绿化覆盖率	平原型乡村>25% 丘陵型乡村>40%
	游憩空间绿化覆盖率	>95%
	游憩空间绿地率	>65%
	游憩空间规模	300 m^2 以上的绿地至少1处
	绿色廊道植被的长度	>200 m
	游憩空间服务半径	<500 m
服务功能	布局形式	点状布局或带状布局
	用地规模	6%～12%

1) 强化服务，生态串联

将乡村的对外服务功能作为重点发展对象，强化其生态效益，加大相关基础设施生态化的建设进程，从而带动乡村居住功能与游憩功能的生态化，不同的功能分区之间可以共享生态设施。此外，以服务功能用地为起点，打造一条串联其他分区的生态游线，使乡村各分区形成整体的生态网络，是以对外服务为重点的模式。

2) 保存历史，延续乡土

此类乡村拥有悠久的历史传统，具备鲜明的乡土特色。在进行功能结构的规划时应用乡土材料、乡土植被与文化符号贯穿各分区，通过不同地方材料的运用使人明确判断出不同的空间类型。通过符号、元素等意向将各功能分区凝聚成统一整体，沿袭传统的乡土气息。该模式对内、对外服务均可。

3) 生态设施，功能串联

以基础设施的生态化建设为重点，全面改善乡村的水环境、交通环境以及生物环境。以此为基础，实现居住功能的全面改善，促进乡村居住、游憩以及服务功能的生态化发展，以优质的水体贯穿各功能分区，以乡土的植被点缀各场所空间，是以对内服务为重点的模式。

4）立足居住，生态服务

以居住环境的生态化改善为重点，带动游憩用地与服务用地生态化进程，通过乡土植被串联各游憩点，形成村内的景观道，在服务用地中形成主要的景观节点，使得乡村的景观轴线成环、成网络状，是以对内服务为重点的模式。

2. 研究方法

针对长三角乡村功能用地选取图底分析的方法。

乡村功能主要由居住功能用地、服务功能用地以及游憩功能用地三部分构成。通过样地现状调研可知（见表4.10），就服务设施的用地组织而言，该类用地往往无法实现均等化的服务。例如，蒋山村、西管村、花联村的服务设施用地位于乡村居民点以外，最远距乡村258 m；石墙围村、丁家边村、梅泾村的服务设施用地虽然位于乡村内部但偏于一隅，服务设施用地与乡村最远一端的距离最大超过1 600 m，用地组织极不合理。就游憩用地组织而言，存在绿地游园过于集中、绿地游园过于分散、绿地游园缺失以及绿地之间缺少生态联系等问题。例如，蒋山村的游憩用地两两之间最小距离138 m，最大距离246 m，而强埠村两个游憩用地之间的平均距离仅为70 m，梅泾村的游园绿地缺失严重，绿化覆盖率低于5%，所以游憩场所缺乏生态化、系统化的规划。

表4.10　长三角乡村建设用地非生态化组织一览表

调研对象		
服务设施用地	1. 南京市高淳区蒋山村	2. 南京市高淳区石墙围村
	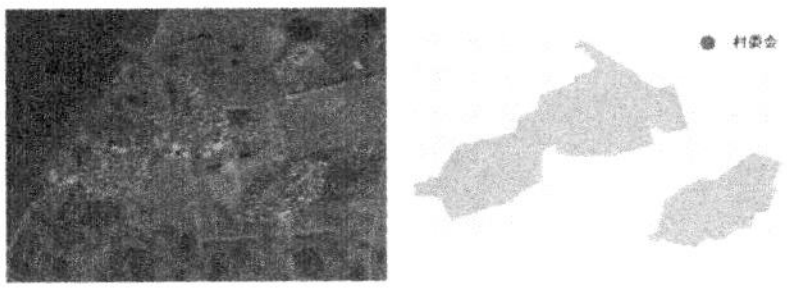	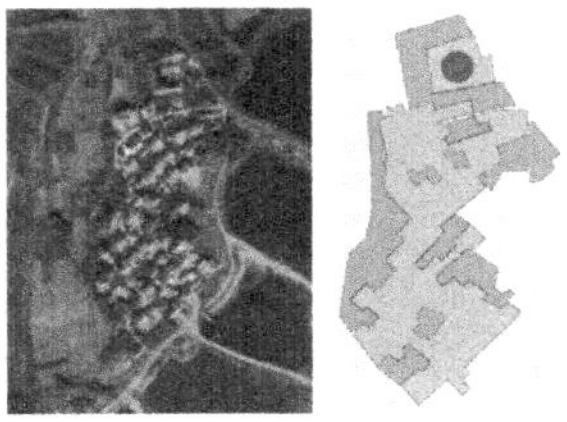
	服务设施用地位于乡村居民点外258 m处，服务设施无法便捷地为村民服务	服务设施用地位于居民点最南端，与最北端距离318 m，不利于北边村民的需求

（续表）

<table>
<tr><th>调研对象</th><th></th><th></th></tr>
<tr><td rowspan="6">服务设施用地</td><td>3. 常州市溧阳西管村</td><td>4. 镇江市句容丁家边村</td></tr>
<tr><td></td><td></td></tr>
<tr><td>服务设施用地位于乡村居民点东侧 100 m 处并被乡道隔离，无法便捷地为村民服务</td><td>服务设施用地位于居民点东北端，与西南端距离 445 m，无法满足一部分村民的服务需求</td></tr>
<tr><td>5. 南京市高淳区花联村</td><td>6. 无锡市惠山区梅泾村</td></tr>
<tr><td>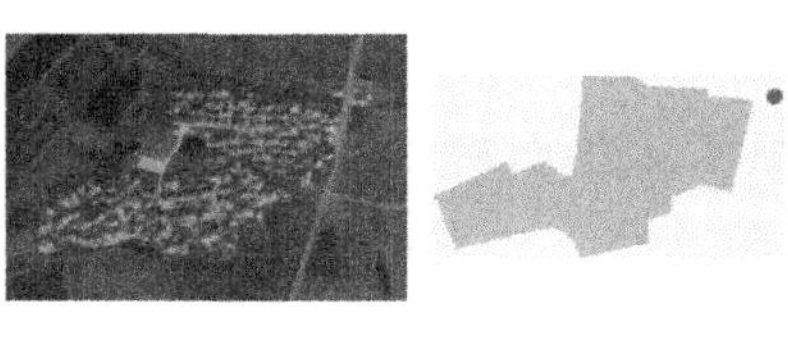</td><td>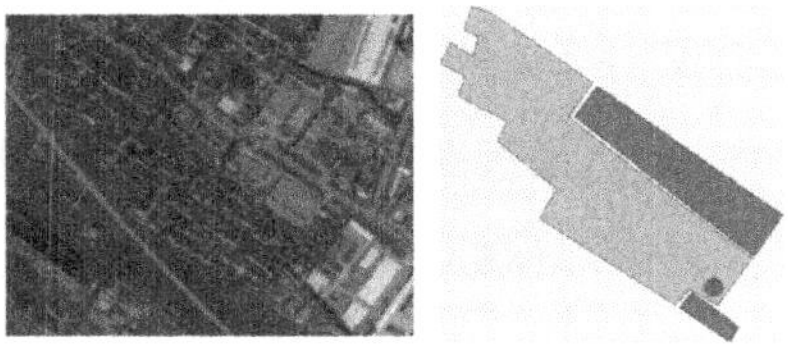</td></tr>
<tr><td>服务设施用地位于居民点东北端，与西南端相距 680 m，服务设施严重不均衡</td><td>服务设施用地位于居民点东南端，与西北端距离 1600 m 以上，服务设施严重不均衡</td></tr>
<tr><td rowspan="6">游憩用地</td><td>1. 苏州市常熟东青村</td><td>2. 南京市高淳区西舍村</td></tr>
<tr><td>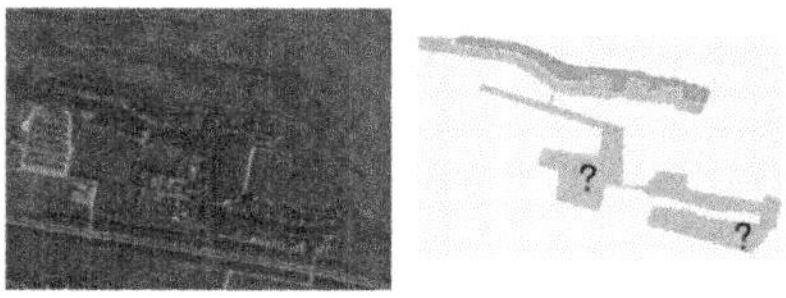</td><td>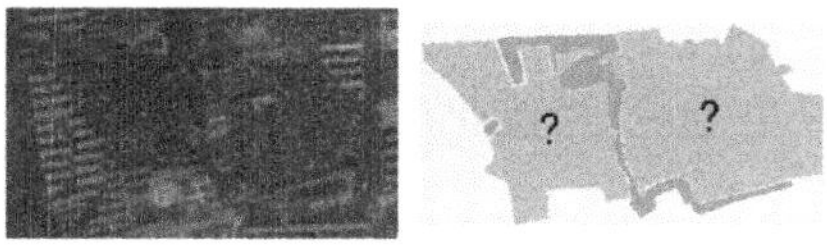</td></tr>
<tr><td>乡村内的游憩用地集中在北侧，南侧缺少游憩空间，绿化覆盖率仅为 17.3%</td><td>乡村内缺少东西向的生态游憩走廊连接，无法实现游憩功能的全覆盖，绿化覆盖率仅为 12.4%</td></tr>
<tr><td>3. 南京市高淳区花联村</td><td>4. 常州市溧阳强埠村</td></tr>
<tr><td>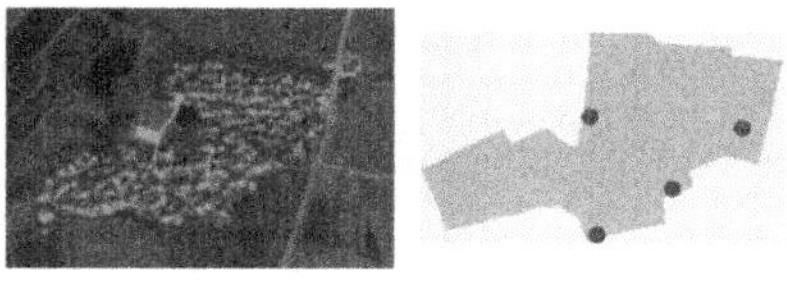</td><td>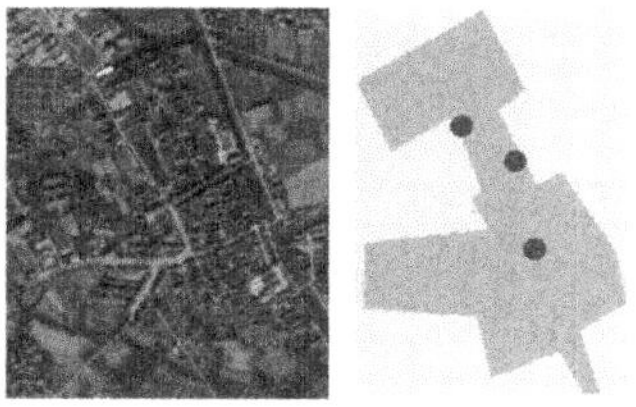</td></tr>
<tr><td>乡村内的游憩用地未形成系统，游憩用地两两之间最小距离 138 m，最大距离 246 m，绿化覆盖率仅为 11.3%，无法满足服务范围的全覆盖</td><td>乡村内的游憩用地过于集中，两个游憩用地之间的平均距离为 70 m，需分散布置实现服务范围的全覆盖，绿化覆盖率低于 10%</td></tr>
</table>

（续表）

调研对象		
游憩用地	5. 南京市高淳区蒋山村	6. 无锡市惠山区梅泾村
	乡村内的游憩用地未形成系统，游憩用地两两之间最小距离 206 m，最大距离 323 m，绿化覆盖率低于 10%，无法满足服务范围的全覆盖	乡村内的游憩功能用地严重缺失，没有成规模的绿地，绿化覆盖率低于 5%

以典型的生态化乡村功能结构模式为基础，结合现状乡村功能问题可知，乡村功能分区需借助水系、丘陵山体等生态要素串联彼此，减弱分区之间的相对独立性，实现居住功能、服务功能以及游憩功能的生态化。因此，以水体、丘陵、绿地为核心，将功能结构划分为 5 种不同的模式（见图 4.17），针对不同的功能结构模式探究居住功能、服务功能以及游憩功能的生态化组织方式。

3. 研究结论

1）模式一：引水入村，串联分区

具备该模式的乡村一般为滨河型乡村，与一般的乡村相比，具有一定的生态优势与景观优势，河流的经过不但能够增强空间的活跃性，还能使乡村的各部分功能变得生态、优美。

从游憩功能上来讲，一方面可以沿着河流进行岸边植被带的种植，丰富河岸空间，搭配当地的特色乔灌草，带来生态休闲的效果；另一方面，可以进行突破性的尝试，若河流流量较小，没有洪水泛滥的危险，可以结合乡村内的道路，将河水引入村内，使水景断续成环形，沿着水流经过之处，可以适当设置游憩空间，将天然水绿引入乡村内部。

从服务功能上来讲，可将该功能的用地设置在靠近河流的一侧，同时尽可能位于村内较中央的位置，以保证服务的便捷性。这样既方便解决村民的生活疑难，又能够提供良好的办公与疗养环境。结合河岸空间设置乡村内部最主要的活动空间，形成村内的公共中心。该中心为主要的生态廊道与景观廊道的交叉点，具有最

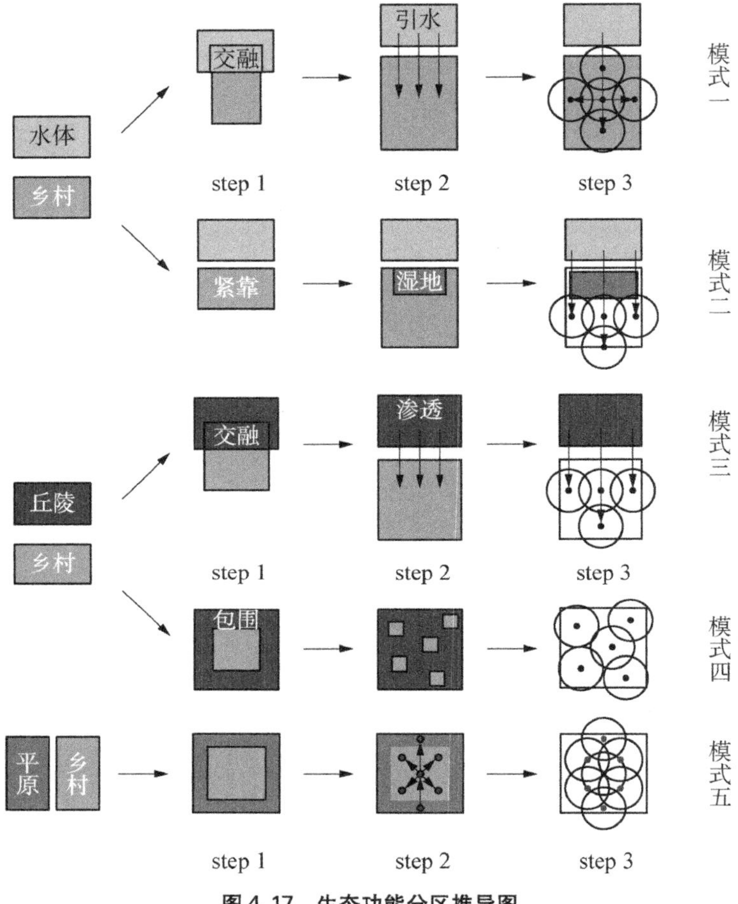

图 4.17　生态功能分区推导图

强的生态敏感性，需运用乡土材料以及地方特色植被进行点缀。

从居住功能上来讲，滨河乡村拥有良好的人居环境，包括开阔的景观视野与舒适的风环境。因此，居住环境的生态化改善依然以河流为核心，依照乡村内部的生态廊道与景观视野长廊设置休闲绿地。在条件允许的情况下，可将村口的绿地与河边公共绿地联系起来，形成完整的微型生态网络体系。但是，冬季时靠近河流的住宅周边风速较大，热量易损失，可沿河种植较高大的常绿阔叶乔木，来增强滨河景观，也可防风固热。

2）模式二：湿地游憩，休闲服务

具备该模式的乡村一般为滨湖型乡村，具有极高的生态优势、景观优势以及产业优势，从生态上而言，生境良好，斑块明显；从景观上而言，视野开阔，湖景优美；从产业上而言，拥有丰富的渔业资源以及潜在的旅游资源。因此，其功能的生态化将有助于乡村的可持续发展。

从游憩功能上来讲，由于湖泊存在洪水淹没的危险，所以湖泊与乡村之间往往会有较大的生态隔离带，湖边的生态隔离带表现为滩涂或湿地，典型的植物景观为芦苇荡，因此，需要利用好该片生态隔离带，使其成为乡村的“肺”。典型做法即打造湿地公园，首先，运用乡土树种，仿照自然环境的配置方式形成人工的生态植物群落，吸引喜水鸟类以及两栖类动物到湿地公园，增强物种的多样性；其次，利用人工栈道的铺设为人群提供活动休闲的场所；再次，也可利用湿地植物过滤、吸附的功效实现生态净水。

从服务功能上来讲，该类型的功能组织方式可以同时满足对内服务和对外服务的需求，将主要的服务空间结合村内的生态廊道来布置。理想的情况下，可将对外服务功能从湖边一直延续到村口，开始与末端分别设计较大的生态游园绿地，形成入口与湖边的直接联系，即为主要的步行流线。沿该条流线布置农家乐、民宿等对外服务设施，同时每一个服务设施都具备生态化的院落（吴昊，2014），尽可能将这条流线打造成生态廊道。其对内服务功能布置的方式与模式一相类似。

从居住功能上来讲，不仅需要考虑本地居民的居住问题，还要注意游客的居住问题，所以可以适当增加乡村的居住用地面积，增加建设民宿、青年旅社等居住设施。由于居住片区与湖泊之间存在湿地公园的隔阻，可以自然抵御冬季来自湖面的寒风，这就给居住片区内部的植被选择带来了较大的自由，既可以常绿落叶搭配，也可阔叶针叶搭配，更好地向外界展示乡村的风貌，每家每户的房前屋后提倡不同形式的花园绿地设计，强化绿色人居环境。

3）模式三：修复山体，生态游憩

符合该模式的乡村一般靠近山体丘陵而存在，具有较好的生态优势和产业优势。山体丘陵不仅可以作为生境中的斑块存在，也可以作为种植空间与旅游线路，开发生态农业与生态旅游，提高乡村的经济水平。

从游憩功能上来讲，理想状态下乡村内部主要的绿地游园能与山体在空间上产生联系，以便于和山体形成对景，成为主要的生态廊道。由于山体存在滑坡与泥石流的风险，所以可以将在山体与乡村之间存在的缓冲区设计成乡村公园，供村民日常使用，并采用多样化的乡土植被与材料点缀。

从服务功能上来讲，乡村内部的服务设施用地结合生态廊道以及主要的活动空间布置，便于村民的使用。乡村外部山体的存在为乡村带来了生态致富方式。其一为立体化种植，种植经济果林以及其他经济作物，如竹林—鸡、果树—香猪等模式(翁伯奇，2001)，一方面可以防止降低山体滑坡的概率，保证村民的生命安全，另一方面增加村民收益，集约用地。其二为旅游业的发展，利用山体坡度合适的位置开辟登山栈道，使游客在自然中漫步休闲，享受森林氧吧带来的清新空气，结合经济果林，在流线沿途可体验瓜果采摘等农家风情，并设置临时旅游服务设施(翁伯奇，2001)，如自行车租赁点、移动商业车等。

从居住功能上来讲，沿着山体布局的乡村除了在村内人居环境需要实现绿色，还可以适当利用自身的特色，开发生态居住形式(邱栩文，2006)。利用 GIS、RS 等软件对山体进行安全适宜性评估之后，即可在山坡上选取相对安全的区域进行坡地住宅的设计，面向游客开放，如青年旅社。旅社可以通过安装太阳能光电板、绝热材料、中央通风系统等节能设备实现特色的生态居住。以此作为试点，若有节能效果，便可逐步向乡村内的民居推广。

4) 模式四：因地制宜，绿网相间

符合该模式的乡村一般处于地形起伏较大的地区，乡村无法集中，处于分散组团布局的状态之下，由于人为开发处于被动地位，因此整体的生态环境状况良好，每个居住组团所拥有的景观视线也较为开阔，遮挡物较少。

从游憩功能上来讲，该乡村拥有很好绿色空间，起伏的地形为生态小游园的建设提供了天然的优势。在每个居住组团内部都尽可能设计一处休闲绿地，搭配乡土树种进行建设，以满足组团内部居民的需求。与此同时，经过上文物理环境的分析可知，每个组团周边的风速较快、热散失较大，所以在组团外围面向主导风向的区域可种植较为高大、树冠较大的常绿阔叶型树木，冬季可为游园内的人群阻挡寒风，夏季可遮阴避暑。在理想的状态下，每个组团的休闲绿地能够形成对景关系，促进村内的绿色系统成环形成网络状。

从服务功能上来讲，该类型的乡村其服务功能一般都是对内服务，由于不同的居住组团分开布置，服务功能不应该只位于某一个组团内部，因此其服务设施的用地位于所有组团的中间，独立形成一个服务团组，包括村委会、卫生室、养老院等，增强每个组团的可达性。

从居住功能上来讲，由于每一个居住组团都拥有良好的景观视线与绿化场地，同时每一个居住组团之间也拥有大量的原生态自然环境，如树林、小山坡、池塘、菜地等，居住功能的生态化应该和上述要素紧密结合，在自家宅基地范围内进行生态化庭院改造，在住户与住户之间利用较大的闲置空间种植乡土树种，架设健身活动器材，形成居住组团的活动空间。也可在居住区外围种植成片的经济果林，在为居住区遮风固热的同时为乡村带来经济效益，同时提高土地生态化使用效率。

5）模式五：绿网交织，生态居住

符合该模式的乡村一般处于平原地区，地形平坦，易于进行建设活动，但同时乡村周边没有明显的生态斑块与基质，如湖泊、河流、山体等。因此，此类乡村多为内向型的居住乡村，没有明显的对外服务功能。

从游憩功能上来讲，由于周边缺少明显的生态要素，因此不容易形成与区域想联系的生态廊道，一般自成体系。乡村内的游园一般位于村口和主要的公共活动空间内部，其余地方小规模零散布局，主要的步行轴线为村口至活动空间，次要步行轴线为主轴线至各次要小型绿地，因此可沿着主次轴线布置乡土树种与乡土材料搭建而成的构筑物（体现地方文化的元素与符号），实现人工化的生态游憩景观。

从服务功能上来讲，服务设施处于乡村的中间位置，在其周围布置乡村内部的主要活动空间，供村民进行民俗活动、健身锻炼以及散步交谈等互动（村卫生室这一类服务设施尽可能避免直面活动场地）。公共空间中除了植物选取与搭配的生态化之外，也可体现文化特色，将文化的生态化融入生态化建设中来，故有条件的乡村可以采取搭建戏台的方式来延续地方文化传承，增强村民对村俗的自信心与自豪感。

从居住功能上来讲，根据上文物理环境的分析可知，该种类型的乡村用地模式可以很好地储存热量，因此并不需要借助植被来维持乡村的热环境，但是其建筑行间的空气流速很小甚至静止，因此在居住环境的生态化方面应该尽可能考虑乡村的夏季散热问题。首先，在居住片区内的小型绿地中，应该避免种植高大的阔叶型乔木以减少对风的阻隔，可选用竹、柏等针叶植物，既显得空间雅致，也不会对乡村的散热造成妨碍。其次，在居住庭院内，居民自己种植的树木尽量不要过于高大，避免遮盖住建筑行间的巷道，可选择桃树、橘子树等可食用景观。

表 4.11　长三角乡村功能生态化布局模式一览表

类型	形式简图	生态布局措施	主要生态化效益	适用地区
模式一	居住功能 游憩功能 服务功能 水体	1. 服务设施用地位于乡村内相对中心的位置，能够最大限度服务村民； 2. 游憩与服务用地通过水体相连，不同游憩用地之间也通过水体相连，形成生态化的空间引导	1. 乡村绿化覆盖率大于 25%； 2. 绿廊的植被带长度大于 200 m	滨河地区的乡村
模式二	居住功能 游憩功能 服务功能 水体	1. 服务设施用地位于乡村内相对中心的位置，能够最大限度服务村民； 2. 通过增加湿地公园片区来强化游憩功能片区的复合作用，实现趣味性与生态性	1. 乡村绿化覆盖率大于 25%； 2. 湿地公园的绿化覆盖率大于 95%； 3. 服务设施成带状布局	滨湖地区的乡村
模式三	居住功能 游憩功能 服务功能	1. 服务设施用地位于乡村内相对中心的位置，能够最大限度地服务村民； 2. 与山体建立生态廊道，利用生态廊道串联服务用地与游憩用地	1. 乡村绿化覆盖率大于 25%； 2. 绿廊的植被带长度大于 200 m	沿山体布局的乡村
模式四	居住功能 游憩功能 服务功能	1. 服务设施用地位于乡村内相对中心的位置，能够最大限度地服务村民； 2. 顺应地形，利用游憩用地联系不同居住组团，即能防寒保温，又能提高绿化覆盖率	1. 乡村绿化覆盖率大于 40%； 2. 服务设施成点状布局	地型起伏较大的丘陵地区乡村
模式五	居住功能 游憩功能 服务功能	1. 服务设施用地位于乡村内相对中心的位置，能够最大限度地服务村民； 2. 尤其用地形成“一带多点”的模式，实现均等化服务	1. 乡村绿化覆盖率大于 25%； 2. 绿廊的植被带长度大于 200 m； 3. 公共绿地形成“一带多点”的形式	平原地区乡村

4.2 长三角乡村公共空间生态化规划设计技术

4.2.1 水岸生态化设计技术

1. 现状调研

滨水空间是长三角乡村地区的特色空间，因此突出其生态功能是乡村水岸保育的重要措施。当前，乡村水岸营造的生态效果不甚理想，主要表现为建成效果与城市滨水驳岸趋同，缺乏乡村特质，乡土植被与乡土材料的运用较少，致使水生植物群落的生长环境受到破坏，滨水空间的生态功能逐渐弱化。

乡村水岸的类型包括滨湖水岸、滨河水岸以及滨塘水岸。滨湖水岸在进行生态化设计时既需考虑植被的观赏性，又需注重岸坡防洪调蓄的安全维护功能；滨河水岸在进行生态化设计时需统筹考虑人的活动场所与河边水土的保持；滨塘水岸则更加注重景观的亲切与宜人。当前，水岸护坡在设计施工时侧重于水利的安全方面，常采用不透气刚性材料建造岸堤（如水泥、混凝土等），阻碍了自然生态系统的物质循环与能量传递、降低了人群亲水的可能性并且弱化了滨水景观的优美程度。

由上文的现状调研可知，当前乡村硬质水岸占样本总数的58.3%，硬化率最高达86.3%，透水性较弱，软质材质缺乏；乡土物种的覆盖率较低，最高为32.3%，最低仅有6.9%；乡土材料的使用率也不高，仅有50%的乡村水岸使用乡土石材、乡土砖块等。因此，水岸的生态化设计需围绕乡土植被、乡土材料等软质材料的使用为核心，打造具有地方特色和观赏效果的乡村水岸。

1）水岸形式硬化

结合上文中乡村水岸生态规划设计引导中的要求，本书针对南京、苏州、无锡的乡村样地中不同乡村水岸的硬化率、乡土植被的覆盖度以及乡土材料的使用情况进行调研（见表4.12），发现12种水岸中有7种为硬质水岸，占样本总数的58.3%；乡村内硬质水岸的硬化率极高，东青村硬质水岸的硬化率分别为86.3%和

75.3%，蒋山村硬质水岸的硬化率分别为66.7%和83.2%，西舍村硬质水岸的硬化率为84.9%。部分软质水岸的硬化率也较高，梅泾村软质水岸的硬化率为31.1%，杨柳村软质水岸的硬化率为29.6%。可见，硬化率超过60%的水岸占样本总数的41.7%；乡土植被覆盖率最高为梅泾村的32.3%，最低为杨柳村的6.9%，其余水岸的乡土植被覆盖率普遍位于10%～20%；同时，乡土材料的使用频率也不高，样本中仅有50%的水岸使用了乡土木材、石材等材料。

表4.12　长三角乡村水岸生态现状调研表

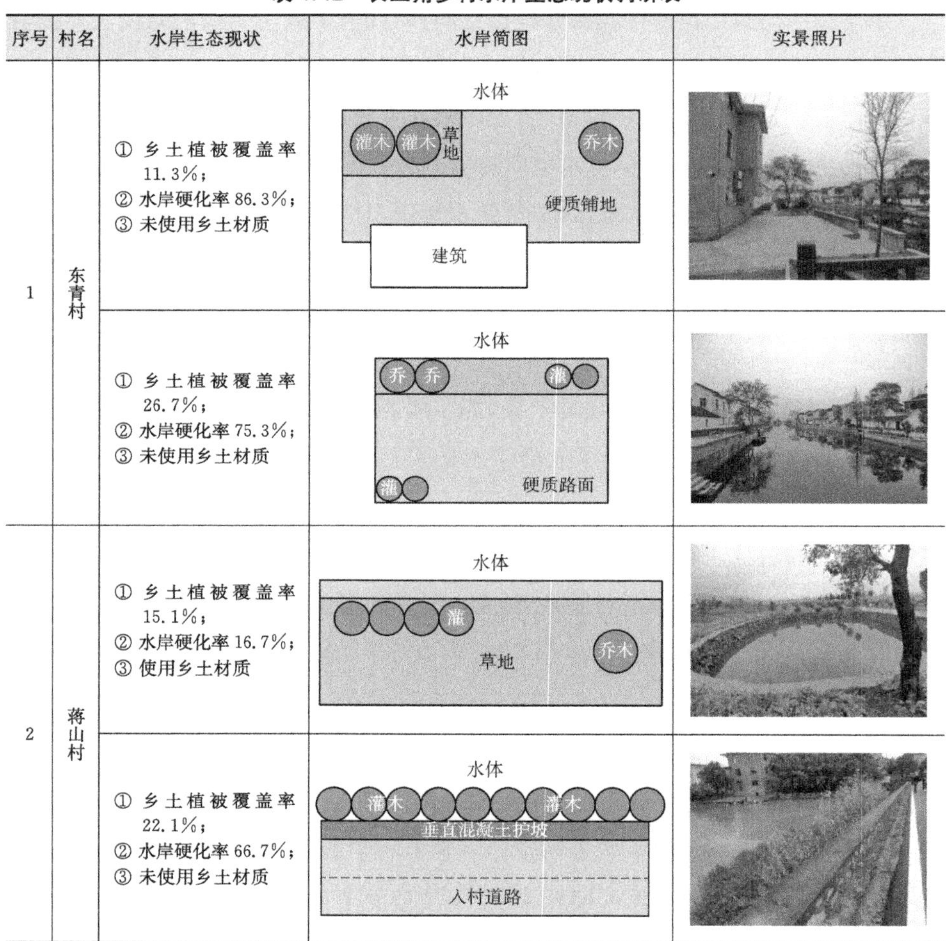

序号	村名	水岸生态现状	水岸简图	实景照片
1	东青村	① 乡土植被覆盖率11.3%； ② 水岸硬化率86.3%； ③ 未使用乡土材质	水体 灌木 灌木 草地 乔木 硬质铺地 建筑	
		① 乡土植被覆盖率26.7%； ② 水岸硬化率75.3%； ③ 未使用乡土材质	水体 乔 乔 灌 灌 硬质路面	
2	蒋山村	① 乡土植被覆盖率15.1%； ② 水岸硬化率16.7%； ③ 使用乡土材质	水体 灌 乔木 草地	
		① 乡土植被覆盖率22.1%； ② 水岸硬化率66.7%； ③ 未使用乡土材质	水体 灌木 灌木 垂直混凝土护坡 入村道路	

（续表）

序号	村名	水岸生态现状	水岸简图	实景照片
1	东青村	① 乡土植被覆盖率16.8%； ② 水岸硬化率83.2%； ③ 未使用乡土材质	硬质斜面护坡 水生植被	
3	梅泾村	① 乡土植被覆盖率32.3%； ② 水岸硬化率31.1%； ③ 未使用乡土材质	水体 硬质人行铺地 灌 草地 乔木	
4	沉海圩	① 乡土植被覆盖率10.5%； ② 水岸硬化率为0； ③ 使用乡土材质	水体 滨水平台 灌 草地	
		① 乡土植被覆盖率18.7%； ② 水岸硬化率为0； ③ 使用乡土材质	水体 乔木 灌 草地	
5	中泾村	① 乡土植被覆盖率18.1%； ② 水岸硬化率12.7%； ③ 使用乡土材质	水体 灌 乔木 草地	
6	石墙围	① 乡土植被覆盖率18.7%； ② 水岸硬化率为0； ③ 使用乡土材质	草地 灌 水生植被	

（续表）

序号	村名	水岸生态现状	水岸简图	实景照片
7	西舍	① 乡土植被覆盖率15.1%； ② 水岸硬化率为84.9%； ③ 未使用乡土材质	硬质路面 灌 水体	
8	杨柳村	① 乡土植被覆盖率6.9%； ② 水岸硬化率29.6%； ③ 使用乡土材质	灌 水体 草地 硬质人行铺地	

从剖面上讲，当前长三角乡村滨水空间硬质驳岸的营造方式分为4种，为滨水露台型、慢行步道型、亭台水榭型以及滨水长廊型。当前，由于混凝土使用过多导致透水性减弱，透水率普遍仅位于2%～3%；植被使用率也较低，植物对水体净化作用较低，水岸的植被覆盖率为28%，其中乡土植被覆盖率为17.3%，水生植被则几乎没有使用；部分乡村水岸为保证观赏性而使用防腐木质平台，其透水率为3%～4%，详细见表4.13。

表4.13　长三角乡村现状滨水空间模式一览表

形式	优势	不足	现状模式图	生态现状
滨水露台	① 沿河建设大面积亲水平台，供村民休闲游憩； ② 有效利用乡村内小面积闲置地，提高了土地利用效率	① 仅仅在水面上简单地搭建平台，岸边缺少植物的配植，空间的绿化覆盖率较低，天气炎热时无法使用； ② 缺少水生植物的种植，空间趣味性较低，不利于河床土壤的固定； ③ 台阶及岸边场地多铺设水泥、混凝土等材质，硬化率高		① 混凝土透水率为2%～3%； ② 水岸植被覆盖率为37%；水生植被使用率为0； ③ 植物未对水体产生净化作用； ④ 防腐木材透水率为3%～4%
慢行步道	利用民居与河道之间的空闲用地修建慢行步道，供村民散步	① 此类慢行步道宽度较小，两侧缺少植被的种植空间，水生植物也缺失，绿化覆盖率较低； ② 步道旁的驳岸依然为刚性垂直驳岸，破坏了原有水生植物的生长环境，阻碍了水体		① 混凝土透水率为2%～3%； ② 植被缺失； ③ 植物未对水体产生净化作用

（续表）

形式	优势	不足	现状模式图	生态现状
		与岸坡的物质交换与能量传递； ③ 步道铺地硬化程度高，渗水率低，下雨时易打滑造成危险		
亭台水榭	利用乡村良好的自然风光，在河湖边修建观赏景亭，为休闲人群提供庇护场所	① 亭台周边缺少水生植被的搭配，大大降低了空间的趣味性与观赏性； ② 刚性驳岸的形式与城市水岸趋同，缺少乡土特色； ③ 在水域面积不大的水体上不宜建设，易使空间产生局促感		① 混凝土透水率为2%～3%； ② 水岸植被的覆盖率为25%； ③ 水生植被使用率为0； ④ 植物未对水体产生净化作用； ⑤ 防腐木材透水率为3%～4%
滨水长廊	① 利用滨水长廊进行乡村文化展示； ② 利用滨水长廊进行休闲游憩； ③ 有利于成为乡村景观特色	① 缺少水生植物的配植，对河床土壤固定产生负面影响； ② 驳岸形式应以自然形态为主，配植乡土植被，运用乡土材料		① 混凝土透水率为2%～3%； ② 水岸植被的覆盖率为50%； ③ 水生植被使用率为0； ④ 植物未对水体产生净化作用

2）构造样式刚性

长三角乡村地区水岸空间的构造样式为两大类，即花岗岩垂直驳岸与块石垂直驳岸（见图 4.18）。花岗岩垂直驳岸是以花岗岩为主，块石与砖石为辅的刚性驳岸形式。在花岗岩与河床相接处订上松木桩，松木桩之间填入块石，以保证花岗岩不会下陷导致岸堤的毁坏。在花岗岩后侧填入砖块，以提高花岗岩的抗剪性。砖石下方再用素土夯实，形成坚固的驳岸构造。块石垂直驳岸与前者相比，用材更加厚重。堤岸的主体部分采用浆砌块石，整体为梯形，以提高抗剪性。基座部分位于河床以下采用块石混凝土夯实，堤岸后侧铺设灰土弱化刚性效果，可进行植被的种植。

这类构造的优点在于，具有极强的稳固性与安全性，不受水体流速变化的影响。但人工痕迹过重，提高岸堤的硬化率并使其达到 32.9%。由于花岗岩与块石亦非乡村原有的乡土材料，一般花岗岩的渗水率低于 0.6%，特殊花岗岩的渗水率

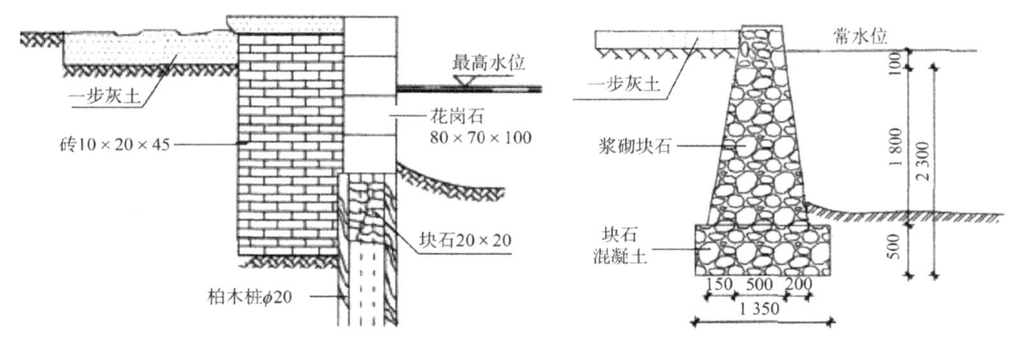

图 4.18　花岗岩垂直驳岸与块石垂直驳岸

（来源：《园林驳岸构造研究》）

则低于 0.4%，孔隙率为 0.5%～3.0%，过度使用会阻碍正常的水岸物质交换，破坏乡村滨水空间的植物生态群落，增大土壤孔隙的压力；同时，也会对河床的天然形态产生影响，形成乡村内部的城市化驳岸，缺失生态特点。

3. 研究结论

(1) 护坡形式过于简单，缺少乡土材料的应用。部分乡村河岸建造护坡时采用城市河流护坡的方式，采用干砌块石护坡、水泥护坡和混凝土护坡等刚性护坡。一方面，没有突出乡村的乡土特点；另一方面，造成乡村水岸硬化率过高，破坏了乡村河岸的生物多样性。

(2) 乡村水岸的亲水性不强，使活动人群疏远自然环境。许多滨水空间的改造往往忽略人与水的互动关系，将水岸与水体生硬地割裂开来，缺少滨水栈道或涉水平台。这类空间往往成为村民的交通空间而非停滞空间，造成空间使用率不高的问题。

(3) 水岸植被种类减少。在乡村水岸改造的过程中，滨水原生植物被替换成统一样式的草本植物，有些水岸则简单地铺上硬质铺地，首先，破坏了乡村水岸的生态系统，造成乡土原生态植被资源的减少与浪费；其次，提高了护坡建造的成本，降低河岸的观赏效果；再次，滨河空间的丰富性与趣味性大打折扣。

(4) 河床改造过度，造成生态资源的破坏。在乡村地区许多河流存在水土流失的隐患，人工进行改造时，往往忽略了位于挺水区和沉水区的植被，将起伏变化的原生河床简单改造为平滑的断面形式，造成河道多样性的减弱，使得水域中各部分的水流速度趋同。由于水生植物的多样性很大程度上取决于流速的变化与河道的多样性，所以过度改造的河床将降低水生植物的种类。

因此，目前长三角乡村滨水空间的建设样式仍然处于盲目模仿城市驳岸的阶段，对于乡土材料与乡土植被的运用依然有待加强，对于水体和土壤的保护仍需重视。

4. 优化对策

1) 滨湖水岸

滨湖驳岸的设计需要围绕生态游憩与防洪两大特点来研究，设计时往往结合地形条件与腹地位置，采用不同的形式，包括混合驳岸、人工驳岸(退台)、人工驳岸(垂直)以及自然护坡。其中，人工驳岸(垂直)多应用于已经渠化、具有较大高差且以防洪为首要目标的湖边，故生态性最弱；自然驳岸则是采用植物、石材等乡土材料与乡土植被对驳岸进行塑造，形成自然生态的景观，降低乡村水岸的硬化率；其余驳岸则为半人工、半自然的形式，该类型的驳岸能够提高驳岸的使用率，兼具活动功能与部分生态效益(李俊妮，2013)。因此，自然驳岸的营造形式将成为滨湖水岸生态化的关键。

自然驳岸(见图 4.19)根据所使用材料的不同可划分为自然原型驳岸、木桩驳岸、块石驳岸等(刘新聆，2009)。该类驳岸既能起到稳定岸坡的作用，又可避免因混凝土、水泥的使用而带来的负面作用，如缺失乡土特色、破坏湖岸原生植物群落等。此外，植被、石块以及木桩均能对流速起到一定的消减作用，既能保护驳岸，又有利于鱼类、虾类、两栖类的生存繁衍(田景环，2011)。

本研究结合滨湖水岸的两大特点，确定滨湖水岸的研究类型为植物驳岸、堆石驳岸、木材驳岸以及刚性驳岸的生态化设计，其中植物驳岸、堆石驳岸以及木材驳岸可满足生态游憩的需求，刚性驳岸可满足防洪的要求。因此，乡村的水岸生态化将从滨湖水岸生态化、滨河水岸生态化以及池塘水岸生态化三方面来研究。

(1) 植物驳岸。植物驳岸是指保持岸边已有植物的原生状态，适当增加乡土植物种植的驳岸形式。该修建方式多见于有较大面积缓坡的湖岸处，有利于生态化地巩固湖底，保持岸堤植被的多样性，同时通过植物根须、茎叶的生物吸附、沉

图 4.19　自然驳岸(来源:《浅议滨水区域生态驳岸的设计》)

降、过滤等作用,能够进一步净化水体与涵养水源。植物根须的另一个重要作用就是吸收土壤中的水分,降低其间空隙的压力,增加泥土的黏性,使得湖岸的抗剪性增强。

现状植物型驳岸的乡土植被覆盖率较低,水岸硬化率较高,未使用乡土材质,铺装材料的透水率较低见表 4.14,因此植物型驳岸在设计时应注重软质乡土材料与透水材料的选择。

表 4.14　现状植物驳岸与生态化植物驳岸对比表

名　称	现 状 形 式	生 态 化 形 式
乡土植被覆盖率	6.9%	80%以上
植被种类	缺少乔木层与灌木层,仅仅配植少量的水葱	垂柳、香樟、紫薇、黄杨
透水率	混凝土路面:2%~3%	砂石小径:22% 黏土层:30%~90%
水岸硬化率	29.6%	10%以下
乡土材质的使用	未使用乡土材质	砂石、砾石
对水体促进作用	无	生态网箱有助于水生动物的繁衍

（续表）

名　称	现状形式	生态化形式
图例对比	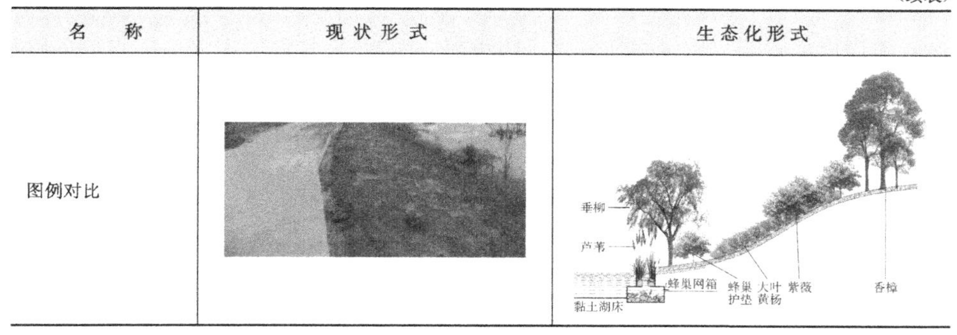	

传统植物驳岸的植被配植一般应用在岸堤区以及面坡区，最大应用范围到挺水区，沉水区的植被配植往往被忽略。因此，为求生态效益的最大化，需要在沉水区形成原生态的植物群落与天然栖息场所，提高水岸动植物的存活率。岸堤区采用根系发达的常绿乔木，提高驳岸的抗剪性与景观效果，面坡区采用不同色彩搭配的灌木以及小乔木，防止水土流失。在挺水区则使用芦苇、菖蒲等草本植被。在沉水区设置透水网箱。该网箱间隙较大，湖中鱼虾蟹可以自由出入，内部按照当地生境的植物群落配植比例放置合适的卵石、水葱等水生植被，模仿自然生态环境，形成湖中水生物的产卵与筑巢场所，进一步增强驳岸的生物多样性，实现动植物的互动，也可形成独特的滨湖景观，增强湖岸的趣味性（见图 4.20）。

图 4.20　植物驳岸示意图

(2) 堆石驳岸。堆石驳岸是指运用乡土石材进行无规则堆砌而形成的滨湖驳岸。运用该形式的驳岸一般拥有较大的滩涂。涨潮时，石材位于挺水区与沉水区，退潮时石材位于面坡区与挺水区。石材优先选用乡土石材，若滨湖地区缺乏石材，可利用乡村建设剩余的混凝土材料实现循环使用。

现状堆石驳岸虽然使用当地石材作为岸线要素，但缺少乡土植被的使用，石材的堆放也显得杂乱无章，需正确搭配石材与植被(见表 4.15)。

表 4.15　现状堆石驳岸与生态化堆石驳岸对比表

名　称	现状形式	生态化形式
乡土植被覆盖率	10%以下	50%以上
植被种类	少量地被	垂柳、芦苇、睡莲
透水率	黏土层：30%～90% 乡土碎石：19%	黏土层：30%～90% 乡土碎石：19%
水岸硬化率	10%以下	10%以下
乡土材质的使用	乡土石材	乡土石材、废弃混凝土块
石块作用	杂乱堆放，缺少生态效益	石块间隙中种植水生植物有利于两栖动物的繁衍
图例对比		睡莲　水草　乡土石材/废弃混凝土块　黏土层　芦苇　垂柳

因此，生态化的堆石驳岸有助于增加岸坡的负重，提高坡脚的稳定性。石块间的间隙有利于滨湖植物与两栖类动物的生长繁殖，为其提供栖息的活动场所。同时，由于石块没有固定的形状大小，在堆石景观方面具有很大的提升空间(见图 4.21)。在挺水区选择种植芦竹、菖蒲等植被，可增强生物栖息筑巢的可能性；沉水区可选择水葱、茭白、睡莲等观赏性与可食用植被；面坡区则选用垂柳、乌桕等观赏性较强的乔木，实现岸坡的生态化。

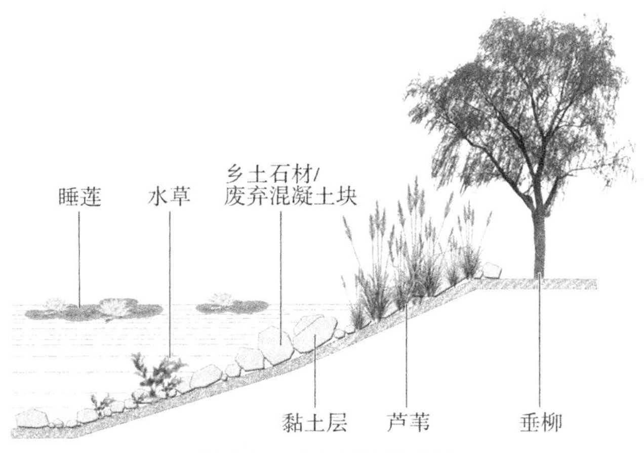

图 4.21　堆石驳岸示意图

(3) 木材型驳岸。木材型驳岸是指利用木桩、木板等木质材料拼接成木栅格，沿着湖泊岸线插入土层，保持驳岸水土的安全性，一般位于浅水区，不宜设置在深水区。由于木材泡水后容易腐烂、脆化，因此在选择木材时应该选择柳木、松木等内含较高油脂的树种，有助于形成天然的防水层。若缺少该种材料，可将竹片集中捆绑成栅栏样式，代替上述木材。

现状木材型驳岸的乡土植被覆盖率较低，缺少必要的活动空间，因此需加强乡土植被的配植，增加必要的活动空间(见表 4.16)。

表 4.16　现状木材型驳岸与生态化木材型驳岸对比表

名称	现 状 形 式	生 态 化 形 式
乡土植被覆盖率	15.1%	80%以上
植被种类	少量地被、柳树	垂柳、水杉、睡莲、紫薇、小叶女贞以及芦苇
透水率	黏土层：30%～90% 防腐木：3%～4%	黏土层：30%～90% 乡土块石小径：19% 防腐木：3%～4%
水岸硬化率	10%以下	10%以下
木材自身含水率	18%	13%
使用年限	20～30 年	40～50 年
木材作用	调节流速，缓解水流岸线的冲刷，提高岸线使用年限	同前
活动场所	无	滨湖步道

在材料自身的特性方面，木材型驳岸具有广泛的材料来源，雪松、罗汉松、垂柳等均为长三角乡村地区常见的乡土树种，在很大程度上能够节约运输成本。此外，木材型驳岸具有较强的观赏性与生态性，木质护坡也易与水生植物、岸边乔灌木浑然一体，增强原生态景观效果。利用该护坡将驳岸紧密裹住的同时，由于木材自身具有较高的空隙率，一定程度上能够维持湖泊与驳岸的物质循环与能量交换，降低土壤孔隙的压力，从而避免水土流失的危险。此外，木材型护坡对于流速不稳定的水岸区域，具有调节流速的作用，缓解水体对驳岸的冲击作用。为进一步提高木材型驳岸的使用年限，可在材料外层涂抹适宜的防腐剂，增强木材对水体侵蚀作用的抵抗性。在选择外层涂料的颜色时，因根据不同植物群落的色调合理搭配，使驳岸、植被以及水体的色调和谐、统一。

在水岸植被种植方面，岸堤区可将乡土石材磨碎铺成块石步道，并以水杉作为行道树，形成强烈的秩序感与乡土性；在面坡区可采用乔灌木相搭配的方式，如紫薇、女贞、垂柳搭配种植；挺水区进行植被种植时，需注意不应让植被生长在木材护坡的缝隙中，避免由于植物根系的生长造成木材护坡的破坏(见图 4.22)。

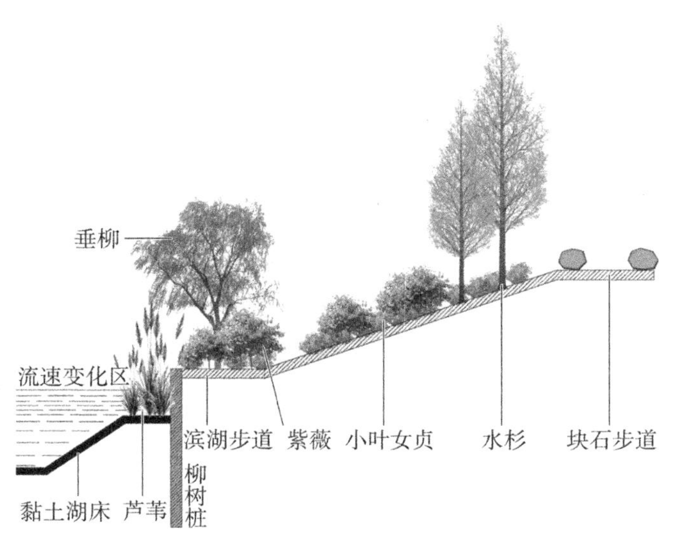

图 4.22　木材型驳岸示意图

(来源：作者自绘)

(4) 刚性驳岸。长三角地区河湖众多，存在具有硬性防洪要求的大型湖泊。此类护坡宜采用具有刚性结构的驳岸。不同于上文中提到的木材、堆石、植被等驳岸材质，采用人工设计痕迹较强的刚性毛石堤岸，使用生态混凝土，堤岸上端至少位于最高水位 500 mm 以上。在充分满足安全性的前提之下，统筹考虑景观性、亲水性。因此，与前三种类型的驳岸相比，该种驳岸的亲水性稍弱一些（见表 4.17），但由于采用工程材料，安全性与稳固性最强。

表 4.17　现状刚性驳岸与生态化刚性驳岸对比表

名　称	现状形式	生态化形式
乡土植被覆盖率	26.1%	80%以上
植被种类	芦苇、水葱等水生植被	垂柳、鸡爪槭、紫薇、小叶女贞、芦苇
透水率	堤岸：低于 0.6% 岸边混凝土路面：2%～3%	堤岸：低于 0.6% 植被黏土层：30%～90% 防腐木板：3%～4%
水岸硬化率	66.7%	15.4%
活动场所	无	滨湖小游园
图例对比		垂柳 湖面 500 mm 毛石堤岸 鸡爪槭 松木桁架 自然土 紫薇 小叶女贞 黏土湖床

现状该类刚性护坡在设计时过于硬化，导致乡土植被覆盖率过低、硬化率很高，因此需要适当软化岸线，增加植被的配植，营造适当的活动场地。

该种形式的驳岸的防洪设计较为突出，在面坡区的地面采用木质桁架固定土壤，预留乔灌木的栽培空间。由于挺水区和沉水区均不进行植被栽培，为弱化驳岸生硬、刻板的感官感受，宜选取具有较强色彩优势的乔灌木，如鸡爪槭、垂柳、乌桕、紫薇、红叶石楠等植被，尽量营造优美的驳岸景观（见图 4.23）。

传统的滨湖刚性驳岸在面湖一侧缺失乡土植被的种植，造成坚固、硬化的非生态化景观效果。因此，可考虑在堤岸底部种植水生植物，如芦苇、菖蒲等，一是可强

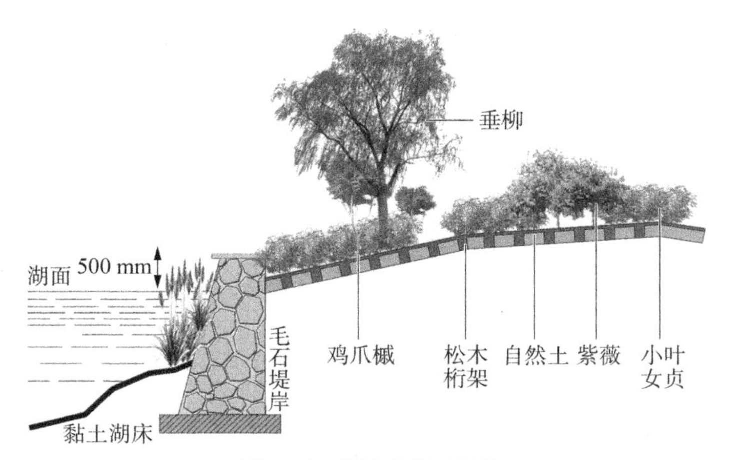

图 4.23　刚性驳岸示意图

化堤岸的软质化效果；二是水生植被对水体的流速变化具有缓解作用，减轻水流对堤岸的冲击；三是也能够加强对堤岸底部土壤的加固作用，提高水岸的稳固性，兼顾生态性与安全性。

2) 滨河水岸

由于乡村河流的防洪等级比湖泊低，滨河水岸相对滨湖水岸而言，具有更强的亲和力；对水体而言，拥有更便捷的可达性。换言之，滨河水岸需要的亲水性也就更强，所以植被、人以及水体需要形成生态的互动关系。可见，滨河水岸的特点包括两大要素，即人的活动空间和植物的配植空间(陈鑫，2013)。

就人的活动空间而言，可通过长廊、凉亭或者滨河木栈道等形式表达，每种形式均采用乡土材料来修建，并融入当地的文化元素，形成特殊的景观标志。

就植物的配植空间而言，根据堤岸不同的坡面分区来表达，即岸堤区、面坡区、挺水区与沉水区(见图 4.24、图 4.25)，不同的分区对应不同的植被。在植物选择时，首先应该避免使用外来物种，一方面，物种的入侵可能带来原有生态系统的破坏；另一方面，也会失去乡村自身的特点。其次，应考虑群落化配置植物，做到上层大乔木、中层小乔木、中层灌木以及底层地被层次鲜明，根系交错，生态位上实现互补(段晓明，2009)；再次，4 个不同的坡面分区均要注重与人群活动的关系。

现状乡村滨河水岸的设计与城市水岸趋同，齐整的花岗岩堤岸大幅提升了水

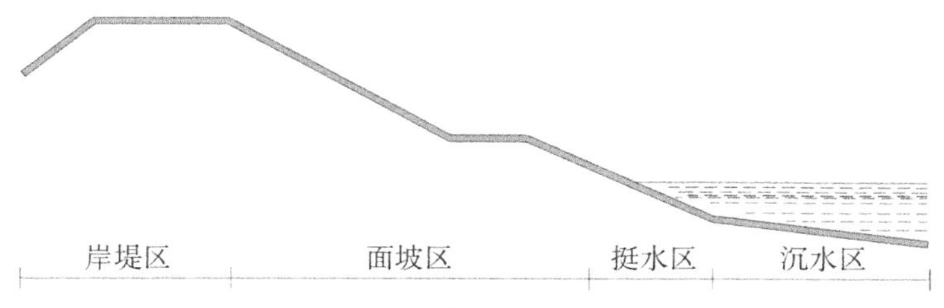

图 4.24　坡面分区示意图

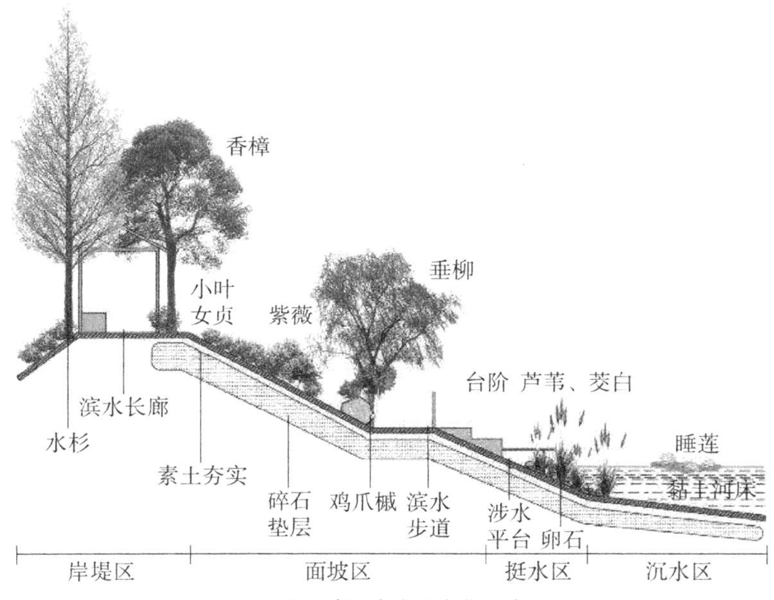

图 4.25　滨河水岸生态化示意图

岸的硬化率，同时，仅配植少量的乡土植被进行岸线的修饰，活动场所仅为单调的滨水步道，人群的活动空间设计不完善(见表 4.18)。因此本研究需重点解决上述问题。

表 4.18　现状滨河水岸与生态化滨河水岸对比表

名　称	现 状 形 式	生 态 化 形 式
乡土植被覆盖率	32.3%	80%以上
植被种类	小香樟、瓜子黄杨	垂柳、水杉、香樟、紫薇、小叶女贞、芦苇、茭白、睡莲

（续表）

名　　称	现 状 形 式	生 态 化 形 式
透水率	花岗岩护坡：0.6%以下	植被黏土层：30%～90% 防腐木板：3%～4% 鹅卵石：0.5%～3% 生态混凝土台阶：15%～25%
水岸硬化率	31.1%	10%以下
活动场所	滨水步道	滨水步道、涉水平台、休闲凉亭
图例对比		

（1）岸堤区。滨河水岸的岸堤区位于护坡的最上端，离水面最远，土壤坚实度最高，空间最为安全，因此该空间常常以乔木为主体，滨河的岸堤区与滨湖岸堤区的差异性主要体现在树木的序列感上。由于乡村的滨河空间容易成为村民步行空间，行道树变成了不可或缺的要素，既丰富了沿河的绿化景观效果，又为步行的安全性提供了保障。

从树种的选择上而言，如果追求较为靓丽的驳岸效果，可选择带有不同季向颜色的树种，如乌桕、鸡爪槭、丹桂等；如果追求高大、整齐的阵列效果，可以选择水杉、香樟、榉树等，搭配以适量的灌木，避免护坡景观类型的单一（陈鑫，2013）。建议植被搭配为：乌桕—鸡爪槭＋大叶黄杨—云南黄馨＋五彩络石—狗牙根；水杉＋南天竹—红花檵木—金边黄杨＋红花酢浆草；香樟—乌桕＋栀子—迎春—南天竹＋五彩络石；榉树—鸡爪槭—广玉兰＋红花酢浆草—白车轴草。

从人群的活动空间上而言，由于岸堤区安全性最高，因此该区域是最适合建造构筑物的场所，如文化长廊、休闲凉亭等，在构筑物的细节可点缀文化元素，增强乡土气息。

（2）面坡区。滨河水岸的面坡区位于常水位以上，但距离水面较近，因此对于水土保持的作用至关重要。该空间通常以大灌木为主，小乔木为辅，适当增加地被的绿量以平衡乔木数量的降低。滨河水岸的面坡区与滨湖水岸的面坡区功能相似，植物的种植类型也相似。

从植物的配植上而言，该区域的灌木数量与地被数量应尽可能多些，在初期驳岸建设栽培植物时应选择能够快速生长、具备较强生长优势的小乔木和灌木，以便迅速发挥河堤的生态效益。因此，乔木可选择垂柳、国槐等，灌木可选择小叶女贞、紫薇、红叶石楠等，地被可选择车轴草、麦冬等。建议植被搭配为：垂柳＋小叶女贞—紫薇＋白车轴草—葎草；垂柳—鸡爪槭＋红叶石楠—云南黄馨＋麦冬—鬼针草；垂柳—国槐＋紫叶小檗—紫薇—小叶女贞＋红车轴草—麦冬；垂柳—棕榈＋南天竹—红叶石楠＋红花酢浆草—白车轴草。

从人群的活动空间上而言，面坡区比较适合修建滨水木栈道，在适宜的地方开设台阶，从面坡区进入挺水区，增强驳岸的亲水性。同时，在面坡区灌木相对稀少的区域可设置一定面积的草坪，供使用者坐和躺。靠水一侧宜设置木质栏杆提供安全防护作用。

(3) 挺水区。挺水区的位置相对特殊，一半位于常水位以上，一半位于常水位以下，因此该区域的土壤孔隙率较高，承受压力较大，所以整体相对松软，安全系数较低，不适合种植乔灌木。因此，水生草本植物成为该场所植被配植的第一选择。

从植物的配植上而言，挺水区选用的水生草本植物为浅水区中的植被，如菖蒲、狐尾藻、水葱、芦苇、蒲草、再力花、鸢尾花、芦竹等。如果要求驳岸的景观效果出众，可选择菖蒲、再力花、鸢尾花等色彩缤纷的植被；如果侧重于植被的固土性(陈小华，2007)，可选择水葱、芦苇、芦竹等茎秆高大的植被。通常来讲，高大的挺水植物和常水位线之间容易形成封闭的空间。为追求生态效益的最大化，可在该空间种植一定的水生可食用景观，如苏南浙北地区的水八仙，即茭白、莲藕、水芹、芡实(鸡头米)、茨菰(慈姑)、荸荠、莼菜以及菱。挺水植物的搭配在丰富河岸植物群落景观效果的同时，也能对河内侧的径流实现二次净化。

从人群的活动空间上而言，挺水区的可达性要比面坡区和岸堤区弱许多，可供人群亲水活动的场所仅有小面积的滨水小平台、滨水台阶等。由于距离水面较近，趣味性提升，滨水平台上可设置座椅供人群短暂休息。

(4) 沉水区。沉水区是指位于常水位以下的部分，人群的日常活动达不到。

该区域常配置观赏性较强的水生草本、禾本植物，如荷花、睡莲、黄花水龙等。该植被的特点在于拥有发达的根系，即使位于沉水区甚至河流中央，根系依然能够直达河床，固定水底土壤并起到净化水质的作用，特别对去除水中氮磷效果显著。该区的植被在色彩搭配上可形成丰富景观效果，结合挺水区的植被，可大大美化河面。

3）滨塘水岸

长三角乡村具有大量的池塘，几乎随处可见，如村口、村边甚至乡村内部，规模也不太一致，十几平方米至数百平方米不等。乡村池塘的特点在于深度小、数量多、不流动、水面与地面的距离更加接近，日常还可作为农作物的灌溉水源，因此，池塘水岸设计时应注重亲水性与景观性的特点，挑选典型的水岸将其打造为公共场所（见表 4.19）。

然而，现状池塘水岸乡土植被的覆盖率偏低，水岸的活动的乐趣性也偏低，需增加乡土植被的配植并设计一定的活动场所，同时，由于池塘水不易流动，还应考虑到水质净化的需求，增强生态性与趣味性。

表 4.19　现状池塘水岸与生态化池塘水岸对比表

名　称	现状形式	生态化形式
乡土植被覆盖率	15.1%	80%以上
植被种类	小香樟、蔬菜地被	垂柳、紫薇、小叶女贞、芦苇
透水率	乡土块石：19% 植被黏土层：30%～90%	植被黏土层：30%～90% 防腐木板：3%～4% 青砖：20% 生态混凝土台阶：15%～25%
水岸硬化率	16.7%	10%以下
活动场所	无	涉水台阶、戏水平台
图例对比		

针对以上问题，乡村池塘水岸采用景观型驳岸。

景观型驳岸在各大滨水空间的应用均层出不穷，主要理念即突出原生态的驳岸元素搭配组合，树、草、石、花、木以及极少的人工材料就可以完成整个设计，在乡村地区可就地取材，成本较小，做法简单，易于推广，对人的亲和力较强。

具体做法在于，发挥乡村的生态多样性优势，选用乡土树种、乡土灌木、乡土水生植被以及乡土卵石，水域内靠近水岸种植的水生植被下方土壤区域宜采用小型混凝土块固定和支撑，防止植被根基不牢固，最后配合部分涉水小平台即可营造舒适、美观的景观型驳岸(见图 4.26、图 4.27)。

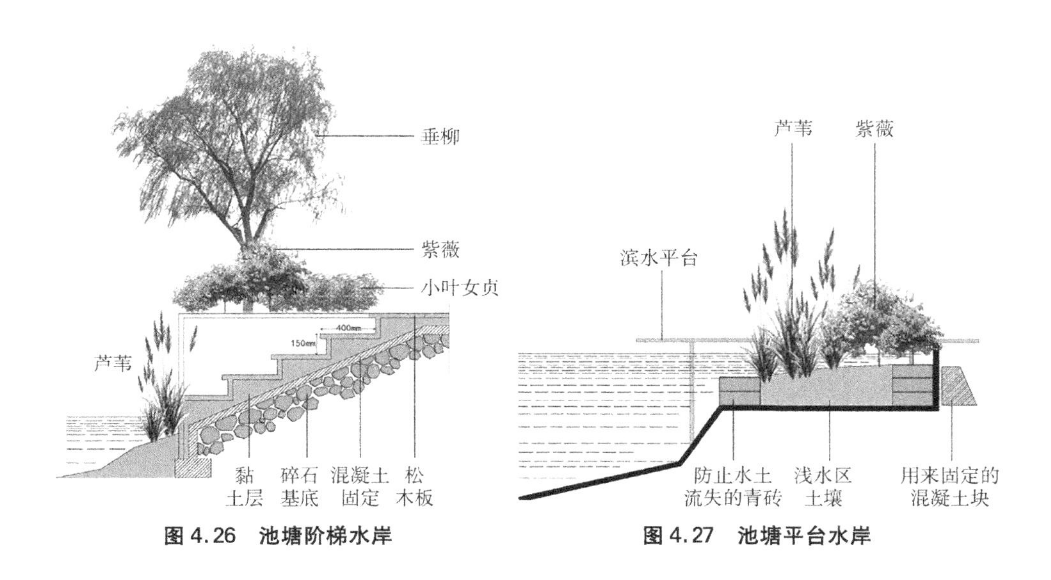

图 4.26　池塘阶梯水岸

图 4.27　池塘平台水岸

4.2.2　绿地生态化设计技术

1. 现状调研

当前，长三角乡村地区建设用地对生态环境的影响主要表现为：建设用地阻隔乡村与生态要素的联系、用地产生环境污染、建设活动侵扰生态基质，以及过分注重交通区位的影响。由于在快速的新农村建设进程中已经使部分自然植物群落遭到破坏，所以乡村绿地生态化的重点在于如何利用技术手段尽可能修复该群落，使得后配植的人工植物群落尽可能接近自然群落的配比(任斌斌，2010)。本次共调查长三角地区的15个行政村，包括南京、镇江、苏州、无锡和常州5个地级市(见表4.20)。从绿化模式上而言，有经过新乡村绿化改造过的乡村，也有未经改造的原生态乡村；从与城市的关系上来看，包括城郊村、近郊村与远郊村。在上述现状调查的15个行政村中选出30个植物群落样地。植物群落依据乡村公共场所的位置分为两种：一种为乡村内部公共场所(村口、小游园、文化广场等)的植物群落，另一种为乡村外围绿带(环村林带、湿地等)的植物群落，每种形式的植物群落各取15个样地，编号的方式为城市名+序号，如南京①、苏州②等(见表4.21)。在调查区域内部均匀选择样地，调查面积共计4 854 m^2，尽量展现长三角乡村地区公共场所的植物群落风貌。

表4.20 调查乡村区位一览表

编号	村名	所属镇或街道	所属辖区	所属城市
1	石墙围	桠溪镇	高淳区	南京
2	蒋山村	固城镇	高淳区	南京
3	花联村	固城镇	高淳区	南京
4	西舍	桠溪镇	高淳区	南京
5	高村	桠溪镇	高淳区	南京
6	荆山村	桠溪镇	高淳区	南京
7	杨柳村	湖熟镇	江宁区	南京
8	东青村	虞山镇	常熟市	苏州
9	沉海圩	虞山镇	常熟市	苏州
10	中泾村	虞山镇	常熟市	苏州
11	梅泾村	洛社镇	惠山区	无锡
12	秦巷村	洛社镇	惠山区	无锡
13	西管村	南渡镇	溧阳市	常州
14	强埠村	南渡镇	溧阳市	常州
15	丁家边村	茅山镇	句容市	镇江

表4.21 绿化样地调查一览表

样地编号	内部公共场所样地位置	样地面积/m^2	样地编号	外部公共场所样地位置	样地面积/m^2
南京①	蒋山村	162	南京④	花联村	180
南京②	西舍	35	南京⑤	杨柳村	198
南京③	石墙围	24	南京⑥	蒋山村	322

（续表）

样地编号	内部公共场所样地位置	样地面积/m^2	样地编号	外部公共场所样地位置	样地面积/m^2
南京⑦	荆山村	15	南京⑧	高村	580
南京⑨	高村	60	南京⑩	荆山村	55
苏州①	东青村	10	苏州③	沉海圩	68
苏州②	中泾村	35	苏州④	沉海圩	285
无锡①	秦巷村	62	苏州⑤	沉海圩	154
无锡②	秦巷村	84	无锡④	梅泾村	450
无锡③	梅泾村	127	无锡⑤	秦巷村	348
常州①	西管村	210	常州④	强埠村	176
常州②	西管村	56	常州⑤	西管村	260
常州③	强埠村	87	镇江③	丁家边村	98
镇江①	丁家边村	32	镇江④	丁家边村	240
镇江②	丁家边村	91	镇江⑤	丁家边村	350

调研时将植物群落内的植物构成划分为乔木、灌木以及草本/禾本植物，分类统计种类以及数量，如表 4.22 所示：

表 4.22　绿化样地植被调查一览表

样地编号	样地面积/m^2	各种乔木数量/株	各种灌木数量/株	草本/禾本植物
南京①	162	榉树×3、香樟×4、棕榈×3、罗汉松×2、广玉兰×1	红叶石楠×32	—
南京②	35	构树×2	牵牛花×12	葎草、狗牙根
南京③	24	鸡爪槭×1	五角金盘×15、小叶女贞×16	慈孝竹×23
南京④	180	—	—	蒲苇、芦竹×260、狼尾草
南京⑤	198	香樟×4、榉树×3、垂柳×3、橘树×3	小叶女贞×68	萝卜、葱、葎草
南京⑥	15	棕榈×1	小叶女贞×10	南天竹×15、狼尾草
南京⑦	60	水杉×4、垂柳×1、桃树×1、白玉兰×1	—	油菜、荷花×18
南京⑧	322	榉树×6、香樟×5	紫叶小檗×34、大叶黄杨×32	芦苇、狼尾草
南京⑨	580	榆树×4	红花檵木×10、金边黄杨×56、万年青×32	芦苇、葎草

（续表）

样地编号	样地面积/m^2	各种乔木数量/株	各种灌木数量/株	草本/禾本植物
南京⑩	55	榉树×3、水杉×3、垂柳×2	—	葎草、狼尾草
苏州①	10	榉树×1、橘树×1、丹桂×1	紫叶小檗×16	—
苏州②	35	女贞×2、橘树×2	紫叶小檗×21、五角金盘×6、大叶黄杨×5	—
苏州③	62	广玉兰×2	迎春×4、红叶石楠×35	南天竹×23、二月兰
苏州④	84	水杉×3、小构树×1、香樟×2、桂花×1	紫薇×20	黄豆、狗尾草
苏州⑤	68	—	—	南天竹×35、芦苇、睡莲×23、油菜、红花酢浆草
无锡①	127	海棠×2、柿树×2	桂花×20	南瓜、莱豆、狗尾草、蒲公英、葎草
无锡②	210	苦楝×3、乌桕×2、棕榈×1、桃树×1、海棠×1	桂花×23	油菜、蚕豆
无锡③	285	垂柳×2、香樟×3、构树×2	木芙蓉×14、迎春×6	美人蕉、茭白、菖蒲
无锡④	154	水杉×2、女贞×1	紫鹃×10、云南黄馨×10	黄豆、蒲公英
无锡⑤	450	垂柳×3、榉树×4、柿树×2、桃树×3	紫薇×42、云南黄馨×20、栀子×8、红叶石楠×6、桂花×20	狗牙根、五彩络石、红花酢浆草
常州①	56	柿树×1、枇杷×1、石榴×1	—	南瓜、萝卜
常州②	348	香樟×2、雪松×1、榆树×3、石榴×1	夹竹桃×6、八角金盘×15	鬼针草、葎草
常州③	176	榉树×1、香樟×2、石榴×1	夹竹桃×4、金边黄杨×25、小蜡×12	芦竹×120、水葱
常州④	260	榉树×1、乌桕×1、刺槐×2、小构树×3	—	慈孝竹×38、蒲苇、扁豆
常州⑤	98	桃树×1、石榴×1、桂花×1	瓜子黄杨×31	白车轴草
镇江①	87	水杉×2、广玉兰×1、香樟×1	杜鹃×9、瓜子黄杨×124	葎草
镇江②	32	香樟×1、榆树×1	—	慈孝竹×35、黄豆、葎草、红花酢浆草、车前草
镇江③	91	—	—	水葱、狼尾草、蒲公英、慈姑、蒲苇
镇江④	240	构树×3、乌桕×1、苦楝×1	瓜子黄杨×65	茭白、慈姑、芦苇、菖蒲
镇江⑤	350	垂柳×3、构骨×3	木槿×20、云南黄馨×36	荷花、慈姑、蒲苇、芦竹×150

由表4.22可知，调研样地中(见图4.28)常绿乔木11种，如香樟、罗汉松、广玉兰、雪松、女贞等；落叶乔木14种，如榉树、垂柳、水杉、构树、榆树、桃树等；常绿灌木14种，如金边黄杨、云南黄馨、八角金盘、小蜡、夹竹桃等；落叶灌木7种，如迎春、紫叶小檗、红花檵木等。禾本植被5种，如南天竹、荷花、睡莲等；草本植被15种，如狼尾草、车前草、鬼针草、蒲公英、红花酢浆草等；蔬菜类地被11种，如黄豆、蚕豆、南瓜、萝卜等。

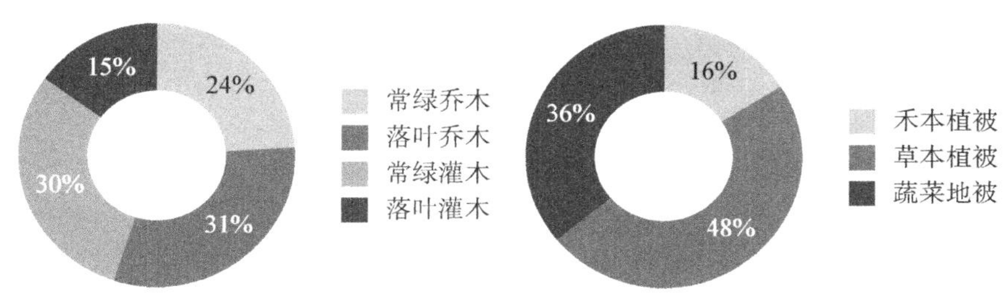

图4.28 植被种类比例统计图

因此，该地区内乡土物种的占总数的59.7%，其中：乔木树种占比51.1%，灌木占比56.8%，草本和藤本占比分别达到63.6%和100%。由此可见，乡土草本、藤本植物应用广泛，乡土乔灌木植物在长三角乡村的绿化进程中尚有较大的使用潜力。

2. *研究方法*

长三角乡村地区的绿地生态化设计研究有利于维持乡土植物群落的稳定性与多样性，最大限度地降低人为因素的影响。从植物群落的物种选择方面而言，可运用物种组成的分析方法，通过对长三角乡村样地植物的密度、多度、频度、盖度进行测算，综合乔木与灌木的相对重要值，得到群落的基本组成成分。此后结合群落多样性分析，确定丰富度指数、优势度指数、平均度指数，确定最接近原生态植物群落的物种构成(马存琛，2010)；

从植物群落的生态稳定性方面来看，可根据苏南乡土乔木的层绿量、盖度、叶面积指数、样地面积等数据得到植物群落的绿量，以相对重要值和多样性计算方法为基础，测算复层数、乔木层平均胸径、平均树高、平均冠幅、林分密度、乔木层、灌木层、草本层指数以及乡土树种比例，得到群落稳定性指数并将区域划分为4个区间，即强、较强、中、差(潘桂菱，2012)，为乡村生态群落的稳定性提供建议。

从乡土植物的选择方面来看，长三角地区存在大量地域性乡土植物，应该对不同的乡村要素进行剖析与辨识，研究地区乡土植物的特点与功能，模拟自然进行人工培植，形成适合乡村空间的景观配植模式(李树华，2010)，通过乡土植物群落进一步展现当地乡村公共场所的景观特色(任斌斌，2010)。因此，乡村公共场所植物群落的配植需要以地方代表性的植物为基础，才能实现真正意义上的生态植物景观(林源祥，2003)。

植物群落的生态化研究主要从配置技术、数量特征以及多样性分析三个方面进行。

(1) 植物群落的配置技术是通过计算乔灌木的密度之比、常绿与落叶的树种种类与数量之比得出乔灌木的、常绿落叶的原生态配置比例。

(2) 植物群落数量特征的分析是群落分析方法的基础，通过样地调查收集的原始数据可得出群落的基本特征参数。常用来描述植物群落数量特征的指标有：密度、多度、频度、盖度和重要值的计算。

密度是指某种植物单位面积上的植株数。计算时一般采用相对密度，即某植被种类的密度占所有种类密度之和的百分比。公式为：

$$D(\text{密度})=N(\text{样地内某种植物的个体数目})\ /\ S(\text{样地面积}) \tag{4.2}$$

$$\text{相对密度}=\text{某植被种类的密度}\ /\ \text{所有植被密度之和}\times 100\% \tag{4.3}$$

盖度是指群落中各种植物遮盖地面的百分率，计算时一般采用相对投影盖度和相对显著度的概念，相对投影盖度表示某种植物的盖度占总盖度的百分比，相对显著度是评定每种植被在群落中占优势程度的指标之一，公式如下：

$$\text{相对显著度}=\text{某植物胸高断面积}\ /\ \text{同一生活型植物的胸高断面积之和}\times 100\% \tag{4.4}$$

$$\text{相对投影盖度}=\text{某植物覆盖面积}\ /\ \text{同一生活型植物的总覆盖面积之和}\times 100\% \tag{4.5}$$

$$\text{乔木的相对重要值}=\text{相对密度}+\text{相对显著度} \tag{4.6}$$

$$灌木的相对重要值=相对密度+相对投影盖度 \quad (4.7)$$

(3) 植物群落的多样性分析包括物种丰富度指数——物种数目(S)、树种优势度(D),指数(S)——对多样性的反面及集中性的度量、均匀度指数(J_{si})等,公式如下:

$$树种优势度(D)=1-\Sigma(P_i)^2 \quad (4.8)$$

$$均匀度指数(J_{si})=\{1-\Sigma(P_i)^2\}/(1-1/S) \quad (4.9)$$

式中:

$P_i=N_i/N$;

N_i——样地中第 i 种植物的个体数目;

N——样地内所有植物的个体数目;

S——所有物种的总数量;

P_i——个体属于第 i 类的概率。

1) 植物群落的配置技术分析

在植物自然群落的垂直分层上存在乔木、灌木和地被的搭配,若三者之间的生存比例适当将能充分利用光能实现群落的共同生长(范宁,2009)。由于国内的新农村建设兴起较晚,最早也只能追溯到2005年,因此普遍情况下,植物群落的郁闭度都不是很高,基于此本书采用传统的乔木、灌木密度比以及常绿、落叶植物之比的统计方法对植物群落的配置进行技术性分析,所以将调研数据转化为易于获取信息的简表,如表4.23所示:

表4.23 常绿、落叶植物数量统计表

种类	常绿植物/株		落叶植物/株	
乔木	名称	香樟(24)、橘树(6)、棕榈(5)、广玉兰(4)、女贞(3)、构骨(3)、罗汉松(2)、桂花(2)、枇杷(1)、雪松(1)、丹桂(1)	名称	榉树(22)、垂柳(14)、水杉(14)、构树(11)、榆树(8)、桃树(6)、柿树(5)、乌桕(4)、苦楝(4)、石榴(4)、海棠(3)、刺槐(2)、白玉兰(1)、鸡爪槭(1)
	小计	11种52株	小计	14种99株
灌木	名称	金边黄杨(81)、红叶石楠(73)、云南黄馨(66)、桂花(63)、紫鹃(52)、大叶黄杨(37)、万年青(32)、五角金盘(21)、八角金盘(15)、牵牛花(12)、小蜡(12)、夹竹桃(10)、杜鹃(9)、栀子(8)	名称	小叶女贞(94)、紫叶小檗(71)、紫薇(62)、木槿(20)、木芙蓉(14)、迎春(10)、红花檵木(10)
	小计	14种491株	小计	7种281株

(续表)

种类	常绿植物/株		落叶植物/株	
竹类	名称	慈孝竹(96)、南天竹(73)	名称	芦竹(430)
	小计	2 种 169 株	小计	1 种 430 株
总计	27 种 712 株		22 种 810 株	

(1) 乔木、灌木的密度比。通过对长三角 15 个行政村中 30 个样地的植物种类和数目进行统计分析可知，样地植物群落中乔木层树种的密度为 0.031 株/m^2，灌木层树种的密度为 0.272 株/m^2，乔木与灌木的密度比为 0.114。其中有 5 个样地仅灌木层缺失，为苏州②、绍兴①、上海②、苏州⑤和绍兴④；3 个位于河湖边的样地同时缺失乔木层与灌木层，为上海③、南京④和常州⑤样地，详见表 4.24 所示：

表 4.24　植物群落乔灌木密度比

样地编号	内部公共场所			样地编号	外部公共场所		
	乔木密度/(株·m^{-2})	灌木密度/(株·m^{-2})	乔、灌木密度比		乔木密度/(株·m^{-2})	灌木密度/(株·m^{-2})	乔、灌木密度比
南京①	0.080	0.198	0.405	南京④	0	0	—
南京②	0.057	0.343	0.166	南京⑤	0.066	0.343	0.191
南京③	0.042	1.292	0.032	南京⑥	0.034	0.205	0.167
南京⑦	0.067	0.667	0.100	南京⑧	0.007	0.169	0.041
南京⑨	0.117	0	—	南京⑩	0.145	0	—
苏州①	0.200	3.600	0.056	苏州③	0	0	—
苏州②	0.114	0.914	0.125	苏州④	0.025	0.070	0.351
无锡①	0.032	0.629	0.051	苏州⑤	0.019	0.130	0.150
无锡②	0.083	0.238	0.349	无锡④	0.027	0.213	0.125
无锡③	0.032	0.157	0.205	无锡⑤	0.020	0.060	0.333
常州①	0.038	0.110	0.346	常州④	0.023	0.233	0.098
常州②	0.054	0	—	常州⑤	0.027	0	—
常州③	0.046	1.529	0.030	镇江③	0.031	0.316	0.097
镇江①	0.063	0	—	镇江④	0.021	0.271	0.077
镇江②	0	0	—	镇江⑤	0.017	0.160	0.107

就乔木密度而言，苏州①样地最高，为 0.200 株/m^2，除去乔木层缺失的地区，南京⑧样地的乔木密度最低。仅为 0.007 株/m^2。就灌木密度而言，苏州①样地最高，为 3.600 株/m^2；除去灌木层缺失的地区，无锡⑤样地的乔木密度最低，仅为

0.060 株/m^2。

就乔木与灌木密度的横向对比而言，除去乔木层与灌木层缺失的样地，灌木平均密度是乔木平均密度的 8.77 倍，其中常州③样地中灌木密度优势最大，为乔木密度的 33.24 倍，南京①样地中灌木密度优势最小，为乔木密度的 2.48 倍。

(2) 常绿与落叶树种种类比。在 30 个绿化样地中，常绿乔木 11 种，为香樟、橘树、棕榈、广玉兰、女贞、构骨、罗汉松、桂花、枇杷、雪松以及丹桂；落叶乔木 14 种，为榉树、垂柳、水杉、构树、榆树、桃树、柿树、乌桕、苦楝、石榴、海棠、刺槐、白玉兰以及鸡爪槭；常绿灌木 14 种，为金边黄杨、红叶石楠、云南黄馨、桂花、紫鹃、大叶黄杨、万年青、五角金盘、八角金盘、牵牛花、小蜡、夹竹桃、杜鹃以及栀子；落叶灌木 7 种，为小叶女贞、紫叶小檗、紫薇、木槿、木芙蓉、迎春以及红花檵木。

其中，乔木与灌木的种类比为 1.190，常绿乔木与落叶乔木种类之比为 0.786，常绿灌木与落叶灌木种类之比为 2.000，详见表 4.25 所示：

表 4.25 常绿与落叶树种种类比

样地编号	内部公共场所			样地编号	外部公共场所		
	乔木/灌木	常绿乔木/落叶乔木	常绿灌木/落叶灌木		乔木/灌木	常绿乔木/落叶乔木	常绿灌木/落叶灌木
南京①	5.000	4.000	1/0	南京④	0/0	0/0	0/0
南京②	1.000	0/1	1/0	南京⑤	4.000	1/1	0/1
南京③	0.500	0/1	1.000	南京⑥	1.000	1.000	1.000
南京⑦	1.000	1/0	0/1	南京⑧	0.333	0/1	2.000
南京⑨	4/0	0/4	0/0	南京⑩	3/0	0/3	0/0
苏州①	1.000	1.000	0/1	苏州③	0/0	0/0	0/0
苏州②	0.667	2.000	2.000	苏州④	1.500	0.500	0/2
无锡①	0.500	2/0	1.000	苏州⑤	1.000	1.000	0/0
无锡②	4.000	1.000	0/1	无锡④	0.800	0/4	4.000
无锡③	2.000	0/2	1/0	无锡⑤	2.000	1.000	2/0
常州①	5.000	0.250	1/0	常州④	1.000	0.500	3/0
常州②	3/0	0.500	0/0	常州⑤	4/0	0/4	0/0
常州③	1.500	2.000	2/0	镇江③	3.000	0.500	1/0
镇江①	2/0	1.000	0/0	镇江④	3.000	0/3	1/0
镇江②	0/0	0/0	0/0	镇江⑤	1.000	1.000	1.000

就常绿与落叶种类数据的横向对比而言，在长三角乡村地区乡土植物中，落叶乔木相比常绿乔木种类优势突出，常绿灌木比落叶灌木更具有种类优势。

就常绿与落叶的种类搭配而言，在全部30个样地中，同时拥有常绿乔木、落叶乔木、常绿灌木、落叶灌木种类的样地仅有3个，分别为苏州②、南京⑥和镇江⑤样地，仅占样本总量的10%；同时，缺失常绿乔木、落叶乔木、常绿灌木、落叶灌木种类的样地有3个，为镇江②、南京④和苏州③，也占样本总量的10%；其他80%的样地中，在植物群落配置方面，至少缺失常绿乔木、落叶乔木、常绿灌木以及落叶灌木种类中的任意一种。

(3) 常绿与落叶树种数量比。在30个绿化样地中，乔木数量共计151株，其中常绿乔木52株，落叶乔木99株；灌木数量共计772株，其中常绿灌木491株，落叶灌木281株。乔木数量与灌木数量之比为0.196，常绿乔木与落叶乔木数量之比为0.525，常绿灌木与落叶灌木数量之比为1.747，所有常绿植物与所有落叶植物数量之比为0.879，详见表4.26：

表4.26 常绿与落叶树种数量比

样地编号	内部公共场所			样地编号	外部公共场所		
	乔木/灌木	常绿乔木/落叶乔木	常绿灌木/落叶灌木		乔木/灌木	常绿乔木/落叶乔木	常绿灌木/落叶灌木
南京①	0.406	3.333	32/0	南京④	0/0	0/0	0/0
南京②	0.167	0/2	12/0	南京⑤	0.191	1.167	0/68
南京③	0.032	0/1	0.938	南京⑥	0.167	0.833	0.941
南京⑦	0.100	1/0	0/10	南京⑧	0.041	0/4	8.800
南京⑨	7/0	0/7	0/0	南京⑩	8/0	0/8	0/0
苏州①	0.125	1.000	0/16	苏州③	0/0	0/0	0/0
苏州②	0.125	1.000	0.524	苏州④	0.350	0.75	0/20
无锡①	0.051	2/0	8.75	苏州⑤	0.150	0/3	20/0
无锡②	0.350	0.750	0/20	无锡④	0.125	0/12	1.286
无锡③	0.200	1.000	20/0	无锡⑤	0.333	0.750	21/0
常州①	0.348	0.143	23/0	常州④	0.098	1.000	41/0
常州②	3/0	0.500	0/0	常州⑤	7/0	0/7	0/0
常州③	0.030	1.000	133/0	镇江③	0.097	0.500	31/0
镇江①	2/0	1.000	0/0	镇江④	0.077	0/5	65/0
镇江②	0/0	0/0	0/0	镇江⑤	0.107	1.000	1.800

就常绿与落叶植被数量的横向对比而言，常绿植物在数量上低于落叶植物，其中常绿灌木与落叶乔木比落叶灌木与常绿乔木具备数量优势。

就常绿与落叶的搭配数量而言，与树种种类比分析相似，大部分样本地区不能同时具备常绿乔木、落叶乔木、常绿灌木以及落叶灌木。

2）植物群落的数量特征分析

(1) 乔木层数量特征。根据上文提到的乔木相对重要性的公式，将相对密度与相对显著度相加得出重要性数值，并将样地中的25种乔木进行排序，详见表4.27：

表4.27　植物群落乔木数量特征

植物名称	出现样地数/个	密度/(株·m^{-2})	相对密度/%	相对显著度/%	相对重要值	排序
香樟	9	0.005 0	1.592	10.399	11.991	1
垂柳	6	0.002 9	0.919	6.325	7.244	2
水杉	5	0.002 9	0.919	4.072	4.991	3
棕榈	3	0.001 0	0.394	3.833	4.227	4
榉树	8	0.004 5	1.433	2.714	4.147	5
榆树	3	0.001 6	0.525	3.540	4.065	6
乌桕	3	0.000 9	0.262	2.959	3.221	7
桂花	2	0.000 4	0.131	2.889	3.020	8
雪松	1	0.000 2	0.066	2.773	2.839	9
刺槐	1	0.000 4	0.131	2.417	2.548	10
罗汉松	1	0.000 4	0.131	2.218	2.349	11
女贞	2	0.000 6	0.197	1.413	1.610	12
桃树	4	0.001 2	0.394	0.897	1.291	13
广玉兰	3	0.000 9	0.262	0.961	1.223	14
苦楝	2	0.000 9	0.262	0.944	1.206	15
构树	5	0.002 3	0.721	0.347	1.068	16
海棠	2	0.000 6	0.197	0.576	0.773	17
鸡爪槭	1	0.000 2	0.066	0.642	0.708	18
白玉兰	1	0.000 2	0.066	0.577	0.643	19
橘树	3	0.001 0	0.394	0.226	0.620	20
丹桂	1	0.000 2	0.066	0.482	0.548	21
柿树	3	0.001 0	0.394	0.134	0.528	22
构骨	1	0.000 6	0.197	0.267	0.464	23
石榴	4	0.000 9	0.262	0.174	0.436	24
枇杷	1	0.000 2	0.066	0.102	0.168	25

由表 4.27 可知，长三角乡村地区常用乔木的前 10 种为香樟、垂柳、水杉、棕榈、榉树、榆树、乌桕、桂花、雪松以及刺槐。其中香樟得到最为广泛的种植，其相对密度、相对显著度以及出现样地数的得分值均为最高；水杉高大、挺拔，多用于乡村硬化路面一侧的行道树；由于长三角地区水网密布，垂柳的种植随处可见；由于棕榈、乌桕、桂花具有较强的景观效果，所以往往配植在乡村典型的公共场所内，丰富空间的色彩搭配。此外，其他景观树种，如广玉兰、鸡爪槭、罗汉松等，也均有种植。在经济食用树种方面，橘树、桃树、柿树、石榴以及枇杷在乡村内部均有种植，其中橘树和桃树的应用更为广泛。

(2) 灌木层数量特征。根据上文提到的灌木相对重要性的公式，将相对密度与相对投影盖度相加得出重要性数值，并将样地中的 21 种灌木进行排序，详见表 4.28：

表 4.28 植物群落灌木数量特征

植物名称	出现样地数/个	密度/(株·m^{-2})	相对密度/%	相对投影盖度/%	相对重要值	排序
小叶女贞	3	0.019 4	6.167	6.834	13.001	1
红花檵木	1	0.002 1	0.656	8.434	10.552	2
金边黄杨	2	0.016 7	5.314	3.375	8.689	3
小蜡	1	0.002 5	0.787	7.85	8.637	4
紫薇	2	0.012 8	4.068	3.865	7.933	5
红叶石楠	3	0.015 0	4.790	2.764	7.554	6
大叶黄杨	2	0.007 6	2.428	4.485	6.913	7
云南黄馨	3	0.013 6	4.330	2.372	6.702	8
桂花	3	0.013 0	4.133	2.48	6.613	9
紫叶小檗	3	0.014 6	4.658	0.967	5.625	10
紫鹃	1	0.010 7	3.412	1.435	4.577	11
杜鹃	1	0.001 9	0.605	3.553	4.158	12
夹竹桃	2	0.002 1	0.656	2.961	3.617	13
木芙蓉	1	0.002 9	0.919	2.262	3.181	14
万年青	1	0.006 6	2.100	0.816	2.916	15
木槿	1	0.004 1	1.312	1.21	2.522	16
五角金盘	2	0.004 3	1.378	0.726	2.104	17
八角金盘	1	0.003 1	0.984	0.907	1.891	18
牵牛花	1	0.002 5	0.787	0.753	1.54	19
迎春	2	0.002 1	0.656	0.806	1.462	20
栀子	1	0.001 6	0.525	0.752	1.25	21

由上表可知，长三角乡村地区常用灌木的前10名为小叶女贞、红花檵木、金边黄杨、小蜡、紫薇、红叶石楠、大叶黄杨、云南黄馨、桂花以及紫叶小檗。其中小叶女贞出现样地数以及相对密度的数值最高，红花檵木的相对投影盖度数值最高。根据分析结果，在选用灌木时，暖色调的植被得到优先考虑，在前10名中占据60%，深红色植被有红花檵木、红叶石楠，淡红色植被为小蜡、黄色植被有金边黄杨、大叶黄杨、云南黄馨。就常绿与落叶灌木的搭配来看，前10名中常绿灌木占60%，落叶灌木占据40%，因此常绿灌木相比落叶灌木在选择时具有一定的优先性。

3) 植物群落的多样性分析

根据上文样地中的乡村植被统计以及计算公式可知，长三角乡村公共场所地区的植物群落乔木、灌木物种丰富度的平均值为1.633，树种的优势度指数，即Simpson指数(D)的平均值为0.711，基于Simpson指数的Pielou均匀度指数的平均数(J_{si})为0.727，该值越接近于1，则表明物种在长三角乡村调研区域分布越均衡。就乔木而言，香樟、榉树、水杉、垂柳、构树、榆树、橘树、柿树、石榴、苦楝、乌桕、棕榈、广玉兰等在群落中具有明显的生长优势(见图4.29)；就灌木而言，小叶女贞、紫叶小檗、紫薇、金边黄杨、红叶石楠、云南黄馨、桂花、紫鹃、大叶黄杨、万年青、五角金盘、木槿等在植物群落中具有明显的生长优势(见图4.30)。

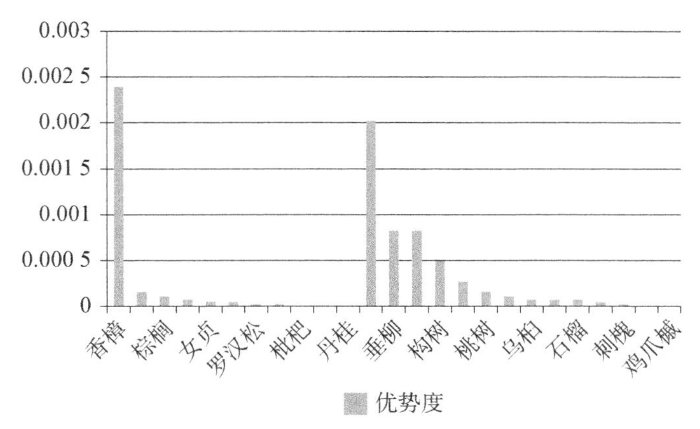

图4.29 样地内各乔木优势度指数比较

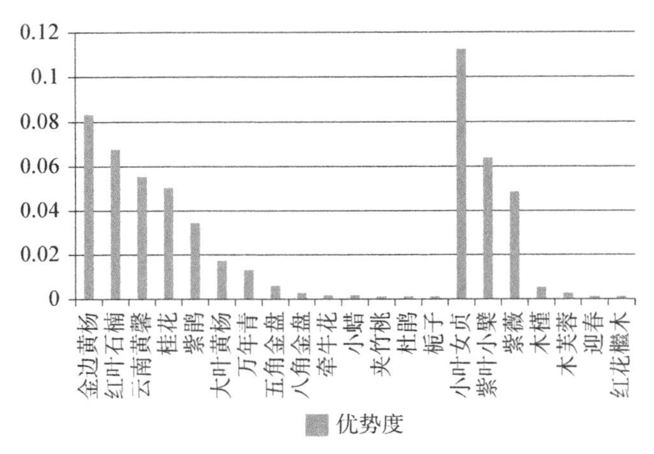

图 4.30　样地内各灌木优势度指数比较

3. 研究结论

综合植被的配置技术分析、数量特征分析与多样性分析，最终确定适合长三角乡村地区公共场所的乔灌木类型。

乔木的推荐顺序为香樟、垂柳、水杉、榉树、榆树、棕榈、桃树、构树、桂花、女贞、乌桕、刺槐、广玉兰、罗汉松、雪松、橘树、海棠、柿树、苦楝、构骨、鸡爪槭、白玉兰、丹桂、石榴和枇杷。

灌木的推荐顺序为小叶女贞、金边黄杨、红叶石楠、紫薇、云南黄馨、紫叶小檗、桂花、大叶黄杨、红花檵木、小蜡、紫鹃、万年青、杜鹃、木芙蓉、木槿、五角金盘、夹竹桃、八角金盘、牵牛花、迎春、栀子。

1）环村林带绿地模式

环村林带作为乡村外围的绿化带，对乡村起保温防风的作用，因此，在该地域选择植被时应以常绿乔木、灌木为主，落叶乔木、灌木为辅。乔木应高大且具有标志性，乔灌木搭配时注意色彩丰富与季向变化。具体配置如表 4.29 所示。

2）游园绿地模式

游园绿地为村民主要进行公共活动的场所。此区域的植被搭配应注意常绿与落叶乔灌木的混合搭配，并且在高层乔木、中层乔木、中层灌木以及地被的选择上具有一定的景观观赏性，可适当结合农作物配植以增强乡土气息。具体配置如

表 4.30所示：

表 4.29　环村林带绿地模式一览表

序号	模　式	图　示
1	乔木：榉树—罗汉松—棕榈 灌木：大叶黄杨—红花檵木—南天竹 草：五彩络石—红花酢浆草	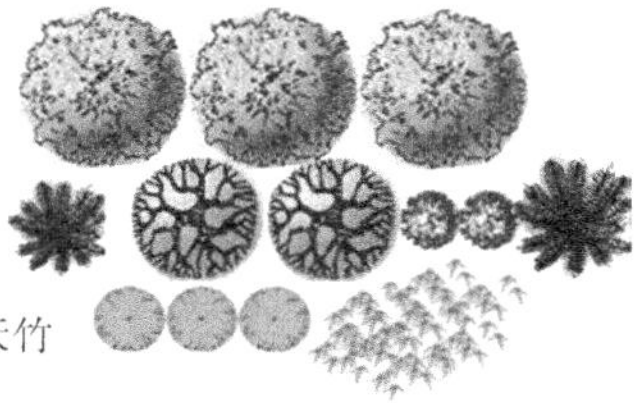 榉树 棕榈、罗汉松、红花檵木 大叶黄杨，南天竹
2	乔木：水杉—香樟—广玉兰 灌木：杜鹃—紫薇—南天竹 草：车前草—葎草	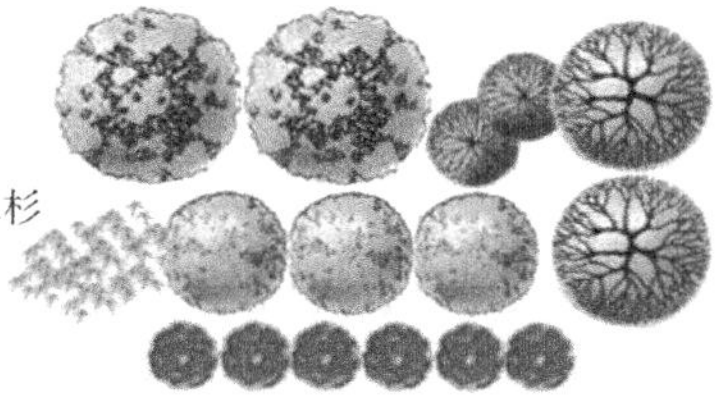 香樟、水杉、紫薇 南天竹、广玉兰、水杉 杜鹃
3	乔木：香樟—雪松—乌柏—垂柳 灌木：云南黄馨—八角金盘 草：芦苇—茭白—慈姑	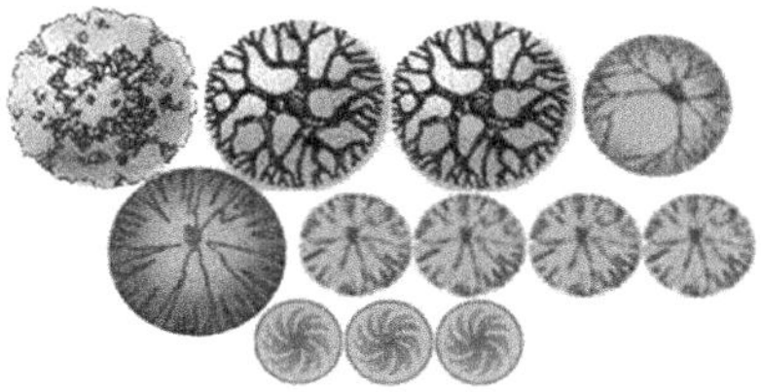 香樟、雪松、垂柳 乌柏、云南黄馨 八角金盘
4	乔木：香樟—棕榈—女贞 灌木：红叶石楠—桂花 草：狗尾草—蒲公英—葎草	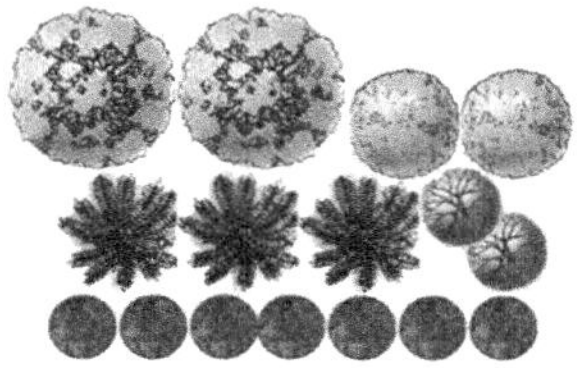 香樟、女贞 棕榈、桂花 红叶石楠
5	乔木：香樟—水杉—广玉兰 灌木：小叶女贞—南天竹 草：红花酢浆草	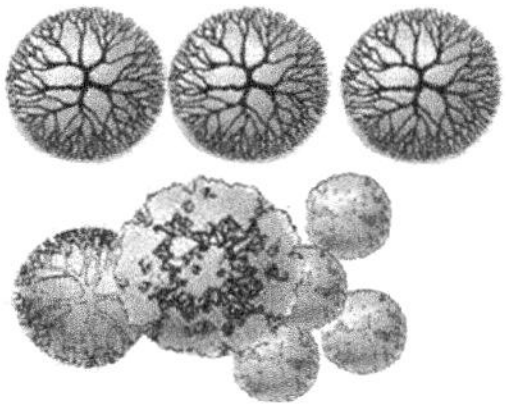 水杉 广玉兰、香樟、小叶女贞

表 4.30　游园绿地模式一览表

序号	模式	图　示
1	乔木：水杉—小构树—香樟 灌木：夹竹桃—桂花—紫薇 草：二月兰—狗尾草	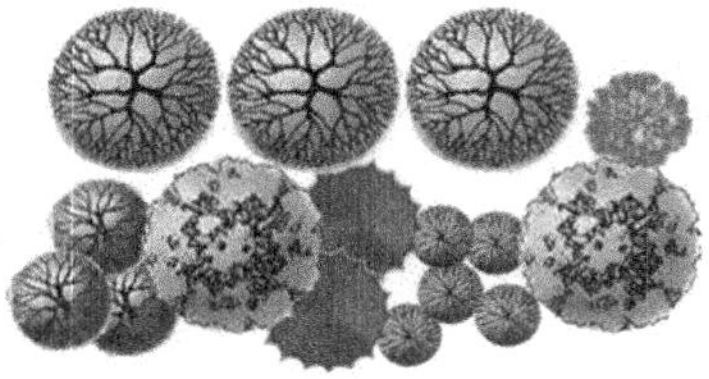 水杉、夹竹桃 香樟、小构树、桂花、紫薇
2	乔木：香樟—雪松—榆树—桃树 灌木：夹竹桃＋云南黄馨—红叶石楠—牵牛花 草：鬼针草—葎草	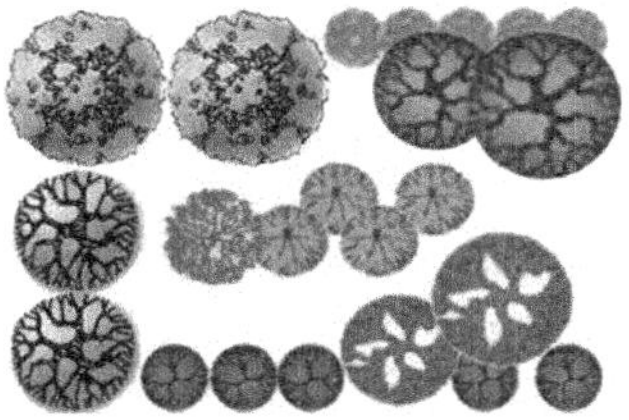 香樟、榆树、牵牛 雪松、夹竹桃、云南黄馨 桃树、红叶石楠
3	乔木：香樟—垂柳—构树 灌木：木芙蓉—迎春 草：蒲苇—美人蕉—茭白—菖蒲	 香樟、小构树、柳树 迎春、木芙蓉
4	乔木：垂柳—榉树—乌柏—刺槐—小构树 灌木：紫薇—云南黄馨—慈孝竹 草：狗尾草—蒲公英—葎草	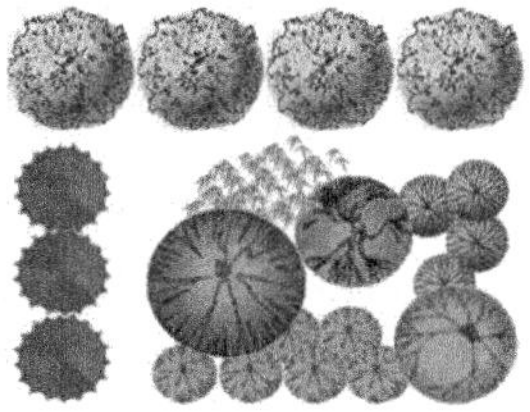 榉树 小构树、慈孝竹、刺槐、紫薇、乌柏 云南黄馨、垂柳
5	乔木：榆树—乌柏—鸡爪槭—橘树 灌木：金边黄杨—紫薇 草：油菜—蚕豆—白车轴草	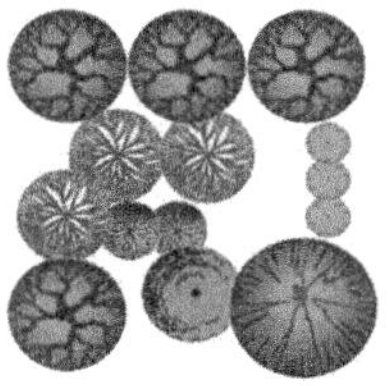 榆树 鸡爪槭、金边黄杨、紫薇 乌柏、橘树

4.2.3 活动空间生态化设计技术

1. 现状调研

本书针对长三角乡村地区活动场所铺地的使用现状进行调研，选取样本中乡村的活动空间进行量化分析以优化乡村的文化空间、体育空间等场所的铺地形式以及材料。

选取样本中典型的乡村活动场所，根据空间中的硬化场所、软化场所以及其他小品设施简要描绘空间形态，对其场所面积以及硬化面积进行统计分析，最终得出空间硬化率以研究乡村空间的硬化现状。根据表 4.31 的统计结果可知，样本空间中空间硬化率最低为 75.2%，最高为 91.9%，样本活动场所总面积 3 012 m^2，其中硬化总面积 2 579 m^2，平均硬化率为 85.6%。可见，现状乡村活动空间的硬化率较高，应去进行适当的软化处理。

表 4.31 活动场所硬化形式一览表

调研对象		硬化率及硬化形式
1. 南京市高淳蒋山村		活动场所面积 465 m^2，其中硬化面积 405 m^2，占总面积 87.3%
2. 南京市高淳石墙围村		活动场所面积 383 m^2，其中硬化面积 318 m^2，占总面积 83.1%
3. 南京市高淳高村		活动场所面积 889 m^2，其中硬化面积 817 m^2，占总面积 91.9%

（续表）

调研对象		硬化率及硬化形式
4. 南京市高淳西舍村		活动场所面积 245 m^2，其中硬化面积 209 m^2，占总面积 85.3%
5. 常州市溧阳西管村	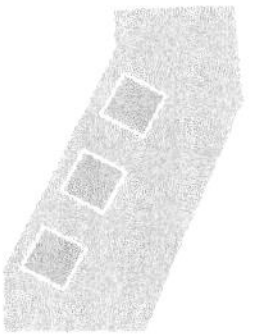 	活动场所面积 248 m^2，其中硬化面积 196 m^2，占总面积 79.1%
6. 常州市溧阳强埠村		活动场所面积 291 m^2，其中硬化面积 255 m^2，占总面积 87.6%。
7. 苏州市常熟东青村	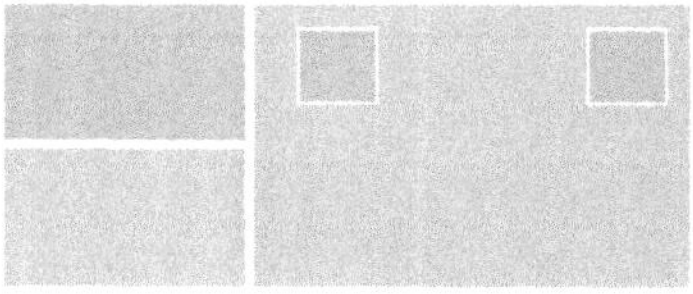 	活动场所面积 423 m^2，其中硬化面积 318 m^2，占总面积 75.2%
8. 无锡市惠山梅泾村	 	活动场所面积 68 m^2，其中硬化面积 61 m^2，占总面积 89.7%

当前，长三角乡村地区的室外活动场地在铺装材料的选材上仍有优化的空间，如活动场所的硬化率过高，透水率较低，对绿化等软质材料的使用缺乏正确的认识等。目前，研究范围内常见的乡村铺装材料包括园林烧结砖、彩色混凝土装饰、混凝土地砖、防腐木地板以及鹅卵石，其中园林烧结砖、防腐木地板以及鹅卵石颇具乡土特质，单色以及彩色混凝土砖则具有较强的城市风貌，使用时需慎重挑选。

通过对各铺装材料特性的分析可知，非滨水空间主要材料的平均透水率为3%～6%，其中园林烧结砖的透水率最高，为8%～16%；滨水空间的防腐材料透水率为3%～4%，使用年限为20～30年，其原材料需根据自身含水率谨慎挑选，详见表4.32。

表4.32 铺装材料一览表

材料类型	特　　点	使用情况	设计效果	实景照片
园林烧结砖	① 透水率8%～16%； ② 规格230 mm×115 mm×40 mm	广泛、大众化	规整感、历史感	
彩色混凝土装饰	① 透水率2%～3%； ② 规格240 mm×115 mm×90 mm	局部、特色采用	变化多、现代感	
混凝土地砖	① 透水率2%～3%； ② 规格600 mm×300 mm×100 mm	广泛、大众化	设计灵活、简洁大方	
人工防腐木地板	① 原材料含水率低于18%； ② 透水率3%～4%； ③ 使用年限为20—30年	局部、特色采用	生态、古朴、乡土	
鹅卵石	① 透水率0.5%～3% ② 包裹卵石的土壤透水率为30%～90%	局部、特色采用	精致、古朴、乡土	

园林烧结砖是较生态的铺装材料，分为棕、青、灰3种颜色。从文化性的角度来讲，是表达中国古典文化风格的经典材料，煅烧时产生的自然色差与乡土环境契合度较高；从环保性的角度来讲，该烧结砖的主要成分为陶土，高温烧制时可起到灭菌消毒的作用，同时也不存在放射性，属于安全无害的环保产品；从生态效益的

角度来讲，园林烧结砖具有良好的渗水性与保湿性，砖体内部分布的空隙可以有效吸收雨水并储存部分水分，在白天释放湿气，对于微环境的湿度调节具有积极作用；从耐久性的角度来讲，该砖体防火阻燃，不易褪色，从长远来看可节约铺装成本。该类铺地材料往往应用于乡村的特色空间中。

人工防腐木地板是将普通木材经过防腐处理加工后的成品名，其性能得到极大的提升，达到了防腐、防霉、防蛀、防白蚁的作用。从材料天然性的角度来讲，木材属于可再生资源并且能够自然降解，健康环保；从木材来源的角度来讲，防腐木材往往倾向于选择松木，具有丰富的原材料来源；从耐腐蚀性的角度来讲，由于防腐木地板经过严格的烘干处理，防腐剂与木材纤维素、半纤维素、木质素有效地反应结合，含水率下降至最低，最高为18%，透水率为3%～4%，因此木材开裂的概率大大降低；从色泽的角度来讲，防腐木地板易于着色，可根据不同环境的色调与设计要求灵活变化，达到古朴、乡土、应景的效果。该类铺地材料往往作为滨水木栈道的首选。

鹅卵石铺地能够显示出极强的乡土特点与传统氛围，为起到固定卵石的作用，在乡村地区可利用当地土壤或生态混凝土固定、夯实。该材料本身的透水率并不高，仅为0.5%～3%，但周边包裹的土壤干燥时透水率为30%，最大可达到90%，生态混凝土的孔隙率也可达25%，两者结合使用提高地表透水率(见图4.31)。从材料来源来讲，可利用当地的石材，经过适当地打磨投入使用，取材简便，是典型的乡土材料；从铺设方式来讲，具有多样化的组合形式，可设计美丽景致，古朴、实用，能够明显突出乡村的特色空间；从生态效益的角度来讲，由于卵石整体高出素土平面1/3，下雨时雨水渗入泥土，起到保湿存水的作用，突出地面的卵石可增大路面摩擦力，以保证行走的安全性。该类铺地材料较多应用于乡村小游园的休憩空间中。

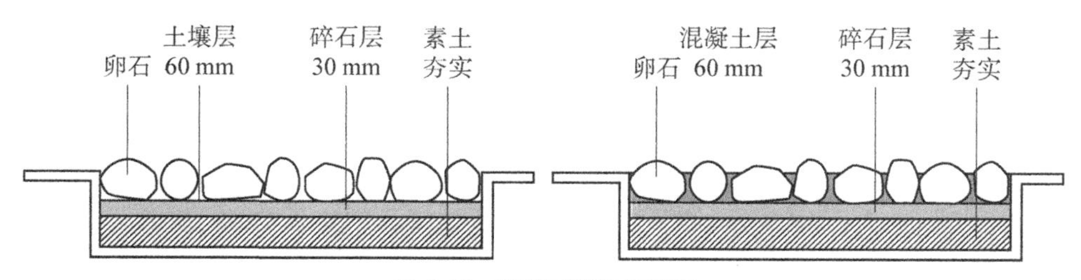

图4.31　鹅卵石铺地剖面图

混凝土砖是以水泥、骨料以及根据需要加入的掺合料、外加剂等，经加水搅拌、成型、养护支撑的混凝土实心砖。该类型的砖块是应用最为广泛的铺地，具有良好的抗压与抗拉性。在一般情况下混凝土砖具有良好的耐久性，但是如果持续低气温则易出现冻裂、损坏的情形，频繁更换造成增加成本的问题。同时，该类砖块的抗渗性较强，透水率小于3%，在乡村地区若使用过度会造成雨季大面积积水的弊端。该类铺地材料往往应用于乡村内大面积活动场地中。

2. 研究结论

通过对现状的调研，得到现状不同活动空间的主要问题，并以此为依据提出解决策略。

1）文化活动空间

现状文化空间过于强调人群集散的功能，场地硬化率达到90%以上，铺地材质主要为混凝土和青砖，采用部分乡土树种和乡土材料，所以急需减少空间的硬化面积并增大空间趣味性（见表4.33）。

表4.33　现状乡村文化空间一览表

文化空间场地生态现状		图　示	
场地面积	1 354 m²		
硬化面积	1 222 m²		
硬化率	90.2%		
小品	木质座椅		
透水率	混凝土地面：2%～3% 青砖地面：8%～20%		
植被种类	樟树、水杉、棕榈、红叶石楠		
乡土材质	青砖		

2）体育活动空间

乡村体育活动空间是指为村民提供日常体育活动的场所，主要分为两大类，即篮球场与健身设施场地。一般来讲，为节约用地，健身设施场地布局在篮球场周边，场地大小需要根据村民的实际使用需求与运动强度而定，不宜盲目扩大规模造成使用率低下的问题。在规模较大的乡村，体育活动空间往往具备单独的用地；在规模较小的乡村，体育活动空间往往与文化空间结合使用。

现状体育活动空间总体硬化率为50%左右（见表4.34），局部透水率能达到18%～28%，但缺少乡土材质的应用，铺地材质多选择混凝土与塑胶，后者透水率虽高但易破坏乡土气息。由于体育活动空间对场地硬化有一定的要求，因此不建议过度软化场地，应当更换体育活动空间的铺地材质，提高透水率与乡土性。

表4.34　现状乡村体育活动空间一览表

体育空间场地生态现状		图　示	
场地面积	714 m^2		
硬化面积	360 m^2		
硬化率	50.4%		
小品	健身器材		
透水率	混凝土地面：2%～3% 彩色塑胶：18%～28%		
植被种类	大叶黄杨		
乡土材质	无		

3）村口空间

现状长三角乡村的村口空间（见表4.35）乡土植被使用率偏低，硬化面积较大，同时，缺少乡村的地域性特色，具有一定的实用性，缺失观赏性。因此，首先应该提升村口的标志性与特殊性，然后降低硬化率，配植乡土植被。本书将从以植物、景观小品以及广场为标志，从3个方面进行村口空间的生态化研究。

表4.35　现状村口空间一览表

村口空间场地生态现状		图示	
场地面积	493 m^2		
硬化面积	405 m^2		
硬化率	82.1%		
小品	凉亭、座椅		

（续表）

村口空间场地生态现状		图示	
透水率	混凝土地面：2%～3% 青砖：8%～20%		
植被种类	小型雪松		
乡土材质	青砖		

3. 优化对策

1）文化活动空间

从文化空间所需要的元素来看，植被、景墙、舞台均不可或缺。在营造景观、搭建舞台时需根据实际使用情况来确定舞台大小，避免造成材料的浪费。植被的配植方式上文已经给出建议；景墙设置时需要考虑空间与周边景观视线的通透关系，以能够形成对景关系为佳。

从文化空间所需要的材质来看，整体材质仍需采用乡土材料，尤其是寺庙、宗祠周边的文化活动空间，还需加入传统元素。由于文化空间需要承载较大的人群，整体铺地应以平整为主，可使用具有传统花纹、透水性较强的花岗岩板或加工过的青砖，配以少量的砂石铺地，增强空间的视觉特色。文化空间中的座椅可以选用松木制作，以保证其在露天环境中仍具有较强的抗腐性和耐湿性。结合座椅种植乔灌木，避免乡村空间的过渡硬化，促进雨水的下渗（见表 4.36）。

表 4.36　生态化乡村文化活动空间一览表

生态化文化活动场地		图　示
乡土植被	女贞、大叶黄杨、红叶石楠、紫薇、雪松	戏台 主要观赏空间 水池、植被、青砖铺地 休息空间 座椅、景观墙、 砂石、碎砖、土壤铺地
铺地材料透水性	青砖：8%～20% 砂石：22% 碎石：19% 土壤：30%～90%	
硬化率	65%	
小品	景观墙、座椅	

2）体育活动空间

乡村篮球场就建设规格方面来讲，考虑到使用频率不会过高，故无须按照标准的全场尺寸来建，半场大小的规模已经足够满足使用需求；就绿化配植方面来讲，可沿着运动区域四周种植小乔木以及灌木，形成天然的场地屏障，弱化场地内的硬地效果，并在夏天时提供运动间歇的休息场所；就材质选择方面来讲，球类运动过程中应该增大地面的摩擦力、减少积水，所以可采用比普通混凝土透水性更好的三合土。此外，一些乡村的文化活动空间内设有篮球架，空间交替承担文化功能与体育功能，此时铺装不能显得过于单一，建议选用表面较为粗糙的透水砖，既能够提供运动时的安全保障，也能够彰显空间铺地的美观；就运动配套设施来讲，球场的看台可使用乡土石材，场地四周的排水设施需建造完善，便于雨天排水。

健身设施场地就建设规格来讲，利用局部比较零碎的空间布置建设器材即可，不宜专门开辟用地作为健身空间；就绿化配植方面来讲，健身设施场地的绿地率可适当高一些，建议搭配不同色彩乔灌木以及地被，见缝插绿（见表 4.37）。考虑到该场地通常紧靠篮球场，因此需要种植一定数量的大灌木进行空间的阻隔，防止球砸伤老人与孩童；就铺地的材质选择来讲，应避免简单直接地使用塑胶铺地，虽透水性强，但成本高，缺乏乡土特色。所以该区域的铺地应以软质铺地为主，如采用碎石、青砖、沙砾或植草砖铺地，体现乡村的原生态空间样式，既便于种植色彩斑斓的草本植物，又能够加快雨水的下渗速度，减少积水隐患；就运动配套设施来讲，可在

表 4.37　生态化乡村体育活动空间一览表

<table>
<tr><th colspan="2">生态化体育活动场地</th><th>图　示</th></tr>
<tr><td>场地名称</td><td>球类、健身合用场地</td><td rowspan="6">半场篮球场
使用乡土青砖
三合土
砂砾、碎石铺地
健身场地</td></tr>
<tr><td>乡土植被</td><td>女贞、大叶黄杨、红叶石楠</td></tr>
<tr><td>植被覆盖率</td><td>40％</td></tr>
<tr><td>铺地材料透水性</td><td>三合土：15％～20％
青砖：8％～20％
砂石、砾石：22％
碎石：19％</td></tr>
<tr><td>硬化率</td><td>79％</td></tr>
<tr><td>小品</td><td>篮球架、健身器材、座椅</td></tr>
</table>

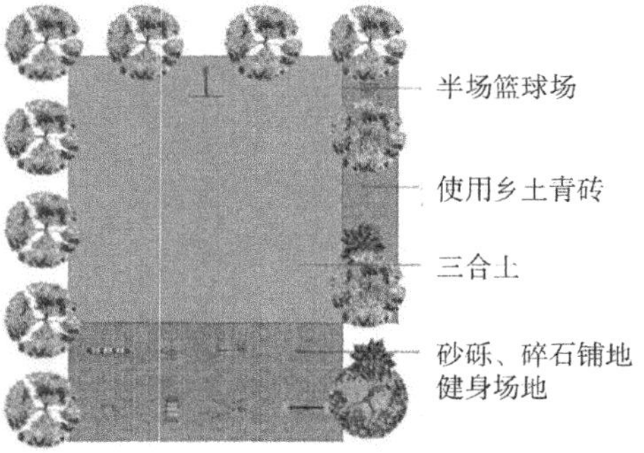

场地内布置适当的木质长椅供人休息。

3）村口空间

(1) 植物标志型村口。这类乡村的村口应选取较独立的、有明显标志性的植物。该植物借助地形、地质等自然景观，运用当地的石材、木材等自然材料进行修饰，与乡村周边环境较好地融合在一起，构成一道村口景观(见表4.38)。考虑有些树种历经千年，需要人为的保护措施，所以也可以对地形地貌进行适当的修整，对土地进行局部硬化处理，构筑台地、围篱，甚至为植物提供支撑等，使环境更加整洁，标志性更为明显，植被的存活更为安全(见图4.32)。此后，在适当的位置添加村名、村庄介绍等文字标注。设计中应使用当地的自然材料，比如毛石、木材、土坯等，尽量避免使用水泥、塑料、塑胶等现代化、工业化材料。

表4.38　生态化植物标志型村口一览表

生态化村口活动场地		图　示
场地名称	植物标志型村口	村口古树 小乔木 小灌木 涉水平台 池塘
乡土植被	村口古树、小叶女贞、紫薇、金边黄杨	
植被覆盖率	35%	
铺地材料透水性	生态混凝土：15%～25% 青砖：8%～20% 砂石、砾石：22% 防腐木板：3%～4%	
硬化率	50%	
小品	涉水平台、座椅	

图4.32　植物型村口设计举例

（2）景观小品型村口。这类乡村的村口使用简单的构筑物来营造景观小品或者直接使用构筑物来作为村口标志（见表 4.39）。该类型村口的设计分为两种。

表 4.39　生态化景观小品型村口一览表

生态化村口活动场地		图　示
场地名称	景观小品型村口	
乡土植被	樟树、垂柳、紫薇	
植被覆盖率	40%	
铺地材料透水性	生态混凝土：15%～25%； 青砖：8%～20% 土壤：30%～90% 防腐木板：3%～4%	
硬化率	50%	
小品	村口木牌、休闲廊架、涉水平台、座椅	

第一种村口为旅游功能服务型村口。这类村口对旅游宣传、旅游指示等功能要求较高，一般要求形象突出，易寻、易记，具有较多的宣传与指示文字，并且要求在色彩、材料、设计意象等运用上体现当地文化与特色。在条件较好的乡村，该种村口配套有旅游服务大厅、广场、停车场等设施。条件一般的乡村多使用牌坊等标志物，配备简单的乡土景观来营造村口空间。要表现出乡土、简单、原生态等符合乡村气质的特点。可以使用乡土松木、废旧砖石、废弃混凝土块等材料，实现就地取材与废物的循环使用，即能体现乡村风貌，又能变废为宝。村口空间要能与乡村整体风格融为一体，不能过于突兀。

第二种村口对旅游服务功能的要求较低，适用于一般村庄。这类村口的设计要避免过于精致化，乡土植被所形成的景观效果应高于宣传展示的功能，因此简单的构筑物搭配生态植物群落即可。通常的做法在于将村口与小游园、水塘相结合，种植大乔木形成较好的遮阴效果，配以小尺度的步道、活动空间、滨水空间等。这些空间部分直接与村民居住空间相连，既方便村民的休闲需求，又能满足洗菜、洗衣服等生活需求。

（3）广场型村口。该种类型的村口广场除了具备景观观赏功能，还承担着人群停留、集散与活动等功能。因此，广场型的村口需要综合考虑铺地形式、绿化配植、小品设计涉及卫生设施等要素。

就铺装而言，广场不可避免需要使用硬质铺装，与文化活动空间相类似，宜采用渗水性较强的透水混凝土、地方石材等替代传统混凝土，在适当的区域使用嵌草砖、碎石铺地，为广场的植被提供生长之处，从而有利于增强地表水循环，减少夏季热辐射。

就绿化配植而言，由于位于村口的显著位置，选中的植被不仅需具备生长优势，还需具备观赏优势，因此，可使用大型、不同色彩的乔木进行混搭，既遮阴又美观，同时综合考虑常绿与落叶树种的选择，为村口的景观锦上添花。在广场上其他有较大面积绿化的区域，可以采取小乔木、灌木、地被相结合的方式，优化乔灌草结构，配植时采用上文介绍的绿地生态化配植方法即可(见表 4.40)。

表 4.40　生态化广场型村口一览表

生态化村口活动场地		图示
场地名称	广场型村口	
乡土植被	樟树、紫薇、榆树、大叶黄杨	
植被覆盖率	30%	
铺地材料透水性	生态混凝土：15%～25%； 青砖：8%～20% 土壤：30%～90% 防腐木板：3%～4%	
硬化率	70%	
小品	水池、凉亭、景观墙	

就小品而言，其形态、色彩应具有乡土气息，条件较好的乡村甚至可在小品设计中融入当地的文化符号，如长三角地区的乡村路灯习惯使用黑、白、灰三色而非城市垃圾箱的统一配色。此外，小品的材质宜显现出乡土特点，如木质坐凳、凉亭等。

就卫生设施而言，应区别于城市统一样式与配色的垃圾箱，可采用地方特点的颜色与形式，如外观木质、内部金属，整体色调为黑白色，与乡村粉墙黛瓦的观感相匹配。

4.3 长三角乡村院落空间生态化规划设计技术

4.3.1 农家生活型庭院生态化设计技术

1. 现状调研

通过有目的、有计划、系统性地对高淳蒋山村周边地区乡村建设中农家生活型院落空间生态化现状进行实地调查研究，取得了第一手资料和信息，全面了解了农家生活型院落空间现状。对院落空间布局、功能、生态化设施，院落空间物质要素等方面进行观察、拍照、测绘、记录分析、调查访问，为研究提供了事实依据。

2. 研究方法

1）庭院空间使用方式

农家生活型庭院商业服务性低，因此不同于农家乐型跟民宿客栈型庭院，主要是供村民自己生活、生产使用。因此，在庭院空间使用方式上，侧重于休憩交流、后勤、种植几方面。休憩交流包括村民纳凉、户外娱乐、与邻居聊天等活动，要求庭院空间具备适当的开放性以及良好的室外环境条件。农家生活型庭院的种植活动主要指，农户栽种一些当季的蔬菜、少量花卉、果树，种植的植物可以丰富庭院的生态景观。农家生活型庭院的后勤活动包含晾晒、清洁、储物等行为，要求庭院空间在满足功能合理的同时，保证生态性，兼顾美观。

2）生态化空间营造方式

（1）空间布局。结合庭院空间使用方式特点，从村民使用时空特点考虑，可将庭院空间分为休憩交流空间、种植空间、后勤空间 3 类进行布局。休憩交流空间在庭院空间处于比较特殊的部分，虽然占比不大，但对于村民日常生活非常重要。休憩交流空间可设置在靠近庭院入口处，便于社交活动的发生。当庭院周边有良好景观时，应在此设休憩交流空间，可充分利用景观资源。另外，休憩空间的朝向也非常重要，结合庭院与建筑的位置关系，争取适宜的光照环境和通风条件。休憩空间与种植空间可以部分重叠，例如常在种植高大乔木下设休憩空间，方便遮阴乘凉。或在搭建荫棚上种植爬藤类植物，达到休闲设施的复合利用。

种植空间可布局在庭院的两侧以及围墙四周，在充分利用庭院边角空间的同时，考虑美丽乡村景观性的提升。种植空间也可考虑靠近后勤空间布置，与庭院雨水收集技术相结合，在种植区与生活区交界处设置过滤鱼池，有较高的生态效益和景观效益。

后勤空间布局需结合建筑平面布局进行设计，考虑流线、视线的合理性，同时确保不影响乡村整体风貌。

(2) 空间过渡。农家生活型庭院3个主要空间之间的过渡，复杂程度比农家乐以及民宿客栈更低，需要从以下3个方面考虑：①理清边界。主要是入口过渡灰空间围墙以及大门庭院围合边界要明晰，以及种植空间与生活空间铺地用篱笆、短栅栏围合。②设施合理布局。将井、水池等设施放置在生活空间与种植空间交界处，方便水资源的综合利用、垃圾的集中处理。③铺地灵活设置。菜圃设置步汀石或者铺砖，方便菜园采摘，铺地设置微小高差以及植草沟，方便雨水渗透、储蓄、排泄。

(3) 空间围合。农家生活型庭院空间围合主要表现形式有以下3种：①围墙围合。普通民居庭院围墙主要分为墙体围合跟篱笆围合，在主要街道两侧适合使用墙体围合，在单侧滨水或者临田园庭院适合使用篱笆围合。②廊架围合。在入口空间构建木质廊架，牵引南瓜、葡萄等瓜果藤蔓，有较好的引导性与景观性。③果树点式限定。庭院原先种植的有年限的枇杷树、银杏树等高大乔木底下限定的树荫空间，也是庭院围合的一个重要表现方式。

(4) 空间细化。在保障实用性同时，需要从以下3个方面考虑：①提高美观性。主要是增加铺装花纹以及材料组合，蔬菜种植增加乡土彩色植物以及果树的栽培。②提高生态效益。主要通过生态技术的运用，优化庭院微气候环境，节约能源，综合利用水资源。③保持风貌统一。庭院的材料运用选用乡土材料，整体铺地、小品等造型色彩风貌保持统一。

3）生态化景观设计

（1）围墙设计。围墙按照用途的不同，可分为作为庭院与周边相分隔的围墙和在庭院内部作为划分空间、组织景色而布置的围墙两种。农家生活型庭院面积不大，内部分割空间较少使用短墙，因此，主要考虑外围围墙设计。现阶段长三角乡村地区人家庭院的围墙栅栏式的较少，这与他们的心理还没有足够的安全感有关，在较短的时间内，这种情况是不可能得到改变的。像西方国家的一些直接用绿篱作为围墙的设计方法，在长三角乡村暂时还不适用。虽然围墙的基本样式不能改变，但是其现状的冰冷外表还是可以通过设计加以修饰的：①可在围墙边设置体型轻巧的藤架，用铁条攀扎的藤架就是其中的一种样式。这一方面，材料成本较低，只要付出少量的劳动即可做成；另一方面，这种藤架不具有攀爬性，一样能够起到防盗的作用。②可在庭院墙壁上固定质量轻巧的小盆栽，种植耐干旱的垂蔓性植物。这种方法可以柔化墙壁的硬质感，简单而实用。

（2）植物搭配。在考虑庭院生态化时应从庭院本身的微气候入手，适宜的庭院植被种植形式可以引入凉爽的夏季风，而在冬季可以降低风速，发挥防风作用。风对人体舒适度以及建筑的能耗均有影响。

庭院不同方位蔬菜瓜果种植搭配不同，主要从以下 5 个方面进行研究：

①北院。如果外围缺少挡风物，西北风强盛，建议退让出空地，种植植物抵御冷风。②南院。最重要的是夏季遮阳、夏季微风的引入和冬季的阳光的引入。靠近建筑物的植被应选择高大、枝干开展的落叶树，远离建筑的选择小型乔木。③东庭。若空间局促，则选择墙面绿化。因早晨阳光较为温和，宜种植喜半阴的蔬菜或食用菌菇。④西庭。考虑墙面绿化，如爬山虎、蔷薇等，可防西晒。⑤外围。配合围墙栅栏，以景观乔木和花灌木为主。

（3）立面铺装。农家生活型庭院铺地按类型分主要有 3 种：主要后勤场地铺地、休闲空间铺地、菜圃小径铺地。

① 后勤场地铺地。长三角乡村地区乡村庭院有晾晒谷物庄稼的需求，因此，后勤场地铺地用于晾晒谷物的铺装要满足平整、大方，易于打扫的要求，庭院面积有限时，可与休憩交流空间结合。现状大量运用的水泥铺地，虽然满足实用的需

求，但亲水性差，阻隔了雨水的循环，破坏了庭院与自然充分结合的途径，同时水泥铺地也缺乏观赏性。可以选用青石板替代水泥铺地。

② 休闲空间铺地。农家生活型庭院休闲空间主要集中在入口花廊空间以及果树下的休憩空间，面积较小，铺地可以选用石材、卵石、木板等材料。

③ 菜圃小径。庭院菜圃推荐铺设步汀石、卵石小径、青砖路，强调与自然结合。

(4) 小品设计。农家生活型庭院小品设施现阶段比较缺少，随着村民生活条件逐渐提高，对于庭院休闲景观小品的需求也越来越强。可分为以下主要类型：①日常使用类，井、洗手池、石凳、桌椅；②观赏类，盆景、花廊、藤架等；③生态技术类：可以将小品设施与生态技术相结合，如庭院湿地、生态鱼池等。

4) 代表性案例生态化设计研究

从实地调研案例中选取代表性案例。该案例能集中反映周边地区院落空间存在的普遍性问题。针对该案例利用既有理论、实践经验进行生态化设计，在研究性设计过程中归纳总结出院落空间生态化设计方法和模式，为最终选取试点进行实践应用论证提供基础。

3. 研究结论

农家生活型庭院生态化改造与设计原则有以下 4 点：

(1) 以人为本原则。农家生活型庭院生态化与村民日常生活息息相关，影响村民生活的方方面面。农家生活型庭院生态化要尊重当地的良好的文化传统和风俗习惯，在对庭院空间进行生态化改造前应与村民进行充分沟通，了解村民生活习惯，进行针对性设计。生态化改造不应给村民生活带来不便，而应该创造更良好的人居生活环境。

(2) 因地制宜原则。要根据乡村所在地区自然环境气候特点，合理选择生态化建筑材料、植物材料。对于材料与种植作物的选择，不仅要考虑生态技术的要求，而且要考虑在当地生产、运输等环节的要求，力求最大限度地利用当地资源。在生态得到提升的同时，间接带动地方产业经济。

(3) 可持续原则。农家生活型庭院生态化要遵循可持续原则。遵循生态规律，注重生态协调，提高生态稳定性，如尽量减少外来植物的引入，减少对本地生态平衡造成干扰。生态措施要能经受住时间的考验,充分考虑生态材料的耐久性。农家生活型庭院生态化不是简单的短期的庭院美化工程,而是一项长久的可持续发展的为民造福的生态工程。

(4) 经济原则。农家生活型庭院生态化要尽可能节约成本,降低生态化措施运用和维护的成本。同时考虑创造一定的经济效益,例如种植有特色、有经济效益的作物,从而增加农民收入。这有利于得到群众的理解和支持,调动群众建设生态化家园的积极性。

4. 农家生活型庭院优化设计

1) 农家生活型庭院生态化模式

模式定义。农家生活型庭院生态化模式适用于供普通村民日常生活居住的庭院生态化改造。庭院空间主要满足户主自身生活、生产的需要。主要通过适当的生态化手段对庭院进行生态化设计,包括庭院空间的合理布局、庭院植物的合理搭配、庭院物质要素的合理选择与设计,打造宜居且具有乡村生态特色的庭院环境。

模块设计图。在一个面宽 8.4 m、进深 4.8 m 的院落中绘制单元大小为 0.6 m 的网格。在绘制好的网格中,根据农家生活型庭院的需要进行相应的空间布局,根据农家生活型庭院空间营造以及生态化设计策略,将各项要素分类,归纳出功能、面积占比以及生态化技术要点。对每一个要素进行细化,绘制出简易的庭院平面示意图,具体有如下几种模式(见图 4.33 至图 4.35)。

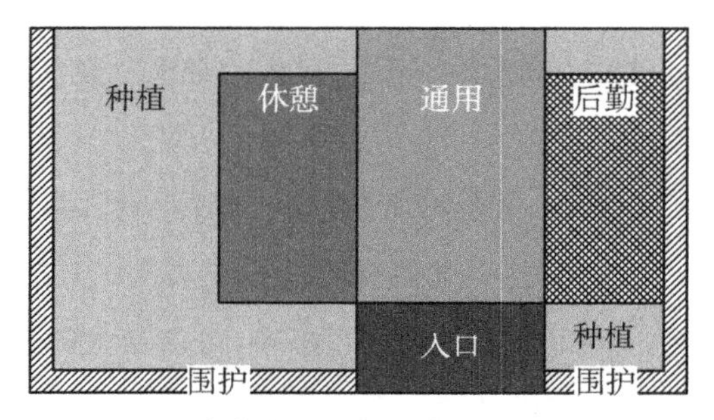

图 4.33 农家生活型庭院模式一空间布局图

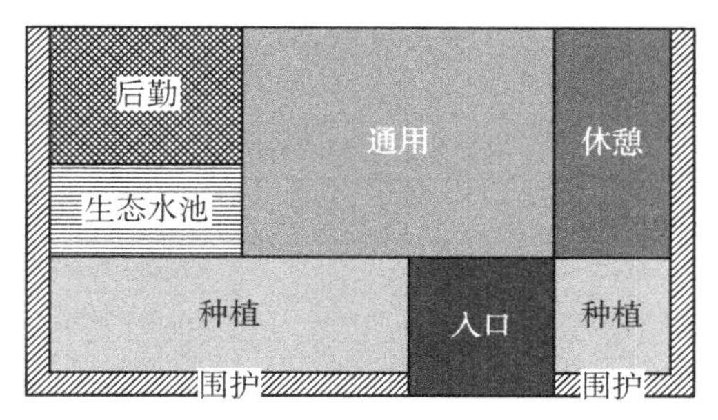

图 4.34　农家生活型庭院模式二空间布局图

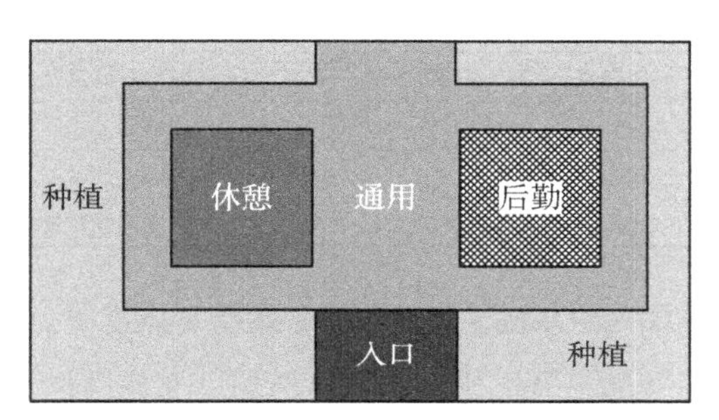

图 4.35　农家生活型庭院模式三空间布局图

模式特点：空间分区明确，种植区占比较大，能产生较好的生态景观效益。休憩区也充分利用种植区的景观效益(见表 4.41)。

表 4.41　农家生活型庭院生态化模式一要素表格

要　素		功　能	面积占比	生态化技术
休憩空间	围护	空间限定或提供荫凉	13.3%	实用花架构建技术，生态围墙构建技术
	铺地	提供休憩平台		生态铺装技术
后勤空间	铺地	晾晒、日用	11.1%	透水铺装技术
	储藏	农具和器具存储		储藏空间景观化处理技术
种植空间	菜圃	种植蔬菜	47%	生态农业种植技术
	花池	种植花卉、果树		花池设计以及乡土果树搭配
通用空间	入口	交通	28.6%	大门设计
	铺地	交通、日用		生态铺装技术
	围护	空间限定、村落景观塑造		生态围墙构建技术

模式特点：引入生态水池，连接后勤区与种植区，使得水资源综合循环利用。

通用区面积大，可以根据农户实际需求灵活安排使用功能(见表 4.42)。

表 4.42　农家生活型庭院模式二要素表格

要素		功能	面积占比	生态化技术
休憩空间	围护	空间限定或提供荫凉	11.1%	实用花架构建技术，生态围墙构建技术
	铺地	提供休憩平台		生态铺装技术
后勤空间	铺地	晾晒、日用	17.9%	透水铺装技术
	生态水池	雨水收集和污水净化		庭院型生态湿地技术
	储藏	农具和器具存储		储藏空间景观化处理技术
种植空间	菜圃	种植蔬菜	22.8%	生态农业种植技术
	花池	种植花卉、果树		花池设计以及乡土果树搭配
通用空间	入口	交通	48.2%	大门设计
	铺地	交通、日用		生态铺装技术
	围护	空间限定、村落景观塑造		生态围墙构建技术

模式特点：在模式一的基础上，取消庭院外围实体围护，而改为种植植物，有利于村庄整体景观风貌的提升。庭院开放性更强。在庭院内部，各分区间边界得到强化(见表 4.43)。

表 4.43　农家生活型庭院模式三要素表格

要素		功能	面积占比/%	生态化技术
休憩空间	围护	空间限定或提供荫凉	8	实用花架构建技术，生态围墙构建技术
	铺地	提供休憩平台		生态铺装技术
后勤空间	铺地	晾晒、日用	8	透水铺装技术
	储藏	农具和器具存储		储藏空间景观化处理技术
种植空间	菜圃	种植蔬菜	41	生态农业种植技术
	花池	种植花卉、果树		花池设计以及乡土果树搭配
	围护	空间限定、村落景观塑造		生态围篱
通用空间	入口	交通	43	大门设计
	铺地	交通、日用		生态铺装技术

2) 平面设计

根据农家生活型庭院模块设计图，对每一个要素进行细化，总结出简易的农家生活型庭院平面示意图(见图 4.36 至图 4.38)。

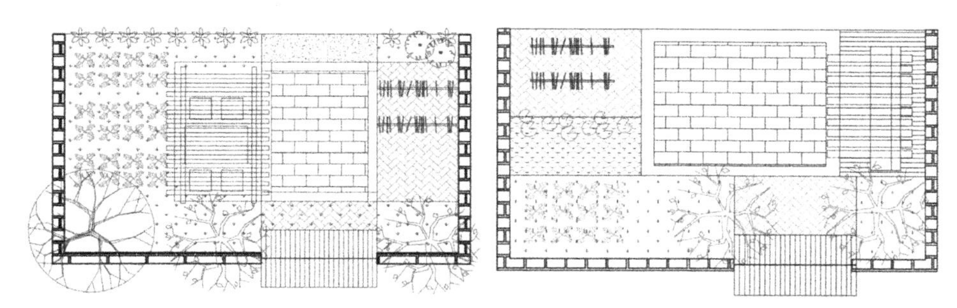

图 4.36　农家生活型庭院模式一平面示意图　　图 4.37　农家生活型庭院模式二平面示意图

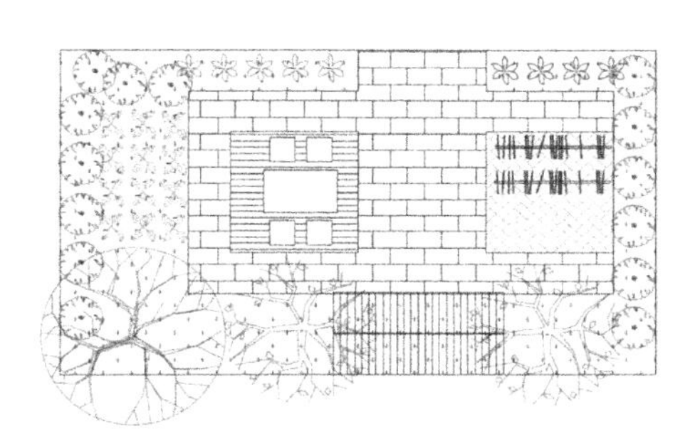

图 4.38　农家生活型庭院模式三平面示意图

4.3.2 "农家乐"型庭院生态化设计技术

1. 现状调研

通过有目的、有计划、系统性地对高淳蒋山村周边地区乡村建设中农家生活型院落空间生态化现状进行实地调查研究，取得第一手资料和信息，全面了解农家生活型院落空间现状。对院落空间布局、功能、生态化设施，院落空间物质要素等方面进行观察、拍照、测绘、记录分析、调查访问，为研究提供事实依据。

2. 研究方法

1) 庭院空间使用方式

"农家乐"是指游客来到农家田野旅游，体验乡村自然风情与生活的旅游形式。在体验乡村独有的自然风景与娱乐活动的同时，游客通常会选择住农家屋，品尝农家菜肴。"农家乐"的快速发展使得部分家庭对住宅及庭院进行针对性改造，用于在特定季节或全年开展“农家乐”经营活动。因此相较于农家生活型庭院，“农家乐”型庭院开展的活动商业性更强。与民宿客栈型庭院相比，“农家乐”型庭院活动更丰富。在使用方式上，侧重于餐饮、休闲娱乐、种植、后勤几方面。

餐饮即游客在庭院中进行户外用餐活动，这对庭院空间的舒适性、可变性、空间尺度提出了要求。休闲娱乐主要是游客在庭院进行具有农家特色的娱乐活动，例如采摘水果。种植主要指农户栽种一些蔬菜、果树以及观赏性植物。后勤活动包含餐厨后勤服务、晾晒、清洁、储物等行为，“农家生活”型庭院的后勤活动，对基础设施的要求更严格，空间占用更大，需要处理的环境卫生问题更复杂。

2）生态化空间营造方式

（1）空间布局。乡村农家乐庭院的特色的功能体现在乡土体验性上，因此在空间布局时，针对庭院空间使用方式的差异，将庭院划分为种植区、餐饮区、休闲娱乐区、后勤保障区进行讨论。

种植区需要结合种植物的生长特性进行布置。当种植区也承担采摘活动时，需结合游客流线进行布局。当种植物成一定规模时，宜布置为一块独立区域，用篱笆等围合限定。餐饮区的位置应保证游客到达及送餐的便利性，并与后勤区域分离。休闲娱乐区的设置需要积极利用生态景观资源，并可以考虑与种植区与餐饮区部分重合，提高庭院空间利用率。后勤保障区的布置需要考虑后勤流线，同时尽量与游客密集的餐饮、休闲娱乐区相分离。

（2）空间二次划分。空间二次划分是对主要空间的再次细分，使空间得到更加合理、有效的利用。例如针对种植植被类型不同，将种植区分为果圃空间与菜圃空间，利用蔬菜与果树的季节变化、高低搭配，充分利用空间。针对农家乐庭院对餐饮休闲活动的要求较高的特点，将餐饮区分割成餐饮开放空间和休闲开放空间。主要通过铺地、高差、景墙、植被等元素划分空间，分别设计营造。

（3）空间过渡。空间之间通过交通空间过渡，交通空间连接着所有类型的空间在对庭院空间设计、对空间进行限定，也就是把不同空间分开。对过渡空间的处理直接影响空间围合度和空间使用情况。农家乐庭院空间生态化过渡方式主要体现在：①入口空间设置南瓜藤、葫芦藤等廊架，具有乡土特色的同时，景观性、引导性强，灰空间保障内外空间过渡缓和，而且夏天可以遮阴，生态性优良。②餐饮空间跟休闲空间过渡时，灵活运用种植池、建筑小品、景墙、花架等进行分割，可对空间进行限定和融合。例如亲水砌块砖与卵石铺地的使用，不但易于打理、亲水性好，而且图纹颜色选择多样，分割过渡两种类型空间更加灵活。在空间营造中的过渡空间要考虑协调风格、形式和意境等。

(4) 空间围合。庭院空间围合注重“金角银边”，注重边界的造景，更好利用庭院空间。对庭院边角进行景观设计，会使庭院可利用的活动空间变大。例如把亭和植物布置在围墙和溪流边，不仅可以借庭院外溪流景观和田园景观，还能实现一定领域感，通过植物的遮挡，视觉可达性不强。

农家乐庭院空间围合的生态性主要体现在以下两个方面：①围合方式与空间特性相结合，开放空间以点式围合为主，围合度低，视野开敞；半开放空间点式与线性围合相结合，环境营造好；私密空间以线性围合为主，短墙、茂密的灌木等围合。②围合材料选用乡土材料或者植物围合，成本较低，易于打理，生态效益高，利于庭院局部微气候环境的优化。

(5) 空间细化。空间细化是对每个空间的景观效果进行设计，使空间使用者能很好地实现游憩活动。细部设计是对植物、山、水、建筑小品进行综合设计，每个位置的合理的配置和利用。空间细化要结合整体立意和构思，突出每个空间的独特性。①活用水景景观设计，如小型假山配上水景植物鸢尾。②利用铺装过渡两个开放空间。③细部设计可以在种植设计中考虑生产与景观相结合，种瓜果蔬菜。

3) 生态景观设计

(1) 围墙设计。民居建筑和围栏共同围合形成了庭院空间。农家乐型庭院围墙可以采用乡土材料的砌体，变化丰富的样式，融入乡村文化元素美化装饰墙体。农家乐庭院开放性较强，完全围合的围墙不适用，增加内外沟通主要从两个方面考虑：①镂空墙体用以沟通庭院内外空间，加强庭院的景深，同时在围墙外种植竹子等植物，防风保暖。②在防护要求不强的乡村庭院中，可采用木质隔栅、竹篱笆等乡土材料，美观、经济的同时，凸显农家风情。

(2) 植物搭配。①应当突出乡土特色，与农家乐所处环境相协调；②保持植物景观品种的多样性，在配置过程中引入瓜果蔬菜作为观赏对象，利用其时令性丰富庭院;③将生产功能与景观功能相结合,并赋予景观以民俗文化的内涵。

植物景观的多样性可以从空间的层次感进行“乔—灌—草”的搭配,突出时间推移的季节相变化,达到审美效果上的色彩变化。

(3) 立面铺装。铺装材料多种多样,材料不同产生的装饰效果也不相同。注意铺地材质感和建筑材质感相协调,不宜过分烦琐,喧宾夺主。铺底材料尽可能和环境风格相吻合,否则会破坏大环境氛围,失去美感。图案化是地面铺装处理的常用手法,可以凭借多种多样的形态、纹样来衬托、美化环境。

(4) 小品设计。景观小品的色彩千变万化给人带来不同感受,能明显地展示造型的个性,解释活动于该环境中人的客观需求。色彩应与景观小品的功能相结合,与造型质感等要素相协调。

景观小品的质地随着技术的提高,选择范围也越来越广,形式也越来越多样。包括从铁器、陶瓷、木材等到塑料、高分子、合金等的运用。就乡村庭院而言,材料的选取宜就地取材,外在用乡土材料进行表现,内在架构采用现代材料,保证坚固、耐用。

4) 代表性案例生态化设计研究

从实地调研案例中选取代表性案例。该案例能集中反映周边地区“农家乐”型庭院空间存在的普遍性问题。针对该案例利用既有理论、实践经验进行研究性设计,在研究性设计过程中归纳总结出院落空间生态化设计方法和模式,为最终选取试点进行实践应用论证提供基础。

3. 研究结论

农家乐型庭院生态化改造与设计原则如下:

1) 生态性与商业效益结合

在设计中,充分利用庭院生态化措施对商业效益的提升。例如运用生态化措施营造舒适空间,美化庭院景观效果,种植生态效益好,有特色的植物种类,充分体现当地地域特色,从而吸引更多游客,增加经济收入,调动经营业主的积极性,从而使生态化改造能得到广泛地推广。

2) 因地制宜原则

要根据乡村所在地区自然环境气候特点,合理选择生态化建筑材料、植物材料。对于材料与种植作物的选择，不仅要考虑生态技术的要求，而且要考虑在当地生产、运输等环节的要求，力求最大限度地利用当地资源。在生态得到提升的同时，间接带动地方产业经济。

3）可持续原则

农家乐型庭院生态化要遵循可持续原则。遵循生态规律，注重生态协调，提高生态稳定性，例如尽量减少外来植物的引入，减少对本地生态平衡造成干扰。生态措施要能经受住时间的考验，充分考虑生态材料的耐久性。农家乐型庭院生态化不是简单的短期的庭院美化工程，而是一项长久的可持续发展的为民造福的生态工程。

4. “农家乐”型庭院生态化设计优化对策

1）“农家乐”型庭院生态化模式

（1）模式定义。“农家乐”型庭院生态化模式适用于农村开展“农家乐”经营活动的庭院。庭院空间主要承担农家乐经营活动需要，兼顾经营业主日常生活所需。主要通过适当的生态化手段对庭院进行生态化设计，包括庭院空间的合理布局、庭院植物的合理搭配、庭院物质要素的合理选择与设计，打造具有乡村生态化特色的适合农家乐产业经营的庭院环境。

（2）模块设计图。模块设计图如图 4.39 所示。特点：引入生态水池，种植区将其他区域包围（见表 4.44），利于村庄生态景观总体风貌提升。

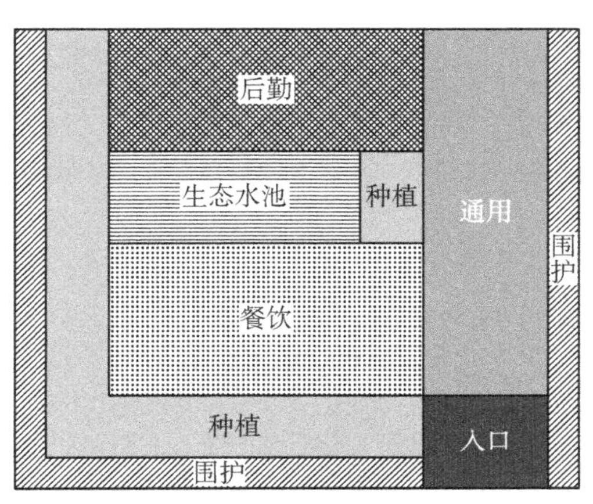

图 4.39　农家乐型庭院模式三空间布局图

表 4.44　农家乐型庭院模式三要素表格

要素		功能	面积占比	生态化技术
餐饮空间	围护	空间限定或提供荫凉	17.3%	实用花架构建技术，生态围墙构建技术
	铺地	提供餐饮平台		生态铺装技术
后勤空间	铺地	晾晒、洗涤、餐厨后勤	13.9%	透水铺装技术
	储藏	桌椅等器具存储		储藏空间景观化处理技术
	生态水池	雨水收集和污水净化		庭院型生态湿地技术
种植空间	菜圃	种植蔬菜	15.2%	生态农业种植技术
	花池	种植花卉、果树		花池设计以及乡土果树搭配
通用空间	入口	交通	25%	大门设计
	铺地	交通、等候		生态铺装技术
	围护	庭院边界限定和村落景观营造		生态围墙构建技术

2）平面设计

根据农家乐庭院模块设计图，对每一个要素进行细化，总结出简易的农家乐庭院平面示意图（见图 4.40 至图 4.42）。

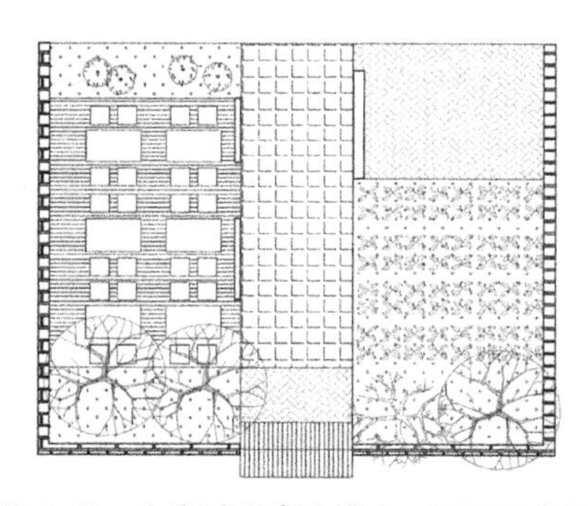

图 4.40　农家乐型庭院模式一平面示意图

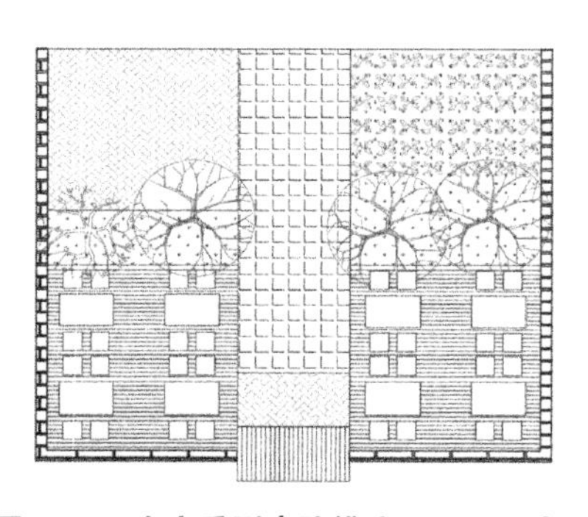

图 4.41　农家乐型庭院模式二平面示意图

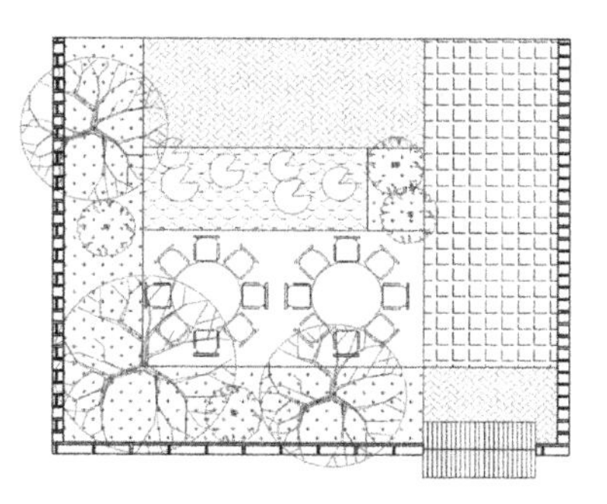

图 4.42　农家乐型庭院模式三平面示意图

4.3.3 民宿客栈型庭院生态化设计技术

1. 现状调研

通过有目的、有计划、系统性地对高淳蒋山村周边地区乡村建设中农家生活型院落空间生态化现状进行实地调查研究，取得第一手资料和信息，全面了解农家生活型院落空间现状。对院落空间布局、功能、生态化设施，院落空间物质要素等方面进行观察、拍照、测绘、记录分析、调查访问，为研究提供事实依据。

2. 研究方法

1）庭院空间使用方式

乡村民宿客栈型庭院更加偏重于小环境的景观化设计，而且人群集中性活动相对较少，庭院用于休憩观赏的功能要求更高，空间组合更加自由化、多样化。庭院空间的使用方式侧重于休憩、观赏两个方面。

2）生态化空间营造方式

（1）空间布局。休憩空间主要与靠近建筑和庭院中心处相结合，空间开敞，并通过亭、榭、平台、凳椅等元素的塑造，吸引游客参与活动。观赏空间与离建筑有一定距离的庭院边角相结合，在不影响人流活动的同时减少空间破碎化，并通过山、水、植被、小品等景观元素营造怡人的庭院环境。

（2）空间二次划分。空间二次划分主要是针对不同庭院各自的主题特点，对主要空间的再次细分，使空间得到更加个性化、科学化的利用。

（3）空间过渡。空间过渡包括休憩空间与观赏空间、不同类型观赏空间、不同类型休憩空间之间的过渡。休憩空间与观赏空间之间主要从硬质软质铺地边界的限定进行过渡、草地与植草砖的融合、木质围栏与木地板的过渡等；不同类型观赏空间之间主要从植被搭配、小品元素的穿插进行过渡；不同类型休憩空间之间主要从花池、景墙、廊架、台阶进行过渡。在空间营造中的过渡空间要考虑协调风格、形式和意境等。

（4）空间围合。民宿客栈型庭院空间围合除了注重边界的造景外，更加注重小空间的领域感营造。如亭榭临水池布置，背靠镂窗处理的围墙，不仅可以通过花窗借景将庭院空间延伸，还可以通过亭榭本身对水池景观框景，增加空间的趣味性。

当民宿客栈周围自然环境较好时，还可以通过自然元素进行围合限定。如临着自然的溪流或者背靠自然山体，甚至是门口的大树。围合形式应以整体庭院环境为主，突出主题和意境。

(5) 空间细化。空间细化是对休憩空间和观赏空间的景观效果进行设计，使空间使用者能很好地使用。细部设计是对围墙、植被搭配、立面铺装、小品设施进行综合设计。细化时更要凸显当地的风土人情以及民宿客栈的主题个性。

3) 生态化景观设计

(1) 围墙设计。民宿客栈庭院围墙作为其展示主题特色的第一道风景，展示效果重要，表现形式多样，因此，可以从材料组合和墙体装饰两方面研究围墙设计：庭院围墙材料主要有石材、木材和砌砖 3 种，两两组合可以产生丰富的效果；墙体装饰主要有壁画、花窗和植被 3 种，可以起到软化围墙的作用。无论是哪样的围栏形式，在保证围护、分隔功能的前提下，围栏都应该注重美观，体现乡土特色。

(2) 植物搭配。民宿客栈庭院植被选择以观赏性高的园艺植物为主，角落辅以少量大型花盆，栽种应季花卉。观赏蔬菜色彩鲜艳，观赏价值高，营养丰富，风味独特，并且已经发展成为乡村民宿客栈庭院景观设计中的重要元素。观赏蔬菜的种植可采用小型花坛式栽培为主景，配合篱棚式栽培，再以容器栽培作适当补充。

民宿客栈庭院树池作为划分小空间以及丰富植被盆栽色彩搭配的重要元素，需要额外设计。种植池可以由木头、石块或砖 3 种材料建成。考虑到土壤的自重，大型的种植池高于 8 层砖高时，需要水泥地基(宽度为墙体的两倍)。排水必须良好：首先打碎底层土，加一层碎砖石，再填入约 45 cm 优质表层土。种植池高度一般为 90 cm，若前面建烧烤台则应为 110 cm，但对于轮椅使用者来说，高度以 60 cm 为宜。在墙上设扶手或横杆可为残疾人提供方便。

在民宿客栈型庭院中，盆景不仅具有较高的艺术美与自然美，而且容易打理，便于转移组合的特点，容易给游客住户带来新鲜感。适合民宿庭院的盆景的摆放模式主要有点式组合、线性摆放、立体摆放 3 种。花盆的材料也有陶瓷、塑料、木头、石料等。

（3）立面铺装。由于现今可供选用的铺装材料和方式非常丰富，有硬质铺装如混凝土、石片、砖、木、瓦、瓷等；软质有草地、植被、树皮等，在民宿客栈铺装设计中就会很有艺术性，铺设方式和图案设计就显得非常丰富。民宿客栈庭院铺装除了考虑装饰地面、引导空间、表达文化、历史传承的作用，还要考虑生态效益。

① 铺地形式。民宿客栈庭院由于尺寸特点以及功能特性，软质铺地应用较少，硬质铺地主要有两类形式：一是用天然的石材铺成不规则的形式；二是用预制块铺成各种图案。预制块的尺寸、形状及图案应由硬地的尺寸和形状决定，避免把它切割得一团糟。大多数情况下，铺地应作为植物的陪衬，注意不要喧宾夺主。但是可利用铺地图案，使庭院看上去宽些或长些，或者是创造统一和谐的效果。

② 铺地组合。单种材料的铺地不容易让生态效益最大化，而且显得单调，不够美观，因此需要从耐用度、实用性、成本等多角度考虑各类铺地的组合搭配，往往能达到意想不到的效果。

（4）小品设计。民宿客栈型庭院小品设计不同于城市特点庭院，需以实用性为出发点，观赏性为辅。因此，小品设计与庭院人居环境相融合，就是要发挥小品的功能性特点。将庭院常见的如晾衣架、洗手池、井、储藏角等设施小品化、景观化处理，使得这些设施满足居民日常使用功能的同时，兼顾美观。

民宿客栈庭院小品设计要利用周边自然环境和人文风情的独特性与专属性，围绕鲜明的主题定位，突出体现地域性特征的文化符号，同时体现乡土情调，注重淳朴民风的保持和发扬。如浙江德清莫干山脚下的山玖坞民宿客栈就很好地做到了这一点，真正打造成为民宿旅游精品，通过文化符号的提炼、放大、点缀，让住客感触深度体验，从而深受国内外游客的喜好，真正成为农家乐精品。

庭院小品设计与自然环境融合主要体现在三个方面：一是材料选用乡土材料，如竹子、木桩、芦苇、陶罐等；二是造型色彩与植被、铺地、建筑风格相协调；三是凸显可持续、系统化的生态效益。

4）代表性案例生态化研究

从实地调研案例中选取代表性案例。该案例能集中反映周边地区院落空间存在的普遍性问题，针对该案例利用既有理论、实践经验进行研究，归纳总结出院落空间生态化设计方法和模式，并选取试点进行实践应用分析加以论证。

3. 研究结论

民宿客栈型庭院生态化改造与设计原则：

1）生态性与商业效益结合

在设计中，充分利用庭院生态化措施对商业效益的提升。如运用生态化措施营造舒适的空间，美化庭院景观效果，种植有地方特色的植物种类，充分体现当地地域特色，从而吸引更多游客，增加经济收入，调动经营业主的积极性，从而使生态化改造能得到广泛地推广。

2）因地制宜原则

要根据乡村所在地区自然环境气候特点，合理选择生态化建筑材料、植物材料。对于材料与种植作物的选择，不仅要考虑生态技术的要求，而且要考虑在当地生产、运输等环节的要求，力求最大限度地利用当地资源。在生态得到提升的同时，间接带动地方产业经济。

3）可持续原则

民宿客栈型庭院生态化要遵循可持续原则。遵循生态规律，注重生态协调，提高生态稳定性，如尽量减少外来植物的引入，减少对本地生态平衡造成干扰。生态措施要能经受时间的考验，充分考虑生态材料的耐久性。民宿客栈型庭院生态化不是简单的短期的庭院美化工程，而是一项长久的可持续发展的为民造福的生态工程。

4. 民宿客栈型庭院生态化设计优化对策

1）民宿客栈型庭院生态化模式

模式定义。民宿客栈型庭院生态化模式适用于农村开展民宿客栈类经营活动的庭院。庭院空间主要用于营造民宿景观环境，兼顾经营业主日常生活所需。主要通过适当的生态化手段对庭院进行生态化设计，包括庭院空间的合理布局、庭院植物的合理搭配、庭院物质要素的合理选择与设计，提升民宿整体环境品质。

2）模块设计图

在民宿客栈庭院平面中绘制网格。如图4.43所示，在一个面宽9.6 m、进深6.6 m的院落中绘制单元大小为0.6 m的网格。在绘制好的网格中，根据民宿客栈庭院的需要加入相应的构成要素，产生布局模式图。

根据民宿客栈庭院的空间营造、景观设计策略研究，以及民宿客栈对景观要求较高的特点，将各项要素分类，归纳出功能、面积占比以及生态化技术要点。具体有以下几种模式如图4.43、图4.44所示。

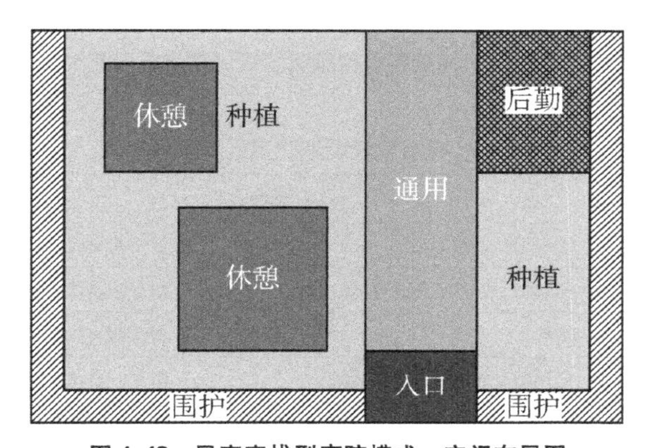

图4.43　民宿客栈型庭院模式一空间布局图

表4.45　民宿客栈型庭院模式一要素表格

要　素		功　能	面积占比	生态化技术
休憩空间	围护	空间限定或提供荫凉	14.4%	实用花架构建技术，生态围墙构建技术
	铺地	室内外过渡、少量喝茶休憩		生态铺装技术
后勤空间	铺地	晾晒	18.8%	透水铺装技术
种植空间	花园	主体景观、休闲游玩	31.3%	园景营造技术
	花池	种植花卉、果树		花池设计以及乡土果树搭配
通用空间	入口	交通、悬挂招牌	35.5%	大门设计
	铺地	交通		生态铺装技术
	围护	庭院边界限定和村落景观营造		生态围墙构建技术

特点：休憩区分散处理，融合在种植区中。整体种植区域面积占比较大，局部生态小环境较好(见表4.45)。

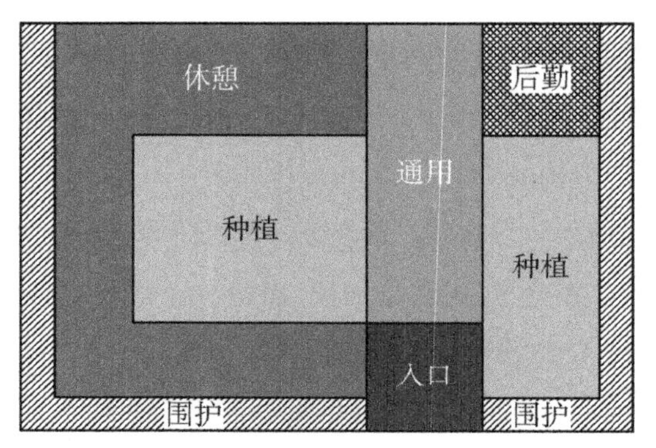

图4.44 民宿客栈型庭院模式二空间布局图

表4.46 民宿客栈型庭院模式二要素表格

要素		功能	面积占比	生态化技术
休憩空间	围护	空间限定或提供荫凉	28.9%	实用花架构建技术，生态围墙构建技术
	铺地	室内外过渡、少量喝茶休憩		生态铺装技术
后勤空间	铺地	晾晒	5.0%	透水铺装技术
种植空间	花园	主体景观、休闲游玩	29.0%	园景营造技术
	花池	种植花卉、果树		花池设计以及乡土果树搭配
通用空间	入口	交通、悬挂招牌	37.1%	大门设计
	铺地	交通		生态铺装技术
	围护	庭院边界限定和村落景观营造		生态围墙构建技术

特点：休憩区围绕种植区布置，种植区主要种植生态观赏类植物。整体种植区域面积占比较大，局部生态环境较好(见表4.46)。

3) 平面设计

根据民宿客栈庭院模块设计图，对每一个要素进行细化，绘制出简易的民宿客栈庭院平面示意图(见图4.45、图4.46)。

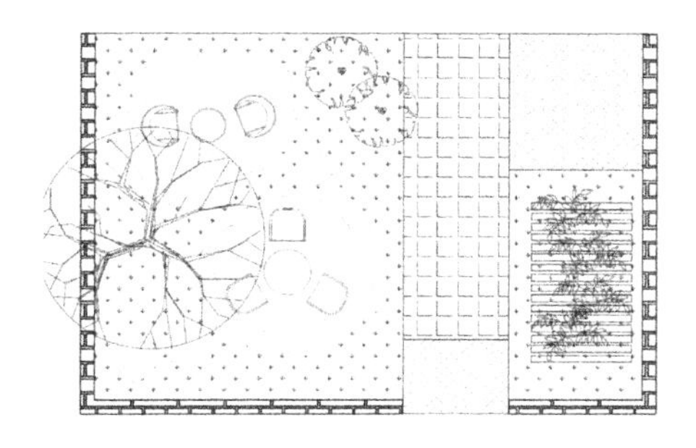

图 4.45　民宿客栈型庭院模式一平面示意图

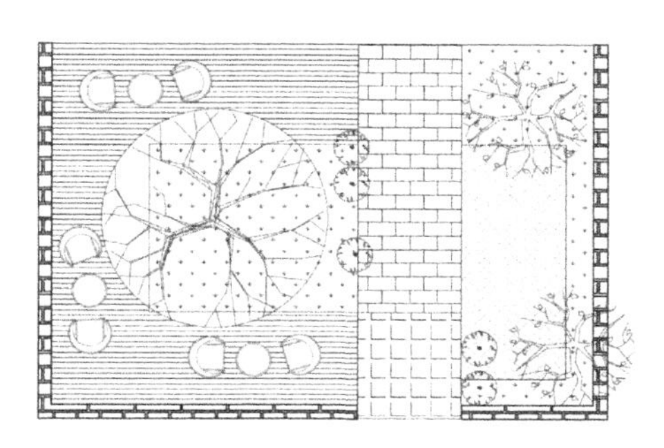

图 4.46　民宿客栈型庭院模式二平面示意图

参考文献

[1] 才学工. Mikell 模块耦合模型在小流域防洪评价中的应用[J]. 黑龙江水利,2017(2): 36-38.

[2] 曹承进,陈振楼,王军,等. 城市黑臭河道底泥生态疏浚技术进展[J]. 华东师范大学学报(自然科学版),2011(1): 32-42.

[3] 常狄,陈雪. 基于 MIKE21 二维数值模拟的不同桥墩概化方式下河道壅水计算结果对比分析[J]. 水利科技与经济,2017(2): 29-32.

[4] 常江,朱冬冬,冯姗姗. 德国村庄更新及其对我国新农村建设的借鉴意义[J]. 建筑学报,2006(11): 71-73.

[5] 常静,刘敏,许世远,等. 上海城市降雨径流污染时空分布与初始冲刷效应[J]. 地理研究,2006(6): 994-1002.

[6] 车生泉,王洪轮. 城市绿地研究综述[J]. 上海交通大学学报(农业科学版),2001,19(3):229-234.

[7] 车生泉,杨知洁,倪静雪. 上海乡村景观模式调查和景观元素设计模式研究[J]. 中国园林,2008(8):31-37.

[8] 陈洁,吴晋峰. 国内游憩行为研究综述[J]. 商业现代化,2010(13): 97-99.

[9] 陈明玲. 上海城市典型林荫道生态效益调查分析与管理对策探讨[D]. 上海: 上海交通大学,2013.

[10] 陈星,许伟,李昆朋,等. 基于图论的平原河网区水系连通性评价——以常熟市燕泾圩为例[J]. 水资源保护,2016(2): 26-29.

[11] 陈雅君,祖元刚,刘慧民,等.干旱对草地早熟禾膜质过氧化酶和保护酶活性的影响[J].中国草地学报,2008,30(5):32-36.
[12] 陈瑜雯.基于农户的村庄整治规划关键技术研究[D].苏州:苏州科技学院,2010.
[13] 陈媛.AMF-鸢尾——聚氨酯载体生物净化体系对水中氮磷的去除效能研究[D].哈尔滨:哈尔滨工业大学,2015.
[14] 程国旗.沁河流域生态环境问题分析及修复建议[J].山西水利,2016(7):10-11.
[15] 范少言,陈宗兴.试论乡村聚落空间结构的研究内容[J].经济地理,1995,15(2):44-47.
[16] 方豪.村庄景观整治设计研究[D].杭州:浙江农林大学,2010.
[17] 甘华阳,卓慕宁,李定强,等.公路暴雨径流的水质及其污染负荷的初期冲刷分析[J].公路,2007(8):193-199.
[18] 龚清莲.QUAL2K水质模型参数的不确定性研究[D].成都:西南交通大学,2016.
[19] 国家环保局.水和废水监测分析方法[M].北京:中国环境科学出版社,1997.
[20] 何华.华南居住区绿地碳汇作用研究及其在全生命周期碳收支评价中的应用[D].重庆:重庆大学,2010.
[21] 何嘉辉,潘伟斌,刘方照.河流线型对河流自净能力的影响[J].环境保护科学,2015(2):43-47.
[22] 何山.基于EFDC模型对入海排污选址方案的研究[D].大连:大连海事大学,2017.
[23] 洪涛,叶春,李春华,等.微米气泡曝气技术处理黑臭河水的效果研究[J].环境工程技术学报,2011,1(1):20-25.
[24] 黄杉,华晨.城市生态社区规划理论与方法研究[D].杭州:浙江大学,2010.
[25] 黄杉.城市生态社区规划理论与方法研究[D].杭州:浙江大学,2010.
[26] 黄廷林,宋李桐,钟建红,等.人工浮床净化城市景观水体的实验研究[J].西安建筑科技大学学报(自然科学版),2007(01):30-33.
[27] 黄薇,张劲,桑连海.生物浮岛技术的研发历程及在水体生态修复中的应用[J].长江科学院院报,2011(10):37-42.
[28] 黄为.中小河流河道治理探析[J].东北水利水电,2016(5):64-65.
[29] 贾佳,何兴华.城市绿地植物固碳释氧及降温增湿能力研究[J].绿色科技,2010(6):49-51.
[30] 江浩,吴涛.微纳米曝气技术在水环境治理方面的应用[J].海河水利,2011(1):24-26.
[31] 姜秀娟.新农村建设中的生态村庄规划研究[D].长沙:中南大学,2007.
[32] 解旭东,王贵杰,张万良.城市滨海区游憩空间优化设计研究—以青岛市为例[J].城市问题,2011(10):33-39.
[33] 荆其敏.生态建筑学[J].建筑学报,2000(7):6-13.
[34] 康峤.基于WASP-HSPF耦合模型的第二松花江松林断面水质模拟研究[D].长春:吉

林大学,2016.
[35] 赖秋英,李一平,张文一,等.基于EFDC模型的湿地生物塘水质净化效果模拟与优化设计[J].四川环境,2017(1):6-10.
[36] 李恒震.微纳米气泡特性及其在地下水修复中的应用[D].北京:清华大学,2014.
[37] 李佳佳.城市景观格局研究进展[J].农技服务,2011,28(6):841-844.
[38] 李楠楠,徐浩.上海郊区村落路网结构研究[J].上海交通大学学报(农业科学版),2015,33(1):41-47.
[39] 李楠楠.上海郊区村落公共空间研究[D].上海:上海交通大学,2014.
[40] 李琼.免费开放城市公园的居民满意度研究:以南京玄武湖公园为例[D].南京:南京大学,2011.
[41] 李水山.韩国新乡村运动[J].小城镇建设,2005(8):16-18.
[42] 李田,林莉峰,李贺.上海市城区径流污染及控制对策[J].环境污染与防治,2006,28(11):868-871.
[43] 李伟,刘冬梅,赵博.基于MIKE11的浑太河水动力水质模型研究[J].吉林水利,2016(5):1-6.
[44] 李先宁,宋海亮,朱光灿,等.组合型生态浮床的动态水质净化特性[J].环境科学,2007(11):2448-2452.
[45] 李骁.基于EFDC模型的龙景湖死水区水动力数值模拟研究[D].重庆:重庆大学,2016.
[46] 李晓峰,从生态学观点探讨传统聚居特征及承传与发展[J].华中建筑,1996,14(4):36-41.
[47] 李新,张倩倩,张伟捷.基于CITYgreen的居住区绿地生态效益定量与分析研究[J].住宅产业,2011(3):45-47.
[48] 李燕,水分胁迫对三种地被植物生理生化特性的影响[D].呼和浩特:内蒙古农业大学,2009.
[49] 廖静秋,曹晓峰,汪杰,等.基于化学与生物复合指标的流域水生态系统健康评价——以滇池为例[J].环境科学学报,2014(7):1845-1852.
[50] 廖静秋,黄艺.应用生物完整性指数评价水生态系统健康的研究进展[J].应用生态学报,2013(1):295-302.
[51] 刘芳.浅析高层公共建筑底部半开敞空间[J].建筑与文化,2010(3):100-101.
[52] 刘嘉夫,马越,谭盼.沸石联合固定化微生物技术抑制沉积物氨氮释放[J].科学技术与工程,2013(34):10232-10237.
[53] 刘娟.聊城市东昌府区城市绿地景观格局分析及评价[D].济南:山东师范大学,2011.
[54] 刘强,吴国芳.基于MIKE 11 HD水动力模型的复杂河道水利计算[J].水利规划与设计,2014(07):68-70.
[55] 刘巧莲.测定环境空气中SO_2的甲醛法[J].能源与节能,2012(3):64-66.

[56] 刘树明，林琼，刘剑秋. 3种解译方法在高速公路植被解译中的比较研究——以福建兴尤高速公路尤溪境内段为例[J]. 福建师范大学学报(自然科学版)，2011，27(04)：131-137.
[57] 刘玉玉. 河流系统结构与功能耦合修复研究[D]. 大连：大连理工大学，2015.
[58] 刘曾，张军连，吴文良. 发达国家城郊生态村发展模式分析[J]. 生态济，2005(2)：43-68.
[59] 楼剑. 以上海为例探讨典型群落结构对固碳能力的影响[J]. 中国农资，2013，25(16)：40-49.
[60] 卢毓俊. 农村基础设施建设和村庄整治中存在问题的原因分析[J]. 农村经济，2011(7)：23.
[61] 路洁，彭励，倪细炉，等. 景天属5种景观地被植物抗旱能力的综合评价[J]. 中国农学通报，2011，27(4)：108-114.
[62] 罗杰威，梁伟仪. 生态村——生态居住模式概述[J]. 天津大学学报(社会科学版)，2010(1)：50-53.
[63] 马燕婷. 上海城市径流控制与雨洪管理的对策研究[D]. 上海：华东师范大学，2014.
[64] 梅艳霞. 基于GIS的城市绿地景观格局生态评价[D]. 杭州：浙江农林大学，2012.
[65] 孟慧芳，许有鹏，徐光来，等. 平原河网区河流连通性评价研究[J]. 长江流域资源与环境，2014(5)：626-631.
[66] 孟祥永，陈星，陈栋一，等. 城市水系连通性评价体系研究[J]. 河海大学学报(自然科学版)，2014(1)：24-28.
[67] 莫丹锋，肖群，何金林. 上海市淀山湖水环境调查分析[J]. 水资源与水工程学报，2010，21(4)：160-162.
[68] 彭森. 基于WASP模型的不确定性水质模型研究[D]. 天津：天津大学，2010.
[69] 钱晓雍. 上海淀山湖区域农业面源污染特征及其对淀山湖水质的影响研究[D]. 上海：复旦大学，2011.
[70] 上海科学院. 上海植物志[M]. 上海：上海科学技术文献出版社，1999.
[71] 上海市津建设和交通委员会. 室外排水设计规范[R]. 北京：中国计划出版社，2014：13-14.
[72] 上海市绿化和市容管理局. 上海市林荫道评定方法(试行)[Z]. 2011.03.30.
[73] 盛新春，潘艺，刘本成，等. 社区病媒生物防制工作评价体系的初步建立[J]. 中国媒介生物学及控制杂志，2013，24(4)：350-352.
[74] 时健，郑金海，严以新，等. 河口海岸水动力非静压数学模型研究述评[J]. 河海大学学报(自然科学版)，2017(2)：167-174.
[75] 史佳媛. 脱氮优势菌群筛选及其固定化应用于河道底泥修复[D]. 南京：东南大学，2015.
[76] 宋睿，高礼洪，邱辉，等. 多种生态护坡技术在丽水市瓯江堤防工程中的应用研究[J].

浙江水利科技,2015(1):67-71.
[77] 宋永昌.植被生态学[M].上海:华东师范大学出版社,2001.
[78] 汤冰冰.基于 QUAL2K 水质模型参数灵敏度研究[D].成都:西南交通大学,2016.
[79] 唐国平.基于 WASP 模型的水质模拟及水环境容量研究[D].苏州:苏州科技大学,2017.
[80] 唐克旺,王研,王然.国内外水生态系统保护与修复标准体系研究[J].中国标准化,2014(4):61-65.
[81] 田传冲,陈星,湛忠宇,等.水量水质系统控制的流域水系连通方案[J].水资源保护,2016(2):30-34.
[82] 王军,周震峰,郭启民.村庄零污染排放研究初探[C].山东:山东环境科学学会 2005 年度优秀论文集,2005.
[83] 王明丽.浅谈城市商业步行街的人性化改造与设计——以重庆市观音桥为例[J].成功(教育版),2011(20):288-289.
[84] 王庆鹤.典型自然河道形态结构差异对水体自净作用的关系[D].贵阳:贵州大学,2016.
[85] 王寿兵,钱晓雍,赵钢,等.环淀山湖区域污染源解析[J].长江流域资源与环境,2013,22(3):331-336.
[86] 王晓春,周晓峰,赵御龙,等.蜀冈-瘦西湖风景名胜区生态绿地景观格局[J].林业科学,2009,45(7):133-136.
[87] 王竹,范理杨,陈宗炎.新乡村"生态人居"——以中国江南地区乡村为例[J].建筑学报,2011(4):22-26.
[88] 邬建国.景观生态学——格局、过程、尺度与等级[M].北京:高等教育出版社,2000.
[89] 巫涛.长沙城市绿地景观格局及其生态服务功能价值研究[D].长沙:中南林业科技大学,2012.
[90] 吴平,陈晓梅,韩阳瑞.利用隶属函数法评价 6 种地被植物的抗旱性[J].福建林业科技,2015(2):50-53.
[91] 吴振斌,陈辉蓉,贺锋,等.人工湿地系统对污水磷的净化效果[J].水生生物学报,2001,25(1):28-35.
[92] 袭廣霞,周剑.探索社会主义新农村建设的新型规划方式——以珠海南屏镇北山村为例[J].规划师,2007(4):53-59.
[93] 夏振雷,郑国楚,吴昌庆.关于村庄整治规划编制工作的探讨——以平阳县村庄整治规划编制工作为例[J].小城镇建设,2006(10):41-42.
[94] 肖笃宁,高峻.村庄景观规划与生态建设[J].村庄生态与环境,2001,17(4):48-51.
[95] 肖星,杜坤.城市公园游憩者满意度研究——以广州为例[J].人文地理,2011(1):129-133.
[96] 熊鸿斌,张斯思,匡武等.基于 MIKE11 模型入河水污染源处理措施的控制效能分析[J].环境科学学报,2017(4):1573-1581.

[97] 徐飞,刘为华,任文玲.上海城市森林群落结构对固碳能力的影响[J].生态学杂志,2010,29(3):439-447.
[98] 徐飞.上海城市森林群落结构特征与固碳能力研究[D].上海:华东师范大学,2010.
[99] 徐慧敏,刘为锋,吴燕,等.南京内秦淮河浮游细菌群落结构分析[J].环境科学与技术,2016(S1):1-5.
[100] 徐静,丁金华.苏南水网地区乡村地域特色保护与发展策略探析[J].上海城市规划,2013(5):120-124.
[101] 徐新良,庄大方,张树文,等.运用RS和GIS技术进行城市绿地覆盖调查[J].国土资源遥感,2001,13(2):28-32.
[102] 许春东,殷丹.基于MIKE 11的河道糙率灵敏度分析[J].水电能源科学,2014(11):101-103.
[103] 许峰,刘惠田,白淑军.当代国外乡村社区生态规划策略发展研究[J].小城镇建设,2015(6):85-89.
[104] 燕宁娜,王军.伊斯兰教建筑外部空间设计分析[J].四川建筑科学研究,2010(2):266-268.
[105] 杨传芳.液体溶气装置:中国,9105936.X[P].2020-02-02.
[106] 杨东兴.基于RS和GIS技术的济南市绿地景观格局分析与生态绿地系统规划研究[D].济南:山东建筑大学,2010.
[107] 杨京平.全球生态村运动述评[J].生态经济,2000(4):46-48.
[108] 杨敏生,裴保华,朱之悌.白杨双交杂种无性系抗旱性鉴定指标分析[J].林业科学,2002,38(6):36-42.
[109] 杨松彬.嘉兴市区河网汇流数值模拟[D].杭州:浙江工业大学,2007.
[110] 杨永川,达良俊.上海乡土树种及其在城市绿化建设中的应用[J].浙江农林大学学报,2005,22(3):286-290.
[111] 叶齐茂.美国乡村建设见闻录[J].国际城市规划,2007(3):95-100.
[112] 殷杉.上海浦东新区绿地系统研究——分布格局、生态系统特征及服务功能[D].上海:上海交通大学,2011.
[113] 于冰,徐琳瑜.城市水生态系统可持续发展评价——以大连市为例[J].资源科学,2014(12):2578-2583.
[114] 于寒,杨静,刘桂梅.海洋水质模型研究进展及发展趋势[J].海洋预报,2017(2):88-96.
[115] 于崧,张翼飞,王崑,等.基于RAGA和PPC模型在城市公园绿地景观生态美学评价中的应用[J].生态学杂志,2010(4):826-832.
[116] 于永强,沙晓军,刘俊等.MIKE11模型的参数全局敏感性分析[J].中国农村水利水电,2016(6):64-67.
[117] 于玉彬,黄勇.城市河流黑臭原因及机理的研究进展[J].环境科技,2010(2):

111－114.
[118] 余金龙. 河流水生态保护与修复模式及措施探讨[J]. 陕西水利，2015(1)：153－154.
[119] 苑希民，王华煜，李其梁，等. 洪泽湖与骆马湖水资源连通分析与优化调度耦合模型研究[J]. 水利水电技术，2016(2)：9－14.
[120] 云正明. 村庄庭院生态学概论[M]. 石家庄：河北科学出版社，1989.
[121] 曾作祥. 传递过程原理[M]. 上海：华东理工大学出版社，2013.
[122] 张波. 拟南芥 MAG2 基因在胁迫条件下对种子萌发及幼苗生长的影响[D]. 兰州：兰州大学，2009.
[123] 张朝阳，许桂芳. 利用隶属函数法对 4 种地被植物的耐热性综合评价[J]. 草业科学，2009，26(2)：57－60.
[124] 张建宇，靳思佳，柳潇，等. 城市林荫道概念、特征及类型研究[J]. 上海交通大学学报(农业科学版)，2012，30(4)：1－7.
[125] 张京祥，张小林，张伟. 试论乡村聚落体系的规划组织[J]. 人文地理，2002，17(1)：87－91.
[126] 张俊. 新乡村建设的基本问题[J]. 时代建筑，2007(4)：6－9.
[127] 张丽薇. 基于 EFDC 的调水水库水位波动及来水水质对藻类的影响研究[D]. 长沙：湖南大学，2016.
[128] 张美珍. 华东五省一市植物名录[M]. 上海：上海科学普及出版社，1993.
[129] 张敏，宋昭峥，孙珊珊等. 微纳米气浮技术用于炼化污水的深度处理[J]. 环境工程学报，10(2)：599－603.
[130] 张明亮. 河流水动力及水质模型研究[D]. 大连：大连理工大学，2007.
[131] 张盛斌. 针对城区河道的生态护坡技术研究[D]. 广州：暨南大学，2011.
[132] 张硕. 基于 MIKE 软件建立辽河流域水质模型的研究[D]. 沈阳：东北大学，2013.
[133] 张斯思. 基于 MIKE11 水质模型的水环境容量计算研究[D]. 合肥：合肥工业大学，2017.
[134] 张蔚. 生态村——一种可持续社区模式的探讨[J]. 建筑学报(学术论文专刊)，2010：112－115.
[135] 张文时. 基于 EFDC 模型的山地河流水动力水质模拟[D]. 重庆：重庆大学，2014.
[136] 张燕利，四种景天属植物的耐旱和耐热性研究[D]. 南京：南京林业大学，2010.
[137] 张泽鹏. 基于 GIS 的鄞州区小城镇绿地景观格局分析与评价[D]. 杭州：浙江农林大学，2012.
[138] 章戈. 基于土地利用格局优化的雨洪管理模式研究[D]. 杭州：浙江大学，2013.
[139] 章凌志，杨介榜. 村庄规划可实施性的反思与对策[J]. 规划师，2007(2)：15－17.
[140] 赵春丽，杨滨章. 停留空间设计与公共生活的开展—扬・盖尔城市公共空间设计理论探析[J]. 中国园林，2012(7)：44－47.
[141] 赵桂慎，吴文良. 经济生态原理与农业可持续发展[M]. 北京：中国农业大学出版

社，2003.
[142] 赵祥华，田军. 人工浮岛技术在云南湖泊治理中的意义及技术研究[J]. 云南环境科学，2005，24(2)：130－132.
[143] 赵兴忠. 农村基础设施建设及范例[M]. 北京：中国建筑工业出版社，2010.
[144] 郑涛，穆环珍，黄衍初，等. 降雨促渗对地表径流污染物负荷影响模拟实验研究[J]. 环境污染治理技术与设备，2006(2)：84－88.
[145] 中华人民共和国住房和城乡建设部. 城市居住区规划设计规范[M]. 中国建筑工业出版社，2002.
[146] 周璐瑶，陈菁，陈丹，等. 河流曲度对河流生物多样性影响研究进展[J]. 人民黄河，2017(1)：79－82.
[147] 周伟伟. 北京地区屋顶绿化地被植物的抗逆性研究[D]. 北京：中国林业科学研究院，2008.
[148] 周旭，黄莉，王苏胜. MIKE 11 模型在南通平原河网模拟中的应用[J]. 江苏水利，2016(1)：52－55.
[149] 朱党生，王晓红，张建永. 水生态系统保护与修复的方向和措施[J]. 中国水利，2015(22)：9－13.
[150] 朱茂森. 基于 MIKE11 的辽河流域一维水质模型[J]. 水资源保护，2013(3)：6－9.
[151] 朱宁. 建设低碳社区，推动发展方式转变[J]. 中国国土资源经济，2012，25(4)：37－40.
[152] 朱鹏. 生态袋边坡施工中的两大问题[J]. 土工基础，2010(4)：56－57.
[153] 朱跃龙，吴文良，崔苗. 生态村庄——未来村庄发展的理想模式[J]. 生态济，2005(1)：64－66.
[154] 朱跃龙. 京郊平原区生态村庄发展模式研究[D]. 北京：中国农业大学，2005.
[155] Arkar C, Medved S. Free cooling of a building using PCM heat storage integrated into the ventilation system [J]. Solar Energy, 2007,1(9): 1078－1087.
[156] Baker D A, Crompton J L. Quality, satisfaction and behavioral intentions [J]. Annals of Tourism Research, 2000,27(3): 785－804.
[157] Brezonik P L, Stadelmann T H. Analysis and predictive models of stormwater runoff volumes, loads and pollutant concentrations from watersheds in the twin cities metropolitan area, Minnesota, USA [J]. Water Research, 2002,36(7): 1743－1757.
[158] Christensen K, Levinson D. Encyclopedia of community: from the village to the virtual world [M]. Thousand Oaks, CA: Sage Publications. 2003.
[159] Golden H E, Lane C R, Amatya D M, et al. Hydrologic connectivity between geographically isolated wetlands and surface water systems: a review of select modeling methods [J]. Environmental Modelling & Software, 2014(53): 190－206.
[160] Hutyra L R, Yoon B, Alberti M. Terrestrial carbon stocks across a gradient of urbanization: a study of the Seattle, WA region [J]. Global Change Biology, 2011,

17(2): 783 - 797.
[161] Jackson H, Svensson K. Ecovillage living restoring the earth and her people [M]. Totnes: Green Books, 2002.
[162] Lathrop R G, Bognar J A. Applying GIS and landscape ecological principles to evaluate land conservation alternatives [J]. Landscape and Urban Planning, 1998,41 (1): 27 - 41.
[163] Lucas W C, Greenway M. Nutrient retention in vegetated and non-vegetated bioretention mesocosms [J]. Journal of Irrigation & Drainage Engineering, 2008,134 (5): 613 - 623.
[164] Mcpherson E G, Simpson J R, Xiao Q, et al. Million trees Los Angeles canopy cover and benefit assessment [J]. Landscape and Urban Planning, 2011, 99(1): 0 - 50.
[165] Mitchell J C. Urban sprawl, the American dream [J]. National Geographic, 2001 (6): 34 - 35.
[166] Pataki D E, Carreiro M M, Cherrier J, et al. Coupling biogeochemical cycles in urban environments: ecosystem services, green solutions, and misconceptions [J]. Frontiers in Ecology and the Environment, 2011,9(1): 27 - 36.
[167] Pouyat R V, Yesilonis I D, Golubiewski N E. A comparison of soil organic carbon stocks between residential turf grass and native soil [J]. Urban Ecosystems, 2009,12 (1): 45 - 62.
[168] Prasannakumar V, Shiny R, Geetha N, et al. Spatial prediction of soil erosion risk by remote sensing, GIS and RUSLE approach: a case study of Siruvani river watershed in Attapady valley, Kerala, India [J]. Environmental Earth Sciences, 2011,64(4): 965 - 972.
[169] Strohbach M W, Arnold E, Haase D. The carbon footprint of urban green space—a life cycle approach [J]. Landscape and urban planning, 2012,104(2): 220 - 229.
[170] Zhao M, Escobedo F J, Staudhammer C. Spatial patterns of a subtropical, coastal urban forest: implications for land tenure, hurricanes, and invasives [J]. Urban forestry & urban greening, 2010,9(3): 205 - 214.
[171] Zheng Duo, Zhou Jiyuan, Yang Jinliang, Applied research on the eco-bags structure for the riverside collapse slope in seasonal frozen soil zone [J]. Procedia Engineering, 2012(28):855 - 859.